KB274958

캐드의 정석

최종복 · 김현기 지음

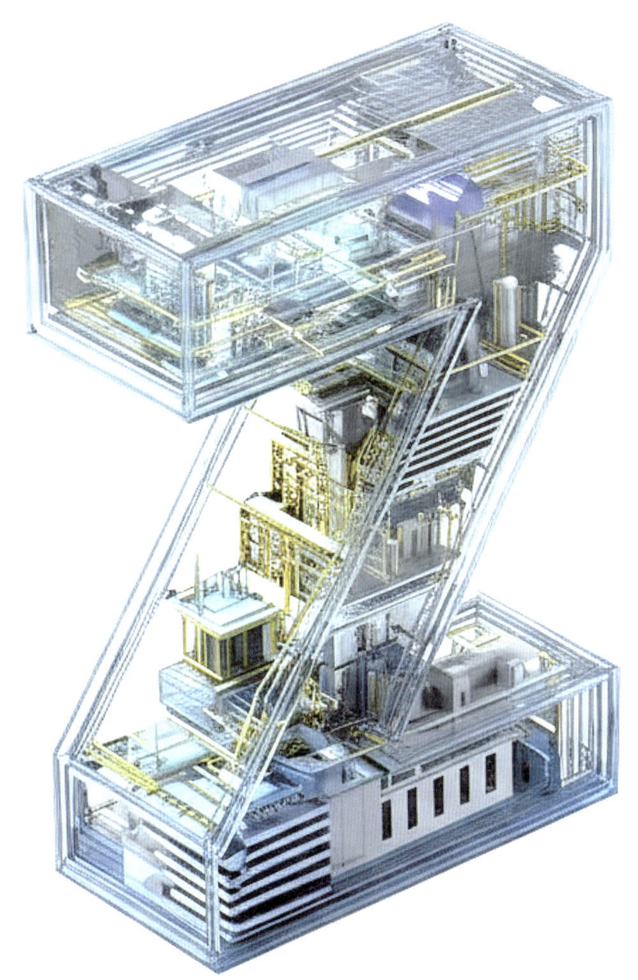

"인생 실전이야! 캐드도 실전처럼!"

국내 7만 개 이상 기업이 선택한 ZWCAD를 활용한 실무노하우 전격 공개

머리말

"디지털 기술은 더 이상 설계 환경을 편리하게 만드는 도구에 머물지 않습니다."

기획, 설계, 시공, 운영, 정산, 유지관리로 이어지는 건설 및 제조 산업의 전 생애주기에서 데이터는 축적되고 연결되며, 다음 판단의 기준이 되는 자산으로 기능하기 시작했습니다.

이제 중요한 것은 단순히 데이터를 만드는 것이 아니라, 그 데이터가 다음 프로젝트로 이어지고 다시 활용되는 구조를 갖추는 일입니다. 이러한 변화 속에서 AX는 데이터를 이해하고 해석해, 실제 의사결정에 활용하는 단계라 할 수 있습니다.

설계 영역 역시 이 흐름에서 예외가 아닙니다.

도면 파일, 객체 속성, 수량 정보, 변경 이력, 출력과 협업 기록은 더 이상 단순한 결과물이 아니라, 판단을 돕는 정보로 작동해야 합니다. 설계자는 이제 '얼마나 빠르게 그리는가'보다, '어떤 정보를 구조화하고 어떻게 판단하는가'가 더욱 중요해졌습니다.

AX 시대의 설계란 데이터를 생각하게 만들고 경험을 축적 가능한 형태로 남기는 과정이며 CAD는 그 출발점에 놓인 가장 중요한 도구입니다.

이 책의 목적은 단순한 기능 습득이 아닙니다.
- 설계 도면을 미리 예측하고 실수 없이 완성해내는 실전 감각
- 시간을 단축시키는 명령어와 툴의 전략적 활용
- 도면 작성뿐 아니라 협업, 출력, 실측, 외부 참조, BOM까지 아우르는 전체 워크플로우 이해

이러한 통합적 설계 사고력을 갖추도록 돕는 것이 바로 이 책의 핵심 가치입니다.

ZWCAD는 전 세계 140만 유저가 선택한 검증된 솔루션으로, 직관적인 UI, 빠른 연산 속도, DWG 100% 호환성, 그리고 강력한 2D/3D 기능까지 겸비한 전문 CAD 솔루션입니다.

본 도서는 ZWCAD 2026을 기반으로 실제 설계 환경에서 가장 많이 사용되는 기능들을 중심으로 구성하였으며, CAD를 처음 접하는 입문자도 좌절 없이 독학할 수 있도록, 메뉴별 기능 설명, 예제 도면, 따라하기 학습 방식으로 정리했습니다. 또한 ZWCAD는 이러한 시대적 흐름에 발맞춰, 더 스마트하고 직관적인 설계 환경을 제공합니다. 특히 ZWCAD 2026은 SMARTMATCH, 유사 객체 검색, 수량 자동 산출 등의 AI 기반 기능을 통해 반복 작업을 자동화하고, 설계자의 판단과 표현을 더욱 빠르고 정확하게 지원합니다.

본 도서는 여기에 그치지 않고, ZWCAD 온라인 기본 강의와 연계된 커리큘럼을 제공합니다. 각 단원별 실습 흐름에 맞춰 구성된 공식 온라인 튜토리얼 강의를 함께 수강하면, 단계별 기능 이해와 실무 적용력을 더욱 탄탄히 다질 수 있습니다. 혼자서도 학습이 가능한 최적의 커리큘럼과 실무 설계에 즉시 활용 가능한 기능들을 집약한 이 책은 CAD 초보에서 실무형 사용자로 도약할 수 있는 가장 현실적이고 강력한 로드맵이 될 것입니다.

"기술은 결국 사용자를 위한 것이어야 합니다."

앞으로도 독자 여러분과 함께 고민하고 소통하며, 더 나은 설계 경험을 위한 실용적 기술 콘텐츠를 제시하는데 앞장서겠습니다.

- 저자 최종복 -

글로벌 All-in-ONE CAD/CAM/CAE 기업, ZWCAD KOREA 대표

CONTENTS

PART 04. 객체 수정 및 편집

CHAPTER 01 – 수정 명령어

PART 05. 도면 관리 도구 및 기능

CHAPTER 01 – 도면층 및 객체 특성

CONTENTS

CONTENTS

ZWCAD 개요

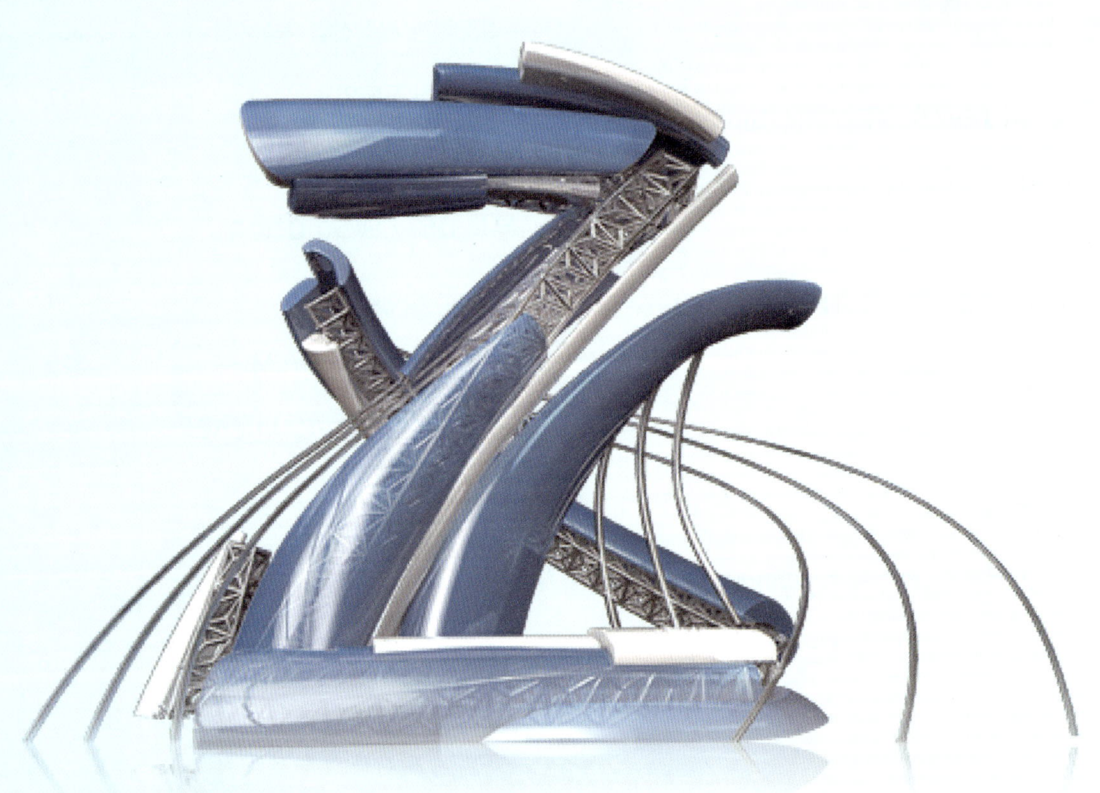

ZWCAD 소개

01 ZWCAD란?

ZWSOFT는 세계적으로 유명한 CAD/CAM 솔루션을 개발, 제공하는 회사로서 건설/건축(AEC), 기계/제조(MFG), Cloud, Mobile CAD 산업을 위한 솔루션 개발을 하고 있습니다.

1993년부터 2026년 현재 33년간의 기술 축직을 통해 90여개국 140만 이상의 고객들이 사용하고 있으며, 260여개 파트너사와 더불어 15개 언어로 번역되어 고객들에게 제공되고 있습니다.

6 개	**90⁺** 개	**260⁺** 명

6 개 — R&D 센터

90⁺ 개 — 국가/지역

260⁺ 명 — R&D 개발자

15 개 — 언어지원

1,400,000⁺ 명 — 앤드 유저

70,000⁺ 개 — 파트너사

1. ZWCAD의 장점

영구버전	익숙하고 편리한 인터페이스	우수한 성능	다양한 제품군 보유	다양한 3rd-party 지원	보안 인증
ZWCAD는 구독 없이도 사용할 수 있는 영구 라이선스를 제공	AutoCAD®와 유사한 환경으로 별도의 학습 없이도 즉시 적용이 가능, 설계 생산성 향상	대용량 도면 처리와 빠른 명령 반응 속도로, 복잡한 작업도 안정적으로 수행 가능	ZWCAD Full/LT외 MFG, LM, Mobile, Cloud 등 다각화된 제품 라인업	건축·기계·전기 등 업종별 특화된 3rd-party와 호환되어 전문 업무에 유연하게 대응	ISO 27001국제 표준 정보보안 인증을 획득하여 기업 및 기관의 안전한 데이터 운영 보호

2. ZWCAD KOREA 대외 활동

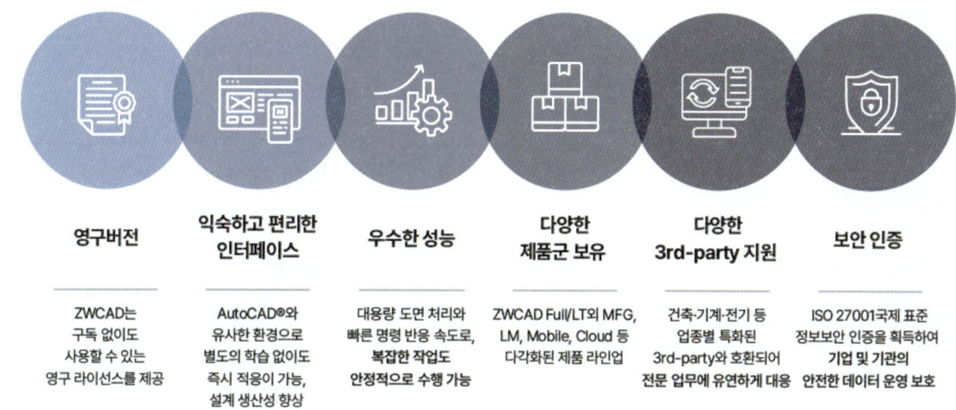

ZWCAD KOREA 주요 연혁 & 대외활동

2025년

ZWCAD 2026 신제품 출시

(주)쓰가미코리아와 디지털 제조 혁신 MOU 체결

(주)코마텍과 CAD/CAM MOU 체결

2025 파트너 킥오프 개최

2024년

ZWCAD KOREA 신사옥 이전

중부권 CAM 경진대회 개최

구미대학교 MOU 체결

KLPGA 임희정 프로 3년 연속 후원

SIMTOS 2024 참가

2023년

환경영향평가협회와 MOU 체결

안티 랜섬웨어 기업 에브리존과 MOU 체결

구조해석 소프트웨어 "ZW3D Structural" 출시 "ZWCAD LM" 제품군 출시

2022년

서울대 건축학과에 ZWCAD 후원

KLPGA 임희정 프로 골퍼 후원

마드라스체크(주)와 MOU 체결

2022 한국품질만족도 IT 부문 1위 수상

ZWCAD 출시 20주년

2021년

중소기업 청년 일자리 매칭 활성화를 위한 MOU 체결

경남교육청과 고졸 취업 활성화 MOU 체결

2020년

카이스트 배상민 교수 랩, ZW3D-전동킥보드 공동개발 착수

고용노동부 2020 강소기업 선정

한국알테어 ZW3D –SimSolid 상호 협력 및 교류 MOU 체결

2019년

한양공업고등학교 상호 협력 및 교류 MOU 체결

동명대학교 해양플랜트 O&M 시뮬레이션센터 MOU 체결

국토교통부 주관 '스마트시티 혁신인재육성사업'
협력기관 서울대학교 MOU 체결

ZW3D Exclusive Distributor, ZW3D 한국 독점 총판 선정

2018년

서울특별시북부교육지원청 MOU 체결

4차산업혁명대상 수상 'ex-CAD'

인하대학교 공과대학 MOU 체결

2017년

한국도로공사 광주전남본부,
도로시설물 점검 모바일 'ex-CAD'개발 운용

대한민국 산업대상 CAD부문_품질대상 수상

3rd-party ZDREAM 개발

2016년

서울특별시건축사협회 정식 협력 업체

대전 · 충남지방중소기업청 MOU 체결

대한건축사협회 공동구매 CAD로 선정

2015년

한국소프트웨어저작권협회 소프트웨어 정식 등록

국토교통부장관 표창장 수상

서울특별시건축사회 감사장 수상

02 특징

1. 성능

CPU 다중 코어, 고용량 메모리 카드, 고사양 그래픽 카드 환경에 최적화된 기술을 이용하여 대용량 도면 작업 및 복한 3D 모델 처리에도 뛰어난 성능을 제공합니다. 빠른 연산처리와 부드러운 그래픽 효과로 설계 작업의 효율성과 정확도를 극대화하며, 전문 설계 환경에 최적화된 작업 환경을 제공합니다.

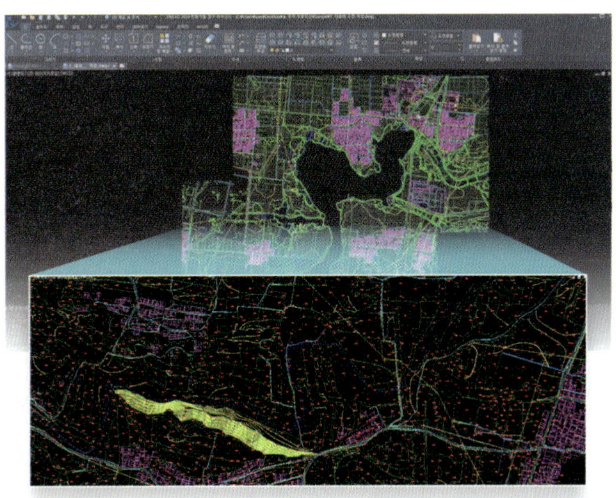

2. 호환성

다양한 CAD 설계 데이터와의 뛰어난 호환성을 지원하며, DWG, DXF 등 주요 파일 형식을 포함하여 타사 솔루션에서 생성된 STEP, IFC, DGN 등의 도면도 문제없이 불러오고 편집할 수 있어 협업 환경에서도 파일 변환 없이 원활한 작업이 가능합니다. 앞으로도 더 많은 CAD 플랫폼과의 연동 및 호환성을 확보하여 사용자에게 최적화된 작업 환경 제공을 목표로 개발하고 있습니다.

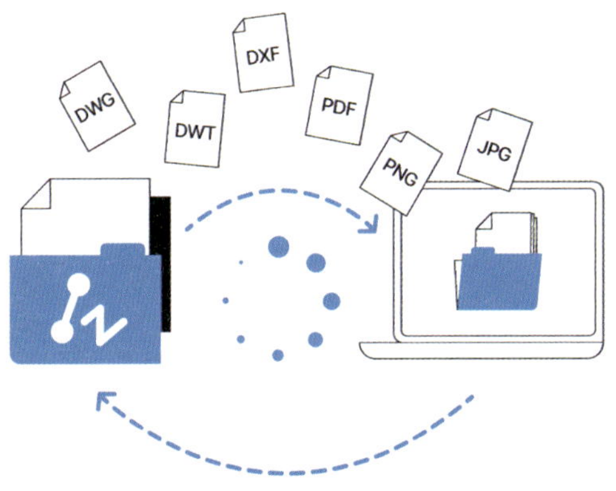

3. 다양한 API 개발 환경

다양한 리습(Lisp)과 .NET, VBA, C++등 폭넓은 API를 제공합니다. 반복 작업 자동화부터 전문 도구 개발까지 설계 효율을 극대화할 수 있는 개발환경을 지원합니다.

4. 클라우드 기반의 통합 플랫폼, ZW365

ZW365는 클라우드 기반 설계·협업 플랫폼으로, ZWCAD를 비롯한 다양한 CAD 환경과 연동됩니다. 사용자는 하나의 계정으로 데스크탑, 웹, 모바일 환경에서 도면을 열람·편집할 수 있으며, 프로젝트 데이터는 클라우드에서 자동으로 저장 및 동기화됩니다. 이를 통해 설계부터 검토, 승인에 이르는 워크플로우를 통합 관리할 수 있으며, 실시간 협업이 가능한 솔루션 환경을 제공합니다.

5. 효율적인 비용 절감

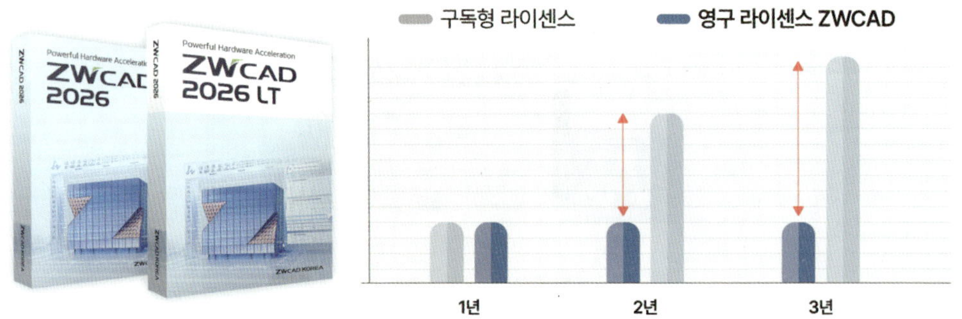

ZWCAD는 연간 구독 방식이 아닌 1회성 영구 라이선스를 제공하여 장기적으로 비용 절감 효과를 기대할 수 있습니다. 또한, 사용자의 필요에 따라 자유로운 업그레이드 여부를 선택할 수 있어, 매년 발생하는 고정 비용 부담 없이 유연한 예산 운용이 가능합니다.

03 주요 기능

1. 제도

연관 치수

연관 치수란, 치수와 연관된 객체들의 수정에 따라 자동으로 조정하는 기능으로, 지능형 주석 기능을 활용해 보다 더 효율적으로 작업할 수 있습니다.

이미지

ZWCAD에서는 BMP, TIF, GIF, JPG, PCX 등의 다양한 이미지 형식을 지원하여 원활하게 래스터 이미지를 삽입하거나 편집할 수 있습니다.

다중 지시선

객체의 좁은 공간에 치수나 문자를 기입할 때 지시선을 뽑아 주석을 기입할 수 있는 기능으로, 인출선이라고도 합니다. 치수 주석과는 다른 기능이지만 유사한 형태로 표시됩니다.

해치

해치 단색 채우기, 그라데이션 채우기 또는 미리 정의된 해치 패턴으로 닫힌 영역 또는 객체를 채우며, 다른 종류의 CAD 소프트웨어에 사용되는 .pat 파일 형식을 지원합니다.

구름형 수정 기호

도면 검토 중 특정 위치를 체크할 경우 구름 수정 기호를 사용합니다. 연속된 호로 구성된 구름 모양의 폴리선입니다. 자유선, 직사각형 등의 스타일을 선택하여 작성할 수 있습니다.

외부 참조

외부 DWG파일을 부착 또는 삽입하는 기능입니다. 외부 참조를 사용하게 되면 도면에 직접 삽입하는 것이 아닌 단순히 참조하는 것으로, 링크 형식과 유사합니다. 따라서 큰 형식의 프로젝트도 공동 작업이 가능하며, 가장 큰 장점은 원 도면 파일의 크기가 증가하지 않습니다.

2. 관리

도구 팔레트

ZWCAD의 도구 팔레트는 동적 블록과 블록을 추가하여 라이브러리로 사용할 수 있습니다. 또한 가져오기/내보내기를 통해 사용자 설정을 변경할 수 있습니다.

디자인 센터

디자인 센터는 다른 네트워크에 저장되어 있는 CAD리소스를 검색하고 액세스 할 수 있습니다. 사용자는 다른 도면에서의 치수 스타일, 블록, 문자 스타일, 선 유형, 도면층 등을 추가할 수 있습니다.

빠른 계산기

CAD 작업 중에 계산을 할 수 있게 제공되는 계산기로 기하학적 함수, 단위 변환, 변수 등의 다양한 영역의 계산을 편리하게 사용할 수 있습니다.

도면층 특성 관리자

도면층 특성 관리자는 모든 도면층의 속성을 나열합니다. 동결, 잠금, 플롯 설정 등 변경 사항을 설정할 수 있으며 도면층을 간단하게 편집할 수 있습니다.

3. 출력

플롯 (PLOT)

프린터 인쇄와 파일(PDF, EPS, JPG 등)로 도면을 출력할 수 있습니다. 여러 옵션을 설정할 수 있으며, 플롯 축척과 스타일을 선택하고 용지의 크기를 지정할 수 있습니다.

플롯 스타일 (CTB/STB)

ZWCAD 에서는 CTB, STB 두 가지 유형을 제공하며 선 두께, 색상, 선 종류 등을 설정하여 출력할 수 있습니다.

게시 (PUBLISH)

DWF, PDF를 게시할 수 있으며, 신속하게 다량의 DWG도면을 PDF로 게시할 수 있습니다.

전자 전송 (ETRANSMIT)

전자전송은 협력업체와의 협업 능률을 향상시킵니다. 간단한 클릭으로 관련 도면 및 지원 파일을 모두 저장할 수 있습니다. 도면, 이미지, 외부 참조, 글꼴 및 기타 파일 등을 첨부할 수 있습니다.

스마트 플롯 (SMARTPLOT)

ZWCAD만의 스마트기능 중 하나로 한 도면에 여러 도곽으로 이루어진 DWG 파일을 개별적으로 출력하지 않고 일괄적으로 출력할 수 있는 기능입니다.

4. 효율성

뷰포트 (VPORTS)

뷰포트 기능을 사용하여 자유롭게 오브젝트의 규모와 범위를 변경하지 않고 뷰포트의 도면을 편집할 수 있습니다.

중복객체 삭제

ZWCAD에서는 overkill, purge, audit 등을 활용하여 중복되어 있는 객체를 자동으로 삭제할 수 있으며, 도면의 오류 검출 및 수정 기능으로 도면의 용량을 줄일 수 있습니다.

스마트 선택 (SMART SELECT)

ZWCAD만의 스마트기능 중 하나로 원하는 객체의 속성을 선택하여 유사한 요소를 쉽게 찾을 수 있습니다. 기존의 신속 선택보다 더 간단하고 쉽게 찾을 수 있습니다.

객체 분리

선택한 객체만 표시하고 다른 객체는 숨김, 분리할 수 있는 기능이 있으며, 가시성을 제어할 수도 있습니다. 이러한 기능으로 훨씬 쉽고 빠르게 복잡한 도면을 작업할 수 있습니다.

명령어 자동 완성

다양한 명령어 및 시스템 변수를 자동 완성 기능으로 더욱 편하고 쉽게 제공합니다.

권장 시스템 요구사항

운영 체제	Microsoft® Windows 10 Microsoft® Windows 11
프로세서	Intel® Core™ i5-10400 또는 AMD® Ryzen™ 5 3600 CPU 이상
RAM	8GB 이상
Display card	2GB 이상, OpenGL 4.2 이상 지원 NVIDIA® GeForce™ GTX 1060 또는 AMD® Radeon™ RX 580 Series
하드디스크	4GB OS 디스크의 여유 공간, 2GB 설치 디스크의 여유 공간
해상도	1920×1080 NVIDIA 8 시리즈 또는 Radeon HD 시리즈 이상
위치 지정 도구	마우스, 트랙볼 또는 그 외 다른 장치
DVD-ROM	임의의 속도(설치에만 해당)

최소 시스템 요구사항

운영 체제	Microsoft® Windows 7 sp1 Microsoft® Windows Server 2008 R2 sp1 이상 Microsoft® Windows Server 2012 Microsoft® Windows Server 2016 Microsoft® Windows 8.1 Microsoft® Windows 10 Microsoft® Windows 11
프로세서	Intel® Pentium™ 4 1.5 GHz 또는 AMD® 프로세서
RAM	2GB
Display card	1GB, OpenGL 4.2 지원
하드디스크	2GB OS 디스크의 여유 공간, 2GB 설치 디스크의 여유 공간
해상도	1024×768 VGA (트루컬러)
위치 지정 도구	마우스, 트랙볼 또는 그 외 다른 장치
DVD-ROM	임의의 속도(설치에만 해당)

05 제품 비교표

* MFG/LM 버전의 상세 설명은 부록 페이지를 참고하세요.

기능	ZWCAD 2026			
	LT	FULL	LM	MFG
지원파일 (File)				
DWG R14/2000/2004/2007/2010/2013/2018	O	O	O	O
DXF R12/2000/2004/2007/2010/2013/2018	O	O	O	O
DWS, DWT 지원	O	O	O	O
PDF 가져오기/내보내기	O	O	O	O
IFC 가져오기	O	O	X	O
STEP 가져오기	X	O	O	O
DGN	O	O	O	O
인터페이스				
플로팅 문서	O	O	O	O
올가미 선택	O	O	O	O
적응형 그리드	O	O	O	O
클래식 메뉴 및 도구 바	O	O	O	O
명령 자동 완성	O	O	O	O
사용자화 인터페이스 (CUI)	O	O	O	O
디자인 센터	O	O	O	O
도면 탭 전환	O	O	O	O
동적 입력	O	O	O	O
동적 UCS	O	O	O	O
다중 CPU 속도 향상	O	O	O	O
부분 CUI	O	O	O	O
패널 네비게이션 표시	O	O	O	O
특성 팔레트	O	O	O	O
리본 인터페이스	O	O	O	O
도구 팔레트	O	O	O	O
투명 명령	O	O	O	O
2D 도면 및 주석				
좌표 치수	O	O	O	O
주석 축척	O	O	O	O
연관 치수	O	O	O	O
향상된 그립 편집 메뉴	O	O	O	O
필드	O	O	O	O
해치 및 해치 그라데이션	O	O	O	O

지시선 및 다중 지시선	O	O	O	O
다중 지시선 정렬	O	O	O	O
폴리선 및 해치 경계 그립	O	O	O	O
구름 수정 기호	O	O	O	O
슈퍼 해치	O	O	O	O
테이블 및 테이블 스타일	O	O	O	O
문자 및 여러 줄 문자	O	O	O	O
문자 편집모드	O	O	O	O
도면층				
도면층 특성 관리 (클래식)	O	O	O	O
도면층 특성 관리 (패널화)	O	O	O	O
도면층 상태 관리자	O	O	O	O
도면층 필터	O	O	O	O
도면층 워크 (선택 도면층 보기)	O	O	O	O
도면층 병합	O	O	O	O
도면층 브라우저	O	O	O	O
뷰포트 도면층	O	O	O	O
외부 참조, 블록 및 속성				
속성 블록	O	O	O	O
블록 정렬	O	O	O	O
플렉시 블록 (동적 블록 호환 가능)	(1)	(1)	(1)	(1)
블록 편집기	O	O	O	O
블록 교체	O	O	O	O
DGN 언더레이	O	O	O	O
DGN 내보내기	O	O	O	O
DWF 언더레이	O	O	O	O
DWFx 언더레이	O	O	O	O
통합 참조 관리자	O	O	O	O
다중 블록 삽입	O	O	O	O
OLE 객체 삽입	O	O	O	O
PDF 삽입	O	O	O	O
PDF 언더레이	O	O	O	O
래스터 이미지	O	O	O	O
GeoTiff 첨부	O	O	O	O
외부 참조	O	O	O	O
프린트				
CTB 및 STB 플롯 스타일	O	O	O	O

내보내기	O	O	O	O
Mvsetup	O	O	O	O
SVG 플롯	O	O	O	O
출력	O	O	O	O
DWF/DWFx 게시	O	O	O	O
PDF 게시	O	O	O	O
3D 모델링 및 화면표시 기능				
뷰큐브	X	O	X	O
3D 장치	X	O	X	O
Flatshot	X	O	X	O
3D 궤도	O	O	O	O
ACIS 미리보기	O	O	O	O
3D 모델링 & 편집	X	O	X	O
렌더링	X	O	X	O
Solprof (3D 파일 2D 변환)	X	O	X	O
STL 내보내기	X	O	X	O
뷰 스타일 (숨기기&음영)	O	O	O	O
Z축 추적	O	O	O	O
도구				
파라메트릭 설계	X	O	X	O
유사 검색	X	O	X	O
포인트 클라우드	X	O	X	O
GIS 모듈	X	O	X	O
ZWCAD 도구 상자	O	O	O	O
면적 테이블	O	O	O	O
3D 마우스 지원	O	O	O	O
CAD 표준	O	O	O	O
데이터 링크	O	O	O	O
데이터 추출	O	O	O	O
Dwfx 디지털 서명	O	O	O	O
Dwg 디지털 서명	O	O	O	O
전자 전송	O	O	O	O
Dwg 파일 비교	O	O	O	O
표준 뷰	X	O	X	O
시트 세트 관리자	O	O	O	O
테이블 수식	O	O	O	O
그룹	O	O	O	O

배치 내보내기	O	O	O	O
잠금 및 잠금 해제	O	O	O	O
특성 일치 (도면간)	O	O	O	O
다중 실행 취소/다시 실행	O	O	O	O
빠른 특성 패널	O	O	O	O
빠른 계산기	O	O	O	O
빠른 선택	O	O	O	O
래스터 이미지 벡터화	X	O	X	O
영역 (REGION)	X	O	X	O
설정 마이그레이션	O	O	O	O
스마트 매치	X	O	X	O
스마트 마우스	O	O	O	O
스마트 선택	O	O	O	O
스마트 음성	O	O	O	O
스마트 플롯	O	O	O	O
기계 제도&주석 기능				
표준 프레임	X	X	O	O
품번 기호 및 BOM	X	X	X	O
기계 도면 도구	X	X	X	O
정밀 치수 기입	X	X	O	O
기호 치수	X	X	O	O
2D 뷰 생성	X	X	X	O
2D 숨기기 기능	X	X	X	O
축 및 기어 생성기	X	X	X	O
풀리 및 스프로킷 생성기	X	X	X	O
관성 모멘트 계산	X	X	X	O
나사 연결	X	X	X	O
부품 라이브러리	X	X	O	O
응용 프로그램 프로그래밍 인터페이스				
ActiveX, including in-place editing	O	O	O	O
Full LISP with vl-, vlr-, vla- and vlax- support	O	O	O	O
LISP Debugger	O	O	O	O
DCL engine	O	O	X	O
Visual Basic for Applications (VBA 32/64-bit)	X	O	X	O
Runtime extension (ZRX/ARX)	X	O	X	O
.NET	X	O	X	O

(1) 플렉시 블록은 동적 블록 호환 기능입니다.

CHAPTER 02

설치 가이드

---

01 ZWCAD 설치하기

1 ZWCAD 설치 파일을 마우스의 오른쪽 버튼을 클릭하여 **'관리자 권한으로 실행(A)'** 합니다.

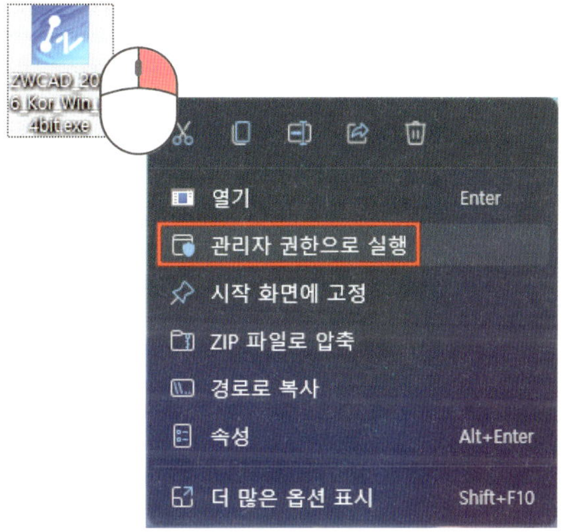

> **TIP** ZWCAD 설치파일의 경우, ZWCAD KOREA 홈페이지에서 다운로드 가능합니다.
> (https://www.zwsoft.co.kr → 홈페이지 상단의 다운로드 탭)

❷ ZWCAD 설치 마법사가 실행되면 설치 경로를 확인한 후, 〈계속〉 버튼을 클릭합니다. [최종 사용자 사용권 계약] 스크롤을 내려 내용 확인 후 〈동의 및 설치〉 버튼을 클릭합니다.

❸ 설치가 모두 완료되면 〈완료〉 버튼을 클릭하여 설치를 종료합니다.

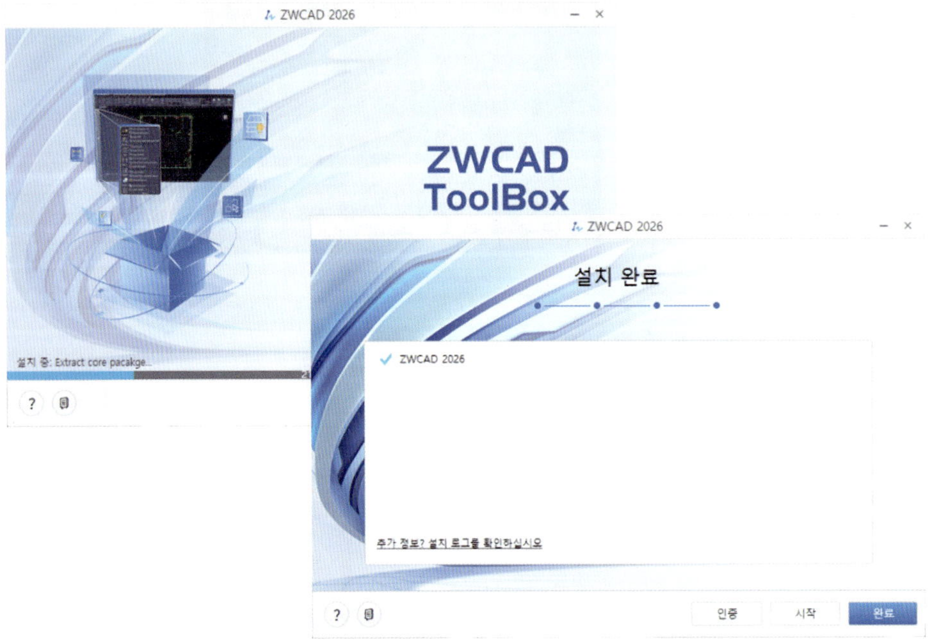

④ 바탕화면에 생성된 ZWCAD 아이콘을 더블 클릭하여 실행합니다. 라이선스 인증이 되어있지 않은 상태에서는 자동으로 ZWCAD가 **〈평가판〉**으로 실행됩니다. 평가판의 경우, **30일** 동안 전문가용 ZWCAD를 무료로 사용할 수 있습니다.

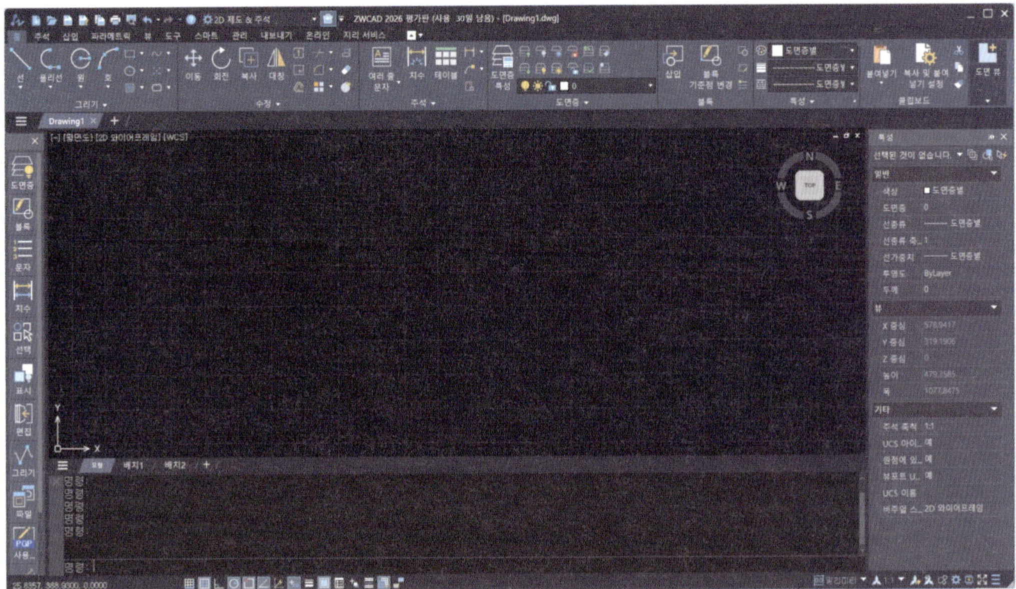

ZWCAD 2026을 실행했을 때 현재 설치된 PC에 ZWCAD 이전 버전(2025 이하)이 설치되어 있으면 사용자 맞춤 설정 마이그레이션 창이 활성화됩니다. 이전 버전에서 설정한 환경을 신규 설치한 ZWCAD 2026에 적용할 것인지를 설정합니다. 마이그레이션할 항목을 선택하고 확인 버튼을 클릭하면 설정이 적용됩니다.

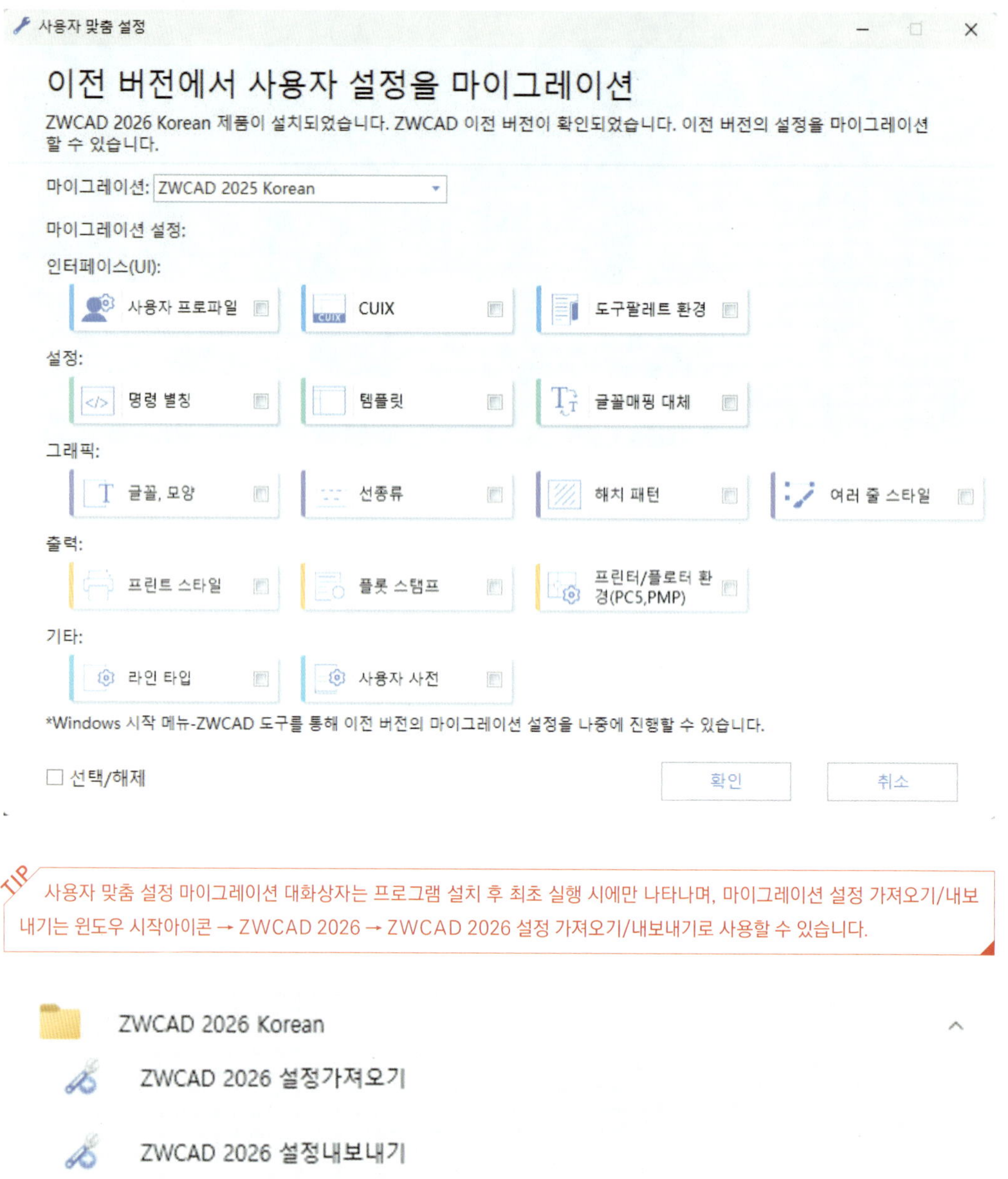

> **TIP** 사용자 맞춤 설정 마이그레이션 대화상자는 프로그램 설치 후 최초 실행 시에만 나타나며, 마이그레이션 설정 가져오기/내보내기는 윈도우 시작아이콘 → ZWCAD 2026 → ZWCAD 2026 설정 가져오기/내보내기로 사용할 수 있습니다.

MEMO

02

ZWCAD 시작하기

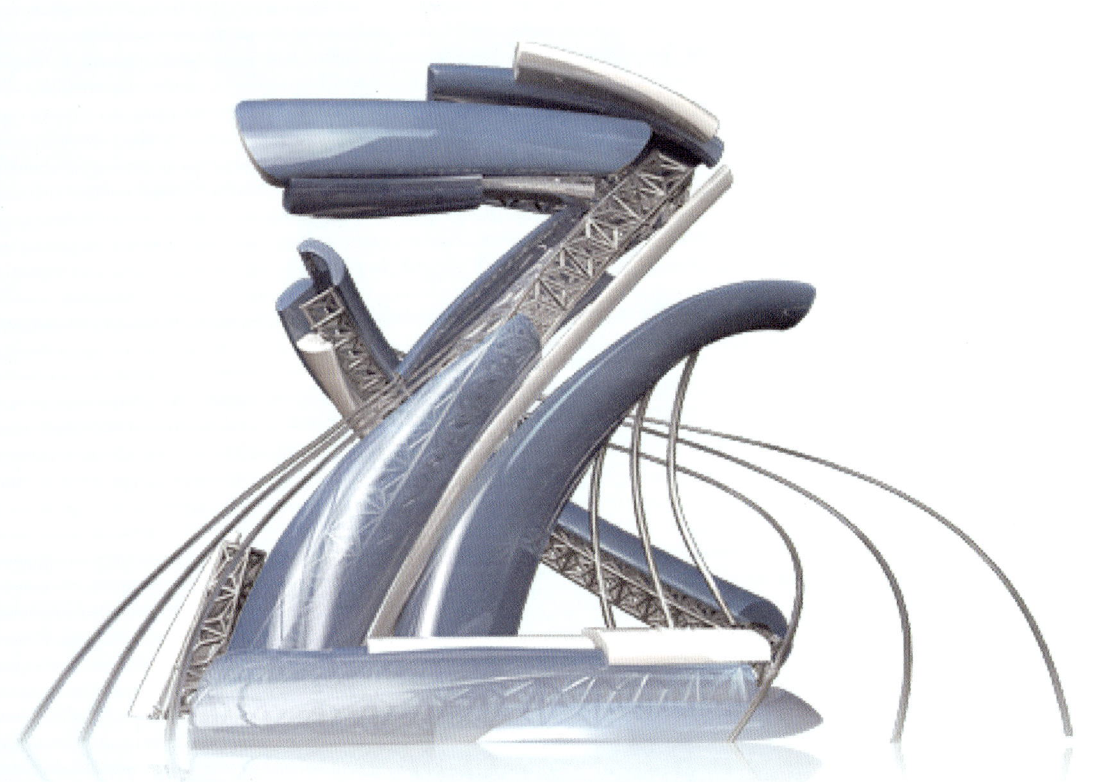

인터페이스

01 인터페이스

ZWCAD 설치 후 실행하면 볼 수 있는 ZWCAD의 첫 화면입니다. 기본적으로 리본 메뉴, 파일 탭, 특성 팔레트, 뷰큐브, 명령창 등으로 이루어져 있습니다. 인터페이스는 사용자가 원하는 대로 커스터마이징 할 수 있으며, 원하는 위치로 배치할 수 있습니다.

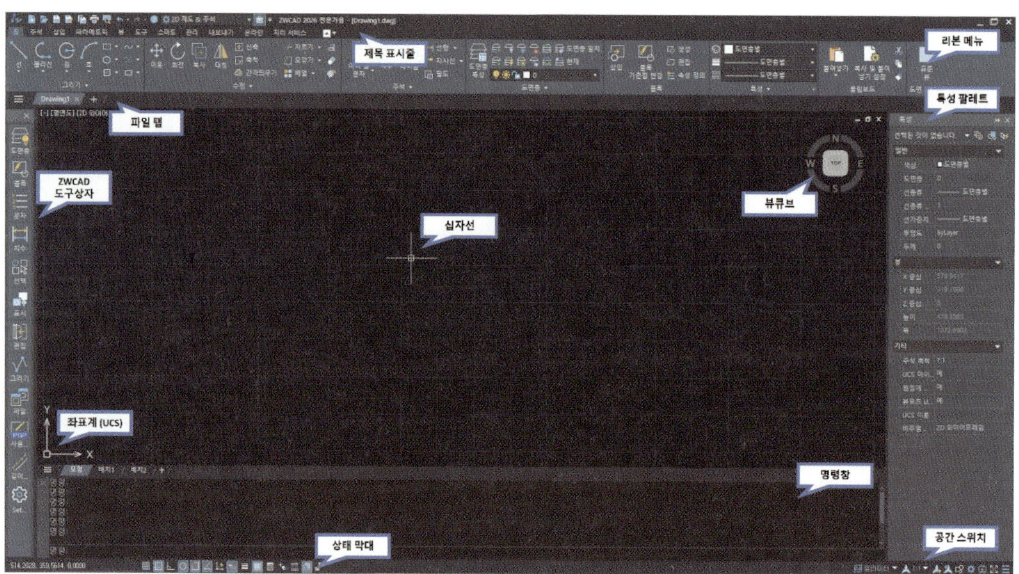

〈ZWCAD 2026 인터페이스〉

> **TIP** ZWCAD는 클래식 모드, 리본 모드(2D 제도&주석, 3D 모델링)를 지원합니다. 두 인터페이스의 변경은 화면 상단의 제목표 시줄 혹은 우측 하단의 [공간 스위치] 내 톱니바퀴 아이콘 을 클릭하여 변경할 수 있습니다.

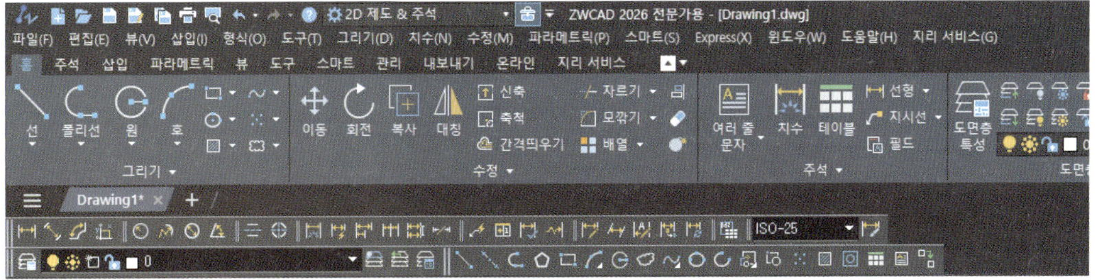

〈ZWCAD 2026 혼합 인터페이스〉

1. 리본 메뉴

리본 메뉴는 홈, 주석, 삽입, 파라메트릭, 뷰, 도구, 관리, 내보내기 등과 같은 탭 메뉴와 각 탭 아래 위치한 패널로 구성되어 있습니다. ZWCAD의 다양한 기능들이 분류 규칙에 따라 각 탭에 분류되며, 각 패널에 아이콘 형태로 배열되어 있습니다. 아이콘을 클릭하면 해당 명령을 실행할 수 있습니다.

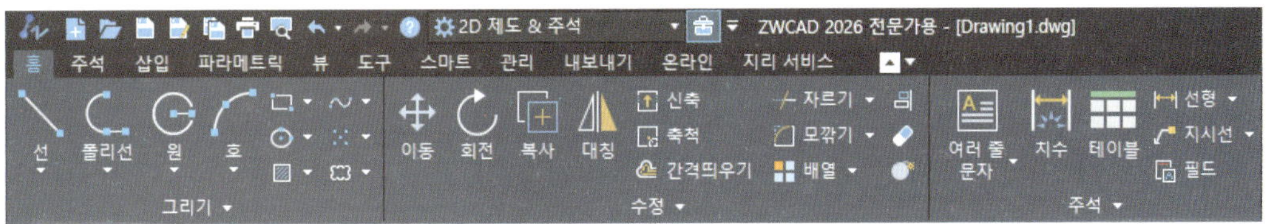

마우스 커서를 탭 위에 두고 스크롤하면 다른 탭을 순차적으로 탐색할 수 있습니다. 탭의 빈 공간에 우클릭하여 나타나는 메뉴를 통해 탭 표시 또는 숨기기를 제어할 수 있습니다.

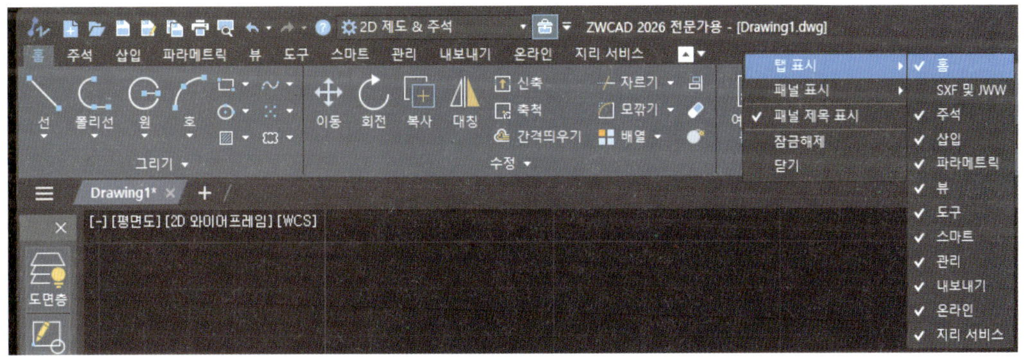

> **TIP** ZWCAD 리본 메뉴는 위치 변경, 고정, 숨김, 커스터마이징이 가능합니다. 자주 사용하는 패널을 결합하여 사용할 수도 있습니다.

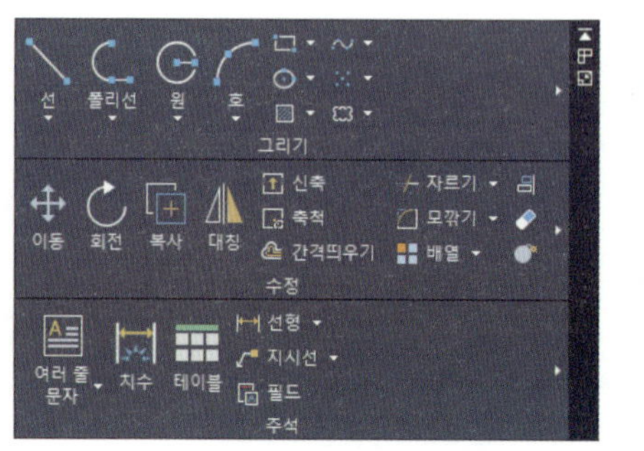

〈ZWCAD 2026 혼합패널〉

특정 명령(예: 블록 편집기 명령, 명령어: BEDIT)을 실행하거나 특정 유형의 객체(예: 배열, 해치, 포인트 클라우드 등)를 선택할 때 상황에 맞는 리본 탭이 표시됩니다. 명령이 끝나거나 객체 선택이 취소되는 경우 탭이 닫힙니다.

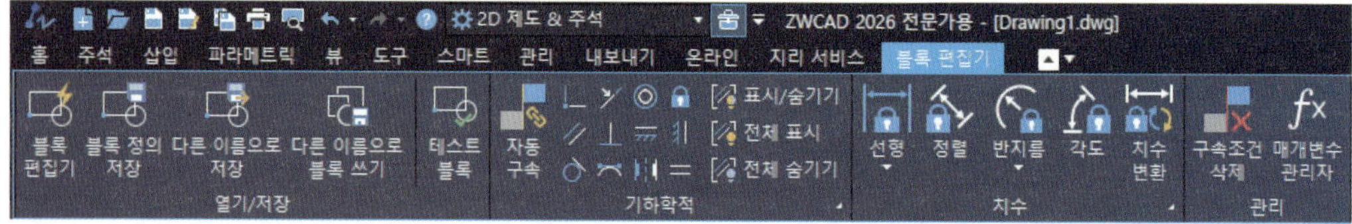

사용자화 인터페이스 〈CUI〉

작업 공간, 리본 패널, 도구막대, 메뉴, 바로 가기 메뉴, 마우스 버튼 설정 등의 사용자 인터페이스 요소를 관리할 수 있습니다.

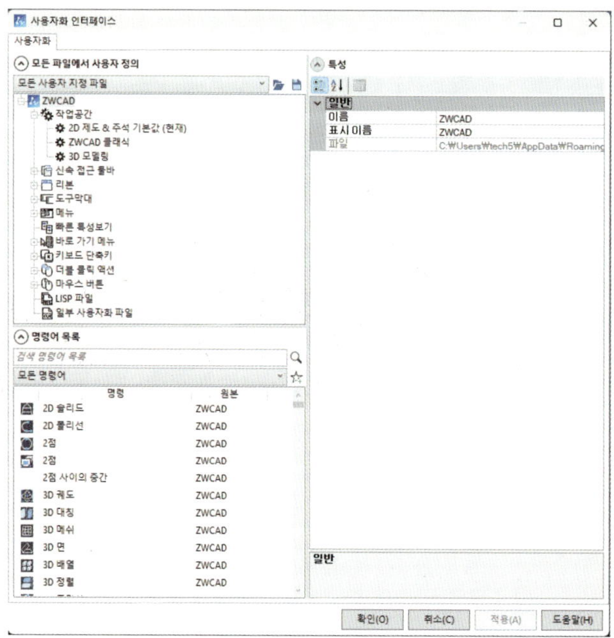

2. 특성 팔레트 〈Ctrl+1〉

선택한 객체의 속성을 표시하고 수정할 수 있는 팔레트입니다. 새 값을 지정하여 모든 속성 값을 수정할 수 있습니다.

빠른 특성 팔레트 〈QP〉

선택한 객체의 주위에 빠른 특성 팔레트가 나타나며 간단한 객체 속성 값의 경우 빠른 특성 팔레트로 수정할 수 있습니다.

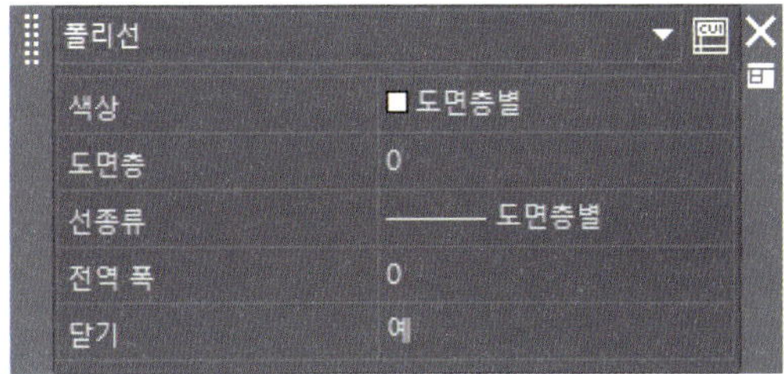

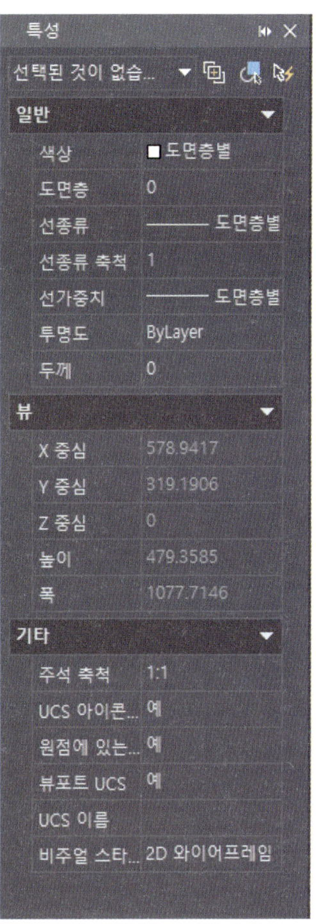

> **TIP**
>
> 시스템 변수: QPMODE
> 〈0〉 : 객체를 선택할 때 빠른 특성 팔레트를 표시하지 않습니다.
> 〈1〉 : 객체를 선택할 때 빠른 특성 팔레트를 표시합니다.

3. 명령창 〈Ctrl+9〉

명령어나 단축키를 입력하는 창입니다. 전체 명령어 또는 명령 단축키를 입력하고 Enter 또는 Space Bar를 눌러 명령을 실행합니다. 동적 입력을 사용할 경우 메시지를 입력하면 커서 근처의 툴 팁에 표시됩니다. 명령어의 하위 옵션 단축키를 입력하거나 마우스로 직접 클릭하여 하위 옵션 명령을 실행할 수도 있습니다.

명령창에는 입력된 명령어에 따른 옵션 또는 결과를 표시합니다. 명령창의 크기를 조정하거나 위치를 변경할 수 있으며, 오른쪽의 스크롤 바를 이용해 사용 이력을 볼 수 있습니다.

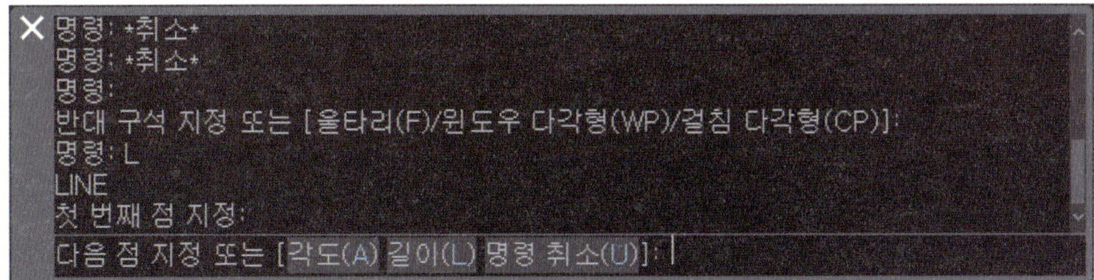

4. 상태 막대

현재 ZWCAD의 인터페이스 상태를 표시하는 곳으로 커서의 좌표 값과 그리기 도구, 주석 축척 도구, 공간 스위치로 구성되어 있습니다. 그리기 도구 버튼의 제어로 스냅, 극좌표, 객체 스냅 등의 설정을 손쉽게 변경할 수 있습니다.

A: 마우스 커서 위치 (X,Y) 좌표, B: 상태표시줄, C: 공간스위치

상태 표시줄 목록 기능을 통해 사용자의 선호도에 따라 인터페이스를 지정할 수 있습니다.

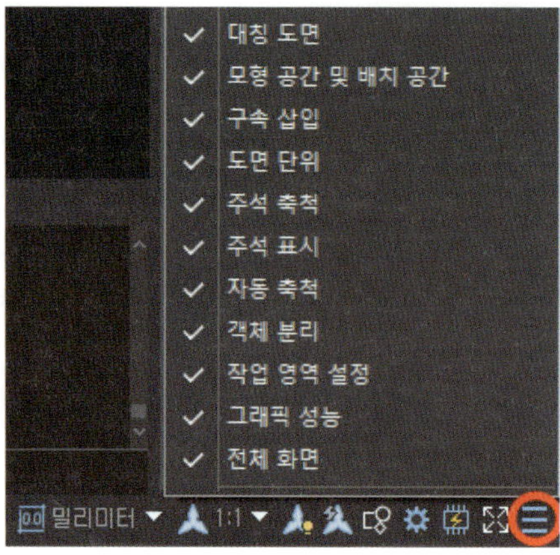

상태 표시줄에 표시할 기능만 선택하여 사용이 가능합니다.

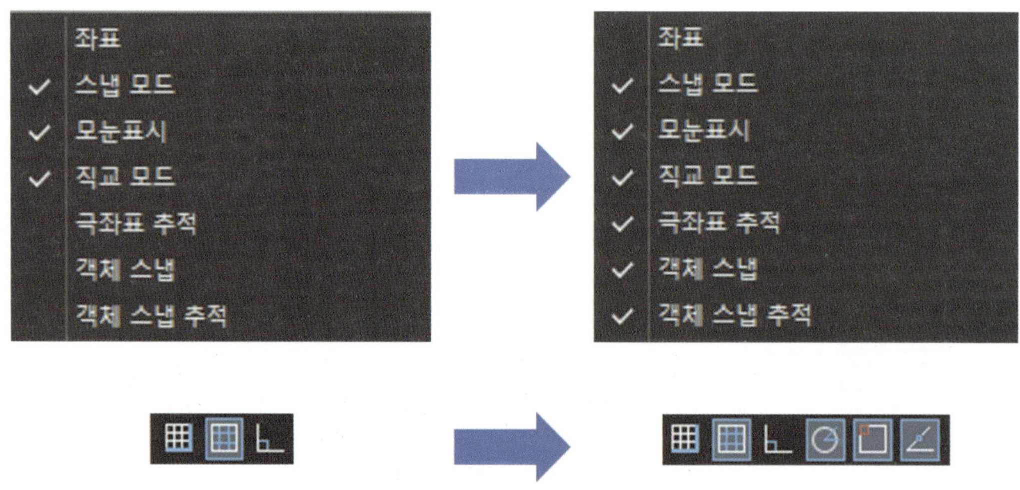

5. 작업영역

작업이 이루어지는 영역으로 모형 공간과 배치 공간으로 구분되어 있습니다.

모형 공간은 실제 도면 작업을 하는 공간으로 공간의 제약이 없는 무한 공간의 영역입니다.

배치 공간은 출력을 위한 공간으로 먼저 장치, 용지 사이즈 등 출력에 대한 세팅을 먼저 한 후 모형 공간에 작업된 내용을 뷰포트를 통해 불러들여 자유롭게 배치하여 출력하는 공간입니다. 모형 공간에서도 출력할 수는 있지만 배치 공간에서 훨씬 효율적으로 출력할 수 있습니다.

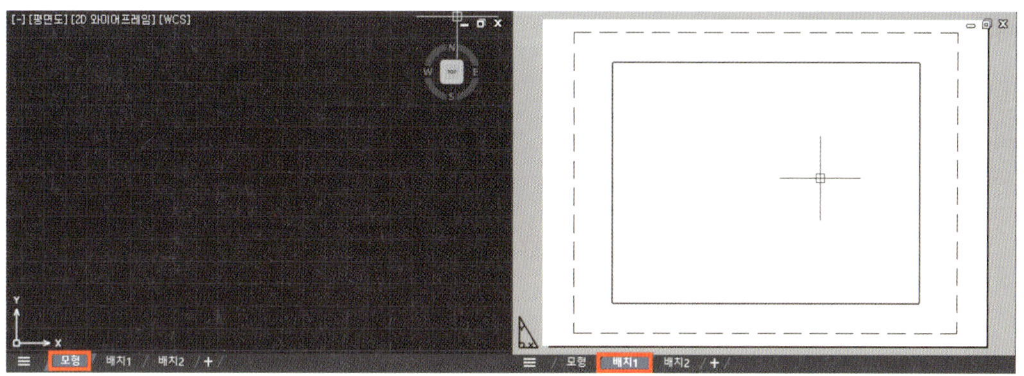

모형 공간   배치 공간

6. 기타 인터페이스

좌표계

현재 적용된 좌표계가 표시됩니다. ZWCAD에서는 표준 좌표계(WCS)를 기본 좌표계로 사용합니다.

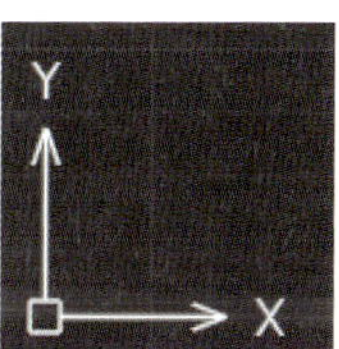

뷰큐브

2D 및 3D 모형 공간에서의 뷰 관리를 효율적으로 할 수 있습니다. 뷰큐브는 사전 정의된 26개의 뷰 포인트를 지원합니다. 뷰 포인트를 클릭하면 해당 뷰로 화면이 전환됩니다.

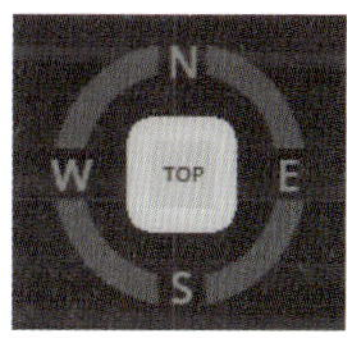

> **TIP**
>
> **NAVVCUBE 시스템 변수**
>
> 〈켜기(ON)〉 : 도면 영역에 뷰큐브가 표시됩니다.
>
> 〈끄기(OFF)〉 : 뷰큐브가 표시되지 않습니다.

기본 사용법

01 열기

도면을 여는 방법은 여러 가지가 있습니다. 그리고 도면에 문제가 있을 경우 오류 검사를 통해 파일을 검토하여 복구 후 열어주는 복구(RECOVER) 명령을 통해 열 수 있습니다.

1. 기존 도면 열기

프로그램 실행 후 열기 명령을 사용하여 열고자 하는 파일을 선택합니다.

1) ZWCAD 버튼 → 열기 → 도면 혹은 명령어 〈OPEN〉 입력

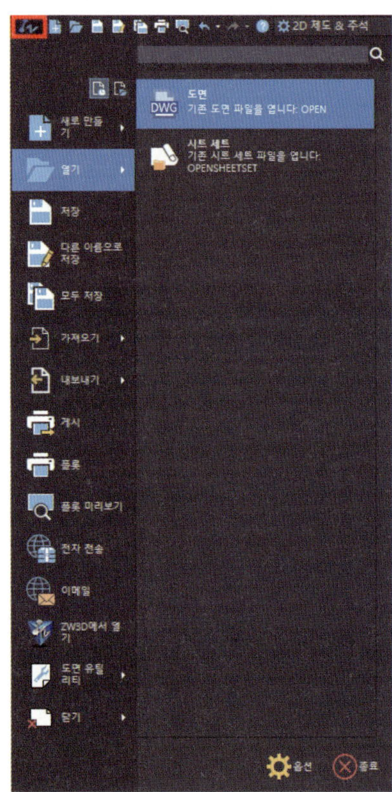

파일 선택 창에서 도면 파일 경로에 접속하여 도면 선택 후 열기 버튼을 눌러줍니다.

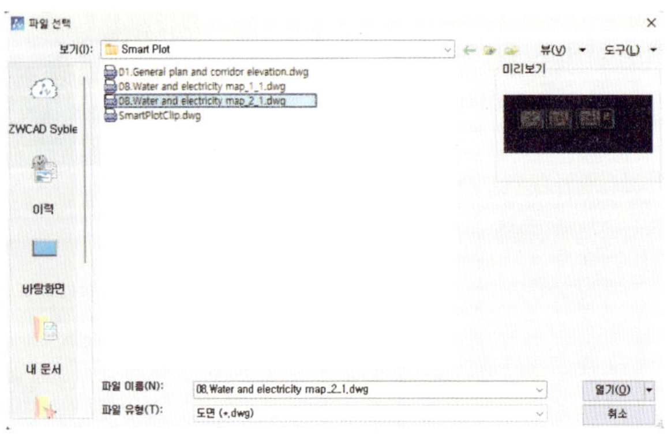

2) 윈도우 탐색기에서 파일을 더블 클릭하면 ZWCAD 가 자동 실행되면서 도면 파일이 열립니다.

사용자 컴퓨터에 ZWCAD만 설치되어 있는 경우, 자동으로 ZWCAD에서 열립니다. 다른 CAD 프로그램이 함께 설치되어 있는 경우, ZWCAD를 처음 실행할 때 **〈파일 연결 대화상자〉**를 통해 기본 연동 프로그램을 선택할 수 있습니다.

3) 윈도우 탐색기에서 파일을 ZWCAD로 드래그합니다. 기존 도면이 열린 상태에서 작업 공간에 파일을 드래그하면 블록으로 삽입이 되고, 명령창이나 파일탭 위로 드래그하면 새 창에서 도면이 열립니다.

2. 복구, 감사, 소거

도면 파일에서 불필요한 객체와 정보들을 삭제하여 용량을 줄이고, 오류를 제거하여 파일을 최적화할 수 있습니다.

복구(RECOVER)

'복구'는 도면을 열기 전, 오류 검사를 실시한 후 열어주는 명령입니다.

ZWCAD 버튼 → 도면 유틸리티 → 복구 버튼을 누른 후 복구할 파일을 선택합니다. 복구가 완료되면 해당 파일이 열립니다.

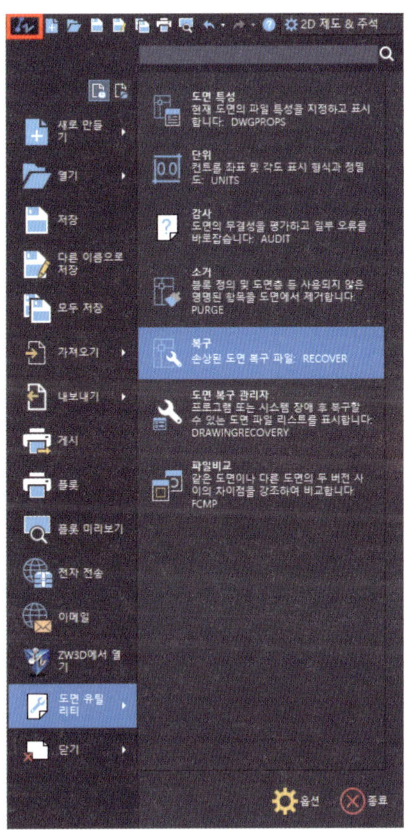

감사(AUDIT)

'감사'는 현재 작업중인 도면에 대한 오류 검사를 실시하
고 일부 오류를 정정합니다.

ZWCAD 버튼 → 도면 유틸리티 → 감사 버튼을 눌러
실행합니다.

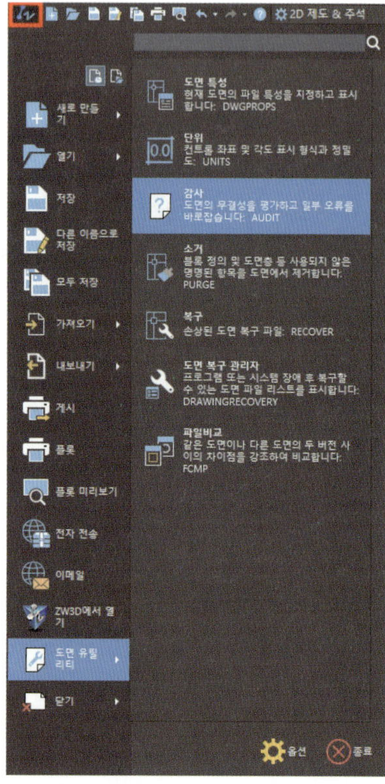

소거(PURGE)

'소거'는 도면에서 사용되지 않는 요소를 제거합니다.

ZWCAD 버튼 → 도면 유틸리티 → 소거 버튼을 눌러
실행합니다.

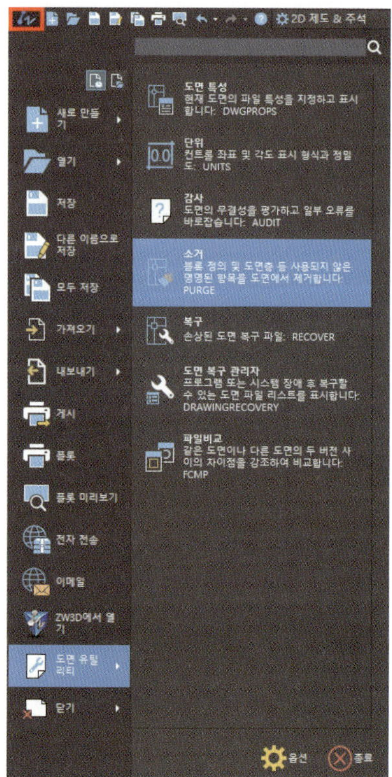

소거할 수 있는 항목에 나타나는 내용들은 오류 검사에 의해 제거할 내용이 보이기도 하지만 도면층, 문자 스타일, 치수 스타일 등 사용하려고 만들어 놓았으나 아직 사용하지 않은 내용들도 보이므로 제거하기 전에 항목들을 자세히 확인한 후 소거를 실행해야 합니다.

대부분은 오류 항목이거나 현재 도면에서 사용하지 않는 항목들이므로 〈모두 소거〉 버튼을 눌러 불필요한 데이터들을 삭제합니다.

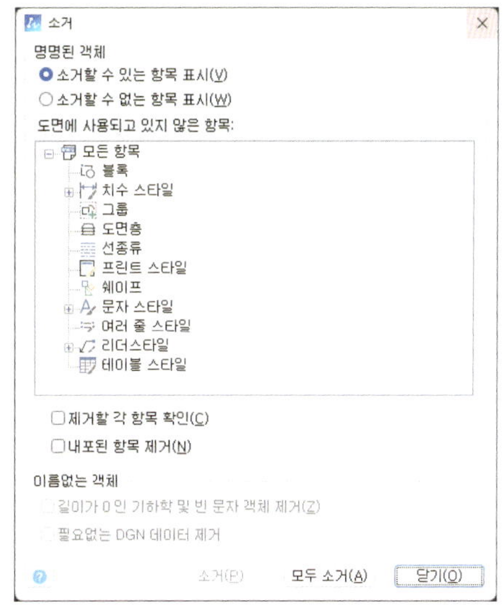

02 저장하기

저장 방법에는 기존 도면에 덮어쓰기, 다른 이름으로 저장, 다른 형식으로 저장 등 여러 방법이 있습니다. 파일의 기본 확장자는 *.dwg이며, 윈도우 기반의 다른 응용프로그램들과 호환하기 위해 그 밖의 여러 확장자 형식(Format)을 지원합니다.

1. 자동 저장

자동 저장은 설정된 시간 단위로 계속 임시 파일이 저장되며, 정상적으로 종료할 경우 임시 저장 파일은 일괄 삭제됩니다. 그러나 비정상적으로 종료된 경우(강제 종료 등)에는 임시 저장 파일을 통해 도면을 복구할 수 있습니다.

자동 저장하기 설정은 옵션(options) → 열기 및 저장에서 설정할 수 있습니다. 자동 저장 켜기/끄기, 저장 간격 시간 등을 설정할 수 있습니다.

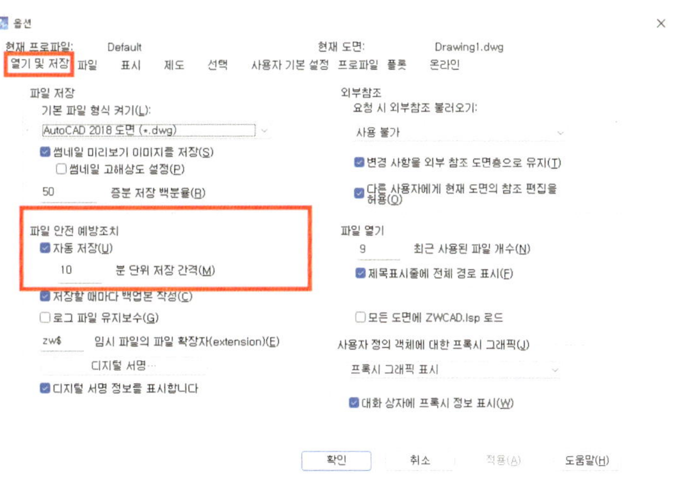

자동 저장 파일의 위치는
옵션(options) → 파일 →
자동 저장 파일 위치에서 확
인할 수 있습니다. 자동 저장
파일은 *.zw$의 형식으로
저장되어 있으며, 확장자를
*.dwg로 바꾸어 사용할 수
있습니다.

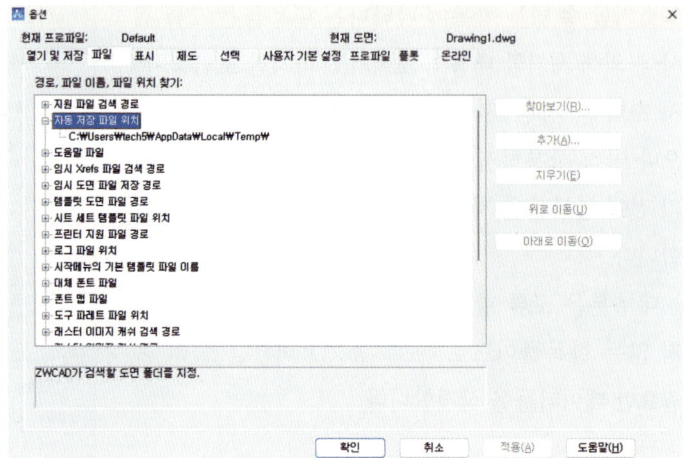

> TIP
> 사용자가 직접 저장하는 경우에는 백업 파일이 생성됩니다. 옵션(options) → 열기 및 저장 → 〈저장할 때마다 백업본 작성〉
> 옵션이 켜져있는 경우에 해당 백업 파일은 현재 사용하는 파일과 같은 폴더에 자동 생성됩니다. 백업 파일은 *.bak의 형식으로
> 생성되며, 확장자를 *.dwg로 바꾸어 사용할 수 있습니다

2. 다른 이름으로 저장(SAVE AS)

새 도면을 저장하거나, 현재 열려 있는 파일의 이름을 변경하여 다른 이름으로 저장합니다.

1) ZWCAD 버튼 → 다른 이름으로 저장 버튼을 누
릅니다.

2) 다른 이름으로 저장이 열리면 폴더 경로와 파일
이름을 설정하여 저장합니다.

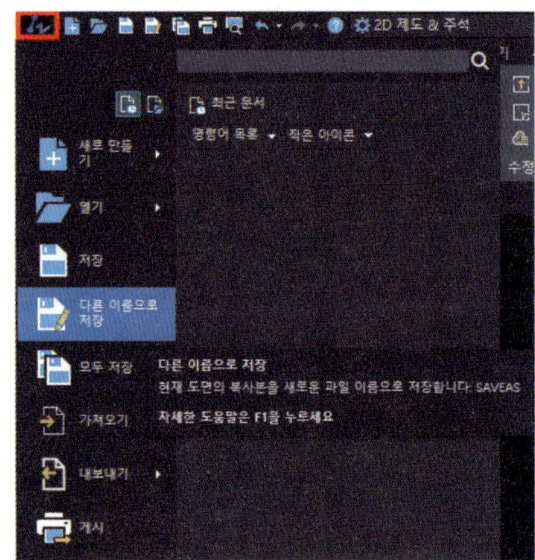

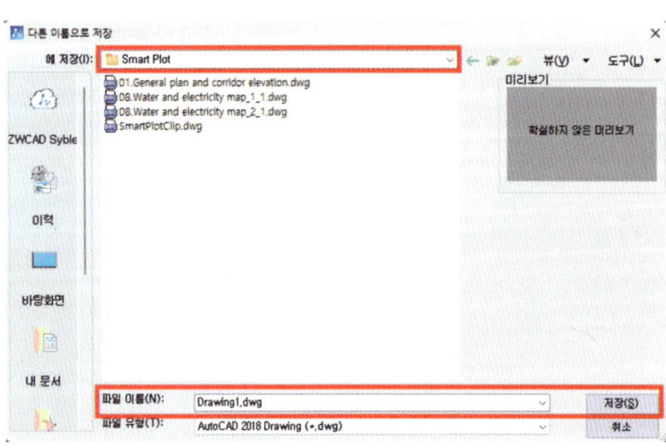

3. 하위 버전 파일 형식으로 저장

ZWCAD는 매년 새로운 버전을 출시하고 있습니다. 각 버전에서 지원되는 형식이 다르므로 상위 버전의 파일을 하위 버전에서 열기 위해서는 해당 버전을 열 수 있는 파일 형식으로 저장해야 합니다.

다른 이름으로 저장 시에는 파일 형식에서 원하는 하위 버전의 형식을 선택하여 저장할 수 있습니다. 특별히 별도 버전의 파일이 필요한 경우에 사용할 것을 권장합니다.

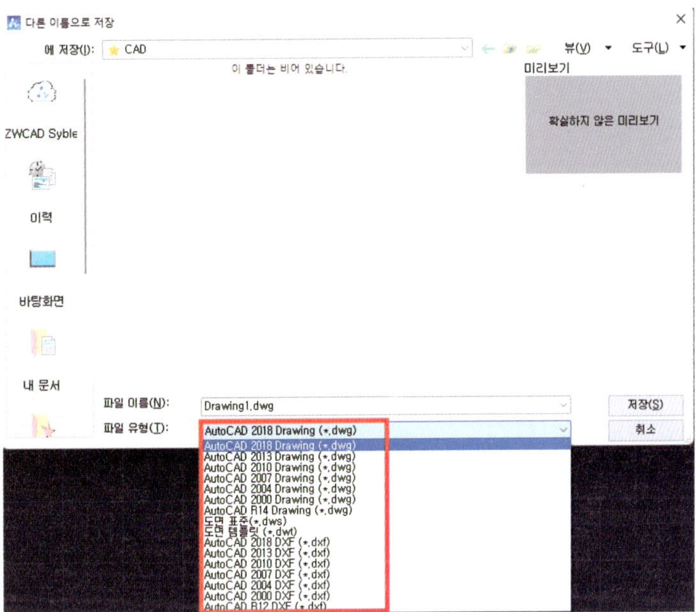

매번 저장할 때마다 파일 형식을 변경하지 않고 ZWCAD 버튼 → 옵션(options) → 열기 및 저장 탭에서 기본 저장 파일 형식을 설정할 수 있습니다.

다음 표는 버전별 저장 형식입니다.

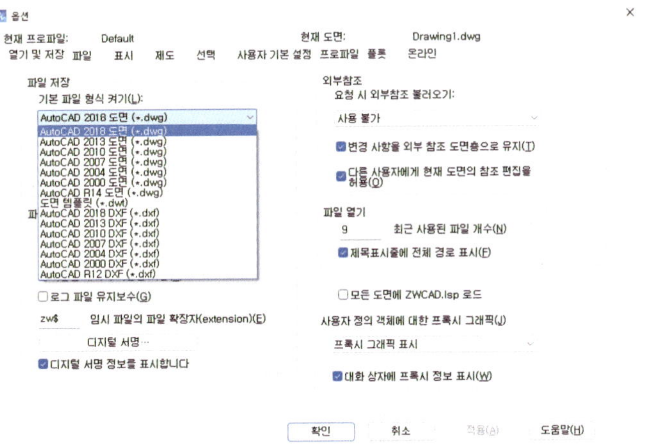

버전	파일 형식
R14	R14/LT97/LT98 도면 (*.dwg)
2000, 2000i, 2002	2000/LT2000 도면 (*.dwg)
2004, 2005, 2006	2004/LT2004 도면 (*.dwg)
2007, 2008, 2009	2007/LT2007 도면 (*.dwg)
2010, 2011, 2012	2010/LT2010 도면 (*.dwg)
2013, 2014, 2015, 2016, 2017	2013 도면 (*.dwg)
2018, 2019, 2020, 2021, 2022, 2023, 2024, 2025, 2026	2018 도면 (*.dwg)

TIP 분류된 버전별 파일 형식에 따라 하위 버전에서는 상위 버전 파일 형식이 열리지 않습니다. 도면을 하위버전 파일 형식으로 저장할 경우 파일 크기가 커지고 일부 객체의 특성이 변경되거나 화면에 표시되지 않는 등의 제한이 발생할 수 있습니다.

4. 도면 파일 일부 저장

블록 쓰기(WBLOCK / 단축키: W) 명령으로 도면의 일부를 새로운 도면으로 저장할 수 있습니다. 선택한 객체만을 별개의 도면으로 작성할 수 있으며 선택한 객체만을 블록으로 묶어 하나의 객체처럼 사용할 수도 있습니다.

1) 명령창에 〈WBLOCK〉 또는 W를 입력합니다.
2) 객체 선택 버튼을 눌러 필요한 객체를 선택합니다. (블록의 기준점을 만들고 싶다면 [기준점-점 선택] 버튼을 눌러 블록의 기준점을 화면에서 선택하거나 절대좌표를 입력할 수 있습니다.)
3) 파일 이름과 경로, 그리고 단위를 설정한 후 확인을 눌러 도면을 저장합니다.

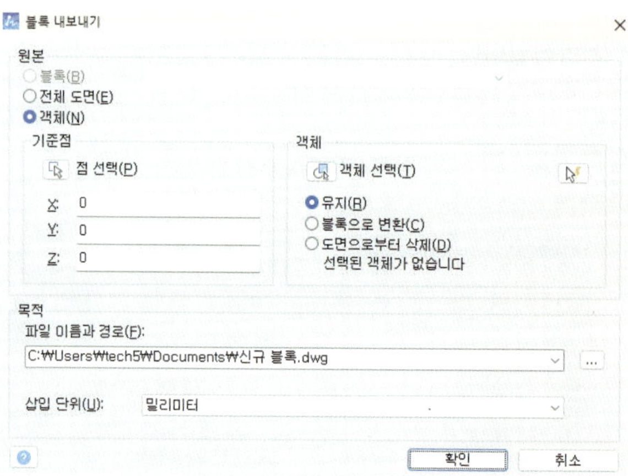

03 도면 다루기

1. 마우스를 이용한 도면 작업

도면은 기본적으로 마우스를 이용하여 작업합니다.

선택   LEFT CLICK
- 좌측 버튼=선택
- Shift+좌측 버튼=선택 제거

휠   SCROLL
- 휠 버튼 클릭
유지+마우스 이동
 =화면 초점 이동 (PAN)
- Shift+휠 버튼=궤도 이동 (ORBIT)
- 휠 버튼 위로 이동=화면 확대
- 휠 버튼 아래로 이동=화면 축소
- 휠 버튼 두 번 클릭=범위 줌

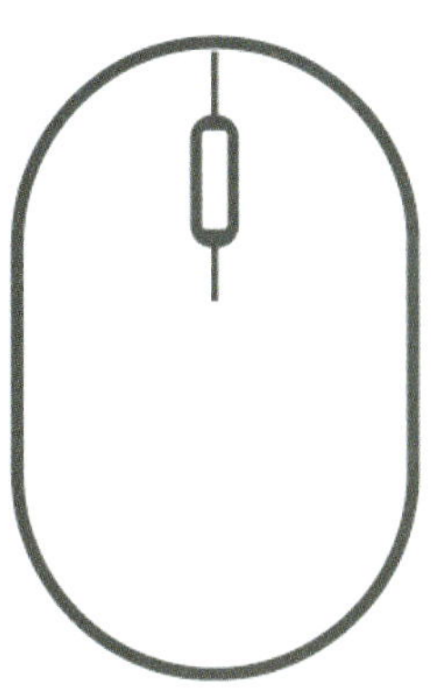

옵션과 팝업 메뉴   RIGHT CLICK
- 우측 버튼=팝업 메뉴
- 팝업 메뉴는 진행
상황에 따라 달라집니다.
- Shift+우측 버튼=오스냅 메뉴
- Ctrl+우측 버튼=오스냅 메뉴

ZWCAD에서 '줌(ZOOM)'과 '초점이동(PAN)'은 도면을 다루는데 반드시 필요한 명령입니다. 이 두 가지 명령은 다른 명령들처럼 단축키, 도구 막대 등으로 실행이 가능하지만 마우스를 사용하는 것이 가장 간단합니다.

2. ZOOM 명령을 이용한 화면 조정

화면을 확대, 축소시키는 방법은 마우스 휠 조정이 쉽지만 상황에 따라 명령어 사용이 더 편할 수도 있습니다. 아래의 옵션들을 이용하여 상황에 맞게 사용할 수 있습니다.

All(전체)	도면 한계 전체를 화면에 표시합니다. (한계가 설정되어 있지 않은 경우, 작업된 객체들의 최대 외곽을 표시합니다.)
Center(중심점)	중심점과 높이에 의해 정의된 화면을 표시합니다.
Dynamic(동적)	직사각형 상자를 이용하여 확대하거나 축소할 영역을 지정합니다.
Extents(범위)	모든 객체가 화면에 꽉 차도록 표시합니다.
Previous(이전)	화면 크기를 조절하기 이전 화면으로 복원합니다.
Scale(스케일)	현재 화면 대비 크기를 조절할 배율을 입력합니다.
Window(윈도우)	확대할 영역을 사각형으로 지정합니다.
Object(오브젝트)	선택한 객체를 화면에 꽉 차도록 표시합니다.

ZWCAD에서는 도면을 열 때 프로그램에서 제공하는 기본 템플릿을 사용할 수 있으며, 또는 나만의 템플릿을 만들어 저장한 후 사용할 수도 있습니다.

1. 템플릿 파일을 사용하여 도면 시작하기

ZWCAD에서는 여러가지 템플릿 파일을 제공합니다. 템플릿이란 사용자가 자유롭게 쓸 수 있는 표준 스타일과 설정이 정의되어 있는 기본 도면입니다. ZWCAD에서 제공하는 템플릿은 'ANSI 규격', 'ISO 규격', 'DIN 규격'이 제공됩니다.

'ANSI 규격'은 미국 국립 표준협회에서 제정한 규격이며, 'ISO 규격'은 국제 표준화 기구에서 제공하는 규격으로 미터법 측정 단위 시스템을 기반으로 하여 밀리미터 단위로 설정되어 있습니다.

'DIN 규격'은 독일에서의 공업 제품의 표준규격이며 국제적으로 상당한 영향력을 가지고 있는 규격입니다.

우리나라의 경우 미터법 기반의 'ISO 규격'으로 작업이 되므로, 빈 도면을 열 때 'zwcadiso. dwt' 파일을 선택하여 작업을 시작합니다.

2. 나만의 템플릿 파일을 만들어 빠른 새 도면으로 시작하기

'zwcadiso.dwt' 파일을 사용하면 기본적인 설정 값들이 정해져 있으므로 개별적인 시스템 변수 값을 변경하더라도 새 도면을 열거나 프로그램을 다시 실행시켰을 때 설정 값들이 원상태로 돌아가게 됩니다. 따라서 필요에 따라 시스템변수 값을 재설정 한 후 새로운 템플릿으로 저장하여 사용하는 방법이 있습니다.

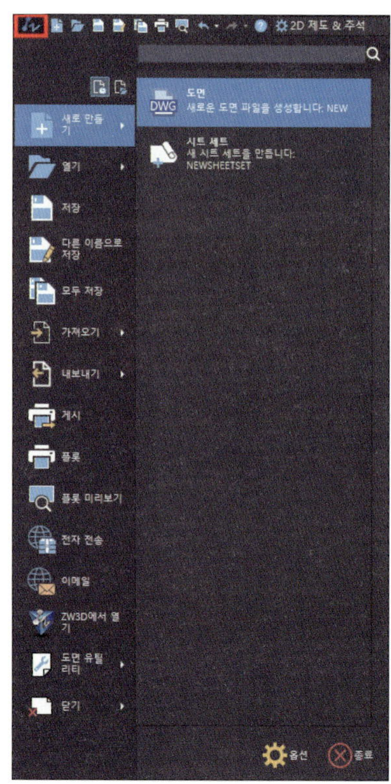

새로운 템플릿 파일을 엽니다.

ZWCAD 버튼 → 새로 만들기 → 도면

플롯 스타일, 옵션 설정 등 개별적인
시스템변수 값을 변경합니다.

ZWCAD 버튼 → 다른 이름으로 저장 → 파일 유형: 도면 템플릿(*.dwt)으로 선택하고 새로운 파일 이름을 지정합니다.

저장 버튼을 누르고 템플릿 옵션 창이 뜨면 내용을 확인 후 확인 버튼을 누릅니다.

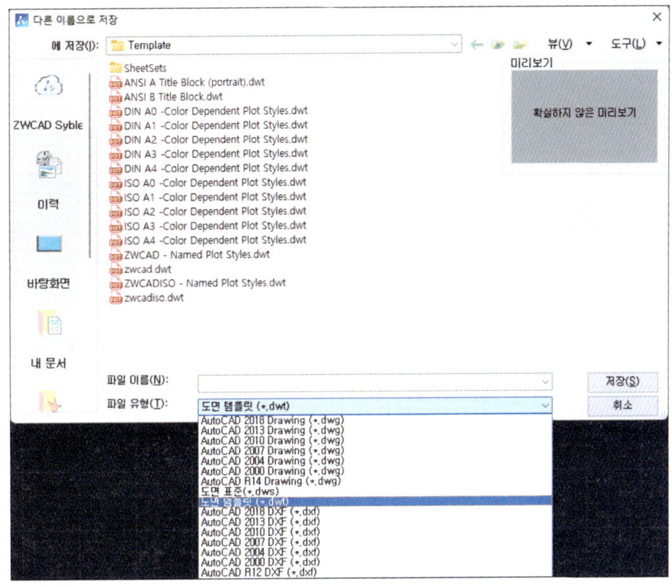

옵션(options) → 파일 → 시작 메뉴의 기본 템플릿 파일 이름 → 비어 있음을 클릭한 후 다른 이름으로 저장된 템플릿 파일을 지정합니다.

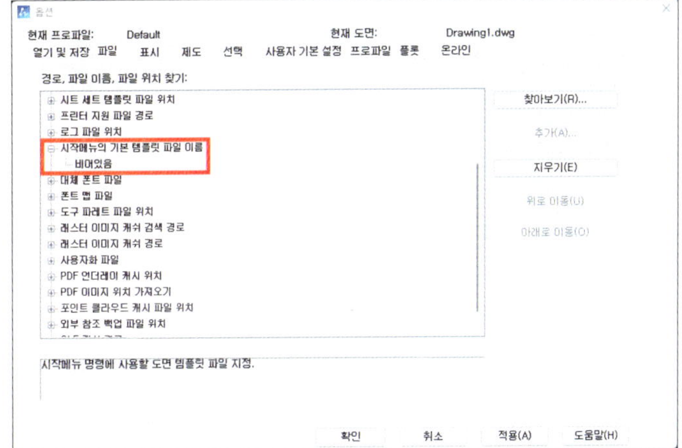

다음과 같이 기본 템플릿 파일이 지정한 신규 템플릿으로 설정된 것을 확인할 수 있습니다.

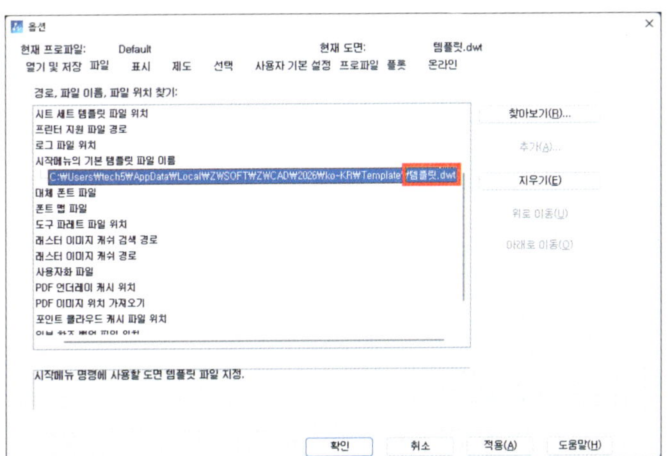

파일 탭의 '+ (빠른 새도면)' 명령 실행 시 지정한 신규 템플릿으로 중간 단계 없이 바로 실행됩니다.

3. CAD 표준 도면 작성하기

프로젝트가 여러 팀 또는 타 업체와 이루어지는 경우, 각각 기준이 다르기 때문에 다양한 형태로 도면이 작성됩니다. CAD 표준 도면 기능을 통해 도면 설계 규격(도면층, 문자 스타일, 주석 스타일, 다중 지시선 스타일)을 미리 작성하고 데이터를 도면 표준 파일(*.dws)에 저장하여 모든 도면을 동일한 표준 조건에 맞춰 사용할 수 있습니다.

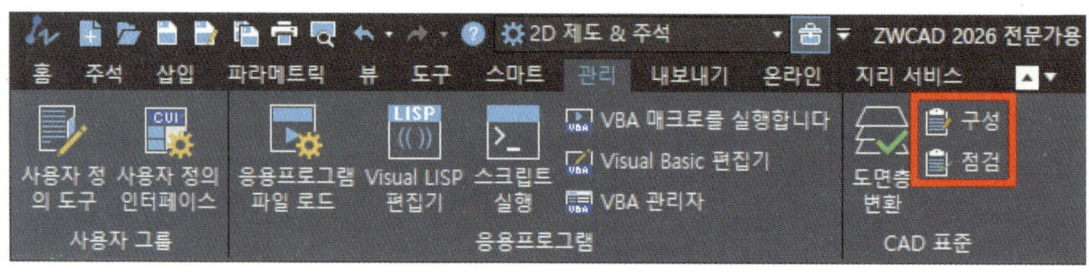

〈구성 표준 창〉　　　　　　　　　　　　　　　　　〈점검 표준 창〉

도면에 대해 동일한 표준 조건을 만들기 위해 *.dws 파일(표준 도면)을 도면에 연결해야 하며, 사용자는 표준 도면과의 차이점을 확인한 후 수동 또는 자동으로 도면의 특성을 수정해야 합니다.

또한, 도면을 연결한 후, 사용자가 표준 도면에 맞지 않는 조건으로 작업을 하게 되면 알림 대화 상자가 나타납니다.

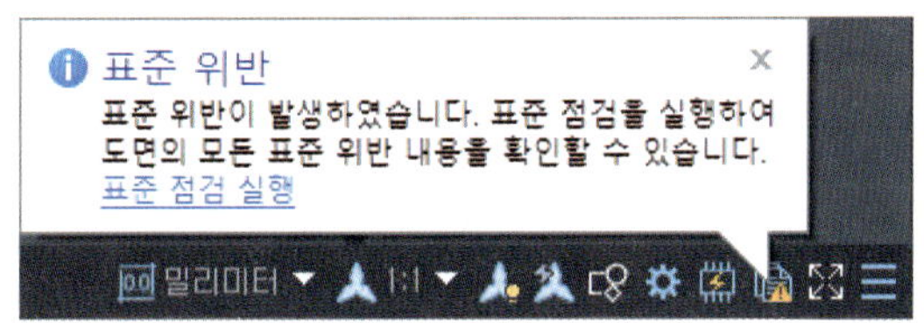

도면층과 관련된 알람이 발생될 시 '도면층 변환' 기능을 이용하여 도면층을 통일화 할 수 있습니다.

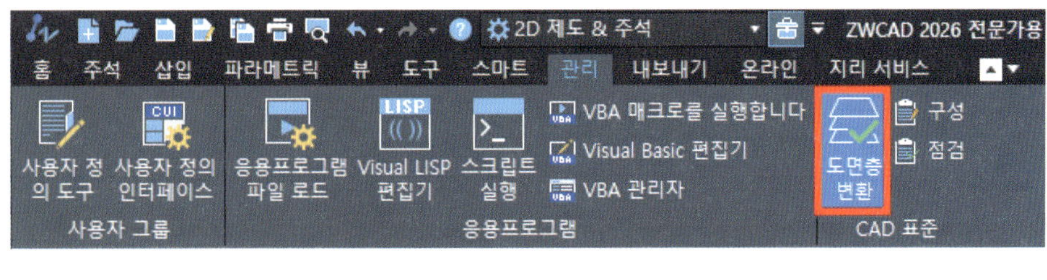

원본 도면층 ...	새로운 도면...	색상	선종류	선가중치	플롯 스타일
0	가상선	252	Continuous	Default	Color_252
Defpoints	Defpoints	7	Continuous	Default	Color_7

ZWCAD에서는 작업 환경을 설정하기 위한 옵션 대화상자를 제공하고 있습니다. 한번 설정된 내용은 다시 변경하기 전까지는 계속 지속됩니다.

1. 옵션 대화상자 표시하기

메뉴 사용하기

ZWCAD 버튼 → 옵션(options) 버튼을 클릭하면 옵션 대화상자가 표시됩니다.

바로 가기 메뉴 사용하기

도면 영역에서 〈마우스 오른쪽 버튼〉을 클릭합니다. 바로 가기 메뉴가 활성화되면 아래의 〈옵션〉 버튼을 클릭합니다. 옵션 대화상자가 표시되는 것을 확인할 수 있습니다.

〈메뉴 사용하기〉 〈바로 가기 메뉴 사용하기〉

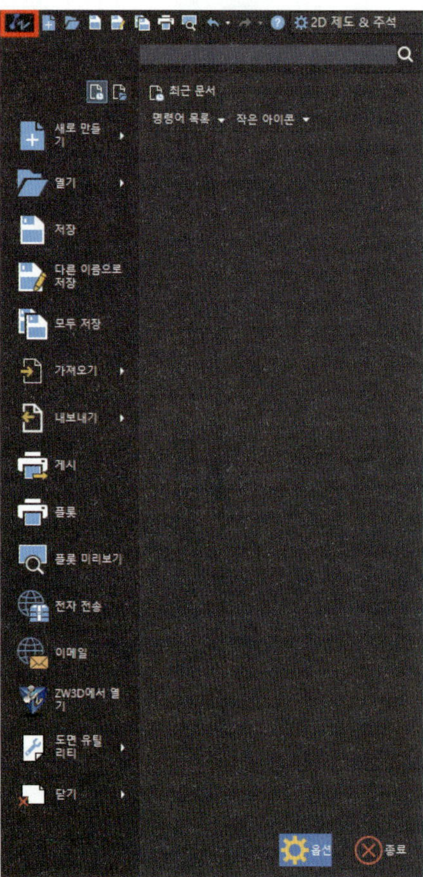

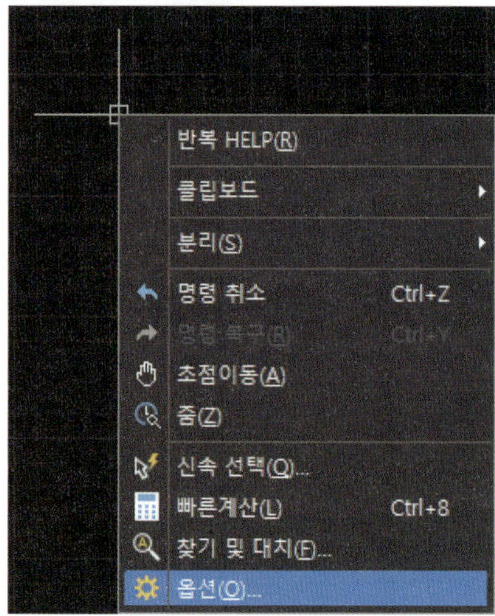

2. 옵션 설정하기

옵션 대화상자는 9개의 탭이 제공되며, 각 탭 화면에서는 해당 카테고리와 관련된 상세한 작업 환경을 설정할 수 있습니다.

열기 및 저장

도면 파일을 열거나 저장할 때의 환경을 설정합니다. 기본적으로 저장되는 파일의 형식과 자동 저장 간격, 외부 참조 규칙 등을 설정할 수 있습니다.

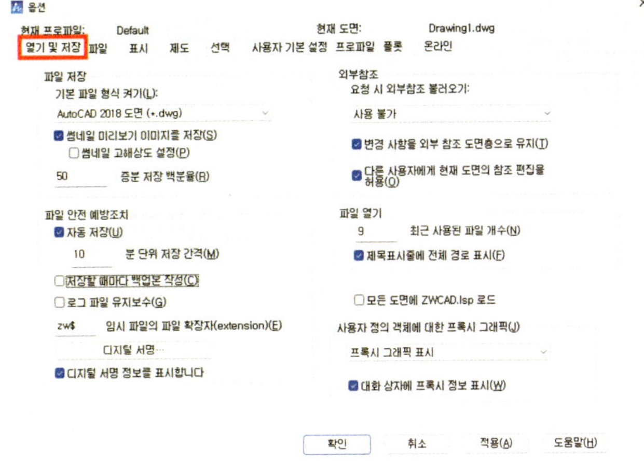

파일

ZWCAD에 사용되는 파일들의 저장 경로를 확인하고 변경합니다. 확인 또는 변경하고자 하는 경로를 선택 후 추가, 변경, 삭제를 설정할 수 있습니다.

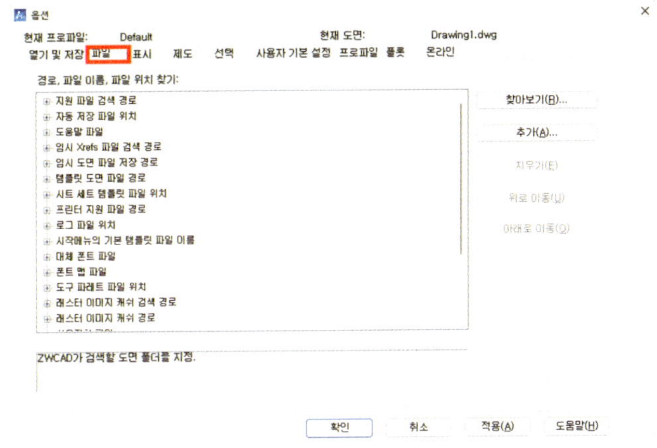

표시

화면 표시 방법을 설정합니다. 작업 영역의 색상, 십자선의 크기, 해상도 등을 설정할 수 있습니다.

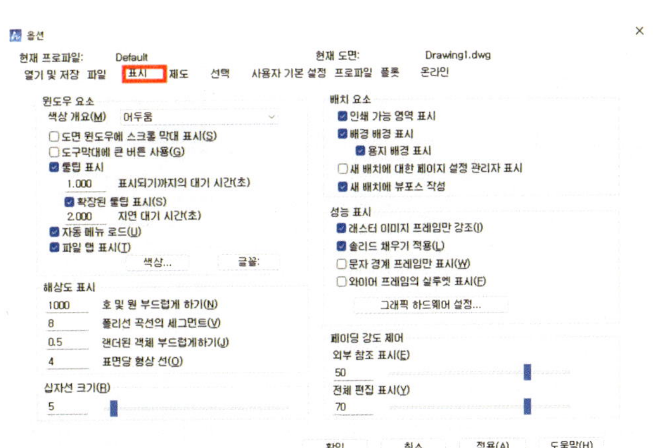

표시 - 그래픽 하드웨어 설정

그래픽 하드웨어 설정을 통해 컴퓨터의 그래픽 프로세서(GPU) 성능을 활용할 수 있습니다. 하드웨어 가속화를 통해 사용자 작업 효율이 크게 향상될 수 있으며, 용량이 큰 도면에서 ZOOM, 축척 및 기타 명령어를 원활하게 사용할 수 있습니다.

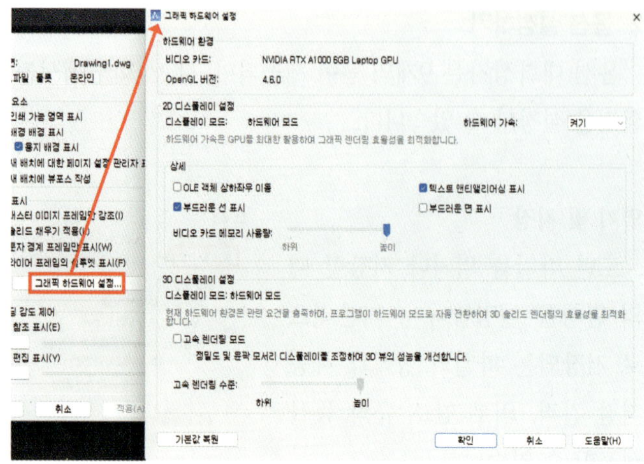

제도

도면 작성을 지원하는 여러 가지 기능을 설정할 수 있습니다. 자동 스냅, 자동 추적의 설정 및 크기, 색상 등을 설정할 수 있습니다.

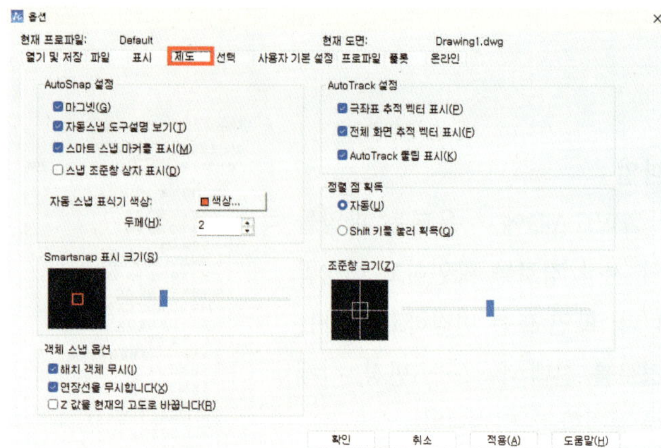

선택

객체 선택을 위한 다양한 기능을 설정할 수 있습니다. 선택박스의 크기, 선택모드, 그립의 색상 등을 설정할 수 있습니다.

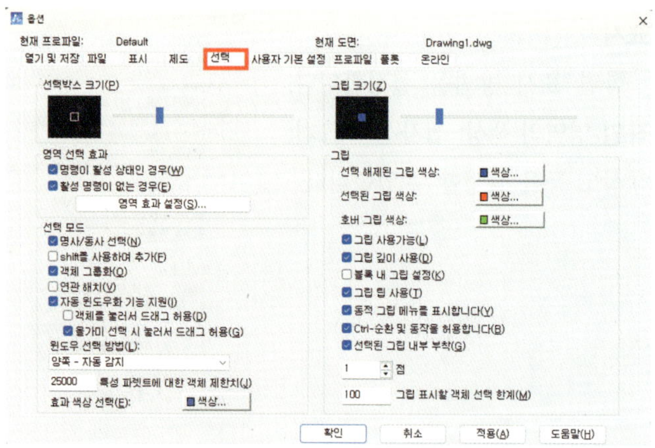

사용자 기본 설정

사용자의 기본적인 작업환경을 설정할 수 있습니다. 작업 동작, 도면작업 단위, 좌표 우선순위, 인터페이스 등을 설정할 수 있습니다.

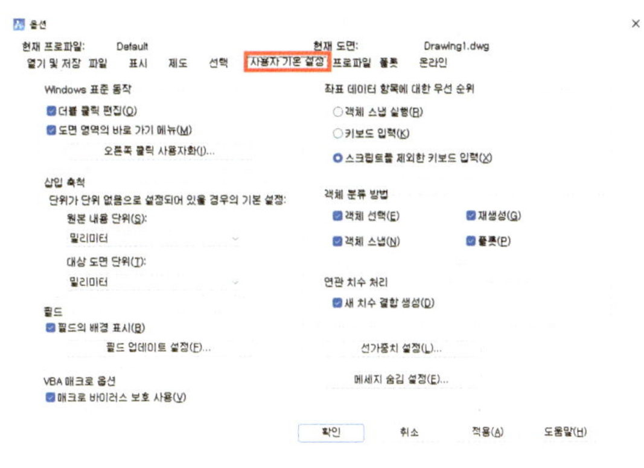

프로파일

작업에 필요한 다양한 환경을 저장하고 재사용할 수 있습니다. 건축, 구조, 공업 등 다양한 목적에 맞게 환경을 설정하여 저장하고 필요에 따라 다시 재사용할 수 있습니다.

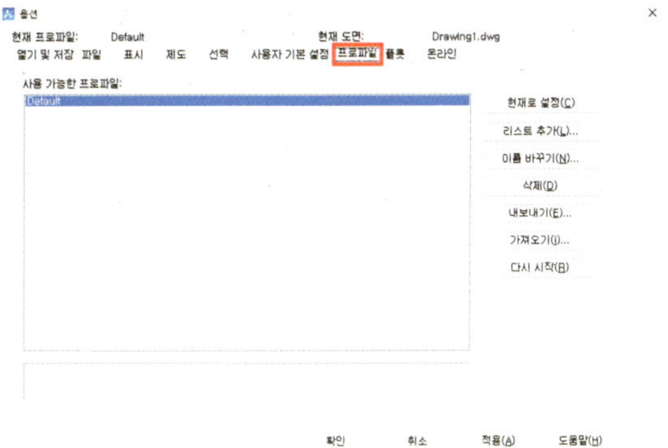

플롯

플롯에 관련된 환경을 설정할 수 있습니다. 기본적인 출력 장치, 파일 출력 시 저장 위치, 플롯 스타일 등을 설정할 수 있습니다.

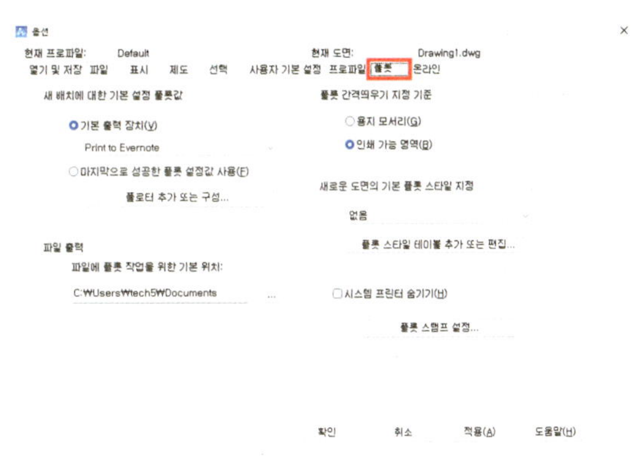

온라인

인터넷이 가능한 전세계 어디서나 CAD 데이터를 클라우드 공간에 자동으로 동기화 할 수 있습니다. 자동 또는 수동 설정이 가능하고 알람 기능을 통해 동기화 진행 여부를 확인할 수 있습니다.

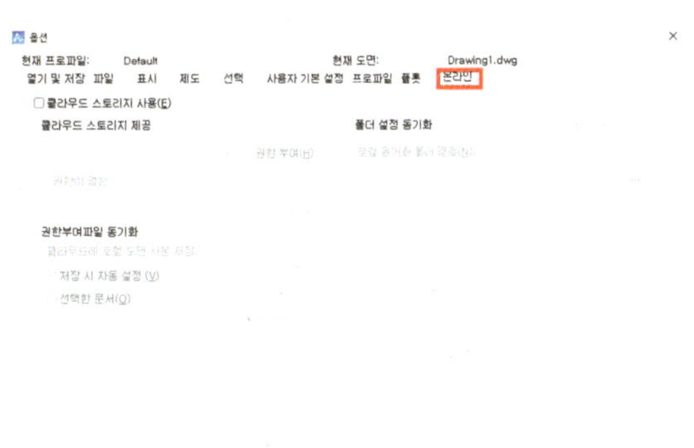

ZWCAD의 단축 명령어는 'zwcad.pgp' 파일에 설정되어 있습니다. 앨리어스 편집기를 열거나 pgp파일을 메모장으로 열어 단축 명령어를 확인하거나 추가, 편집, 삭제할 수 있습니다.

1. 앨리어스 편집기 (ALIASEDIT)

도구 탭 → 사용자 정의 설정 → 명령 단축키 편집

명령어 편집기 창인 앨리어스 편집기를 열어 단축키를 수정할 수 있습니다.

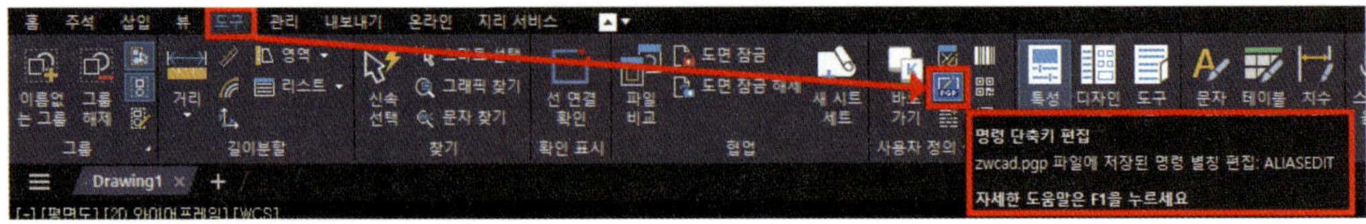

PGP 파일을 더욱 간단하게 수정할 수 있도록 프로그램화 되어있는 창으로 PGP 파일을 내보내거나 가져올 수도 있습니다.

- **추가** : 단축키 – 명령어를 추가합니다.
- **제거** : 단축키 – 명령어를 제거합니다.
- **편집** : 기존에 설정되어 있는 단축키 – 명령어를 편집합니다.
- **재설정** : PGP 파일을 초기 상태로 초기화합니다.

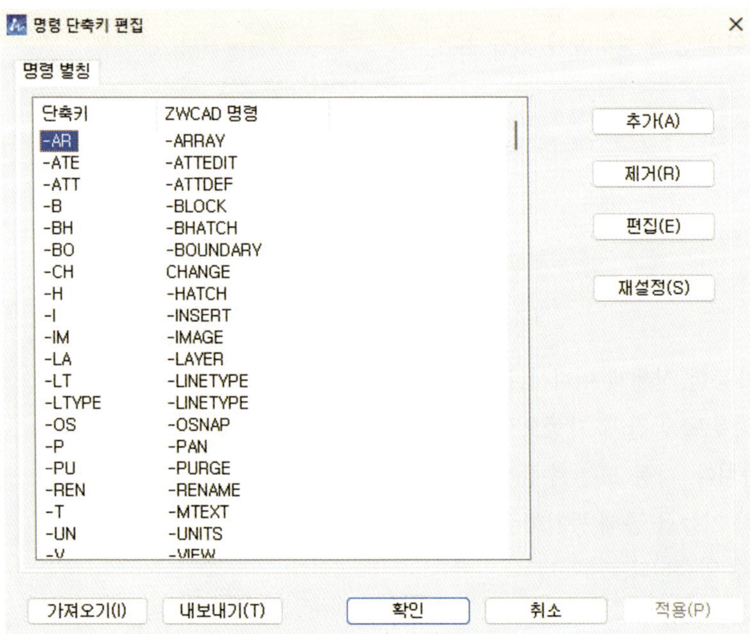

2. PGP 파일 열기 및 설정하기

아래의 폴더 경로에 접속하여 직접 PGP파일을 수정할 수 있습니다.

PGP파일의 연결 프로그램을 메모장으로 설정 후 열어줍니다. 메모장으로 열린 PGP 파일은 문자 형식으로 이루어져 있습니다.

예) 3A(단축키), *3DARRAY(명령어)

단축키를 사용할 수 있는 모든 명령어들을 확인할 수 있습니다.
단축키를 변경할 수 있으며, 사용하지 않는 단축키나 명령어는 삭제할 수 있습니다.
PGP 파일을 저장하고 ZWCAD를 다시 실행하면 변경된 설정으로 단축키가 지정되어 있습니다.

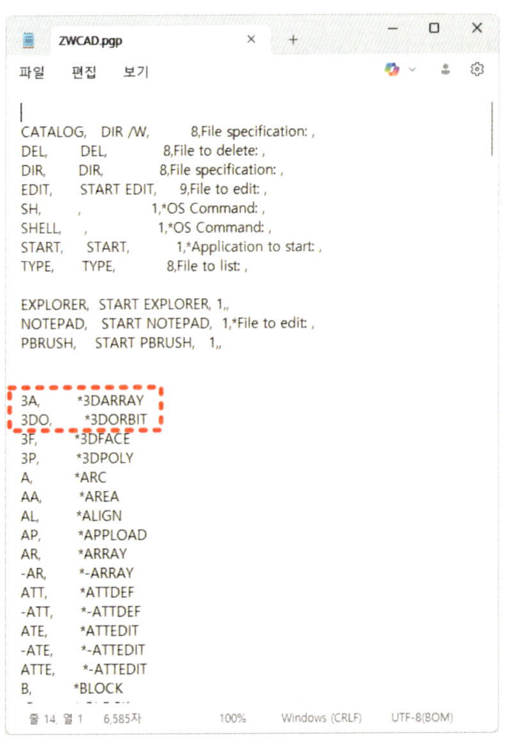

　도면의 최종 결과물은 파일 자체일 수도 있지만 대부분은 용지에 출력하여 사용하게 되므로 출력할 용지를 염두하고 도면 한계를 정할 수 있습니다. 도면 한계는 출력할 수 있는 영역을 의미하며 모눈이 표시되는 한계이기도 합니다.

1. 도면 크기의 이해

　과거 종이에 직접 도면을 설계할 때는 종이 크기에 맞추어 미리 축척을 계산하여 그려야만 했습니다. 하지만 캐드 프로그램에서는 실제 치수로 도면 작업을 한 후 출력할 때 축척을 정하면 되므로 미리 축척을 계산할 필요가 없어졌습니다. 그러나 도면의 한계가 설정되어 있지 않다면 캐드 프로그램 상의 작업 영역에 제한이 없어지므로 무한대의 공간이 설정되는 문제가 발생할 수 있습니다. 또한 도면 한계라는 것은 작업 영역의 한계이기도 하므로 확대나 모눈 설정, 출력 등의 제한에도 영향을 끼칩니다.

　실무에서 사용하는 용지의 크기는 KS A 5201과 KS B 0001 규정에 의해 정의되어 있습니다. A0 사이즈가 가장 큰 크기이며, 그 반을 자른 크기가 A1 사이즈가 됩니다. A4 사이즈가 가장 작은 사이즈이며 총 5가지 용지 크기를 사용합니다.

도면 용지 (전체 용지 A0, 1189x841mm)

2. 도면 한계 설정하기

도면 한계는 〈LIMITS〉라는 명령어를 사용합니다. 도면 한계 설정을 켜고 *끄거나*, 원점을 입력하고 제한할 좌표 또는 화면의 한계점을 마우스로 클릭하거나, 명령어를 입력하면 됩니다.

LIMITS 입력

아래 좌측 모퉁이 설정 또는 제한치 *끄기* [켜기(ON)/*끄기*(OFF)] 〈0,0〉 : 원점을 입력
우측 상단 모퉁이 설정 〈420,297〉: 도면 한계점을 입력

3. 도면 한계 확인하기

STATUS 명령을 입력하면 도면 정보 및 한계가 표시되는 문자 윈도우 대화상자가 나타납니다.

```
ZWCAD 문자 윈도우 - Drawing1.dwg                                    —  □  ×

아래 좌측 모퉁이 설정 또는 제한치 끄기 [켜기(ON)/끄기(OFF)] <0,0>: 0,0
우측 상단 모퉁이 설정 <420,297>: 420,297
명령: STATUS
상태 :
        현재 도면 이름: Drawing1.dwg
        도면 표시 범위:   X=  0.000000 Y=  0.000000 Z=  0.000000
                 X=  420.000000 Y=  297.000000 Z=  0.000000
     모형 공간 도면 범위:   X=  0.000000 Y=  0.000000 Z=  0.000000
                 X=  420.000000 Y=  297.000000 Z=  0.000000
        배치 폭(픽셀): 1691
        배치 높이(픽셀): 657
        삽입 기준점:   X=  0.000000 Y=  0.000000 Z=  0.000000
        스냅 간격:   X=  0.000000 Y=  0.000000 Z=  0.000000
        모눈 간격:   X=  10.000000 Y=  10.000000 Z=  0.000000
        현재 공간: 모형 공간
        현재 배치: Model
        현재 도면층: 0
        현재 색상: BYLAYER
        현재 선종류: BYLAYER
        현재 고도: 0.000000
        현재 두께: 0.000000
        현재 선가중치: 도면층별
        해치: 켜기
        모눈: 켜기
        직교 모드: 끄기
명령: |
```

　도면 작성 지원 도구는 '보조 도구' 또는 '기능키' 라고 할 수 있습니다. 이 도구들은 설계 작업 및 편집 시 정확한 작업을 할 수 있게 해 주는 자, 각도기 등의 역할을 합니다.

　이 도구들은 다른 명령 실행 중에도 직접 클릭하거나 단축키를 사용하여 수시로 켜기/끄기를 반복할 수 있습니다.

번호	도구 이름	단축키
1	도움말 HELP	F1
2	명령창 TEXT WINDOW	F2
3	객체 스냅 OBJECT SNAP	F3
4	등각투영 평면 ISOPLANE SWITCHING	F5 / Ctrl+E
5	좌표 COORDINATE DISPLAY	F6
6	모눈 GRID MODE	F7 / Ctrl+G
7	직교 ORTHO MODE	F8
8	스냅 SNAP MODE	F9 / Ctrl+B
9	극좌표 POLAR DISPLAY	F10
10	객체 스냅 추적 OBJECT SNAP TRACKING	F11
11	동적입력 DYNAMIC INPUT	F12

1. 도움말 HELP 〈F1〉

　도움말이 실행됩니다. ZWCAD에서 제공하는 다양한 도움말들이 정리되어 있습니다. 내용이나 색인, 검색을 통해 필요한 도움말을 찾아볼 수 있습니다.

2. 명령창 TEXT WINDOW 〈F2〉

명령창이 별도의 대화상자로 나타나며 화면 아래에 배치되어 있는 명령창과 동일한 기능을 합니다. 별도의 대화상자로 실행되어 이전에 작업한 내용이나 치수 등을 확인할 때 편리하게 사용할 수 있습니다.

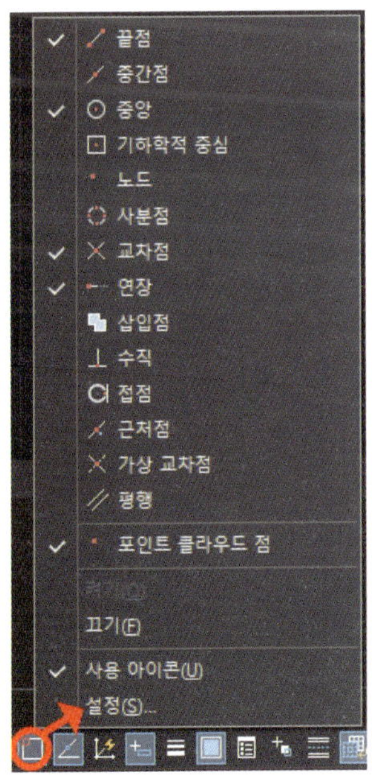

3. 객체 스냅 OBJECT SNAP 〈F3〉

객체 스냅을 켜거나 끌 수 있습니다. 화면 하부 상태 막대에서 아이콘을 클릭하여 켜거나 끌 수도 있습니다. 객체 스냅을 설정하기 위해서는 다음과 같은 두 가지 방법이 있습니다.

1. 명령어: OSNAP 입력 → 객체 스냅

2. 상태표시줄의 객체 스냅 아이콘 우클릭 → 설정

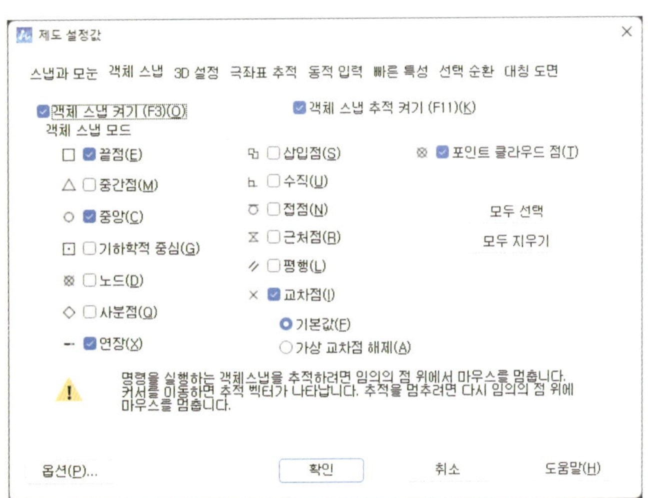

끝점 Endpoint	객체의 끝점을 선택합니다. 직선은 물론 곡선에서도 사용할 수 있지만 원과 같이 끝점이 없는 객체는 사용이 불가합니다. 타원인 경우에는 정점 선택이 가능합니다.
중간점 Midpoint	객체의 중간점을 찾아 선택합니다. 직선과 호에서 사용할 수 있습니다.
중앙 Center	원이나 호의 중심점을 찾아 선택합니다.
기하학적 중심 Geometric Center	닫힌 폴리선 및 스플라인의 무게 중심을 선택합니다.
노드 Node	점 객체나 치수 지정점을 찾아 선택합니다.
사분점 Quadrant	원이나 호의 사분 지점을 찾아 선택합니다.
연장 Extension	2개의 객체가 연장되었을 때의 가상 교차 지점을 찾아 선택합니다. 다른 객체 스냅과 달리 2개의 객체를 선택해야 적용됩니다.
삽입점 Insertion	블록이나 문자 등의 삽입점을 선택합니다. 삽입점이란 블록이나 문자의 기준점을 의미하는 것으로 객체의 방향이나 높이의 기준이 되는 지점입니다.
수직 Perpendicular	선택한 객체의 수직 지점을 찾아 선택합니다. 대부분 직선을 다른 직선에 수직으로 연결하고자 할 때 자주 사용됩니다.
접점 Tangent	원이나 호 등의 곡선 객체에서 접점을 형성하는 지점을 찾아 선택합니다. 곡선과 곡선, 곡선과 직선을 연결할 때 접점을 찾아 줍니다.
근처점 Nearest	마우스 커서가 위치하고 있는 곳에서 객체의 가장 가까운 지점을 찾아 선택합니다. 선택하는 지점이 객체의 임의의 지점이 될 수도 있으므로 자주 사용하지는 않습니다.
평행 Parallel	객체(주로 직선)와 평행한 지점을 찾아 선택합니다. 즉 시작 지점을 지정하고 다른 객체를 지정하면 선택한 객체와 평행한 객체를 만들 수 있습니다.
교차점 Intersection	두 객체의 교차 지점을 찾아 선택합니다.

Shift(혹은 Ctrl)+마우스 우클릭하면 객체 스냅 빠른 메뉴가 나타나며, 객체 스냅 유형을 보다 쉽게 선택할 수 있습니다

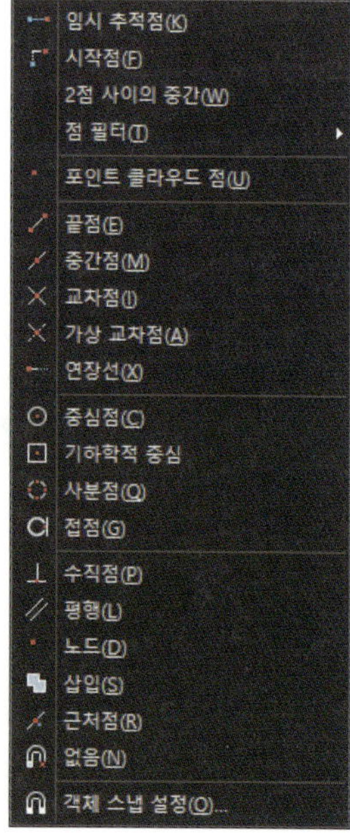

4. 등각투영 평면 ISOPLANE SWITCHING 〈F5〉〈Ctrl+E〉

등각투영 평면의 작업면을 변경할 수 있습니다. 이 기능은 등각투영 스냅모드에서 작동이 가능합니다.

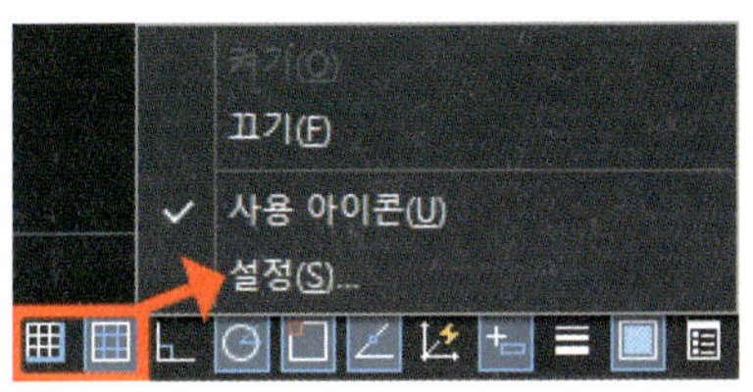

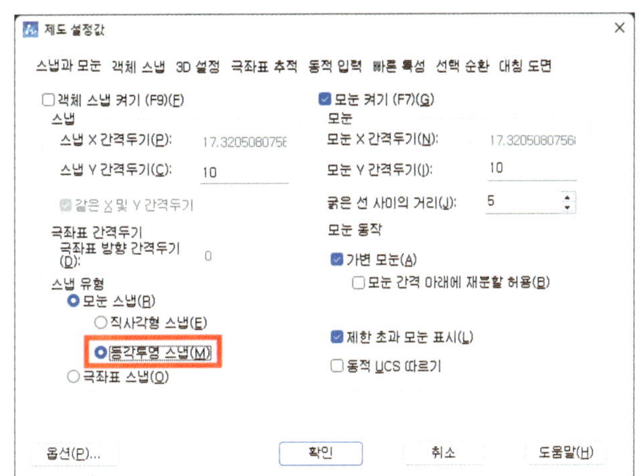

1. 명령어: DS(DSETTINGS) 입력 → 스냅과 모눈

2. 작업 표시줄의 스냅 모드 혹은 모눈 표시 아이콘 우클릭 → 설정 → 등각투영 스냅

5. 좌표 COORDINATE DISPLAY 〈F6〉

실시간 좌표 기능을 켜거나 끌 수 있습니다.

6. 모눈 GRID MODE 〈F7〉〈Ctrl+G〉

모눈 기능을 켜거나 끌 수 있습니다. 모눈 점의 간격은 설정을 통해 조절할 수 있습니다.

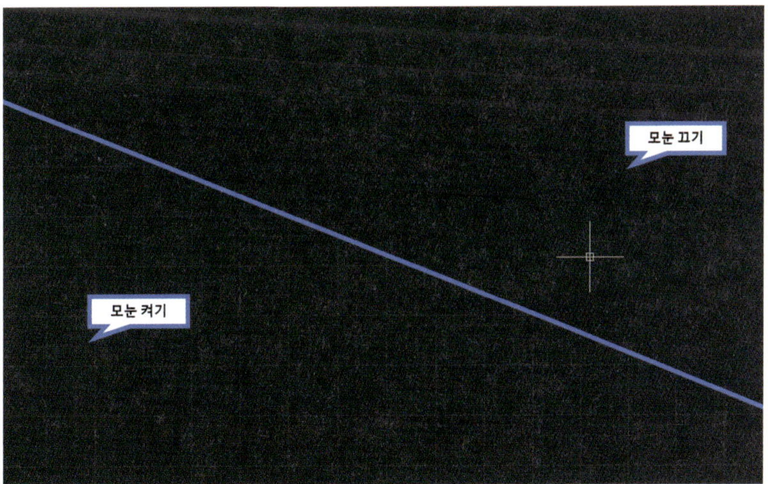

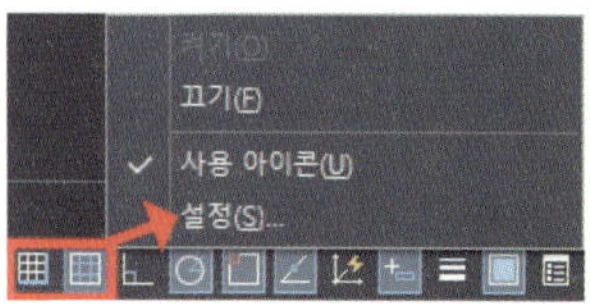
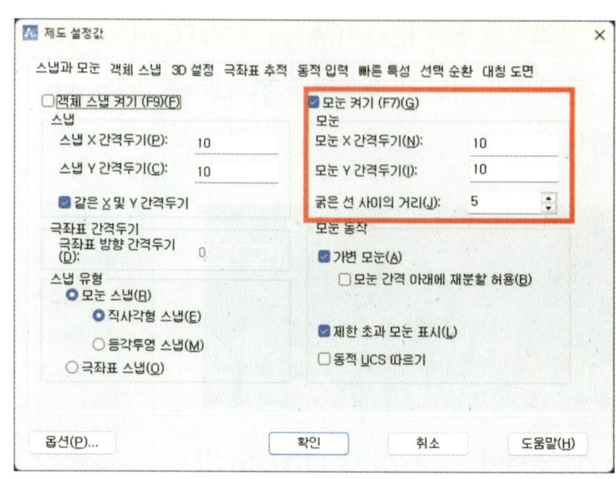

1. 명령어: DS(DSETTINGS) 입력 입력 → 스냅과 모눈

2. 작업 표시줄의 스냅 모드 혹은 모눈 표시 아이콘 우클릭 → 설정 → 모눈 → 모눈 X축, Y축 간격두기 설정

7. 직교 ORTHO MODE 〈F8〉

직교 모드를 켜거나 끌 수 있습니다. 직교 모드는 마우스가 X축, Y축으로만 이동하는 기능입니다.

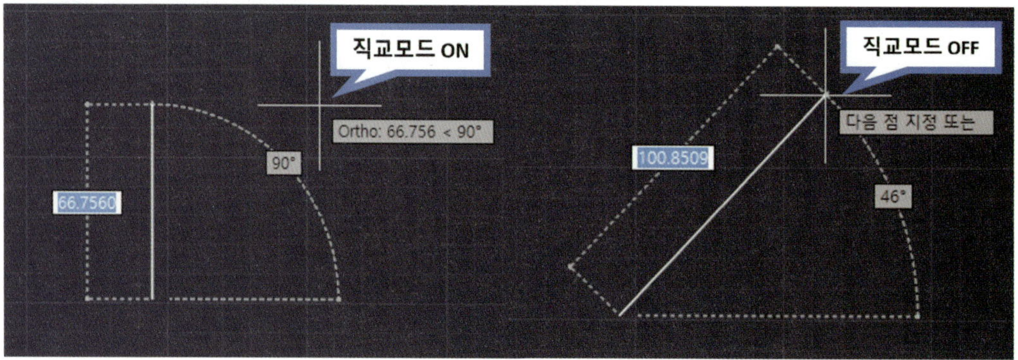

8. 스냅 SNAP MODE 〈F9〉 〈Ctrl+B〉

스냅 모드를 켜거나 끌 수 있습니다. 스냅 모드는 지정된 간격으로 마우스 커서가 움직입니다. 간격은 설정을 통해 조절할 수 있습니다.

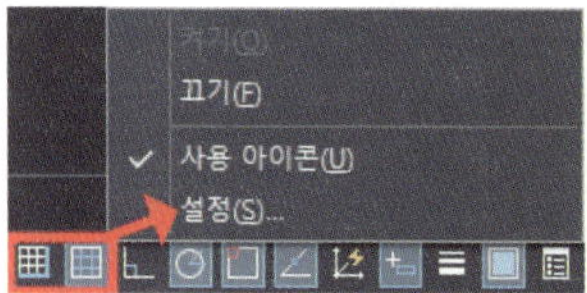
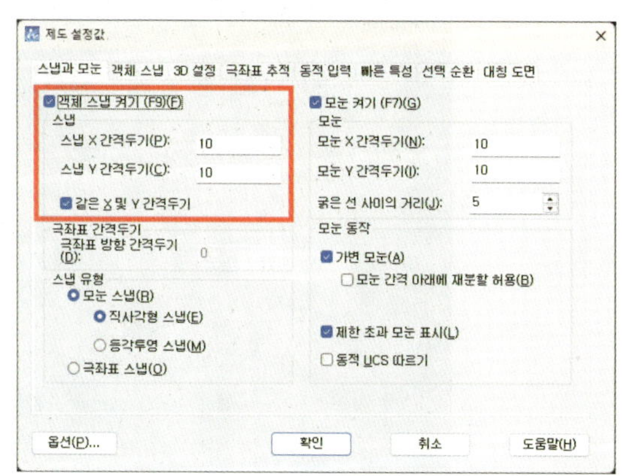

1. 명령어: DS(DSETTINGS) 입력 → 스냅과 모눈

2. 작업 표시줄의 스냅 모드 혹은 모눈 표시 아이콘 우클릭 → 설정 → 스냅 → 스냅 X축, Y축 간격두기 설정

9. 극좌표 POLAR DISPLAY 〈F10〉

극좌표 기능을 켜거나 끌 수 있습니다. ZWCAD에서 극좌표는 기준점에서 오른쪽이 0도, 시계 반대방향으로 각도가 + 됩니다. 각도, 설정 값, 측정 단위 등은 설정을 통해 조절할 수 있습니다.

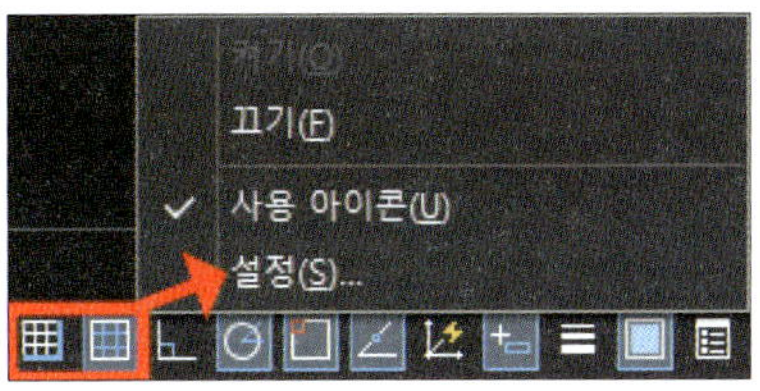

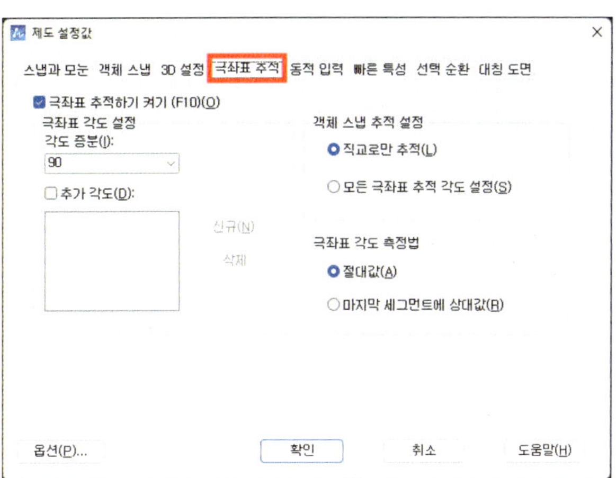

1. 명령어: DS(DSETTINGS) 입력 → 극좌표 추적

2. 작업 표시줄의 극좌표 추적 아이콘 우클릭 → 설정

10. 객체 스냅 추적 OBJECT SNAP TRACKING 〈F11〉

객체 스냅 추적을 켜거나 끌 수 있습니다. 명령에서 점을 지정하면 마우스 커서는 객체 스냅 추적을 사용하여 다른 객체 스냅점을 기준으로 정렬 경로를 따라 추적할 수 있습니다. 하나 이상의 객체 스냅이 켜져 있는 경우에만 객체 스냅 추적을 사용할 수 있습니다.

11. 동적 입력 DYNAMIC INPUT 〈F12〉

도면 영역의 마우스 커서 근처에 명령 인터페이스를 켜거나 끌 수 있습니다. 동적 입력을 켜면 마우스 커서의 이동에 따라 동적으로 업데이트되는 도면 정보를 표시하는 도구 팁(Tool TIP)이 마우스 커서 근처에 나타납니다.

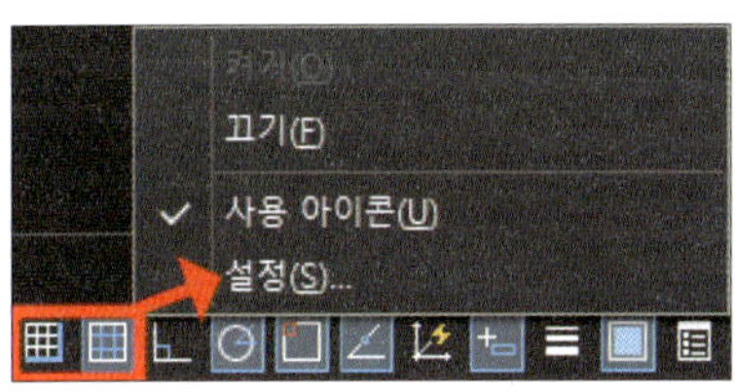

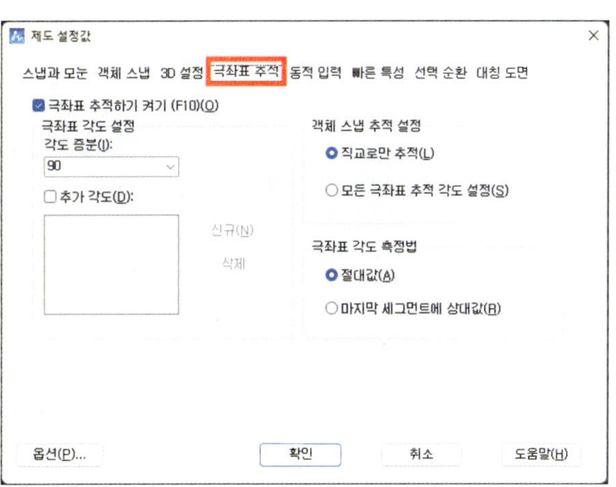

1. 명령어: DS(DSETTINGS) 입력 → 동적 입력

2. 작업 표시줄의 동적 입력 아이콘 우클릭 → 설정

03

설계 도면 작성

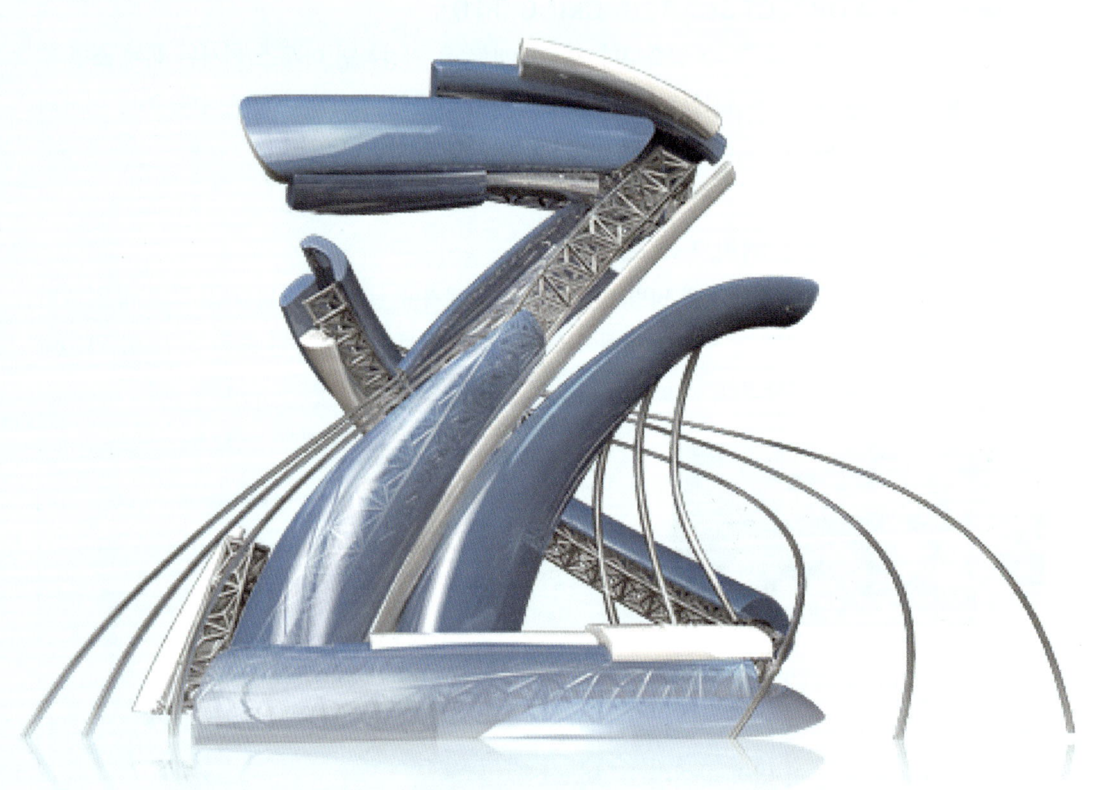

좌표

01 좌표 개념의 이해

일반적으로 좌표계는 표준 좌표계(WCS; World Coordinate System)와 사용자 좌표계 (UCS; User Coordinate System)로 나눌 수 있습니다.

표준 좌표계는 수평인 X축과 수직인 Y축의 교차점인 원점(0, 0)을 기준으로 하는 좌표계로 ZWCAD에서 사용되는 기본 좌표계이며, 사용자 좌표계는 사용자에 의해 새롭게 정의되는 유동적인 좌표계입니다. 사용자가 좌표계를 변경하면서 3차원 객체를 자유롭게 그릴 수 있기 때문에 3차원 작업을 할 때 자주 사용됩니다.

좌표 지정 방법으로는 절대 좌표와 상대 좌표, 상대 극좌표를 사용합니다. 각 좌표는 객체의 특징에 따라 좌표와 거리, 또는 각도를 입력하는 방법으로 다양하게 사용할 수 있습니다. 실무에서는 작업 화면 내의 다양한 좌표를 정점 기준으로 만들기 때문에 상대 좌표와 상대 극좌표를 자주 사용합니다.

ZWCAD 작업 화면에는 X축과 Y축의 좌표 값이 정해져 있습니다. 절대 좌표란 점의 위치를 원점(0, 0)을 기준으로 위치를 지정하는 좌표 (X좌표값, Y좌표값)로 나타냅니다.

다음 그림에서 점 A, 점 B, 점 C, 점 D의 절대 좌표 값은 (50, 50), (200, 50), (200, 150), (50, 150)입니다.

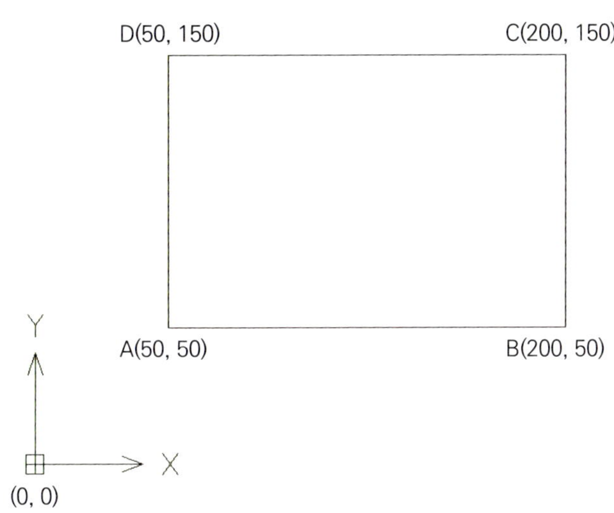

그림과 같은 절대좌표를 이용한 다각형을 그리는 방법은 다음과 같습니다.

■ 메뉴 : 홈 → 그리기 → 선
■ 명령어 : LINE
■ 단축키 : L

첫 번째 점 지정: 50, 50 [Enter↵]
다음 점 지정: 200, 50 [Enter↵]
다음 점 지정: 200, 150 [Enter↵]
다음 점 지정: 50, 150 [Enter↵]
다음 점 지정: 50, 50(또는 C) [Enter↵]

상대 좌표는 작업 화면 상에 정해져 있는 절대 좌표 값이 아닌 사용자가 지정한 임의의 정점을 기준으로 하여 상대적으로 X축으로 또는 Y축으로 원하는 수치만큼 떨어진 지점을 정의할 때 사용됩니다.

마지막으로 입력된 점(위치)을 기준점으로 상대적인 위치(@마지막 점과 X축 방향으로 떨어진 거리, Y축 방향으로 떨어진 거리)를 지정합니다.

다음 그림에서 A점을 기준점으로 하여 B점의 상대 좌표 값은 (@150, 0)이 되고 B점을 기준으로 하는 C점의 상대 좌표 값은 (@0, 100)이 됩니다. D점의 상대 좌표 값은 (@-150, 0)으로 마지막으로 A의 상대 좌표 값은 (@0, -100)입니다. (기준점의 오른쪽 또는 위쪽의 경우 +, 왼쪽 또는 아래쪽의 경우 -를 입력하여 방향을 설정합니다.)

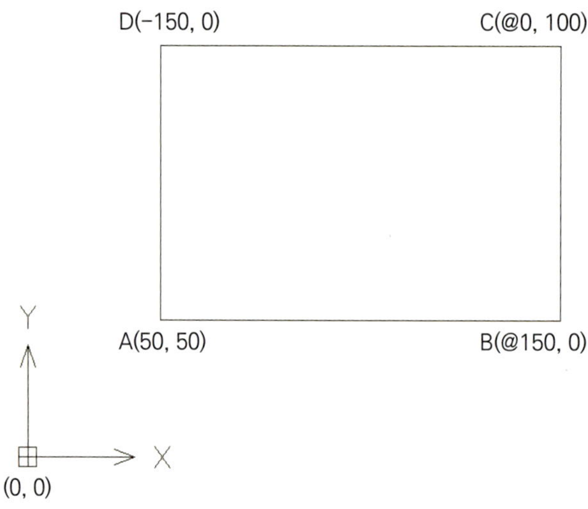

그림과 같은 상대 좌표를 이용한 다각형을 그리는 방법은 아래와 같습니다.

■ 메뉴 : 홈 → 그리기 → 선
■ 명령어 : LINE
■ 단축키 : L

첫 번째 점 지정: 50, 50 [Enter↵]

다음 점 지정: @150, 0 [Enter↵]

다음 점 지정: @0, 100 [Enter↵]

다음 점 지정: @-150, 0 [Enter↵]

다음 점 지정: @0, -100(또는 C) [Enter↵]

04 상대 극좌표 (@거리<각도)

상대 극좌표는 상대 좌표와는 달리 거리와 각도를 입력하여 점을 지정하는 방법입니다. 마지막 점(위치)을 기준으로 거리와 각도를 이용해 상대적인 좌표(@마지막 입력점으로부터의 거리〈각도)를 지정합니다. 상대 극좌표의 거리는 항상 +입니다. 각도는 시계의 3시 방향을 '0'으로 하여 시계 반대 방향으로 + 각도, 시계 방향으로 -각도로 입력합니다. 아래 그림에서 A점을 마지막 점으로 한 B점의 상대 극좌표는(@150〈0)이고, B점을 마지막 점으로 한 C점의 상대 극좌표는 (@100〈90)입니다.

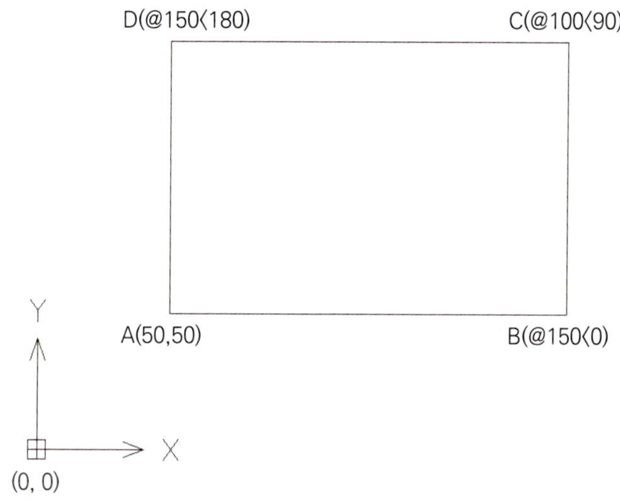

상대 극좌표 입력 방법은 아래와 같습니다.

■ 메뉴 : 홈 → 그리기 → 선
■ 명령어 : LINE
■ 단축키 : L

첫 번째 점 지정: 50, 50 [Enter↵]
다음 점 지정: @150〈0 [Enter↵]
다음 점 지정: @100〈90 [Enter↵]
다음 점 지정: @150〈180 [Enter↵]
다음 점 지정: @50〈270(또는 C) [Enter↵]

CHAPTER 02

그리기 명령어

01 그리기 메뉴

1. 메뉴 : 그리기 명령어 종류

리본 모드의 홈 탭에서 '그리기' 글자를 클릭하거나 클래식 모드의 메뉴에서 그리기 도구를 선택하면 명령어의 종류를 알 수 있습니다.

그리기를 사용하기 위해서는 그리기 아이콘을 선택하거나 명령어 창에 명령어 또는 단축 명령어를 입력합니다.

〈리본 모드〉

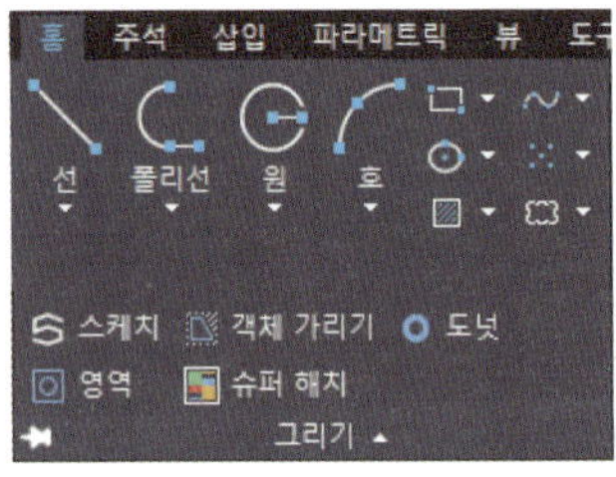

〈클래식 모드〉

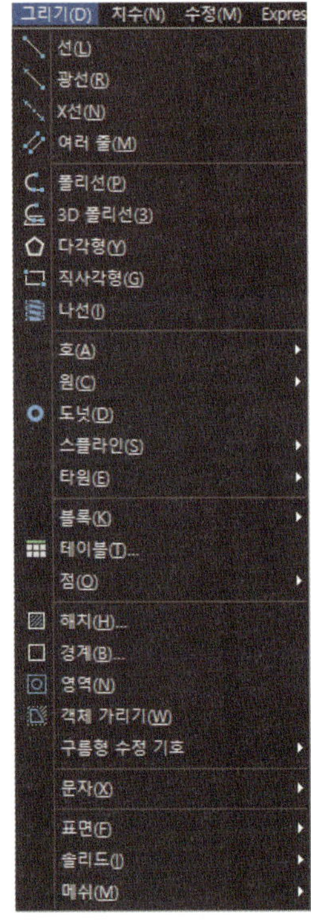

02 선 LINE

선 LINE : 선 명령어는 직선을 그리는 명령으로, 화면을 클릭하거나 좌표를 입력할 때마다 정점 사이를 이어주는 직선을 그릴 수 있으며 각 정점 사이의 직선은 분리된 상태로 이어집니다.

■ 메뉴 : 홈 → 그리기 → 선
■ 명령어 : LINE
■ 단축키 : L

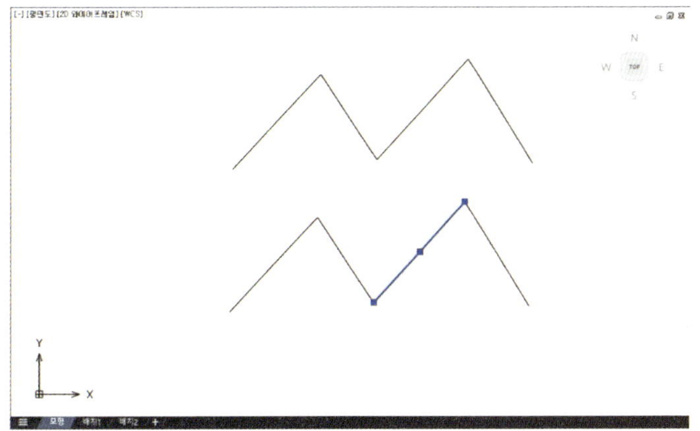

선을 그리는 방법은 3가지로 마우스로 화면상의 임의의 점을 클릭하거나, 좌표를 키보드로 입력하거나, 원하는 방향으로 마우스를 향하게 한 후 값을 입력하면 됩니다.

폴리선 POLYLINE : 폴리선은 연결된 객체로 이루어진 선을 말하며 옵션 이용하여 호, 스플라인 등을 그릴 수도 있습니다. 직선과 곡선을 이어서 만들 수 있고 선의 두께 조절이 가능하며 각 정점이 이어져 하나의 객체로 인식되는 것이 특징입니다.

- ■ 메뉴 : 홈 → 그리기 → 폴리선
- ■ 명령어 : PLINE
- ■ 단축키 : PL

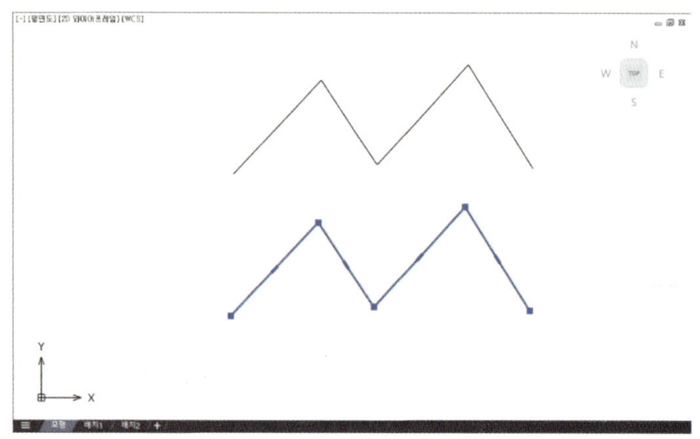

폴리선을 그리는 방법은 3가지로 마우스로 화면상의 임의의 점을 클릭하거나, 좌표를 키보드로 입력하거나, 원하는 방향으로 마우스를 향하게 한 후 값을 입력하면 됩니다.

✓ 옵션 (OPTION)

- **호(A)** : 폴리선을 이용하여 호를 그립니다.
- *호(A) 하위 옵션
  1) **각도(A)** : 시작점으로부터의 호를 그리기 위한 각도를 입력합니다.
  2) **중심(CE)** : 호의 중심점을 지정합니다.
  3) **방향(D)** : 호의 진행 방향을 지정합니다.
  4) **반폭(H)** : 호의 중심에서 모서리까지의 폭을 지정합니다.
  5) **선(L)** : 직선 모드로 변경합니다.
  6) **반지름(R)** : 호의 반지름 값을 입력합니다.
  7) **두 번째 점(S)** : 두 번째 점을 입력합니다.
  8) **폭(W)** : 호의 선 두께를 입력합니다.
  9) **명령취소(U)** : 이전 작업을 취소합니다.
- **반폭(H)** : 폴리선의 중심에서 모서리까지의 폭을 지정합니다. 시작 폭과 마지막 폭의 크기가 다른 경우에는 점점 굵기가 변형되는 폴리선을 만들 수 있습니다.
- **길이(L)** : 이전에 그렸던 직선 방향과 동일한 방향으로 직선의 길이를 입력하여 선을 그립니다.
- **명령 취소(U)** : 이전 작업을 취소합니다.
- **폭(W)** : 직선의 선 두께를 설정합니다.

폴리선 옵션을 통해 선, 굵은 선, 직선, 곡선 등 다양한 선들을 그릴 수 있습니다.

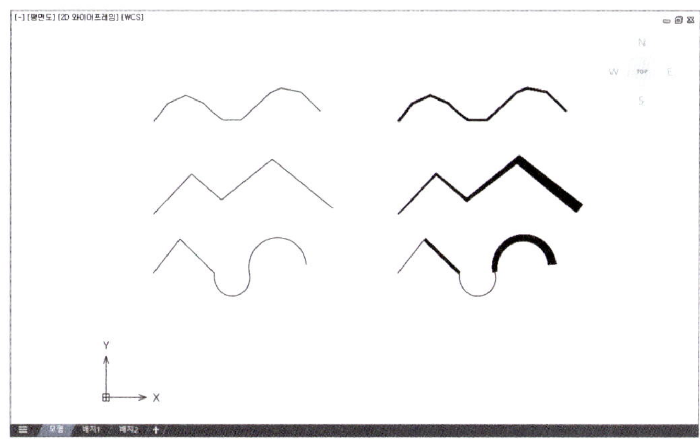

04 구성선 XLINE

구성선 XLINE : 구성선은 끝이 없는 무한의 직선으로, 기준선을 그리거나 경계를 자르기 위해
사용합니다.

■ 메뉴 : 홈 → 그리기 → 구성선
■ 명령어 : XLINE
■ 단축키 : XL

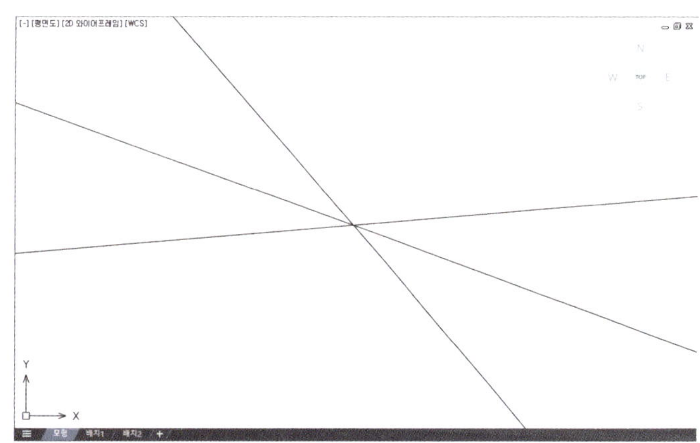

✓ 옵션(OPTION)

- **등분(B)** : 지정한 각도의 정점을 통과하면서 첫 번째 선과 두 번째 선 사이를 이등분하는 무한 선을 그립니다.
- **수평(H)** : 특정 점을 통과하는 수평 무한 선을 그립니다.
- **수직(V)** : 특정 점을 통과하는 수직 무한 선을 그립니다.
- **각도(A)** : 입력한 각도를 유지하는 무한 선을 그립니다.
- **간격띄우기(O)** : 다른 객체에 평행한 무한 선을 그립니다.

광선 RAY : 광선은 지정한 점에서 한 방향으로 무한 선을 그리는 명령입니다.

- ■ 메뉴 : 홈 → 그리기 → 광선
- ■ 명령어 : RAY
- ■ 단축키 : -

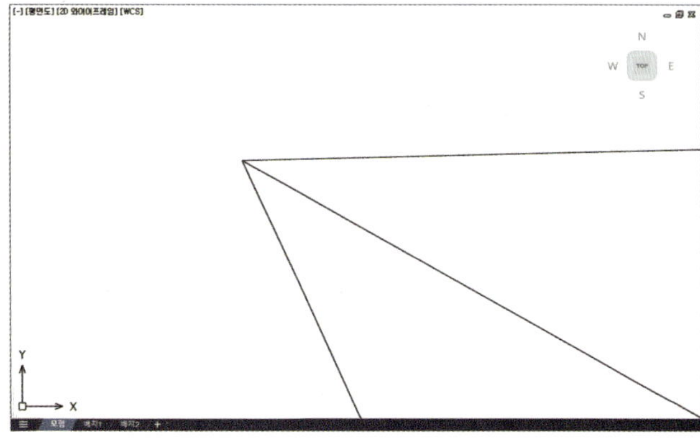

✅ 옵션(OPTION)

- **등분(B)** : 지정한 각도의 정점을 통과하면서 첫 번째 선과 두 번째 선 사이를 이등분하는 한 방향 무한 선을 그립니다.
- **수평(H)** : 특정점을 통과하는 수평 한 방향 무한 선을 그립니다.
- **수직(V)** : 특정점을 통과하는 수직 한 방향 무한 선을 그립니다.
- **각도(A)** : 입력한 각도를 유지하는 한 방향 무한 선을 그립니다.
- **간격 띄우기(O)** : 다른 객체에 평행한 한 방향으로 무한 선을 그립니다.

06 스플라인 SPLINE

스플라인 SPLINE : 자유곡선을 그리는 명령입니다. 자유곡선은 각 정점에서 조절점을 이용하여 곡선의 형태를 만듭니다. 전체적으로 완만한 형태를 유지하기 위해 정점과 조절점을 추가하여 그리는 동안 지속적으로 전체 곡선의 형태가 변합니다.

- ■ 메뉴 : 홈 → 그리기 → 스플라인
- ■ 명령어 : SPLINE
- ■ 단축키 : SPL

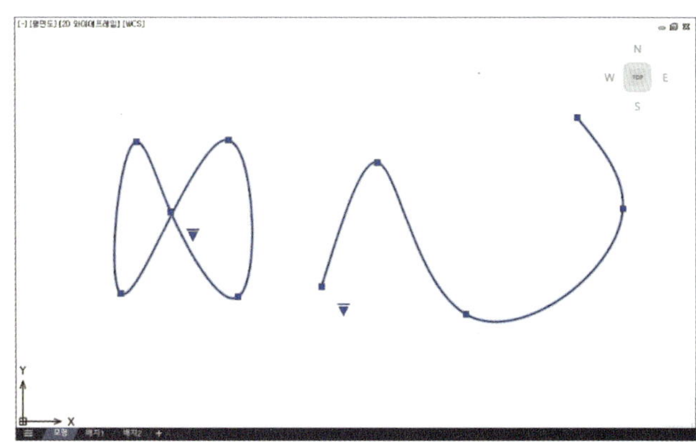

[예제 1] **시작점과 끝점이 합쳐진 자유 곡선 그리기**

명령: SPLINE Enter↵

첫 번째 점 지정 또는 [객체(O)]: 시작점 입력

다음 점 지정: 두 번째 점 입력

다음 점 지정 또는 [닫기(C)/공차 맞춤(F)/명령 취소(U)] 〈시작 접선〉: 세 번째 점 입력

다음 점 지정 또는 [닫기(C)/공차 맞춤(F)/명령 취소(U)] 〈시작 접선〉: 네 번째 점 입력

다음 점 지정 또는 [닫기(C)/공차 맞춤(F)/명령 취소(U)] 〈시작 접선〉: 다섯 번째 점 입력

다음 점 지정 또는 [닫기(C)/공차 맞춤(F)/명령 취소(U)] 〈시작 접선〉: C Enter↵

탄젠트 방향 설정: Enter

[예제 2] **자유 곡선 그리기**

명령: SPLINE Enter↵

첫 번째 점 지정 또는 [객체(O)]: 시작점 입력

다음 점 지정: 두 번째 점 입력

다음 점 지정 또는 [닫기(C)/공차 맞춤(F)/명령 취소(U)] 〈시작 접선〉: 세 번째 점 입력

다음 점 지정 또는 [닫기(C)/공차 맞춤(F)/명령 취소(U)] 〈시작 접선〉: 네 번째 점 입력

다음 점 지정 또는 [닫기(C)/공차 맞춤(F)/명령 취소(U)] 〈시작 접선〉: 다섯 번째 점 입력 Enter↵

시작 탄젠트 설정: Enter↵

끝 접선 지정: Enter↵

> **TIP** 자유 곡선을 수정할 때는 객체를 선택한 후 정점을 선택하여 화면상에서 움직여 수정할 수 있고, STRETCH 명령을 사용할
> 수도 있습니다. 그러나 정점을 추가하거나 삭제할 때에는 SPLINEDIT 명령을 사용해야 합니다. (단축키 SPE)

직사각형 RECTANGLE : 사각형을 그리는 명령어로 직사각형과 정사각형을 그릴 수 있습니다. 작업 화면상의 대각선 방향으로 두 개의 정점을 지정하거나 좌표 값을 입력하여 그릴 수 있습니다.

■ 메뉴 : 홈 → 그리기 → 직사각형 
■ 명령어 : RECTANG
■ 단축키 : REC

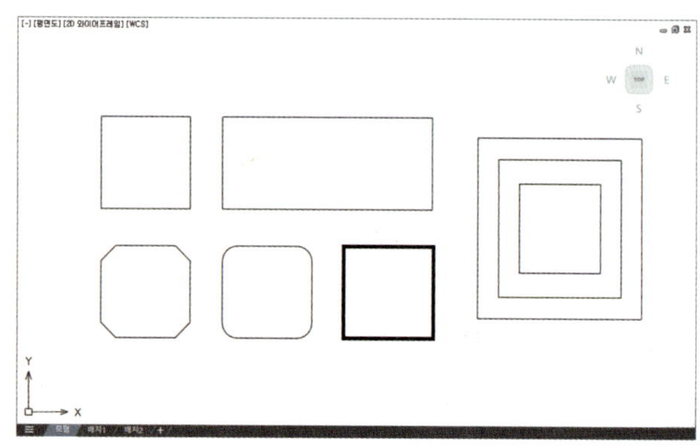

✅ 옵션 (OPTION)

a) 첫 번째 정점 입력

모따기(C) : 모따기된 사각형을 만드는 옵션으로 모따기 거리를 입력합니다.

고도(E) : 사각형이 만들어지는 높이 값을 입력합니다.

모깎기(F) : 모서리를 둥글게 모깎기를 하는 옵션으로 모깎기 반지름을 입력합니다.

정사각형(S) : 정사각형을 만드는 옵션으로 정사각형 거리를 입력합니다.

두께(T) : 사각형의 두께를 입력합니다.

폭(W) : 사각형의 선 두께를 입력합니다.

기울기(O) : 기울기 각도가 있는 직사각형을 만듭니다.

동심(N) : 직사각형 외접원의 중심, 지름(반지름), 또는 간격 띄우기 거리를 지정하여 동심원을 그립니다.

b) 두 번째 정점 입력

영역(A) : 입력하는 면적에 해당하는 사각형을 그립니다. 한 쪽 변의 길이를 입력합니다.

치수(D) : 길이와 너비 값을 입력하여 사각형을 그립니다.

회전(R) : 입력한 각도로 회전된 사각형을 그립니다.

[예제 1] **작업 화면상의 정점을 지정하여 사각형 그리기**

명령: RECTANG [Enter↵]

직사각형의 첫 번째 모서리 선택 또는 [모따기(C)/높이(E)/모깎기(F)/정사각형(S)/두께(T)/폭(W)] 중 택일: 정점 입력

다른 구석점 지정 또는 [영역(A)/치수(D)/회전(R)]: 대각선의 정점 입력

[예제 2] **좌표를 입력하여 사각형 그리기**

명령: RECTANG [Enter↵]

직사각형의 첫 번째 모서리 선택 또는 [모따기(C)/높이(E)/모깎기(F)/정사각형(S)/두께(T)/폭(W)] 중 택일: 정점 입력

다른 구석점 지정 또는 [영역(A)/치수(D)/회전(R)]: @200, 200 Enter↵

08 다각형 POLYGON

다각형 POLYGON : 3각형부터 1024각형의 다각형을 그리는 명령입니다. 각 변의 길이가 동일한 다각형 객체를 만들며 중심점과 반지름, 변의 개수 등을 입력하여 만듭니다.

■ 메뉴 : 홈 → 그리기 → 다각형
■ 명령어 : POLYGON
■ 단축키 : POL

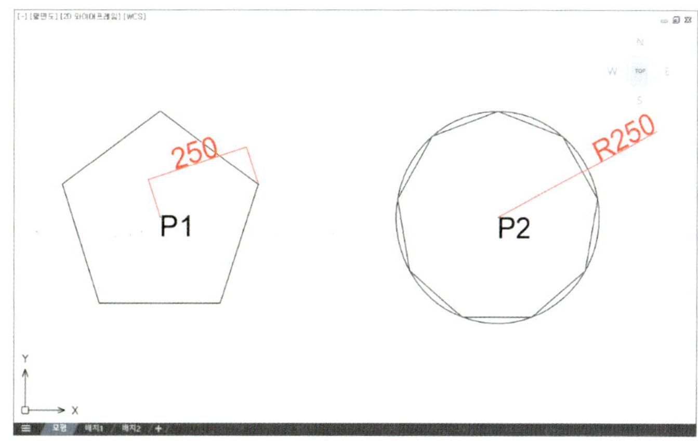

예제 1 중심점과 반지름을 이용하여 5각형 그리기

명령: POLYGON Enter↵

[다중(M)/선의 폭(W)/동심(N)] 또는 면의 개수 입력 〈3〉: 5 Enter↵

다각형의 중심점 지정 또는 [모서리(E)]: 중심점(P1) 입력

옵션 입력 [내접원(I)/외접원(C)]: I(내접원) Enter↵

원의 반지름 지정: 임의의 정점을 입력, 또는 반지름 값 〈250〉 입력 Enter↵

예제 2 기존에 그려진 원을 이용하여 내접하는 9각형 그리기

명령: POLYGON Enter↵

[다중(M)/선의 폭(W) /동심(N)] 또는 면의 개수를 입력 〈5〉: 9 Enter↵

다각형의 중심점 지정 또는 [모서리(E)]: 중심점(P2) 입력

옵션을 입력 [내접원(I)/외접원(C)]: I(내접원) Enter↵

원의 반지름 지정: Shift(Ctrl)+우클릭 사분점 혹은 근처점 클릭, 스냅점 클릭

> **TIP** 외접하는 5각형을 그리기 위해서는 면 개수를 5로 입력하고 옵션에서 C(외접원) [Enter] 후 기존에 그려진 원을 지정합니다.

09 원 CIRCLE

원 CIRCLE : 원을 그리는 명령으로 두 점을 이용하거나 중심점과 반지름을 이용하여 원을 그릴 수 있고, 기존에 있는 선의 접점을 이용할 수도 있습니다.

■ 메뉴 : 홈 → 그리기 → 원
■ 명령어 : CIRCLE
■ 단축키 : C

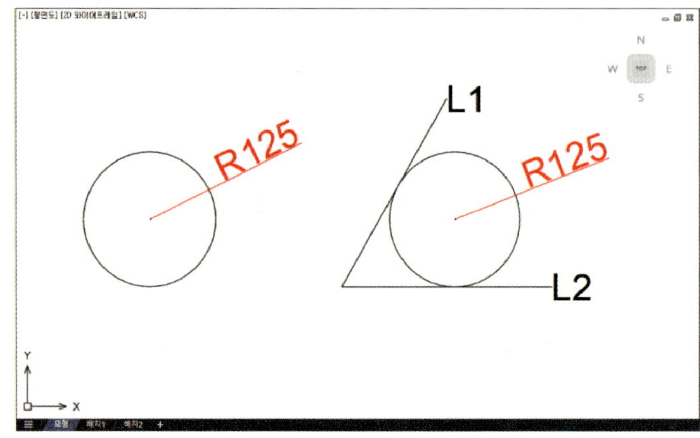

✓ 옵션 (OPTION)

- **중심점 지정** : 중심점을 지정한 후 반지름이나 지름 값을 입력하여 원을 만듭니다.
- **3점(3P)** : 3개의 점을 이용하여 원을 만듭니다.
- **2점(2P)** : 지정한 두 개의 정점을 지름으로 하는 원을 만듭니다.
- **Ttr - 접선 접선 반지름(T)** : 두 개의 객체에 접하면서 입력한 반지름 값으로 이루어진 원을 만듭니다.
- **동심(N)** : 중심, 지름(반지름), 또는 간격 띄우기 거리를 지정하여 동심원을 그립니다.

예제 1 중심점과 반지름을 이용하여 원 그리기

명령: CIRCLE

원에 대한 중심점 지정 또는 [3점(3P)/2점(2P)/Ttr - 접선 접선 반지름(T)/동심(N)]: 임의의 정점(중심점) 입력

원의 반지름 지정 또는 [지름(D)]: 마우스를 움직여 정점을 클릭, 또는 반지름 입력

지름 값을 이용하여 그리고 싶다면, 원의 반지름 지정 또는 [지름(D)]: D 입력 후 Enter↵

원의 지름을 지정: 지름값 입력 Enter↵

예제 2 두개의 접선과 반지름을 이용하여 원 그리기

명령: CIRCLE Enter↵

원에 대한 중심점 지정 또는 [3점(3P)/2점(2P)/Ttr - 접선 접선 반지름(T) /동심(N)]: TTR Enter↵

원의 첫 번째 접점에 대한 객체 위의 점 지정: L1 직선 선택

원의 두 번째 접점에 대한 객체 위의 점 지정: L2 직선 선택

원의 반지름 지정: 반지름 값 입력 Enter↵

반지름 값을 입력하지 않고 Enter↵ 를 치면 기본 반지름 값, 또는 이전에 입력했던 값을 자동으로 입력됩니다.

> **TIP** 기본 명령어창 옵션 외에도 리본 모드 메뉴의 홈 → 그리기 → 원을 클릭하거나 클래식 모드 메뉴의 그리기 → 원을 클릭하면 원을 그리는 다양한 옵션을 사용할 수 있습니다.

〈리본 모드〉

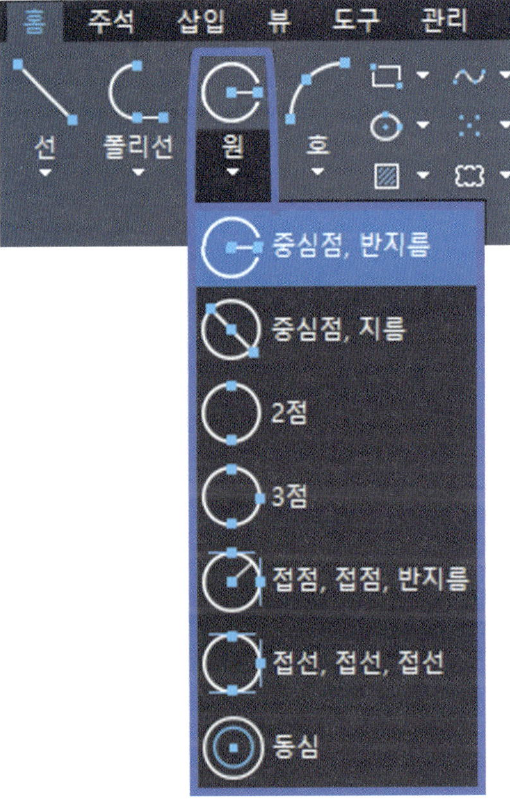

〈클래식 모드〉

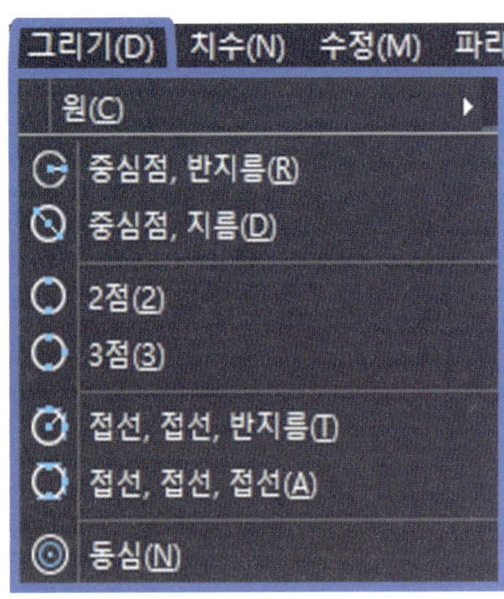

호 ARC : 원의 일부인 호를 그리는 명령입니다. 사용 방법은 원을 그리는 것과 유사합니다.

■ 메뉴 : 홈 → 그리기 → 호
■ 명령어 : ARC
■ 단축키 : A

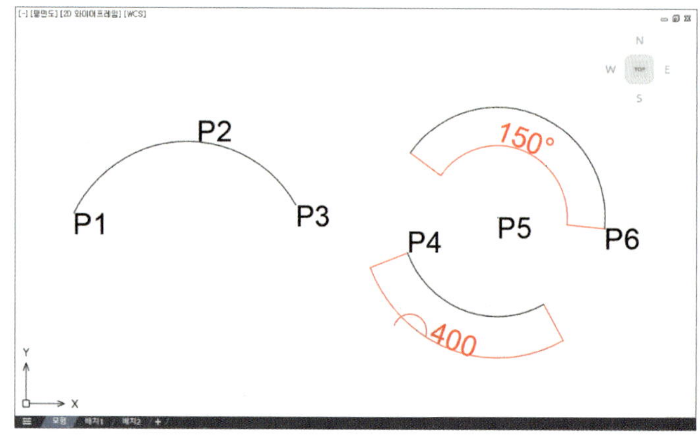

옵션(OPTION)

– **시작점** : 호의 시작점을 지정합니다.
– **중심(C)** : 중심점을 입력한 후 호를 그립니다.
• 중심(C) 하위 옵션
  – 각도(A) : 호의 각도를 지정합니다.
  – 현의 길이(L) : 호의 현의 길이를 지정합니다.
– **두 번째 점** : 호의 두 번째 점을 지정합니다.
– **끝(E)** : 호의 마지막 점을 지정합니다.
• 끝(E) 하위 옵션
  – 각도(A) : 호의 각도를 지정합니다.
  – 방향(D) : 시작점에서 접선 방향을 지정합니다.
  – 반지름(R) : 호의 반지름을 지정합니다.

예제 1 **세 점을 이용하여 호 그리기**

명령: ARC Enter↵
호의 시작점 또는 [중심(C)] 지정: 임의의 시작점(P1) 입력
호의 두 번째 점 또는 [중심(C)/끝(E)] 지정: 임의의 두 번째 점(P2) 입력
호의 끝점 지정: 임의의 끝점(P3) 입력

예제 2 **현의 길이를 이용하여 호 그리기**

명령: ARC Enter↵
호의 시작점 또는 [중심(C)] 지정: C Enter↵

호의 중심점 지정: 중심점(P5) 입력

호의 시작점 지정: 호의 시작점(P4) 입력

호의 끝점 지정 또는 [각도(A)/현의 길이(L)]: L Enter↵

현의 길이 지정: 현의 길이〈400〉 입력 Enter↵

예제3 각도를 이용하여 호 그리기

명령: ARC Enter↵

호의 시작점 또는 [중심(C)] 지정: C Enter↵

호의 중심점 지정: 중심점(P5) 입력

호의 시작점 지정: 호의 시작점(P6) 입력

호의 끝점 지정 또는 [각도(A)/현의 길이(L)]: A Enter↵

사이각 지정: 각도〈150〉 입력 Enter↵

> **TIP** 각도 입력 시 항상 반시계 방향이 '+'임을 기억합니다.

> **TIP** 기본 명령어창 옵션 외에도 리본 모드 메뉴의 홈 → 그리기 → 호를 클릭하거나 클래식 모드 메뉴의 그리기 → 호를 클릭하면 호를 그리는 다양한 옵션을 사용할 수 있습니다.

〈리본 모드〉

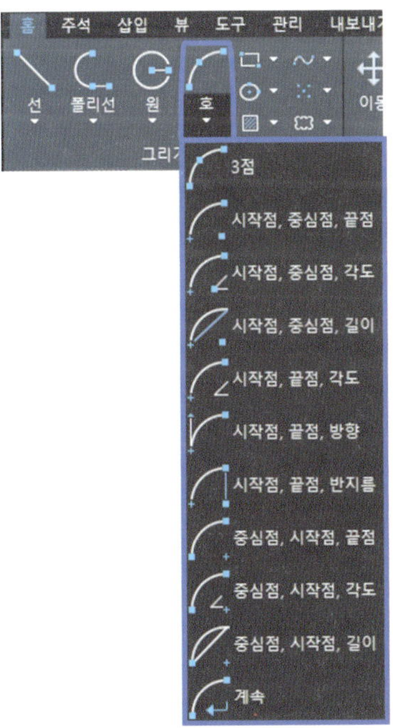

〈클래식 모드〉

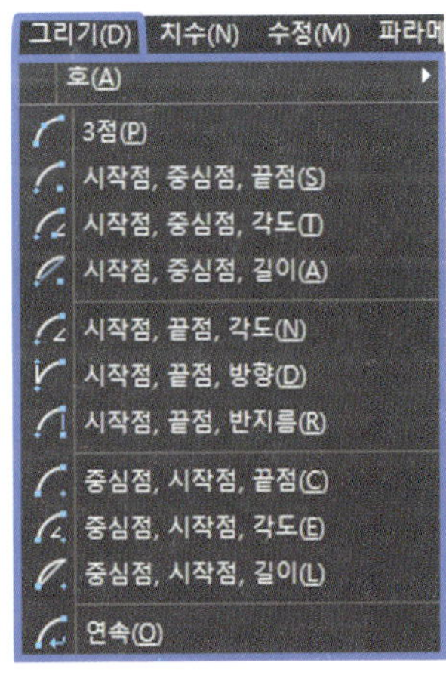

타원 ELLIPSE : 타원을 그리는 명령입니다. 원과는 달리 두 개의 중심을 가진 원이므로 도면에서 그릴 때는 중심점을 지정하거나 두개의 점을 지정하여 타원을 그립니다.

■ 메뉴 : 홈 → 그리기 → 타원
■ 명령어 : ELLIPSE
■ 단축키 : EL

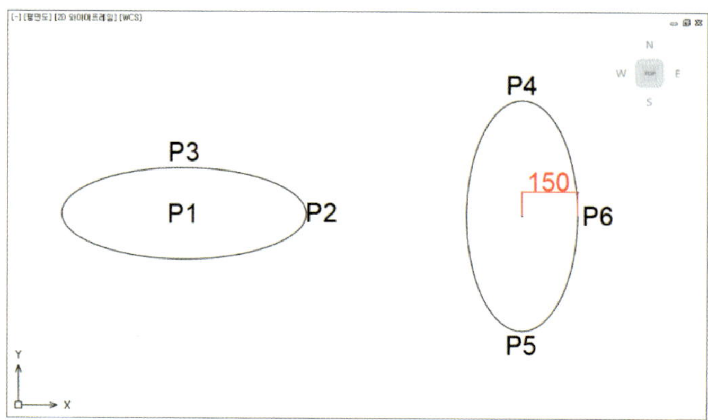

✔ 옵션(OPTION)

– **타원의 축 끝점** : 타원의 한쪽 점을 지정한 후, 두 번째 점을 저장합니다. 단변의 반지름을 입력하여 타원을 그립니다.
– **호(A)** : 타원형 호를 그립니다. 타원형 호를 그릴 때는 중심점과 호를 그리기 위한 3개 이상의 점 또는 각도를 입력해야 합니다.
– **중심(C)** : 타원의 중심점을 입력합니다. 중심점을 입력한 후 시작점과 각도를 입력하여 타원을 그립니다.
– **동심(N)** : 타원의 중심점, 외접원의 반경, 또는 간격 띄우기 거리를 지정하여 동심 타원을 그립니다.
– **회전(R)** : 편심을 따라 타원을 그립니다. 이 편심은 첫 번째 축을 중심으로 원을 회전시켜 식별됩니다.

예제 1) 중심점을 이용한 타원 그리기

명령: ELLIPSE Enter↵

타원의 축 끝점 지정 또는 [호(A)/중심(C)/동심(N)]: C Enter↵

타원의 중심 지정: 중심점(P1) 입력

축의 끝점 지정: 끝점(P2) 입력

기타 축 또는 [회전(R)]: 끝점 (P3) 입력

예제 2) 세 점, 또는 두 점과 반지름을 이용한 타원 그리기

명령: ELLIPSE Enter↵

축 두번째 끝 지점 설정지정 또는 [호(A)/중심(C)/동심(N)]: 끝점(P4) 입력

축의 다른 끝점 지정: 끝점(P5) 입력

기타 축 또는 [회전(R)]: 끝점(P6) 입력, 또는 반지름 값〈150〉 입력 Enter↵

기본 명령어창 옵션 외에도 리본 모드 메뉴의 홈 → 그리기 → 타원을 클릭하거나 클래식 모드 메뉴의 그리기 → 타원을 클릭하면 타원을 그리는 다양한 옵션을 사용할 수 있습니다.

〈리본 모드〉

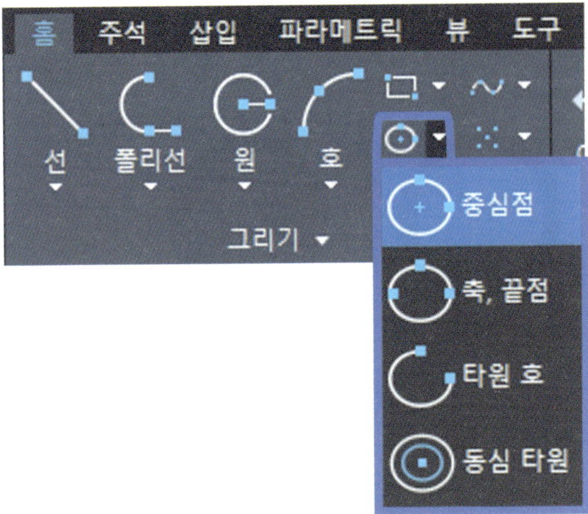

〈클래식 모드〉

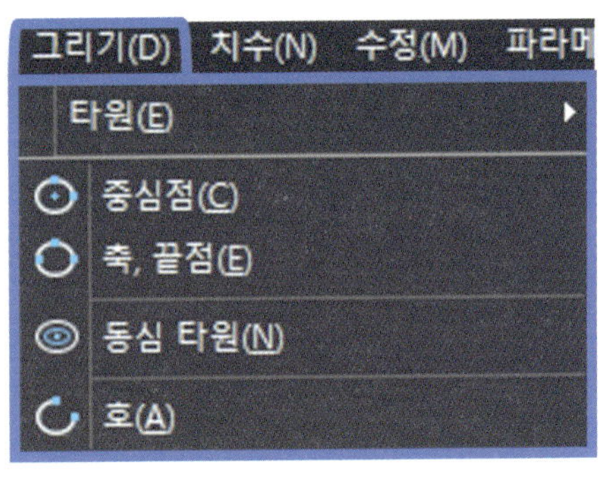

도넛 DONUT : 도넛 형태의 객체를 만드는 명령입니다. 외부 원과 내부 원, 2개의 원으로 구성되며 내외부의 원 사이는 솔리드 형태로 채워집니다.

- ■ 메뉴 : 홈 → 그리기 → 도넛
- ■ 명령어 : DONUT
- ■ 단축키 : DO

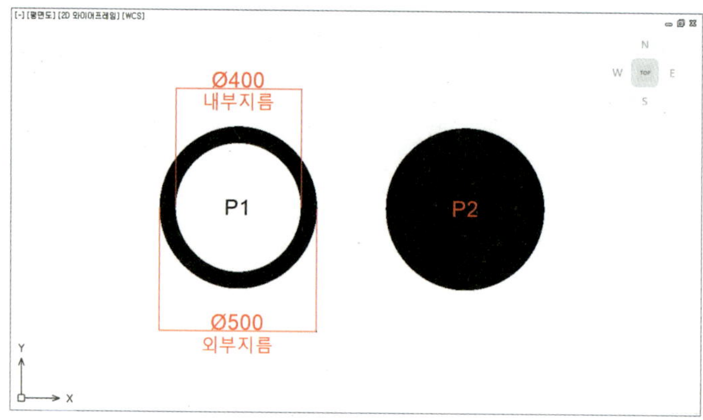

예제 1) 내부 지름 400, 외부 지름 500인 도넛 그리기

명령: DONUT [Enter↵]

도넛의 내부 지름 지정 〈0.5000〉: 400 [Enter↵]

도넛의 외부 지름 지정 〈1.0000〉: 500 [Enter↵]

도넛의 중심 지정 또는 〈종료〉: 중심점(P1) 입력

도넛의 중심 지정 또는 〈종료〉: [Enter↵]

예제 2) 속이 채워진 원형 만들기

명령: DONUT [Enter↵]

도넛의 내부 지름 지정 〈400.0000〉: 0 [Enter↵]

도넛의 외부 지름 지정 〈500.0000〉: 500 [Enter↵]

도넛의 중심 지정 또는 〈종료〉: 중심점(P2) 클릭

도넛의 중심 지정 또는 〈종료〉: [Enter↵]

TIP 크기를 반복적으로 그리고 싶을 때에는 중심점이 될 정점을 반복하여 지정하면 됩니다. 마치고 싶을 때에는 [Enter]를 눌러 종료합니다.

구름형 수정 기호 REVCLOUD : 보통 사용자나 관리자가 도면 내에 체크할 필요가 있는 부분에 구름형 기호로 표시하는 명령입니다.

■ 메뉴 : 홈 → 그리기 → 구름형 수정 기호
■ 명령어 : REVCLOUD
■ 단축키 : REV

 옵션 (OPTION)

- **호 길이(A)** : 구름형 수정 기호의 각 호의 길이를 입력합니다.
- **객체(O)** : 기존 객체를 구름형 수정 기호로 변화시킵니다.
- **직사각형(R)** : 두 점을 찍어 원하는 직사각형을 만들 수 있습니다.
- **다각형(P)** : 여러 점을 찍어 원하는 다각형을 만들 수 있습니다.
- **타원(E)** : 타원의 축과 끝점을 지정하여 타원을 만들 수 있습니다.
- **원(C)** : 중심과 반지름을 지정하여 원형을 만들 수 있습니다.
- **프리핸드(F)** : 마우스 커서로 원하는 모양을 자유자재로 만들 수 있습니다
- **스타일(S)** : 구름형 수정 기호의 각 호의 스타일을 지정합니다.
- **일반(N)** : 각 호의 모양이 동일한 두께의 실선으로 표현됩니다.
- **컬리그래피(C)** : 각 호의 모양이 실선에서 두꺼운 선으로 커지는 형태로 표현됩니다.
- **일반(N)** : 두께가 균일한 실선으로 표현됩니다.

[예제 1] 객체를 구름형 수정 기호로 변화시키기

명령: REVCLOUD [Enter↵]

호 최소, 최대 길이 설정 방법: A [Enter↵]

대략의 호 길이: 50 [Enter↵]

시작점 지정 또는 [호(A)/객체(O)/직사각형(R)/다각형(P)/프리핸드(F)/스타일(S)]〈객체〉: O [Enter↵]

객체 선택: 화면상에서 변화시킬 객체 선택

방향 반전 [예(Y)/아니오(N)] 〈아니오〉: [Enter↵]

[예제 2] **구름형 수정 기호 그리기**

명령: REVCLOUD [Enter↵]

호 최소, 최대 길이 설정 방법: 호(A) [Enter↵]

대략의 호 길이: 50 [Enter↵]

시작점 지정 또는: [호(A)/객체(O)/직사각형(R)/다각형(P)/프리핸드(F)/스타일(S)]⟨객체⟩: 시작점 입력

반대 구석을 지정하십시오: 끝점을 선택하여 구름형 수정 기호 그리기 완료

> **TIP** 구름형 수정 기호를 두껍고 강조된 형태로 그리고 싶다면 스타일 옵션을 컬리그래피 옵션으로 바꾸어 주면 됩니다.

> **TIP** 기본 명령어창 옵션 외에도 리본 모드 메뉴의 홈 → 그리기 → 구름형 수정 기호를 클릭하거나 클래식 모드 메뉴의 그리기 → 구름형 수정 기호를 클릭하면 구름형 수정 기호를 그리는 다양한 옵션을 사용할 수 있습니다.

⟨리본 모드⟩

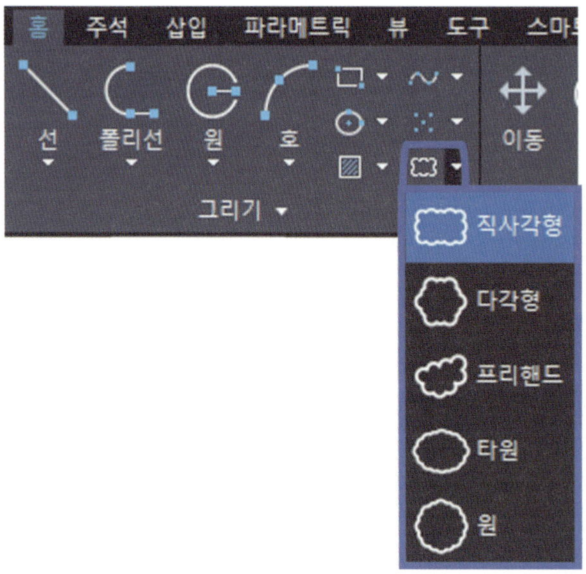

⟨클래식 모드⟩

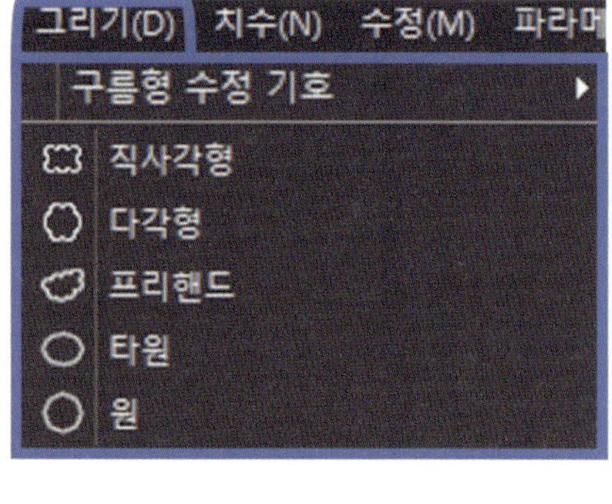

MEMO

04

객체 수정 및 편집

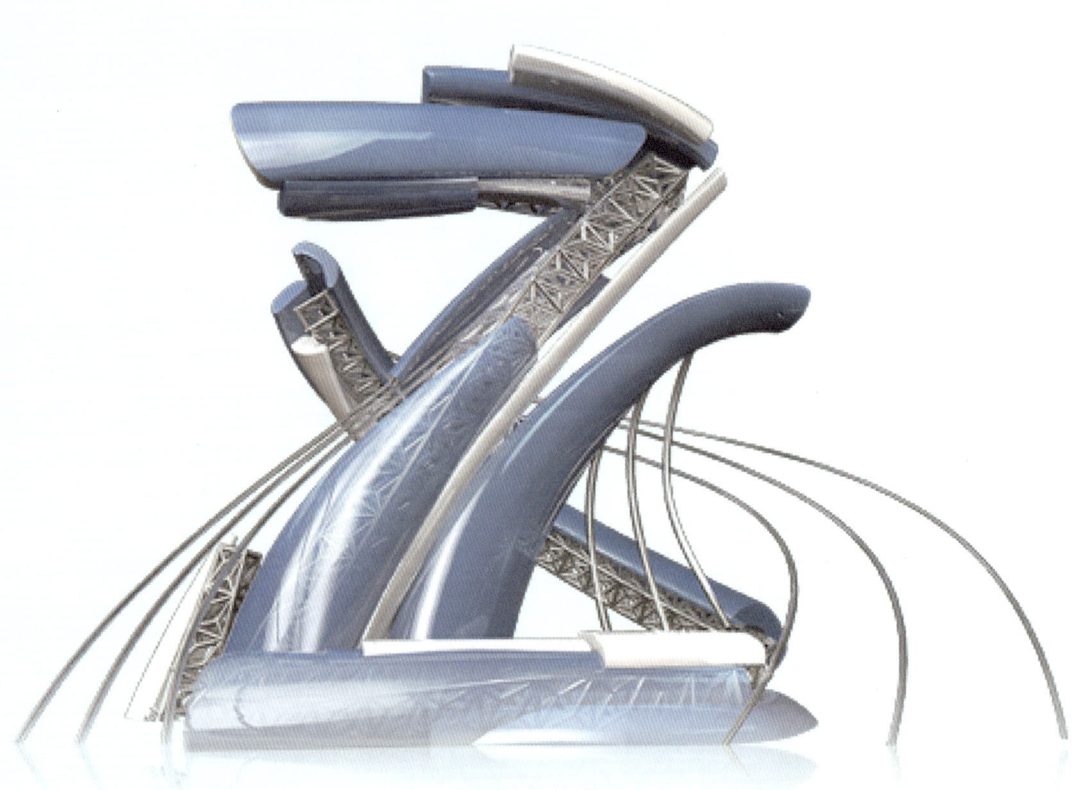

수정 명령어

01 객체 선택

객체를 편집하기 위해서는 우선 편집할 객체를 선택해야 합니다. 객체는 마우스 클릭 혹은 'SELECT' 명령어로 선택할 수 있습니다.

객체는 한 개를 선택할 수도 있고 여러 개를 선택할 수도 있습니다. 여러 객체를 선택한 경우, 특정 명령이 동시에 실행됩니다.

1. 하나의 객체 선택하기

하나의 객체를 선택하기 위해서는 선택할 객체를 마우스로 클릭하면 됩니다.

선택된 객체는 하얀색 점선 혹은 파란색 하이라이트로 표시되며 명령이 입력되지 않은 상태에서는 정점이 파란색 점으로 표시됩니다.

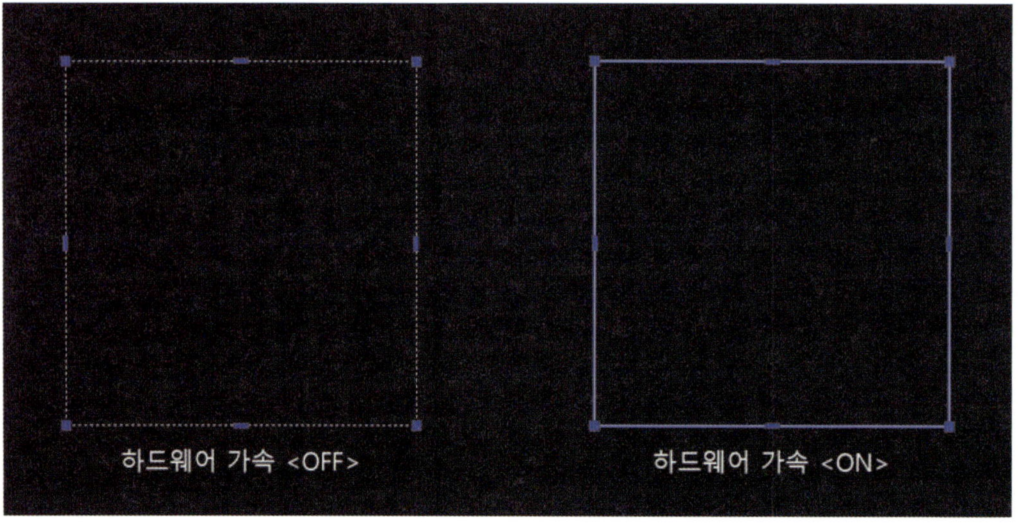

객체를 먼저 선택하고 명령을 입력하여 명령을 바로 실행할 수 있으며, 명령을 먼저 입력하고 명령 절차에 따라 객체를 선택할 수도 있습니다.

2. 마지막으로 작업한 객체 선택하기

마지막으로 작업한 객체를 선택하고자 할 때는 'SELECT-L'을 입력하면 됩니다.

3. 이전에 수정, 편집한 객체 선택하기

이전에 수정, 편집한 객체를 선택하고자 할 때는 'SELECT-P'를 입력하면 됩니다.

4. 모든 객체 선택하기

도면 영역에 표시된 모든 객체를 선택하고자 할 때는 'SELECT-ALL' 옵션을 사용합니다.

5. 윈도우 선택을 이용하여 객체 선택하기

캐드에서 객체를 선택할 때 주로 사용하는 방법은 윈도우 선택을 사용하는 방법입니다. 윈도우 선택이란 대각선 방향의 두 정점을 이용하여 가상의 사각 윈도우를 만들며 그 윈도우에 포함되거나 걸쳐지는 객체를 선택하는 방법입니다.

WINDOW : 'W' 옵션을 입력하여 객체를 선택하는 방법으로 가상의 사각 윈도우 안에 객체가 모두 포함되어야 선택이 가능합니다.' W' 옵션을 입력하지 않아도 좌측에서 우측으로 마우스 클릭 후 드래그를 통해 사각 윈도우를 만들면 파란색으로 영역이 표시됩니다.

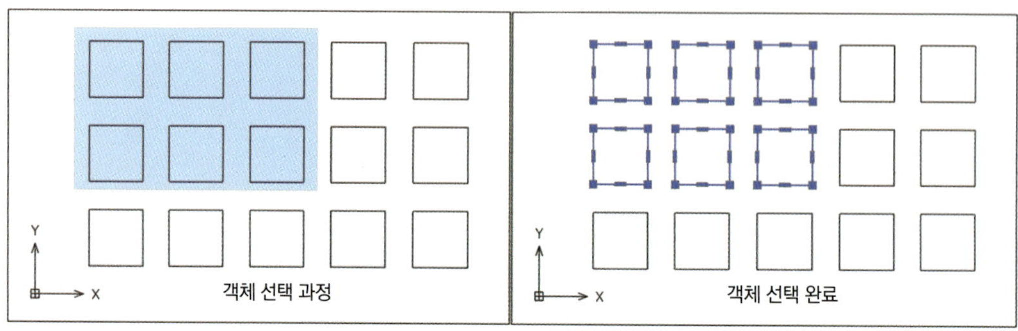

CROSSING : 'C' 옵션을 입력하여 객체를 선택하는 방법으로 가상의 사각 윈도우에 객체의 일부만 포함되어도 해당 객체는 선택됩니다. 'C' 옵션을 입력하지 않아도 우측에서 좌측으로 마우스를 두 번 클릭해 사각 윈도우를 만들면 녹색으로 영역이 표시됩니다.

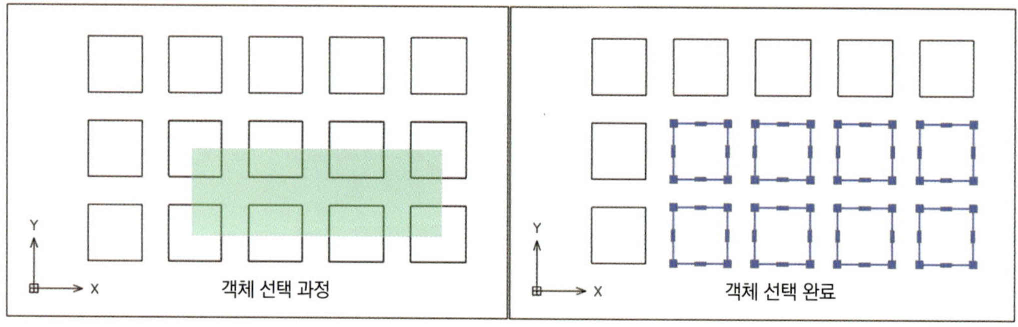

6. 울타리를 이용하여 객체 선택하기

객체를 선택하는 과정에서 사각 윈도우로 객체를 선택하기가 힘들다면 'F' 울타리 옵션을 이용하여 불규칙적인 객체들을 선택할 수 있습니다. 이 옵션은 가상의 울타리(선)를 만들고 그 울타리에 걸치는 객체들을 선택합니다.

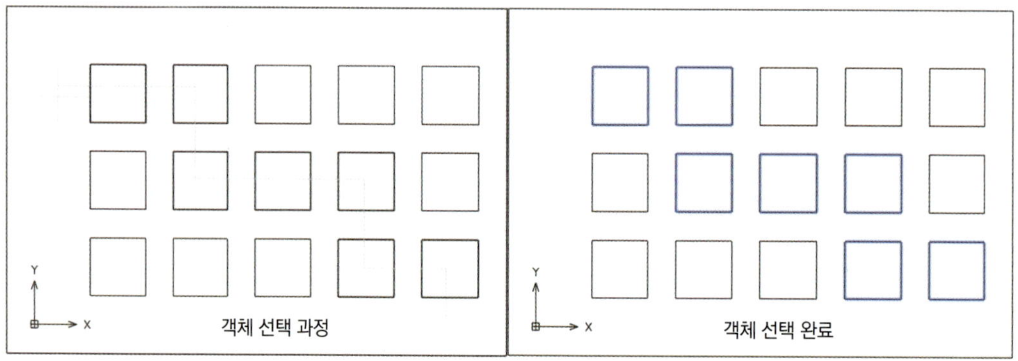

7. 올가미 선택을 이용하여 객체 선택하기

　사각 윈도우로 선택하기 힘든 복잡하거나 불규칙한 객체의 경우 올가미 선택으로 원하는 객체를 쉽게 선택할 수 있습니다. 올가미 선택이란 마우스를 클릭한 채로 끌었다가 손가락을 떼면 범위안에 포함되거나 걸쳐지는 객체를 선택하는 방법입니다.

　올가미 선택에는 윈도우 올가미, 교차 올가미, 울타리 올가미 총 세 가지 모드가 있습니다. 마우스를 끌면서 스페이스바를 누르면 세 가지 모드가 차례대로 바뀝니다.

윈도우(WINDOW) 올가미 선택 : 마우스 커서를 따라 생성되는 올가미에 완전히 포함된 객체가 선택됩니다.

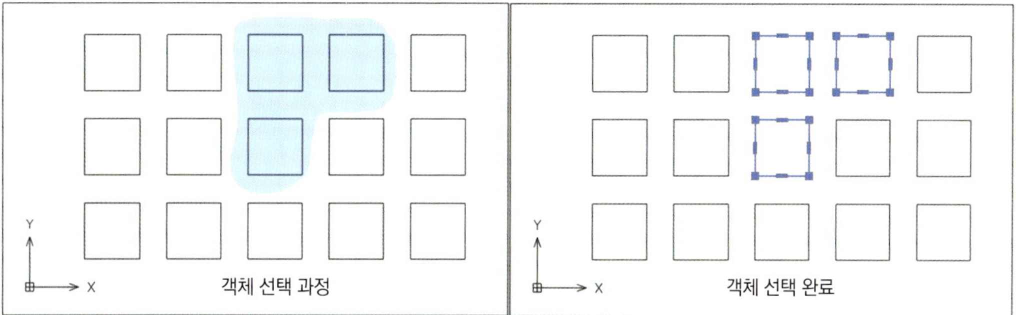

교차(CROSSING) 올가미 선택 : 마우스 커서를 따라 생성되는 올가미에 객체의 일부만 포함되어도 객체가 선택됩니다.

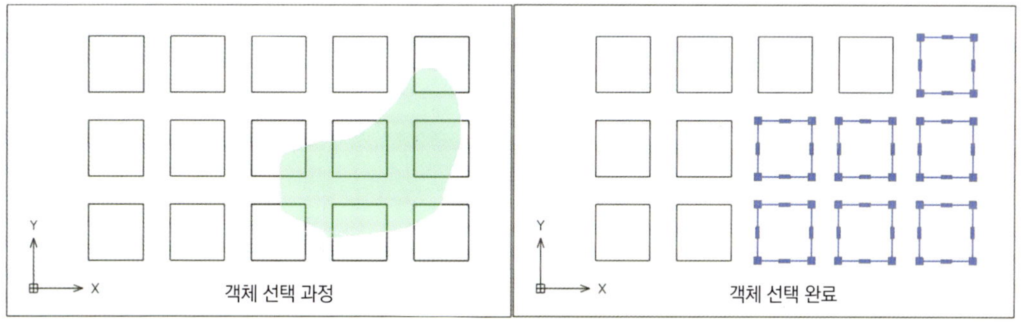

울타리 올가미 선택 : 마우스 커서를 따라 생성되는 궤적에 교차되는 객체가 선택됩니다.

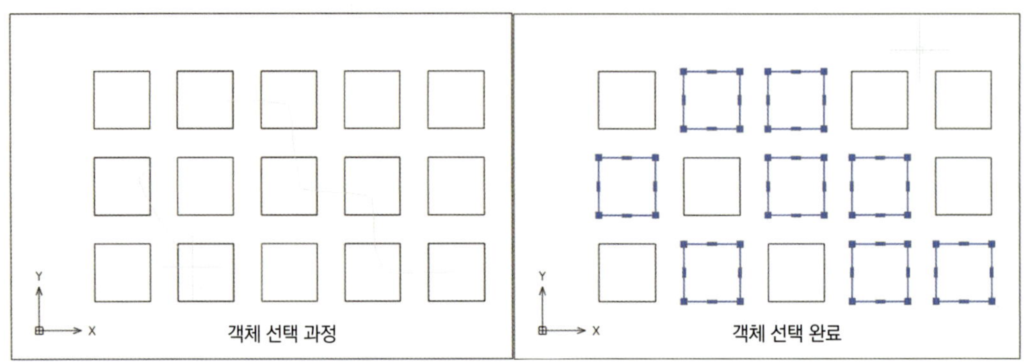

8. 선택한 객체에 객체 추가 및 삭제하기

객체를 선택한 후, 새로운 객체를 추가로 선택하고 싶을 때는 'A' 옵션을 사용하여 새로운 객체를 클릭합니다. 기존 객체를 선택에서 제외하고 싶다면 'R' 옵션을 사용하여 제외할 객체를 클릭하면 그 객체는 선택에서 제외됩니다.

9. 겹쳐진 객체 선택하기

여러 객체가 겹쳐 있는 경우 선택 순환 (SELECTIONCYCLING) 기능을 활용하여 원하는 객체만 선택 가능합니다. 선택 순환 기능은 Ctrl+W를 입력해 켜고 끌 수 있습니다.

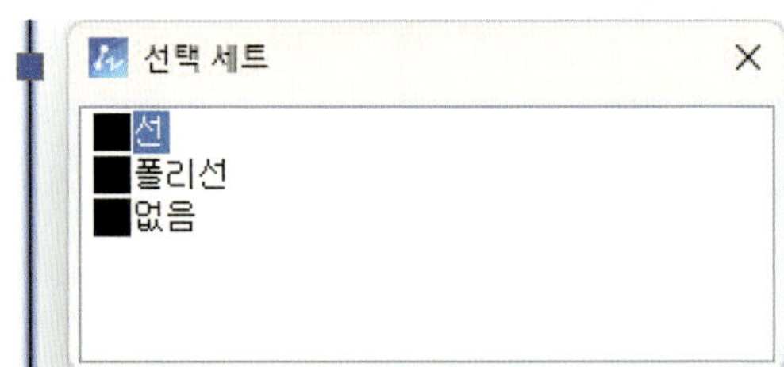

TIP

시스템변수 SELECTIONCYCLING
〈0〉 선택 순환 설정을 끕니다.
〈1〉 선택 순환 설정을 켭니다. 대화 상자는 표시되지 않습니다.
〈2〉 선택 순환 설정을 켭니다. 선택 세트 대화상자에 선택 가능한 객체 목록이 표시됩니다.

---

1. 메뉴 : 수정 명령어 종류

수정 명령어는 리본 모드의 홈 탭에서 '수정' 글자를 클릭하거나 클래식 모드의 메뉴에서 수정 도구를 선택하면 명령어의 종류를 알 수 있습니다. 수정 명령을 사용하기 위해서는 수정 아이콘을 클릭하거나 명령어 창에 명령어 또는 단축 명령어를 입력합니다.

〈리본 모드〉

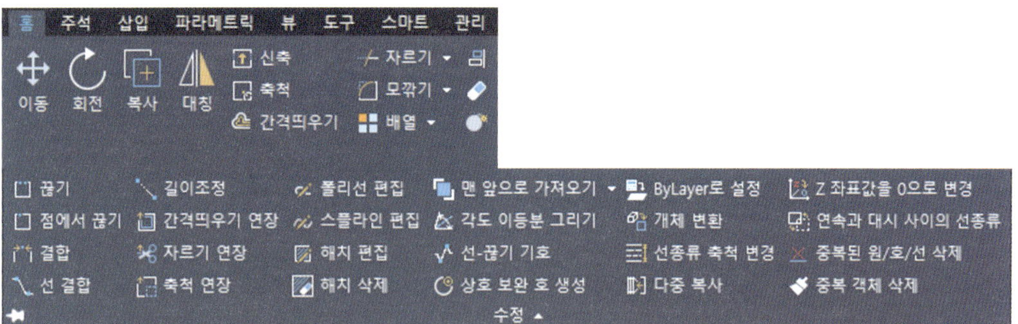

〈클래식 모드〉

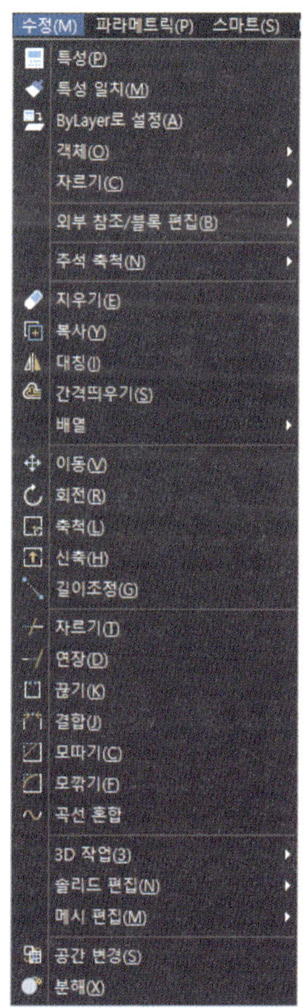

이동 MOVE : 선택한 객체를 이동하는 명령입니다.

기준점과 이동할 지점을 입력하여 객체를 이동합니다. 정확한 지점으로 이동하기 위해서는 이동 거리, 좌표 값, 객체 스냅 등을 잘 이용해야 합니다.

- ■ 메뉴 : 홈 → 수정 → 이동
- ■ 명령어 : MOVE
- ■ 단축키 : M

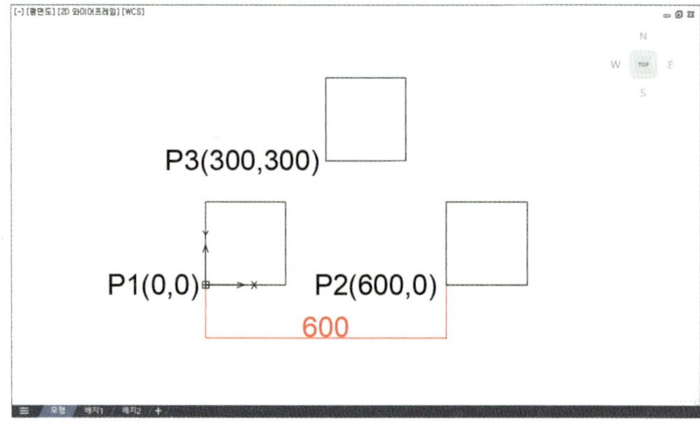

✓ 옵션 (OPTION)

– **변위(D)** : 이동할 좌표 값을 입력합니다.

예제 1 객체를 수직, 수평으로 지정한 거리만큼 이동하기

명령 : MOVE Enter↵

객체 선택 : 이동할 객체 선택 Enter↵

기준점 지정 또는 [변위(D)] 〈변위〉 : 기준점(P1) 입력

두 번째 점 지정 또는 〈첫 번째 점을 변위로 사용〉 : 직교 모드 설정 〈F8〉, 이동 거리 값 〈600〉 입력 Enter↵

예제 2 객체를 좌표 값으로 이동하기

명령 : MOVE Enter↵

객체 선택 : 이동할 객체 선택 Enter↵

기준점 지정 또는 [변위(D)] 〈변위〉 : D 입력 Enter↵

두 번째 점 지정 또는 〈첫 번째 점을 변위로 사용〉 : 좌표값 〈300, 300〉 입력 Enter↵

TIP 절대좌표를 알 수는 없지만, X축, Y축으로 얼마만큼 이동해야 하는지 안다면 상대좌표 값 〈@300,300〉을 입력하여 이동할 수 있습니다.

복사 COPY : 선택한 객체를 복사하는 명령입니다. 복사는 한 번 또는 반복하여 여러 개의 객체를 복사할 수 있습니다. 사용하는 방법은 이동 MOVE 명령과 유사합니다.

- **메뉴** : 홈 → 수정 → 복사
- **명령어** : COPY
- **단축키** : CO, CP

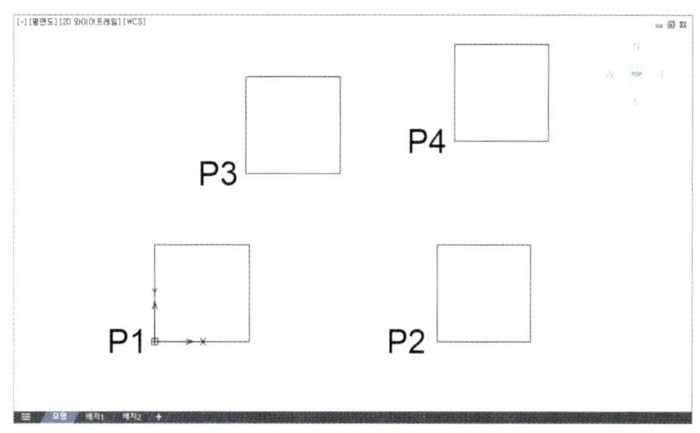

✓ 옵션(OPTION)

- **변위(D)** : 복사할 객체를 삽입할 좌표 값을 입력합니다.
- **모드(O)** : 단일모드와 다중모드를 선택합니다.
- **단일(S)** : 선택한 객체를 한 번만 복사합니다.
- **다중(M)** : 선택한 객체를 반복하여 여러 개로 복사합니다.
- **배열(A)** : 선택한 객체를 선형 배열에 지정한 수로 복사합니다.
- **길이분할(E)** : 선택한 객체를 지정한 길이로 분할하여 복사합니다.
- **등분할(I)** : 선택한 객체를 지정한 길이에서 등분할 하여 복사합니다.
- **경로(P)** : 선택한 객체를 경로에 따라 복사합니다.

예제 1 **객체를 단일 모드로 복사하기**

명령 : COPY [Enter↵]

객체 선택 : 복사할 객체 선택 [Enter↵]

기준점 지정 또는 [변위(D)/모드(O)] 〈변위〉 : O [Enter↵]

복사 모드 옵션 입력 [단일(S)/다중(M)] 〈다중〉 : S [Enter↵]

기준점 지정 또는 [변위(D)/모드(O)/다중(M)] 〈변위〉 : 복사할 기준이 되는 기준점(P1) 입력

두 번째 점 지정 또는 [배열(A)] 〈최초 지점을 변위로 사용〉 : 복사할 정점(P2) 입력

예제 2 **객체를 다중 모드로 복사하기**

명령 : COPY [Enter↵]

객체 선택 : 복사할 객체 선택 [Enter↵]

기준점 지정 또는 [변위(D)/모드(O)/다중(M)] 〈변위〉 : O [Enter↵]

복사 모드 옵션 입력 [단일(S)/다중(M)] 〈단일〉 : M [Enter↵]

기준점 지정 또는 [변위(D)/모드(O)] 〈변위〉 : 복사할 기준이 되는 기준점(P1) 입력

두 번째 점 지정 또는 [배열(A)] 〈최초 지점을 변위로 사용〉 : 복사할 첫 번째 정점(P3) 입력

두 번째 점 지정 또는 [배열(A)/종료(E)/명령취소(U)] 〈종료〉: 복사할 두 번째 정점(P4) 입력

두 번째 점 지정 또는 [배열(A)/종료(E)/명령취소(U)] 〈종료〉: [Enter↵] 또는 E [Enter↵]

05 지우기 ERASE

지우기 ERASE: 선택한 객체를 지우는 명령입니다. 지우기 명령을 실행한 후에 객체를 선택하거나 객체를 먼저 선택한 후에 지우기 명령을 실행하는 것의 결과는 동일합니다.

■ 메뉴 : 홈 → 수정 → 지우기 
■ 명령어 : ERASE
■ 단축키 : E

 **옵션 (OPTION)**

- **마지막(L)** : 마지막으로 그린 객체를 지웁니다.
- **이전(P)** : 이전에 선택한 객체를 지웁니다.
- **ALL** : 모든 객체를 지웁니다.
- **?** : 옵션 리스트를 볼 수 있으며, 아래와 같은 옵션이 있습니다.
  윈도우(W)/마지막(L)/교차(C)/상자(B)/전체(ALL)/울타리(F)/윈도우 다각형(WP)/걸침 다각형(CP)/그룹(G)/
  추가(A)/제거(R)/다중(M)/이전(P)/명령 취소(U)/자동(AU)/단일(SI)

간격띄우기 OFFSET : 선택한 객체를 미리 지정한 간격만큼 복사하는 명령입니다. 일정한 간격으로 반복하여 복사할 때 사용할 수 있으며, 곡선이나 원일 때 지정한 간격만큼 반지름이나 크기가 정확히 맞춰지기 때문에 도면을 효과적으로 작성할 수 있습니다.

- ■ 메뉴 : 홈 → 수정 → 간격띄우기
- ■ 명령어 : OFFSET
- ■ 단축키 : O

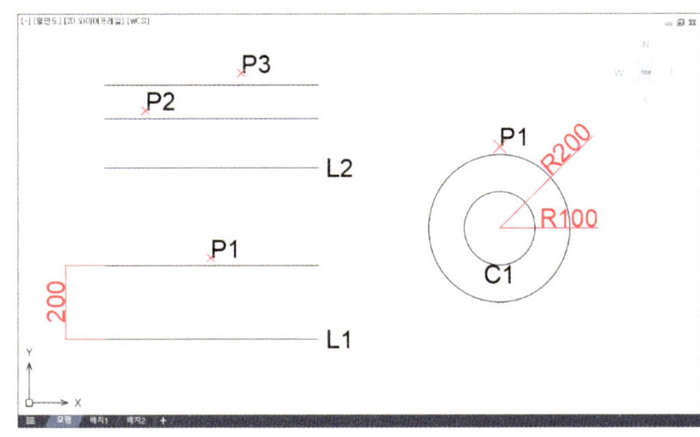

✓ 옵션(OPTION)

- **통과점(T)** : 선택한 정점을 통과하는 객체를 복사합니다.
- **지우기(E)** : 간격띄우기 하기 전 원본 객체를 지웁니다.
- **도면층(L)** : 간격띄우기 객체의 도면층 옵션을 입력합니다.
- **소스(S)** : 간격띄우기 객체를 원본 객체의 도면층에서 생성합니다.
- **현재(C)** : 간격띄우기 객체를 현재 도면층에서 생성합니다.

[예제 1] **객체를 지정 거리만큼 간격띄우기**

명령 : OFFSET Enter↵

간격띄우기 거리 지정 또는 [통과점(T)/지우기(E)/도면층(L)] 〈통과점〉: 간격 입력 〈200〉 Enter↵

간격띄우기 할 객체 선택 또는 [명령 취소(U)/종료(E)]〈종료〉: 객체 선택 〈L1〉 또는 〈C1〉

점 지정 또는 [명령 취소(U)/종료(E)]〈종료〉: 간격띄우기할 방향 입력 〈P1〉

간격띄우기 할 객체 선택 또는 [명령 취소(U)/종료(E)]〈종료〉: Enter↵

TIP 반복해서 같은 간격으로 객체를 복사할 때는 다시 객체를 선택하고 간격 띄우기 할 방향을 지정하면 됩니다.

명령 : OFFSET `Enter↵`

간격띄우기 거리 지정 또는 [통과점(T)/지우기(E)/도면층(L)] 〈통과점〉: 〈T〉 입력 `Enter↵`

간격띄우기 할 객체 선택 또는 [명령 취소(U)/종료(E)]〈종료〉: 객체 선택 〈L2〉

통과점 지정 또는 [종료(E)/다중(M)/명령 취소(U)]〈종료〉: 간격띄우기할 통과점 입력 〈P2〉

간격띄우기 할 객체 선택 또는 [명령 취소(U)/종료(E)]〈종료〉: 객체 선택 〈L2〉

통과점 지정 또는 [종료(E)/다중(M)/명령 취소(U)]〈종료〉: 간격띄우기할 통과점 입력 〈P3〉

간격띄우기 할 객체 선택 또는 [명령 취소(U)/종료(E)]〈종료〉: `Enter↵`

대칭 복사 MIRROR : 기준선을 대칭축으로 반대편에 대칭되는 객체를 복사하는 명령입니다. 문자의 경우 기본적으로는 문자 형태 그대로 위치만 대칭이 되지만 MIRRTEXT 시스템 변수 설정으로 문자도 상하, 좌우로 대칭 복사할 수 있습니다.

■ 메뉴 : 홈 → 수정 → 대칭
■ 명령어 : MIRROR
■ 단축키 : MI

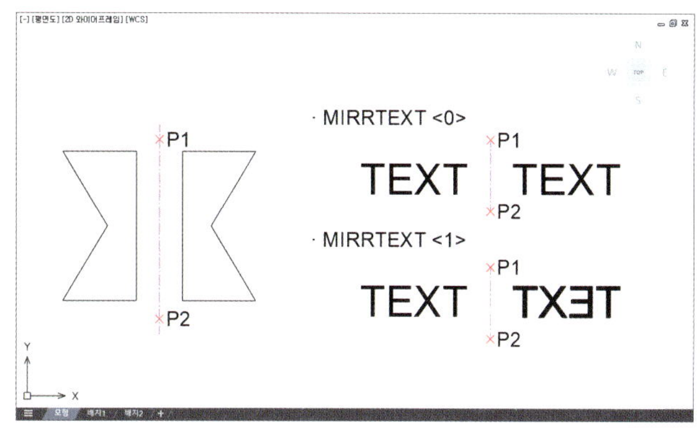

PART 04

[예제 1] **객체를 대칭 복사하기**

명령: MIRROR Enter↵

객체 선택: 대칭 복사할 객체 선택 Enter↵

대칭선의 첫 번째 점 지정: 대칭축으로 만들 첫 번째 정점 〈P1〉 입력

대칭선의 두 번째 점 지정: 대칭축으로 만들 두 번째 정점 〈P2〉 입력

원본 객체를 삭제합니까? [예(Y)/아니오(N)] 〈아니오〉: Enter↵

 TIP 원본 객체 삭제 옵션에서 〈Y〉를 입력하면 원본 객체는 삭제되고 대칭되는 객체만 남습니다.

MIRRTEXT 시스템 변수

기본적으로 문자는 대칭 복사가 되더라도 상하, 좌우로 반전되지 않습니다. 문자 반전이 필요한 경우 MIRRTEXT 시스템변수를 통해 설정을 변경할 수 있습니다.

명령 : MIRRTEXT

MIRRTEXT에 대한 새 값 입력 〈0〉: 0 또는 1 입력 Enter↵

〈0〉: 문자의 상하, 좌우, 기준점이 변경되지 않고 문자의 위치만 대칭하여 복사합니다.

〈1〉: 기준선이 되는 대칭축의 위치에 의해 상하, 좌우가 반전되고 기준점도 반전 위치로 변경되어 복사합니다.

회전 ROTATE : 객체를 회전하는 명령입니다.

■ 메뉴 : 홈 → 수정 → 회전
■ 명령어 : ROTATE
■ 단축키 : RO

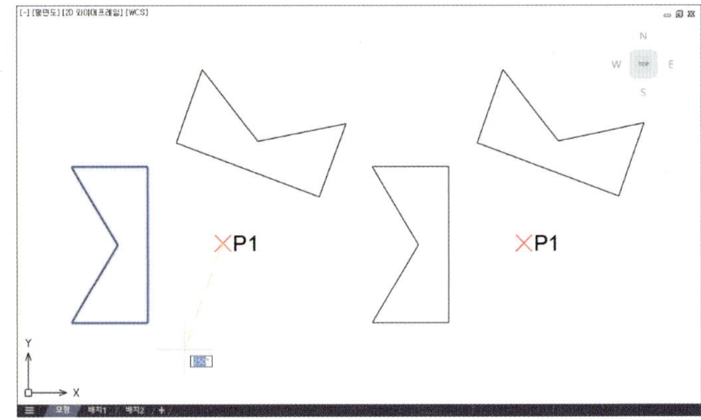

옵션 (OPTION)

- **복사(C)** : 객체를 복사하여 회전합니다.
- **참조(R)** : 현재 각도를 기준으로 새로운 각도를 입력합니다.

[예제 1] **마우스를 이용하여 객체 회전시키기**

명령: ROTATE [Enter↵]

객체 선택: 회전할 객체 선택 [Enter↵]

기준점 지정: 회전할 기준점 〈P1〉 지정

회전 각도 지정 또는 [복사(C)/참조(R)] 〈0〉: 마우스로 회전할 위치로 커서 이동 후 클릭

[예제 2] **객체를 복사하여 입력한 각도만큼 회전하기**

명령: ROTATE [Enter↵]

객체 선택: 회전할 객체 선택 [Enter↵]

기준점 지정: 회전할 기준점 〈P1〉 지정

회전 각도 지정 또는 [복사(C)/참조(R)] 〈0〉: 〈C〉 입력 [Enter↵]

회전 각도 지정 또는 [복사(C)/참조(R)] 〈0〉: 회전 각도 〈250〉 입력 [Enter↵]

자르기 TRIM : 객체의 일부를 잘라 없애는 명령입니다. 실제 도면 작업에서 사용이 매우 빈번한 중요한 명령입니다. 객체 혹은 작업방식에 맞춰 신속, 표준, 향상된 모드로 객체를 잘라낼 수 있습니다.

- ■ 메뉴 : 홈 → 수정 → 자르기
- ■ 명령어 : TRIM
- ■ 단축키 : TR

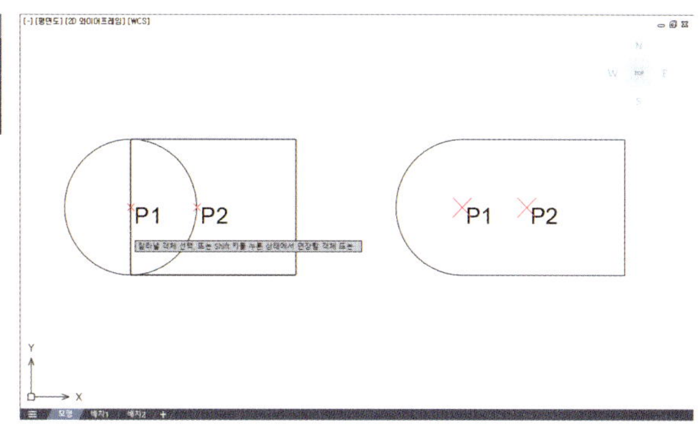

1. 신속 모드 : TR → 모드(O) → 신속(Q)

도면 내 모든 객체를 경계로 인식하여 선택한 객체를 바로 자릅니다.

> **TIP** 신속 모드의 경우, ZWCAD 2024버전 이상부터 지원됩니다.

2. 표준 모드 : TR → 모드(O) → 표준(S)

객체를 잘라내기 위한 경계를 선택한 후 객체를 자릅니다.

3. 향상된 모드 : TR → 모드(O) → 향상된 모드(EX)

지정된 경계의 바깥쪽 혹은 안쪽에 교차하는 모든 객체를 자릅니다.

> **TIP** 향상된 모드의 경우, 구 버전(2023버전 이하)에서는 EXTRIM 명령어로 대체됩니다.

> **TIP** 시스템 변수로 TRIM/EXTEND 기본 모드를 설정할 수 있습니다.
> TRIMEXTENDMODE ⟨0⟩ 표준 모드
> TRIMEXTENDMODE ⟨1⟩ 신속 모드
> TRIMEXTENDMODE ⟨2⟩ 향상된 모드

- **커팅 엣지(T)** : 객체를 잘라내기 위한 경계를 선택합니다.
- **울타리(F)** : 임의의 선을 그려 선과 교차하는 객체를 잘라냅니다.
- **걸치기(C)** : 임의의 2개의 점을 이용한 사각 영역 안에 포함되거나 걸쳐지는 객체를 잘라냅니다.
- **모드(O)** : 잘라내기 모드를 지정합니다.
- **프로젝트(P)** : 객체를 자르기 위한 투영 방법을 지정합니다.
- **없음(N)** : 투영이 없는 옵션으로 3D에서 자를 모서리와 교차하는 객체를 자릅니다.
- **UCS(U)** : 3D에서 자를 모서리와 교차하지 않는 객체를 자릅니다.
- **뷰(V)** : 현재 뷰의 경계와 교차하는 객체를 자릅니다.
- **지우기(R)** : 선택한 객체를 지웁니다.
- **명령 취소(U)** : 이전에 잘라낸 객체를 복원합니다.

- **모서리(E)** : 교차하는 객체를 자를지, 연장한 후 객체를 자를지 설정합니다.
- **연장(E)** : 선택한 객체를 자를 모서리의 연장선을 따라 잘라냅니다.
- **비연장(N)** : 3D 공간 내에서 자를 모서리와 교차하는 객체만을 잘라냅니다.

예제 1 신속 모드를 이용하여 객체 자르기

명령: TRIM Enter↵

현재 설정: 프로젝트=UCS, 모서리=비연장(N), 모드 = 신속

잘라낼 객체 선택, 또는 Shift 키를 누른 상태에서 연장할 객체 또는

[커팅 엣지(T)/울타리(F)/걸치기(C)/모드(O)/프로젝트(P)/지우기(R)/명령 취소(U)]:

자를 객체 선택 〈P1, P2〉

잘라낼 객체 선택, 또는 Shift 키를 누른 상태에서 연장할 객체 또는

[커팅 엣지(T)/울타리(F)/걸치기(C)/모드(O)/프로젝트(P)/지우기(R)/명령 취소(U)]: Enter↵

예제 2 표준 모드로 변경 후 객체 자르기

명령: TRIM Enter↵

현재 설정: 프로젝트=UCS, 모서리=비연장(N), 모드 = 신속

잘라낼 객체 선택, 또는 Shift 키를 누른 상태에서 연장할 객체 또는

[커팅 엣지(T)/울타리(F)/걸치기(C)/모드(O)/프로젝트(P)/지우기(R)/명령 취소(U)]:

〈모드(O)〉 Enter↵ → 〈표준(S)〉 Enter↵

잘라낼 경계 엣지 선택 또는 [모드(O)] 〈모두 선택〉: 〈P1〉 선택 후 Enter↵

잘라낼 객체 선택, 또는 Shift 키를 누른 상태에서 연장할 객체 또는 자를 객체 선택 〈P2〉

잘라낼 객체 선택, 또는 Shift 키를 누른 상태에서 연장할 객체 또는

[커팅 엣지(T)/울타리(F)/걸치기(C)/모드(O)/프로젝트(P)/지우기(R)/명령 취소(U)]: Enter↵

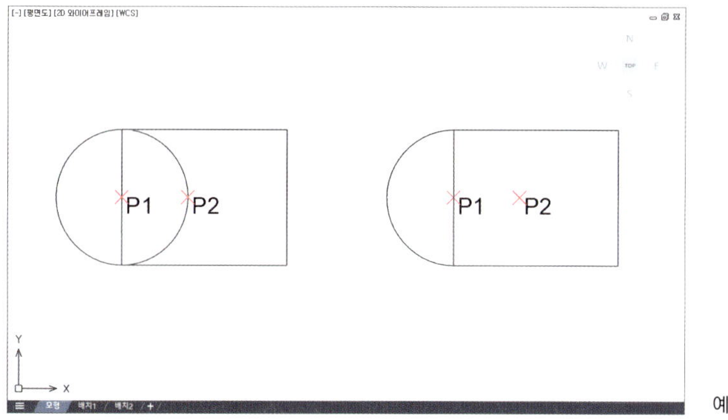

예제 2

예제3 향상된 모드로 변경 후 객체 자르기

명령: TRIM Enter↵

현재 설정: 프로젝트=UCS, 모서리=비연장(N), 모드 = 신속

잘라낼 객체 선택, 또는 Shift 키를 누른 상태에서 연장할 객체 또는

[커팅 엣지(T)/울타리(F)/걸치기(C)/모드(O)/프로젝트(P)/지우기(R)/명령 취소(U)]:

〈모드(O)〉 Enter↵ → 〈향상된 모드(EX)〉 Enter↵

잘라낼 경계 엣지 선택 또는 [모드(O)]: 경계 선택 〈P1〉

잘라낼 옆면 지정, 또는 Shift 키를 누른 상태에서 확장할 옆면 또는 [모드(O)/프로젝트(P)]:

잘라낼 객체의 옆면 선택 〈P2〉

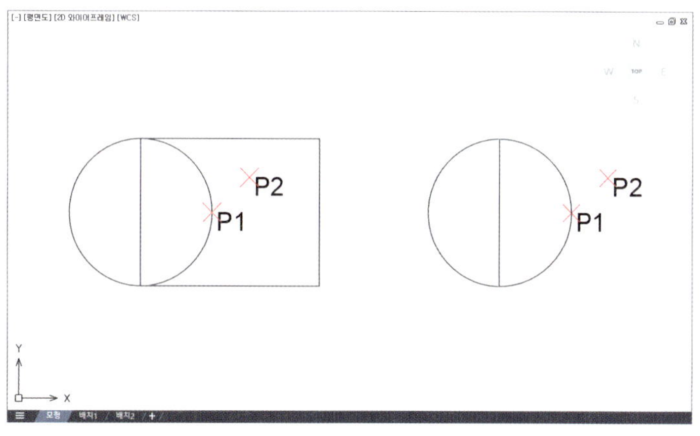

예제 3

배열 ARRAY : 객체를 수평과 수직, 원형 또는 경로 배열하는 명령입니다. 리본 메뉴와 클래식 메뉴가 존재합니다.

> ■ 메뉴 : 홈 → 수정 → 배열
> ■ 명령어 : ARRAY
> ■ 단축키 : AR

 **TIP** 리본 메뉴와 클래식 메뉴에 따라 ARRAY 기능 구동 형식(메뉴 바&대화상자)이 변경됩니다.

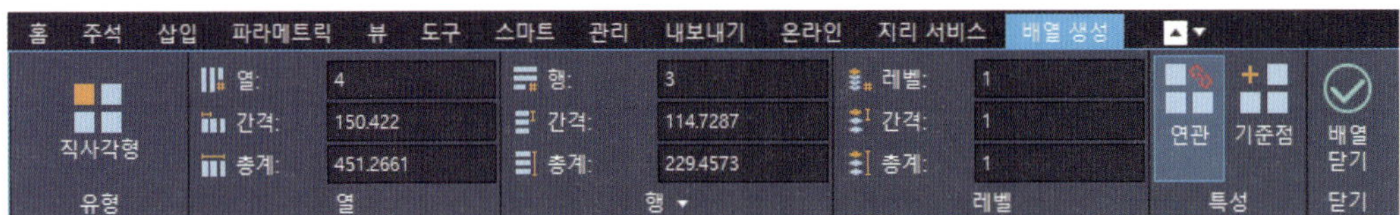

〈리본메뉴〉

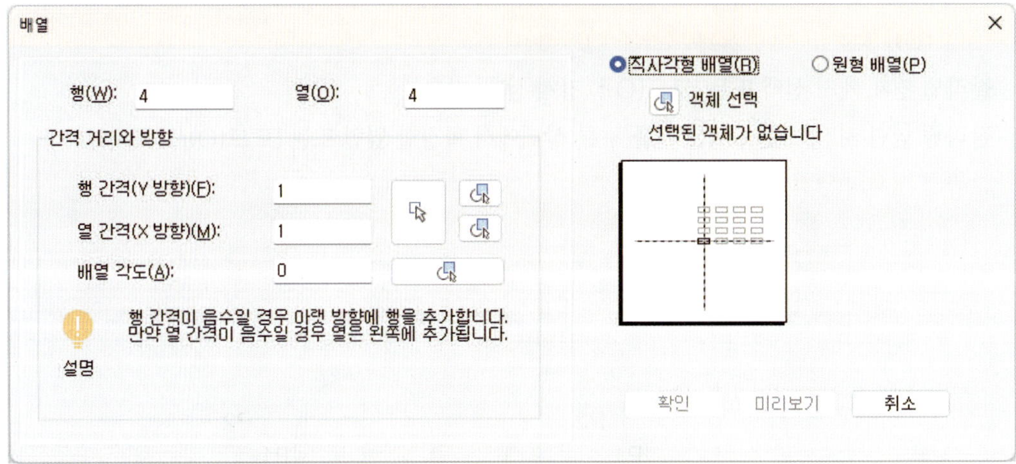

〈클래식메뉴〉

배열은 직사각형 배열, 원형 배열, 경로 배열이 있습니다.

1. 직사각형 배열

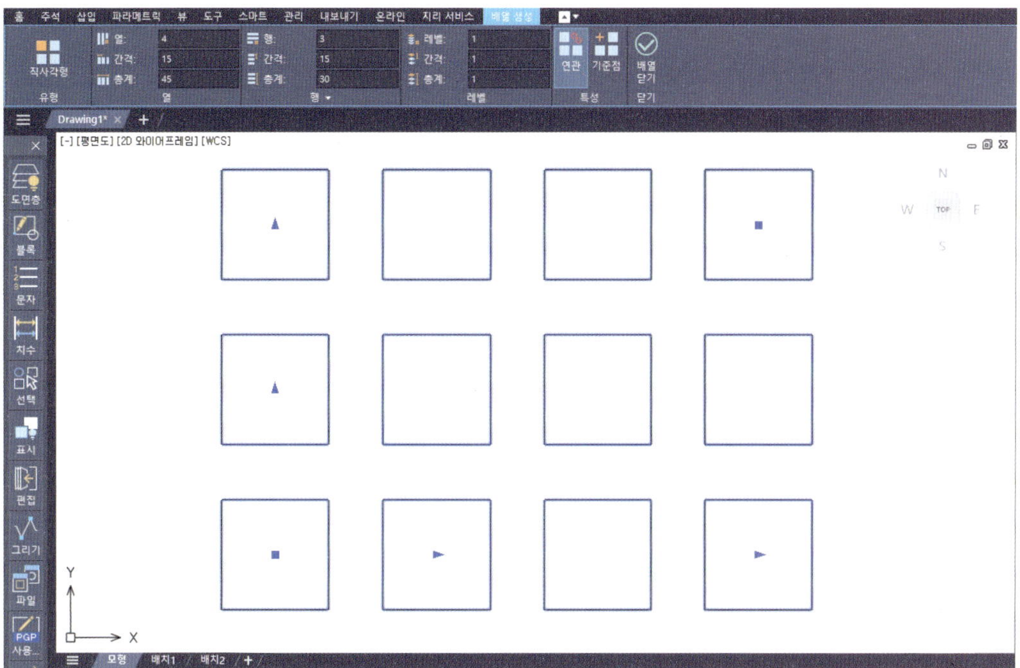

선택한 객체 사본을 직사각형 형태로 배열합니다.

- **명령어** : ARRAYRECT

- ARRAY → 객체 선택 → Enter → 직사각형(R)

✓ 옵션(OPTION)

- **열** : 배열할 객체의 열의 수와 간격을 지정합니다.
- **행** : 배열할 객체의 행의 수와 간격을 지정합니다.
- **레벨** : Z축을 따라 배열의 레벨 수를 지정합니다.
- **연관** : 연관 배열 객체를 만들지 여부를 제어합니다.
- **기준점** : 배열의 기준점을 선택합니다.

[예제 1] **직사각형 배열**

명령: ARRAYRECT [Enter↵]

객체 선택: [Enter↵]

배열 생성 리본 탭에서 열 〈4〉, 간격 〈15〉, 행 〈3〉, 간격 〈15〉 설정 후 배열 닫기

2. 원형 배열

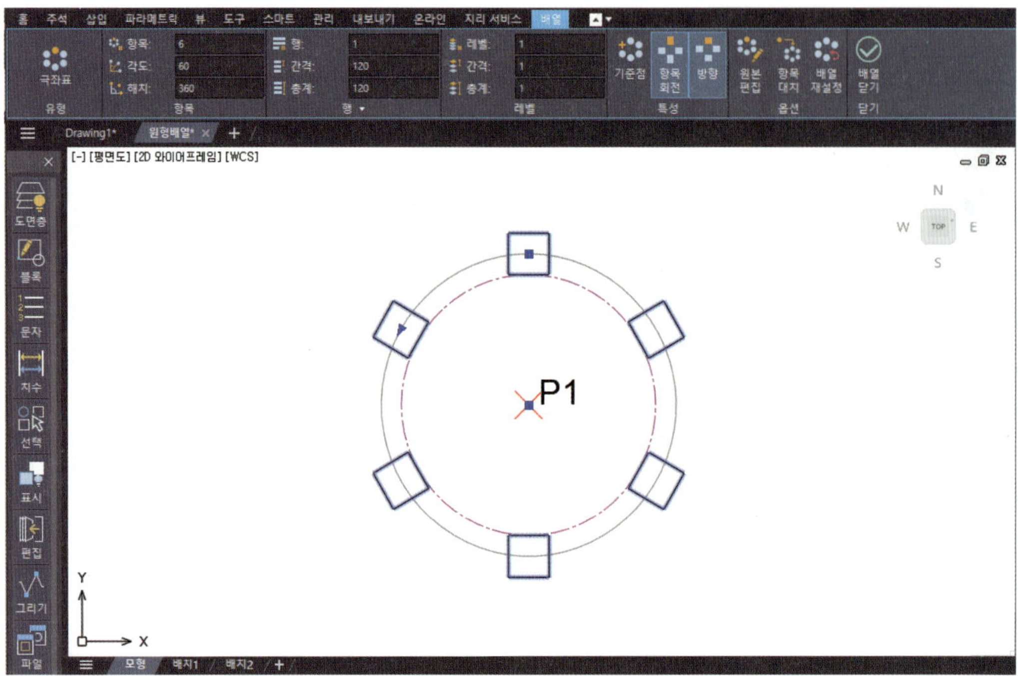

선택한 객체 사본을 원형 형태로 배열합니다.

- **명령어** : ARRAYPOLAR

- ARRAY → 객체 선택 → Enter → 원형(PO) → 배열의 중심점

✅ 옵션(OPTION)

- **중심점** : 배열의 항목을 배열시킬 기준점을 지정합니다. 회전축은 UCS의 Z축 입니다.
- **기준점(B)** : 배열의 기준점을 지정합니다.
- **회전축(A)** : 지정된 두 점으로 정의되는 사용자의 회전축을 지정합니다.
- **연관** : 연관 배열 객체를 만들지 여부를 제어합니다.
- **기준점** : 배열의 기준점과 그립 위치를 재정의합니다.
- **항목회전** : 항목 배열 시 항목의 회전 여부를 제어합니다.
- **방향** : 시계 반대 방향 또는 시계 방향의 배열을 만들지 제어합니다.

[예제 2] **원형 배열**

명령: ARRAYPOLAR [Enter↵]

객체 선택: [Enter↵]

배열의 중심점 지정: 〈P1〉 클릭

배열 생성 리본 탭에서 항목 〈6〉 설정 후 배열 닫기

3. 경로 배열

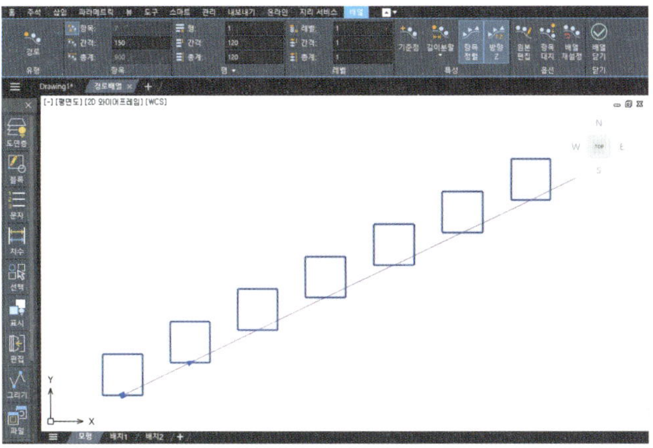

선택한 객체 사본을 경로 또는 경로의 일부분을 따라 균일하게 배열합니다.

- **명령어** : ARRAYPATH

- ARRAY → 객체 선택 → Enter → 경로(PA) → 커브경로 선택

✅ 옵션 (OPTION)

- **항목** : 배열 항목 수와 항목 간의 거리를 지정합니다.
- **행** : 배열의 행 수, 행 간의 거리, 행 간 증분 고도를 지정합니다.
- **레벨** : 3D 배열의 레벨 수와 간격을 지정합니다.
- **기준점** : 배열의 기준점을 선택합니다.

기준점: 경로 곡선의 시작을 기준으로 배열에서 항목의 위치 지정을 위한 기준점을 지정합니다.

키 점: 연관 배열의 경우 원본 객체에서 경로에 맞춰 정렬할 유효한 구속조건을 지정합니다. 생성되는 배열의 원본 객체나 경로를 편집하는 경우 배열의 기준점이 원본 객체의 키 점과 일치하도록 유지됩니다.

- **길이분할** : 경로를 따라 지정 간격으로 항목을 배열합니다.
- **등분할** : 경로의 길이를 따라 지정된 항목 수를 균일하게 배열합니다.
- **항목정렬** : 각 학몽을 경로 방향의 접선에 정렬할지 여부를 지정합니다.
- **Z 방향** : 항목의 원래 Z 방향을 유지할지 아니면 3D 경로를 따라 항목을 기울일지 제어합니다.
- **원본 편집**: 선택 항목에 대해 원본 객체를 편집할 수 있도록 편집 상태를 활성화합니다.
- **항목 대치** : 선택 항목 또는 원래 원본 객체를 참조하는 모든 항목에 대해 원본 객체를 대체합니다.
- **배열 재생성** : 삭제 항목을 복원하고 모든 항목 재정의를 제거합니다.

[예제 3] **경로배열**

명령: ARRAYPATH [Enter↵]

객체 선택: [Enter↵]

커브경로를 선택하시오: 경로 선택

배열 생성 리본 탭에서 간격 〈150〉 설정 후 배열 닫기

끊기 BREAK : 객체의 두 정점을 지정하여 객체를 분할하는 명령입니다. 명령어를 입력하고 객체를 선택하는 지점이 첫 번째 정점이 되므로 정점을 수정하고 싶다면 〈F〉 옵션을 이용하여 선택한 객체의 첫 번째 정점을 다시 지정할 수 있습니다.

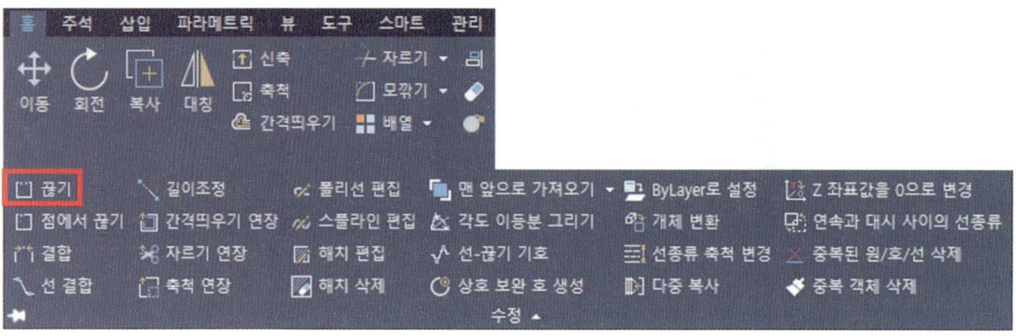

■ 메뉴 : 홈 → 수정(확장) → 끊기
■ 명령어 : BREAK
■ 단축키 : BR

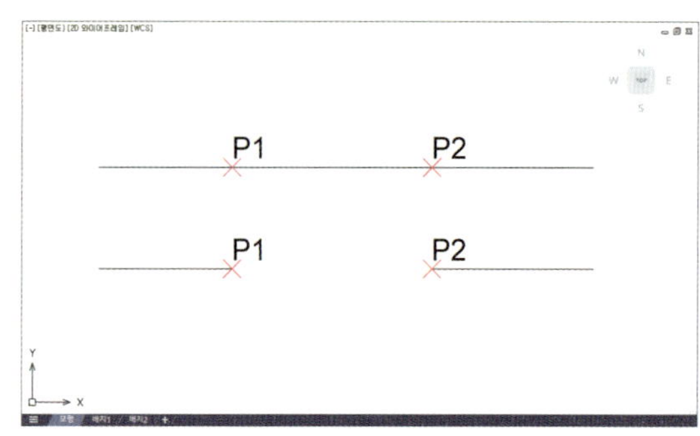

 옵션(OPTION)

첫 번째 점(F) : 선택한 객체의 첫 번째 정점을 다시 입력합니다.

예제 1 첫 번째 정점을 수정하여 객체 끊기

명령: BREAK Enter↵

객체 선택: 선의 P1 근처 정점 지정

두 번째 끊기 점을 지정 또는 [첫 번째 점(F)]: 〈F〉 입력 Enter↵

첫 번째 끊기 점을 지정: 〈P1〉 지정

두 번째 끊기 점을 지정: 〈P2〉 지정

> **TIP** 여러 개의 객체가 모여 구성된 복합 객체는 BREAK 명령으로 끊을 수 없습니다. 불가능한 객체는 블록, 여러 줄(MLINE), 치수, 영역 등입니다.

연장 EXTEND : 선택한 객체를 가까운 경계선 또는 지정한 경계선까지 연장하도록 만드는 명령입니다. 선택한 객체의 각도와 방향을 유지한 채 연장하기 때문에 객체의 형태를 유지할 수 있고 지정한 경계선까지 정확하게 연결할 수 있습니다. 객체 혹은 작업방식에 맞춰 신속, 표준, 향상된 모드로 객체를 연장할 수 있습니다.

■ 메뉴 : 홈 → 수정 → 연장
■ 명령어 : EXTEND
■ 단축키 : EX

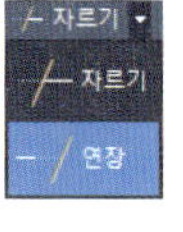
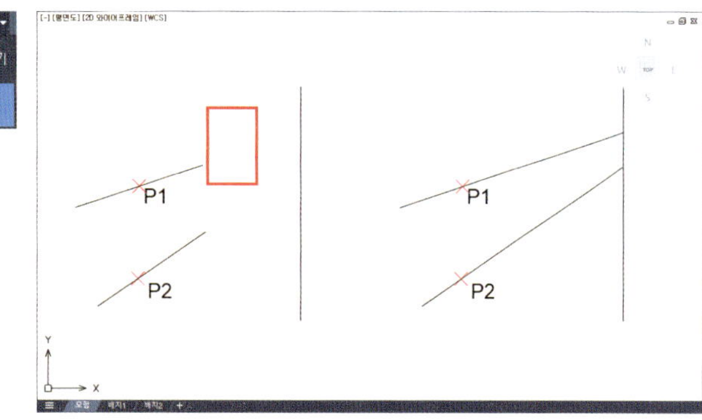

1. 신속 모드 : EX → 모드(O) → 신속(Q)

도면 내 모든 객체를 경계로 인식하여 선택한 객체를 연장합니다.

2. 표준 모드 : EX → 모드(O) → 표준(S)

연장하기 위한 경계를 선택한 후 객체를 연장합니다.

3. 향상된 모드 : EX → 모드(O) → 향상된 모드(EX)

지정된 경계의 바깥쪽 혹은 안쪽에 교차하는 모든 객체를 연장합니다.

> **TIP** 시스템 변수로 TRIM/EXTEND 기본 모드를 설정할 수 있습니다.
> TRIMEXTENDMODE 〈0〉 표준 모드
> TRIMEXTENDMODE 〈1〉 신속 모드
> TRIMEXTENDMODE 〈2〉 향상된 모드

- **커팅 엣지(T)** : 객체를 연장하기 위한 경계를 선택합니다.
- **울타리(F)** : 임의의 선을 그려 선에 교차하는 객체를 연장합니다.
- **걸치기(C)** : 2개의 정점을 이용한 사각 영역을 이용하여 연장할 객체를 선택합니다.
- **모드(O)** : 연장 모드를 지정합니다.
- **프로젝트(P)** : 객체를 연장할 때의 투영 방법을 설정합니다
- **없음(N)** : 투영이 없는 옵션으로 3D에서 자를 모서리와 교차하는 객체를 자릅니다.
- **UCS(U)** : 3D에서 자를 모서리와 교차하지 않는 객체를 자릅니다.
- **뷰(V)** : 현재 뷰의 경계와 교차하는 객체를 자릅니다.
- **실행 취소(U)** : 이전에 연장한 객체를 복원합니다.

- **모서리(E)** : 객체를 교차하지 않는 모서리까지 연장할지 여부를 설정합니다.
- **연장(E)** : 실제 경계선과 교차하지 않더라도 연장선상에 있으면 객체를 연장합니다.
- **비연장(N)** : 실제 경계선과 교차하지 않으면 객체가 연장되지 않습니다.

[예제 1] **신속 모드를 이용하여 객체 연장하기**

명령: EXTEND [Enter↵]

현재 설정: 프로젝트=UCS, 모서리=비연장(N), 모드 = 신속

연장할 객체 선택, 또는 Shift 키를 누른 상태에서 잘라낼 객체 또는

[경계 엣지(B)/울타리(F)/걸치기(C)/모드(O)/프로젝트(P)/명령 취소(U)]:

연장할 객체 선택 〈P1, P2〉

연장할 객체 선택, 또는 Shift 키를 누른 상태에서 잘라낼 객체 또는

[경계 엣지(B)/울타리(F)/걸치기(C)/모드(O)/프로젝트(P)/명령 취소(U)]: [Enter↵]

[예제 2] **표준 모드로 변경 후 객체 연장하기**

명령: EXTEND [Enter↵]

현재 설정: 프로젝트=UCS, 모서리=비연장(N), 모드 = 신속

연장할 객체 선택, 또는 Shift 키를 누른 상태에서 잘라낼 객체 또는

[경계 엣지(B)/울타리(F)/걸치기(C)/모드(O)/프로젝트(P)/명령 취소(U)]:

〈모드(O)〉 [Enter↵] → 〈표준(S)〉 [Enter↵]

확장할 경계 객체 선택 또는 [모드(O)] 〈모두 선택〉: 〈P1〉 선택 후 [Enter↵]

연장할 객체 선택, 또는 Shift 키를 누른 상태에서 잘라낼 객체 또는

[경계 엣지(B)/울타리(F)/걸치기(C)/모드(O)/프로젝트(P)/명령 취소(U)]: 연장할 객체 선택 〈P2, P3〉

연장할 객체 선택, 또는 Shift 키를 누른 상태에서 잘라낼 객체 또는

[경계 엣지(B)/모서리(E)/울타리(F)/걸치기(C)/모드(O)/프로젝트(P)/명령 취소(U)]: Enter↵

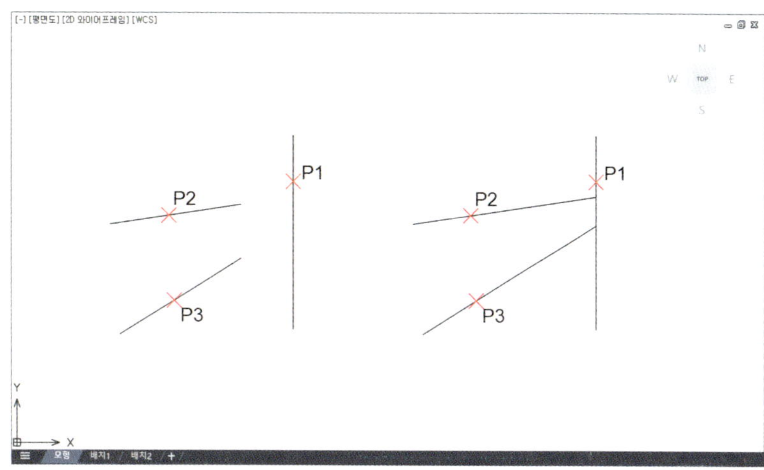

[예제 3] 향상된 모드로 변경 후 객체 연장하기

명령: EXTEND Enter↵

현재 설정: 프로젝트=UCS, 모서리=비연장(N), 모드 = 신속

연장할 객체 선택, 또는 Shift 키를 누른 상태에서 잘라낼 객체 또는

[경계 엣지(B)/울타리(F)/걸치기(C)/모드(O)/프로젝트(P)/명령 취소(U)]:

〈모드(O)〉 Enter↵ → 〈향상된 모드(EX)〉 Enter↵

확장할 경계 객체 선택 또는 [모드(O)]:경계 선택 〈P1〉

확장할 옆면 지정 또는 Shift 키를 누른 상태에서 잘라낼 옆면 또는[모드(O)/프로젝트(P)]:

연장할 객체의 옆면 선택 〈P2〉

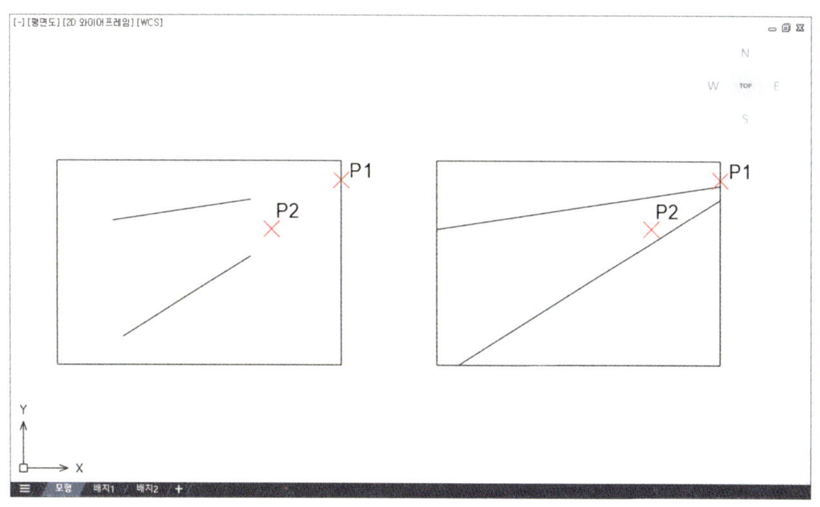

축척 SCALE : 객체의 형태는 변형하지 않으면서 크기만 조절하는 명령입니다. 축척 비율은 '1'이 현재 크기이며 크기를 줄이기 위해서는 '1'보다 작은 수, 크기를 키우기 위해서는 '1'보다 큰 수를 입력하면 됩니다.

■ 메뉴 : 홈 → 수정 → 축척
■ 명령어 : SCALE
■ 단축키 : SC

✓ 옵션 (OPTION)

- **복사(C)** : 선택한 객체를 복사합니다.
- **참조(R)** : 선택한 객체의 길이를 기준으로 새로운 길이를 입력합니다.

> **TIP** 참조 옵션은 현재 크기를 '1'로 계산하기 어려울 때 사용합니다. 예를 들어 현재 크기가 '0.7'이며 '1'로 객체를 키우고 싶다면 참조 옵션을 사용하면 용이합니다.

[예제 1] 객체를 2배 크기로 복사하여 키우기

명령: SCALE [Enter↵]

객체 선택: 객체를 선택 〈R1〉 [Enter↵]

기준점 지정: 기준점 지정 〈P1〉

축척 비율 지정 또는 [복사(C)/참조(R)] 〈1.0000〉: 〈2〉 [Enter↵]

> **TIP** R3 객체처럼 1/2배로 줄이고 싶을 경우에는 축척 비율을 〈0.5〉 또는 〈1/2〉로 입력하면 됩니다.

모깎기 FILLET : 지정한 반지름만큼 모서리를 둥글게 깎는 명령입니다. 모서리의 각도와는 상관 없이 지정한 반지름에 따라 모깎기를 하게 되므로 두 변의 길이보다 반지름의 크기가 크면 명령 실행이 불가능합니다.

■ 메뉴 : 홈 → 수정 → 모깎기
■ 명령어 : FILLET
■ 단축키 : F

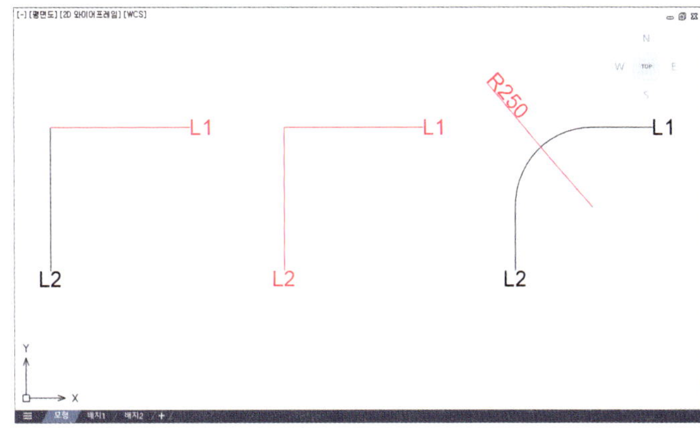

PART 04

옵션 (OPTION)

- **폴리선(P)** : 선택한 폴리선 객체 전체 모서리에 모깎기를 합니다.
- **반지름(R)** : 모깎기를 위한 반지름을 입력합니다.
- **자르기(T)** : 곡선 처리 후 모서리의 남은 부분을 잘라낼지를 설정합니다.
- **다중(M)** : 2개 이상의 모서리를 모깎기를 합니다.
- **명령 취소(U)** : 모깎기(FILLET)에 의한 마지막 작업을 복원합니다.

예제 1 반지름 250으로 모깎기

명령: FILLET [Enter↵]

첫 번째 객체 선택 또는 [폴리선(P)/반지름(R)/자르기(T)/다중(M)/명령 취소(U)]: 〈R〉 [Enter↵]

모깎기 반지름 지정: 반지름값 입력 〈250〉 [Enter↵]

첫 번째 객체 선택: 〈L1〉 지정

두 번째 객체 선택: 〈L2〉 지정

모따기 CHAMFER : FILLET 명령이 모서리를 곡선 처리하는 명령이라면 CHAMFER 명령은 모서리를 사선으로 처리하는 명령입니다. 첫 번째 객체의 모따기 할 변의 길이와 두 번째 객체의 모따기 할 변의 길이를 다르게 입력하여 두 변의 형태가 다른 모따기를 할 수도 있습니다.

- ■ 메뉴 : 홈 → 수정 → 모따기
- ■ 명령어 : CHAMFER
- ■ 단축키 : CHA

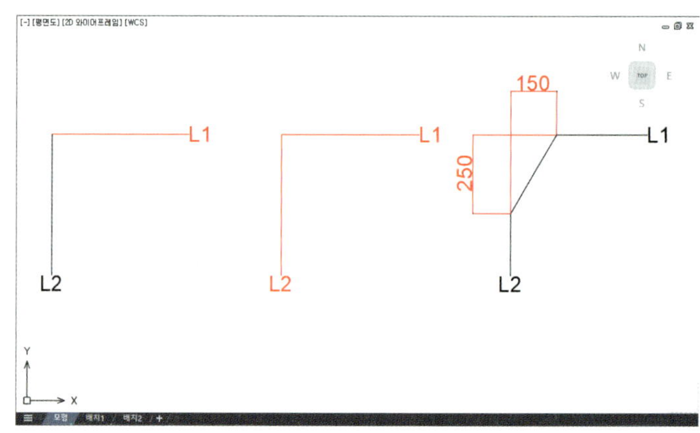

✓ 옵션(OPTION)

- **폴리선(P)** : 선택한 폴리선 객체 전체 모서리에 모따기를 합니다.
- **거리(D)** : 모따기 할 거리를 입력합니다. 두 변의 모따기 거리를 다르게 입력하면 각 변의 모따기 형태가 다르게 설정됩니다.
- **각도(A)** : 첫 번째 변과 각도를 이용하여 모따기를 합니다.
- **메서드(E)** : 모따기를 할 때 두 변의 거리를 이용할지, 한 변의 길이와 각도를 이용할지 설정합니다.
- **자르기(T)** : 모따기를 적용한 후 모서리의 남은 부분을 잘라낼지를 설정합니다.
- **다중(M)** : 2개 이상의 모따기를 한꺼번에 적용합니다.
- **명령 취소(U)** : 모따기(CHAMFER)에 의한 마지막 작업을 복원합니다.

예제 1 **두 변의 길이가 다른 모따기**

명령: CHAMFER Enter↵

첫 번째 선 선택 또는 [폴리선(P)/거리(D)/각도(A)/메서드(E)/자르기(T)/다중(M)] : ⟨D⟩ Enter↵

첫 번째 모따기 거리 지정: 첫 번째 모따기할 변의 거리값 입력 ⟨150⟩ Enter↵

두 번째 모따기 거리 지정: 두 번째 모따기할 변의 거리값 입력 ⟨250⟩ Enter↵

첫 번째 선 선택 또는 [폴리선(P)/거리(D)/각도(A)/자르기(T)/메서드(E)/다중(M)/명령 취소(U)]: ⟨L1⟩ 지정

두 번째 객체 선택 또는 Shift 키를 누른 채 선택하여 구석 적용: ⟨L2⟩ 지정

분해 EXPLODE : 폴리선이나 블록과 같이 하나의 객체 또는 그룹화된 객체를 독립 객체로 분해시키는 명령입니다. EXPLODE 명령은 치수선 등에도 적용할 수 있습니다.

- ■ 메뉴 : 홈 → 수정 → 분해
- ■ 명령어 : EXPLODE
- ■ 단축키 : X

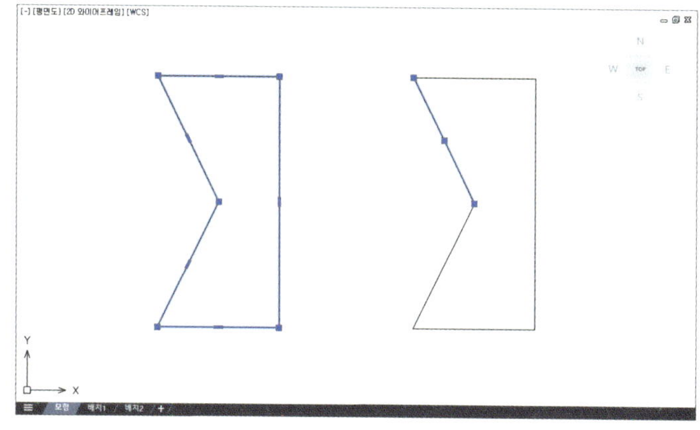

사용 방법

명령: EXPLODE `Enter↵`
객체 선택: 분해할 객체 선택
객체 선택: `Enter↵`

신축 STRETCH : 객체의 일부 정점 또는 일부분을 다른 위치로 이동하는 명령입니다. 일부 정점이나 일부분의 위치가 이동함으로써 객체의 형태가 변형됩니다. STRETCH 명령을 입력하지 않아도 객체를 선택한 후 표시되는 파란색 정점을 선택해 마우스로 이동하면 STRETCH 명령과 동일한 결과를 얻을 수 있습니다. 단, 이 경우에는 하나의 정점만 이동할 수 있습니다.

■ 메뉴 : 홈 → 수정 → 신축
■ 명령어 : STRETCH
■ 단축키 : S

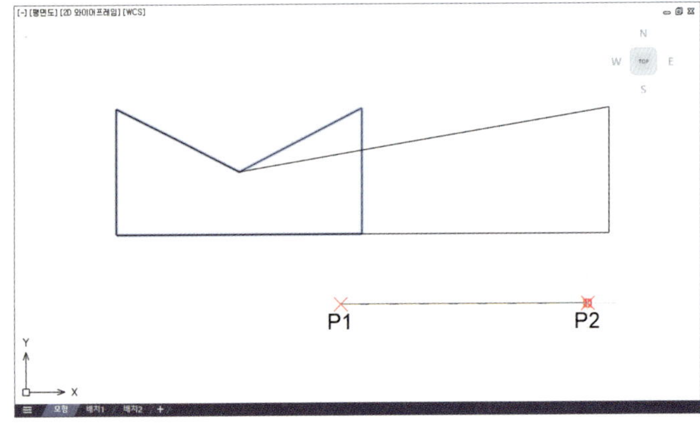

 옵션 (OPTION)

- **변위(D)** : 이동할 거리를 입력합니다.

사용 방법

명령: STRETCH `Enter↵`

객체 선택: 객체의 일부 정점, 또는 일부분 선택 `Enter↵`

기준점 지정 또는 [변위(D)] 〈변위〉: 〈P1〉 지정

두 번째 점 지정 또는 〈첫 번째 점을 변위로 사용〉: 〈P2〉 지정

명령 취소 UNDO : 이전 명령 사용을 취소하는 명령입니다. 단축키 'U'만 입력할 경우 옵션 설정 없이 바로 이전 명령을 취소합니다.

UNDO
- 메뉴 : 제목 표시줄 → 명령 취소
- 명령어 : UNDO
- 단축키 : U

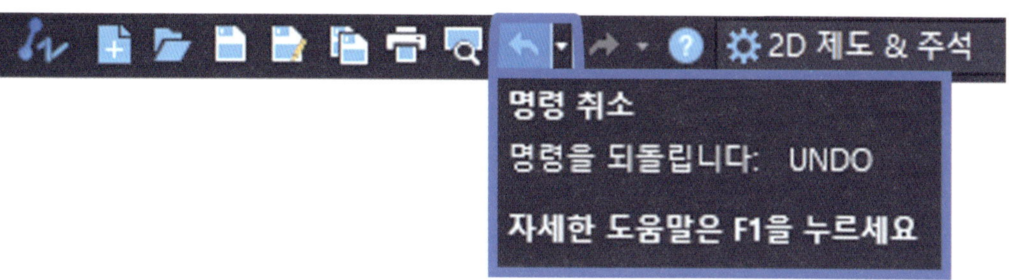

옵션 (OPTION)

- **취소할 작업의 수** : 명령을 취소할 작업 단계를 입력합니다.
- **자동(A)** : 여러 개의 명령을 그룹화하여 UNDO 명령을 통해 한번에 복원할 수 있게 설정합니다.
- **제어(C)** : UNDO 명령을 켜거나 일부 기능을 제한합니다.
- **시작(BE)** : 이후 이루어지는 명령이 '끝(E)' 옵션을 사용하기 전까지 하나의 세트로 설정됩니다.
- **끝(E)** : '시작(BE)' 옵션에 의해 진행되는 세트 작업을 종료하고 세트가 만들어집니다.
- **표식(M)** : UNDO 정보 안에 표식을 삽입합니다.
- **뒤로(B)** : '표식(M)' 옵션에 의해 설정된 표식 이후 작업한 모든 내용을 취소합니다.

사용 방법

명령: UNDO Enter↵

취소할 작업의 수 또는 [자동(A)/제어(C)/시작(BE)/끝(E)/표식(M)/뒤로(B)] 입력 ⟨1⟩:

⟨취소할 옵션⟩ 입력 Enter↵

명령 복구 REDO : UNDO 명령에 의해 취소된 명령을 다시 복구하는 명령입니다. 단, REDO 명령은 UNDO 명령을 실행한 직후에만 사용할 수 있습니다.

REDO
■ 메뉴 : 제목 표시줄 → 명령 복구
■ 명령어 : REDO

마지막으로 지운 객체 복구 OOPS : 이전에 실행한 명령을 취소하는 UNDO 명령과 달리 이전에 삭제된 객체를 복원하는 명령입니다. UNDO 명령은 바로 이전에 실행된 명령만을 복원하지만, OOPS 명령은 작업이 진행된 후라도 가장 최근에 삭제된 객체를 복원한다는 점이 다릅니다.

OOPS
■ 명령어 : OOPS

1. 특성 PROPERTIES

특성 팔레트 기능은 도면에 사용된 객체의 속성 정보를 확인하고 수정할 수 있는 명령입니다. 도면층, 색상, 선종류, 선가중치, 치수 스타일 등을 빠르게 변경할 수 있으며, 여러 객체의 공통 속성을 일괄 편집할 수도 있습니다. 도면 관리와 편집 효율을 높이는 핵심 도구로 활용됩니다.

■ 메뉴 : 홈 → 도구 → 팔레트 → 특성
■ 명령어 : PROPERTIES
■ 단축키 : Ctrl+1 / CH

빠른 특성 팔레트 〈QP〉

빠른 특성 팔레트는 주요 속성만 간단히 확인하고 수정할 수 있는 기능입니다. 일반 특성 팔레트보다 간단한 형태인 작은 창으로 표시되어 작업 효율을 높이며, 사용자가 속성 표시 항목을 직접 설정할 수 있습니다.

> **TIP**
> **시스템 변수: QPMODE**
> 〈0〉 : 객체를 선택할 때 빠른 특성 팔레트를 표시하지 않습니다.
> 〈1〉 : 객체를 선택할 때 빠른 특성 팔레트를 표시합니다.

2. 속성 변경 CHANGE

객체의 색상이나 선 유형 등을 변경시키는 명령으로 문자 기반으로 직접 명령어창에 입력해야 하는 번거로움이 있어 보통은 특성 팔레트를 이용하는 경우가 많습니다.

■ 명령어 : CHANGE

- **색상(C)** : 객체의 색상을 변경합니다.
- **고도(E)** : 객체의 고도를 변경합니다.
- **도면층(LA)** : 객체의 도면층을 변경합니다.
- **선종류(LT)** : 객체의 선종류를 변경합니다.
- **선종류 축척(S)** : 객체의 선축척을 변경합니다.
- **선가중치(LW)** : 객체의 선가중치를 변경합니다.
- **두께(T)** : 객체의 두께를 변경합니다.
- **투명도(TR)** : 객체의 투명도를 설정합니다.

사용 방법

명령: CHANGE Enter↵

객체 선: 변경할 객체 선택

객체 선택: Enter↵

변경점 지정 또는 [특성(P)]: 〈P〉 Enter↵

옵션 입력 [색상(C) /고도(E)/도면층(LA)/선종류(LT)/선종류

축척(S)/선가중치(LW)/두께(T)/투명도(TR)]: 〈변경할 옵션〉 입력 Enter↵

3. 특성 일치 MATCHPROP

객체의 특성을 대상 객체에 복사합니다. 특성만 복사되며 객체 자체는 복사되지 않습니다.

복사할 수 있는 특성은 색상, 도면층, 선 종류, 두께, 파일, 치수 등입니다.

■ 메뉴 : 홈 → 클립보드 → 특성 일치
■ 명령어 : MATCHPROP
■ 단축키 : MA

사용 방법

명령: MATCHPROP Enter↵

소스 객체 선택: 현재 활성 설정: 색상(C) 도면층(L) 선종류 선축척 선가중치 투명도 두께 플롯

스타일 문자 치수 해치 폴리선(P) 뷰포트 테이블 특성을 복사할 객체 선택

대상 객체를 선택 또는 [설정(S)]: 대상 객체 선택 후 Enter↵

폴리선 편집 PEDIT : PLINE으로 만든 폴리선을 편집하는 명령입니다. 폴리선으로 만든 객체 일부의 선두께나 정점의 위치 변경, 삭제 등의 작업을 수행할 수 있습니다. 일반 직선을 폴리선으로 변경할 수도 있으며 분리되어 있는 폴리선을 하나의 폴리선으로 연결할 수도 있습니다.

- ■ 메뉴 : 홈 → 수정 → 객체 → 폴리선
- ■ 명령어 : PEDIT
- ■ 단축키 : PE

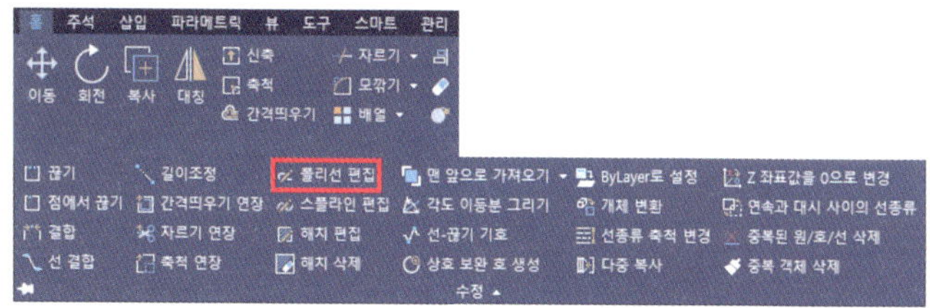

 **옵션(OPTION)**

- **정점 편집(E)** : 선택한 폴리선의 정점을 이동하거나 삭제, 추가합니다.
- **닫기(C)** : 처음 정점과 마지막 정점을 폴리선으로 이어 닫힌 객체를 만듭니다.
- **열기(O)** : 처음 정점과 마지막 정점 사이의 선을 삭제합니다.
- **비곡선화(D)** : 스플라인(S) 옵션에 의해 만들어진 곡선을 다시 직선으로 바꿉니다.
- **맞춤(F)** : 선택한 폴리선에 속한 두 정점 사이의 세그먼트를 직선으로 만듭니다.
- **결합(J)** : 선택한 폴리선들을 하나의 폴리선으로 연결합니다. 단, 연결하려는 폴리선의 끝점(정점)이 서로 일치해야 하나의 연속된 폴리선으로 결합할 수 있습니다.
- **선종류생성(L)** : 선택한 폴리선의 정의된 선 종류를 만듭니다.
- **반전(R)** : 선택한 폴리선의 시작점과 끝점의 방향을 반전합니다.
- **스플라인(S)** : 선택한 직선형 폴리선을 부드러운 곡선 형태로 변환합니다.
- **기울기(T)** : 선택한 폴리선의 두께의 기울기(테이퍼)를 적용합니다.
- **폭(W)** : 선택한 폴리선의 폭을 설정합니다.
- **명령 취소(U)** : 마지막 연산을 반복적으로 취소하면, PEDIT 명령어를 사용하기 전의 상태가 복구될 수 있습니다.

사용 방법

명령: PEDIT Enter↵

폴리선 선택 또는 [다중(M)]: 수정할 폴리선 객체 선택 Enter↵

옵션 입력 [정점 편집(E)/닫기(C)/비곡선화(D)/맞춤(F)/결합(J)/선종류생성(L)/반전(R)/스플라인(S)/기울기(T)/폭(W)/명령 취소(U)]: 〈변경할 옵션〉 입력 Enter↵

05

도면 관리 도구 및 기능

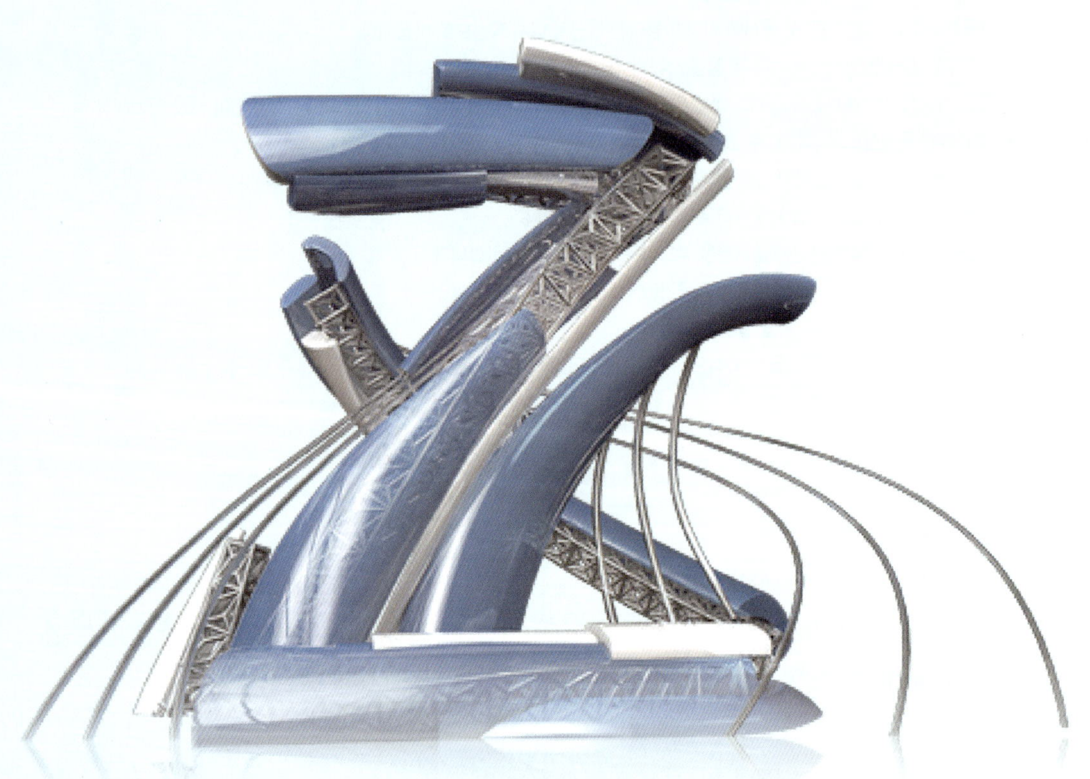

도면층 및 객체 특성

01 도면층 알아보기

1. 도면층이란?

　도면층은 투명한 종이라고 생각하면 됩니다. 하나의 종이에 그림을 그리고, 그 위에 다른 종이를 올린 후 다른 그림을 그립니다. 그러면 전체 그림은 하나처럼 보이지만 각각의 종이에 그림이 나누어져 그려집니다. 이 때 그림은 객체가 되며, 각각의 투명한 종이들을 '도면층'이라고 부릅니다. ZWCAD에서는 기본적으로 하나 이상의 도면층이 반드시 존재합니다.

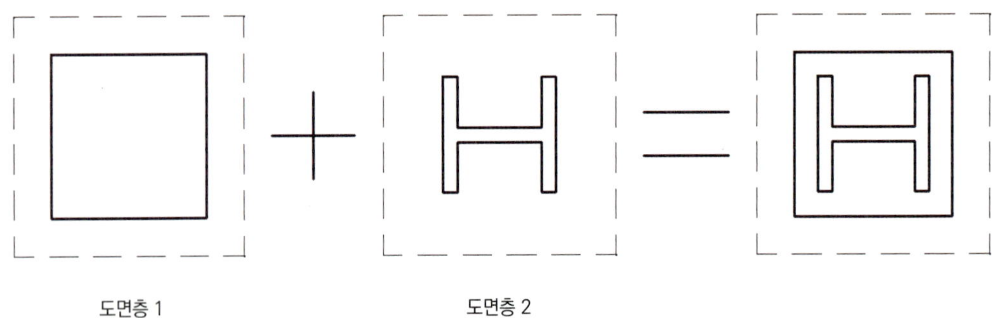

　하나의 도면층에 속한 객체는 해당 도면층의 속성을 가지게 됩니다. 도면층에는 색상과 선 종류 등의 속성을 부여할 수 있습니다. 객체의 색상이나 선 종류는 해당 객체의 속성을 개별적으로 변경하기 전에는 기본적으로 도면층의 속성을 따라갑니다. 예를 들어 '중심선'이라는 도면층을 만든 후 현재 도면층으로 저장하고 도면층의 속성을 빨간색, 점선으로 설정했다면 그리는 모든 객체는 빨간색, 점선으로 그려지게 됩니다. 도면층의 속성은 도면층 특성 관리 팔레트를 사용하여 관리할 수 있습니다.

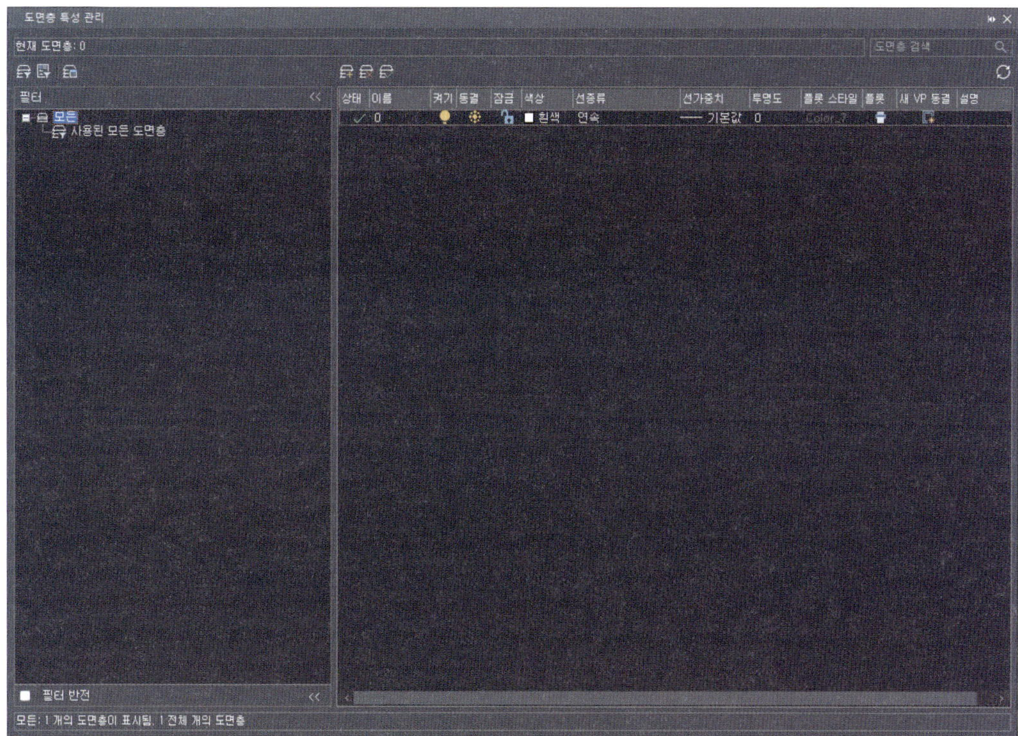

〈도면층 특성관리 팔레트〉

2. 도면층 명령 알아보기

도면층 특성 관리 팔레트 실행하기

LAYER 명령을 실행하면 도면층 특성 관리 팔레트가 화면에 표시됩니다.

도면층 특성 관리 팔레트 살펴보기

도면층 특성 관리 팔레트는 크게 도구 모음과 필터 창, 그리고 도면층 속성 창으로 구분되어 있습니다.

도구 모음에는 새로운 필터를 만들 수 있는 버튼과 도면층 관리를 위한 버튼이 있습니다. 필터 창에는 새로 만들어지는 필터가 표시되며 각각의 필터를 클릭할 때마다 필터 조건에 맞는 도면층이 화면에 표시됩니다. 도면층 속성 대화상자에는 도면층 이름과 여러 속성이 표시되며 각 속성을 클릭한 다음 설정을 변경하면 도면에 즉시 반영되어 표시됩니다.

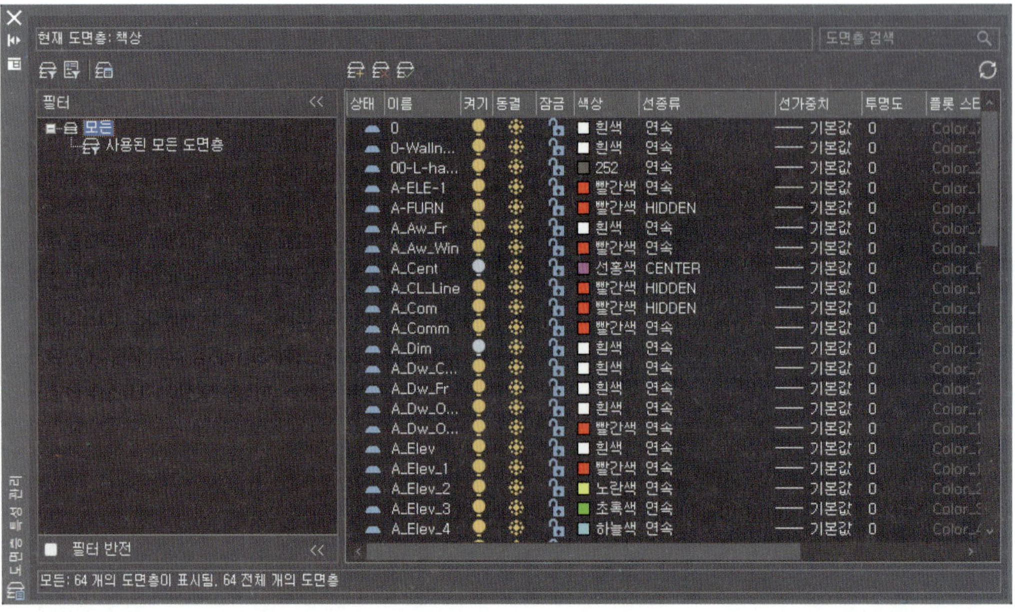

   - 새 속성 필터 〈Alt+P〉 : '새 속성 필터' 단추를 누르면 선택한 속성을 가진 도면층만 표시되도록 필터를 만드는 대화상자가 표시됩니다. 예를 들어 색상이 빨간색인 도면층만 화면에 표시하고 싶다면 색상을 '빨간색'으로 지정한 후 〈확인〉 버튼을 클릭하면 도면층 특성 관리 팔레트에서 색상이 빨간색인 도면층만 화면에 표시됩니다.

   - 새 그룹 필터 〈Alt+G〉 : 도면층이 많은 경우에는 도면층을 같은 카테고리로 분류하여 하나의 그룹으로 만들어 사용할 수 있습니다. '새 그룹 필터' 단추를 눌렀을 때 만들어지는 새 그룹 필터를 이용하면 보다 효율적으로 도면층을 관리할 수 있습니다. 새 그룹 필터를 만든 후에는 필터 창에서 '사용된 모든 도면층'을 클릭하여 모든 도면층이 표시되게 한 후 그룹에 포함할 도면층을 해당 그룹 필터로 드래그하면 됩니다. 도면층을 그룹 필터 안에 포함하더라도 '사용된 모든 도면층'에는 모든 도면층이 표시됩니다.

   - 도면층 상태 관리자 〈Alt+S〉 : 도면층 상태란 도면층의 목록 및 속성을 하나의 이름으로 정의한 것입니다. 도면 작업을 할 때 도면층 속성이나 새로운 도면층을 계속 만들면서 기존 도면층이 보호되지 않을 수 있으므로 도면층 상태를 필요할 때마다 저장해 둔 후 복원하면 저장된 도면층 이름 및 속성을 사용할 수 있습니다.

   '도면층 상태 관리자' 단추를 눌렀을 때 표시되는 대화상자는 현재 도면에 저장된 도면층 상태 목록을 표시합니다. 또한, 도면층 상태를 새로 만들거나 삭제 및 편집할 수 있으며, 불러오거나 내보내는 작업이 가능합니다.

- **새 도면층 〈Alt+N〉** : 새로운 도면층을 만듭니다. 만들어진 도면층이 도면층 목록에 표시되면 이름을 지정할 수 있도록 입력 상자가 입력 대기 상태로 표시됩니다. 새로 만들어진 도면층은 현재 작업 중인 도면층의 속성을 그대로 이어받습니다. 또한, 가장 최근에 만들어진 도면층의 아래쪽에 새로운 도면층이 위치하게 됩니다.

- **도면층 삭제하기 〈Alt+D〉** : 도면층 목록에서 선택한 도면층을 삭제합니다. 도면층을 삭제할 경우 외부 참조가 포함된 도면층은 삭제되지 않습니다.

- **현재로 설정 〈Alt+C〉** : 도면층 목록에서 선택한 도면층을 현재 도면층으로 지정합니다. 현재 도면층으로 지정되어 이후에 만드는 모든 객체는 현재 도면층의 속성이 반영되어 만들어집니다. 도면층 목록에서 도면층 이름을 더블 클릭해도 선택한 도면층을 현재 도면층으로 지정할 수 있습니다. 현재 도면층으로 지정되면 도면층 이름 옆에 녹색 체크 기호가 표시됩니다.

- **이름** : 도면층 이름이 표시됩니다. 도면층 이름을 선택하고 잠시 후 다시 한 번 클릭하면 도면층 이름을 변경할 수 있습니다. 도면층 이름은 실제 도면층에 포함되는 객체의 성격에 맞추어 만드는 것이 좋습니다.

- **켜기** : 선택한 도면층을 켭니다. 도면층을 켠다는 의미는 도면층에 포함된 객체를 화면에 표시하여 편집 가능한 상태로 만드는 것입니다. 전구 모양의 아이콘이 밝은 색으로 표시되어 있으면 도면층이 켜져 있는 것이고, 어두운 색으로 표시되어 있으면 도면층이 꺼져 있는 것입니다. 전구 모양의 아이콘을 클릭할 때마다 선택한 도면층이 켜지거나 꺼집니다.

- **동결** : 선택한 도면층을 동결시키거나 해제합니다. 도면층을 동결시키면 도면층을 끌 때와 마찬가지로 화면에 보이지 않지만 동결된 도면층에 속한 객체는 연산에서 제외되기 때문에 도면층을 끌 때보다 작업 속도가 빨라집니다. 동결된 도면층은 출력할 수 없고 화면에 생성되지도 않습니다.

- **잠금** : 선택한 도면층을 잠급니다. 잠긴 도면층은 화면에 표시는 되지만 수정하거나 선택할 수는 없습니다. 잠긴 도면층은 자물쇠가 잠긴 아이콘으로 표시되며, 잠기지 않은 도면층은 자물쇠가 열린 아이콘으로 표시됩니다.

- **색상** : 선택한 도면층의 객체 색상을 설정합니다. 도면층의 색상을 클릭하면 색상을 지정할 수 있는 '색상 선택' 대화 상자가 표시되며, '색인색상', '트루 컬러', '색상표' 탭에서 색상을 선택할 수 있습니다.

- **선 종류** : 도면층 목록에서 해당 도면층의 '선 종류'을 클릭하면 선 종류를 선택할 수 있는 '선 종류 관리' 대화상자가 표시됩니다. '로드' 버튼을 눌러 목록에서 사용할 선 종류를 선택한 후 〈확인〉 버튼을 누릅니다.

- **선 가중치** : 선택한 도면층의 선 가중치를 설정합니다. 선 가중치는 선 두께를 의미하는 것으로 도면 특성 관리 팔레트에서 선가중치를 클릭하면 선 두께를 설정할 수 있는 대화상자가 열립니다.

- **투명도** : 선택한 도면층의 투명도를 설정합니다. 투명도는 '0~90' 사이의 값을 설정할 수 있습니다. '0'은 투명도 값이 적용되지 않으며, '90'으로 설정하면 화면에서 거의 나타나지 않습니다.

- **플롯 스타일** : 선택한 도면층에서 사용할 플롯 스타일이 표시됩니다.

- **플롯** : 선택한 도면층을 플롯 대상에 포함할 것인지 선택합니다. 플롯 대상에 포함한 경우에는 해당 아이콘이 프린터 아이콘으로 표시되며, 플롯 대상에서 제외한 경우에는 프린터 불가 아이콘이 표시됩니다.

- **새 VP 동결** : 선택한 도면층을 모든 배치 뷰포트에서 동결시킵니다. 이 기능은 배치 탭에서만 사용할 수 있으므로 모형 탭 도면 영역에서는 도면층이 동결되지 않습니다.

객체 조회하기

01 객체 조회 관련 명령어

1. LIST 〈LI〉

선택한 객체의 특성을 화면에 표시합니다. 문자 윈도우 대화상자에 면적, 둘레, 객체의 좌표 등이 표시됩니다.

2. DIST 〈DI〉

지정한 두 점 사이의 거리와 각도를 표시하는 명령으로 명령창에 수치가 표시됩니다.

두 번째 점을 정하기 전까지는 실시간 길이 값이 동적입력 창에 표시됩니다.

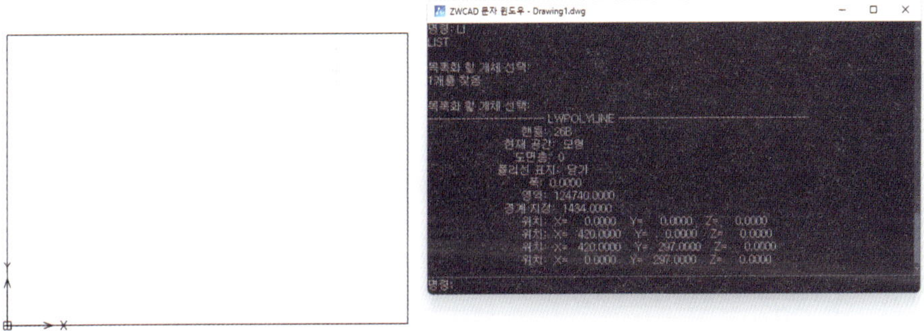

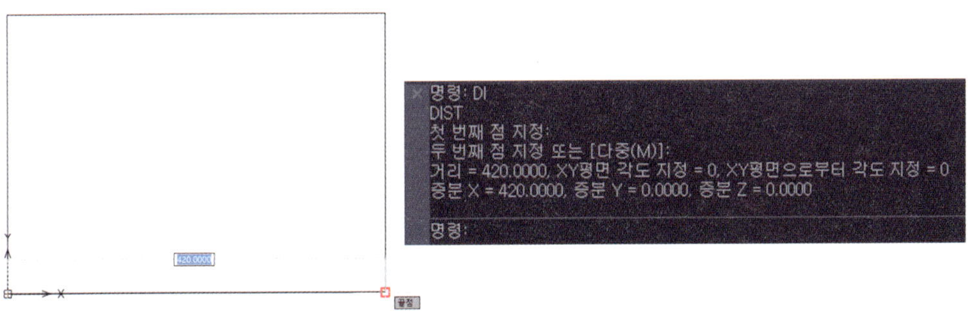

3. AREA 〈AREA〉

선택한 객체의 둘레와 면적을 구합니다.

- **객체(O)** : 면적을 구할 객체를 선택합니다.
- **추가(A)** : 정점을 추가하여 면적을 계산합니다.
- **빼기(S)** : 기존의 면적에서 지정한 면적을 빼서 계산합니다.

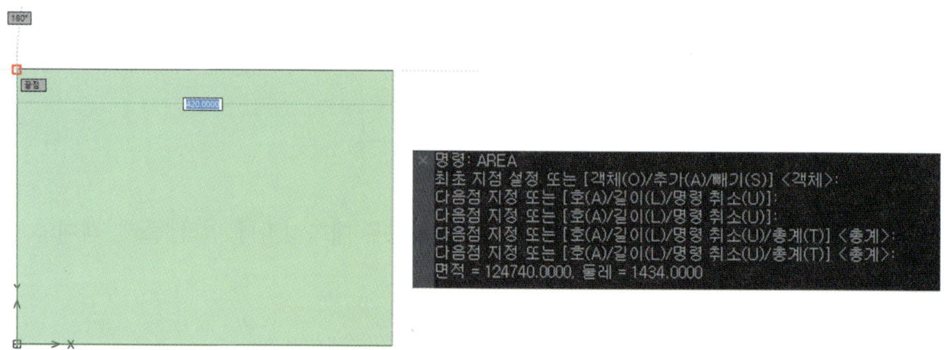

4. POINTSTYLE 〈DDPTYPE〉

도면에 표시된 점(Point)의 모양과 크기를 설정합니다. 대화상자를 이용하여 다양한 형태로 변경하고, 점의 크기와 화면 표시 비율을 조정하여 도면 내에서 보기 쉽게 설정할 수 있습니다.

점 스타일 : 변경할 점의 형태를 지정합니다.

점 크기 : 표시되는 점의 크기를 지정합니다. 아래 옵션에 따라 점 크기의 설정 방법을 선택할 수 있습니다.
- 화면에 대한 상대 크기 설정
- 절대 단위 크기 설정

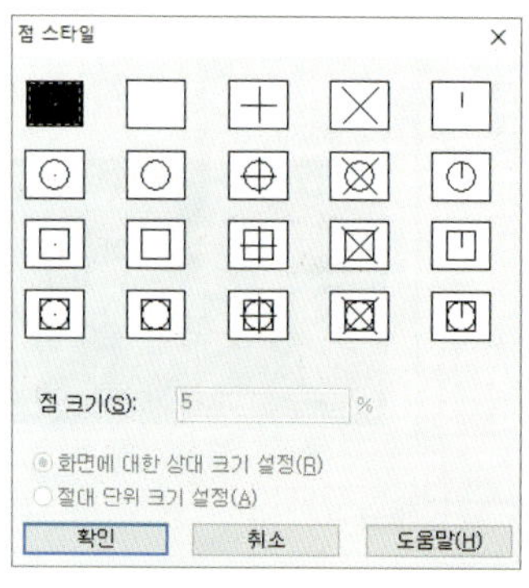

5. DIVIDE 〈DIV〉

선택한 객체를 지정한 개수만큼 분할합니다.

앞의 점 스타일 설정을 통해 미리 점의 모양과 크기를 설정해 놓는 것이 좋습니다.

ex) 길이 100의 선을 5개로 분할한 경우

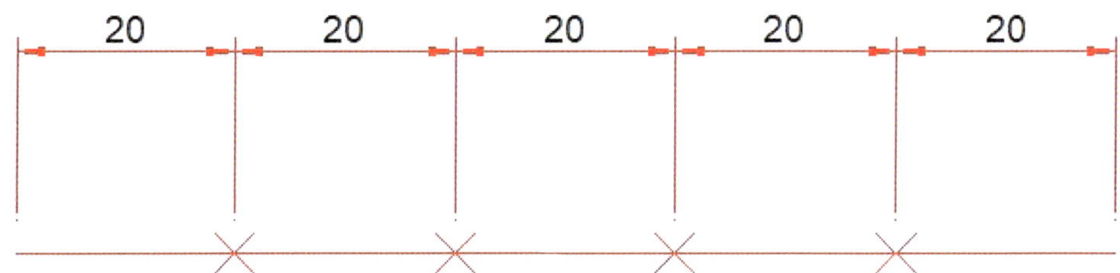

6. MEASURE 〈ME〉

선택한 객체를 지정한 거리만큼 분할합니다.

ex) 길이 100의 선을 길이 30으로 분할한 경우

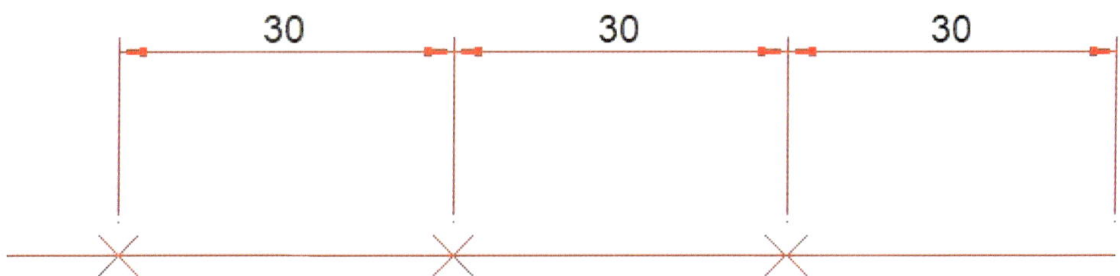

7. MEASUREGEOM

거리, 반지름, 각도, 면적, 질량 속성을 측정합니다.

거리 : 둘 이상의 지정된 점 사이의 거리를 측정합니다.

반지름 : 지정한 원 또는 호의 반지름과 지름을 측정합니다.

각도 : 지정 객체 또는 지점에 의해 형성된 각도를 측정합니다.

면적 : 둘러싸인 객체 또는 영역의 면적과 둘레를 측정합니다.

질량 특성 : 영역과 3D 객체의 질량 속성을 측정하고 파일에 분석합니다.

CHAPTER 03

점 필터 사용하기

1. 점 필터

점 필터는 한 위치의 X값, 두 번째 위치의 Y값, 3D 좌표의 경우 세 번째 위치의 Z값을 사용하여 새 좌표 위치를 만듭니다. 객체 스냅과 함께 사용하면 필터를 조정하여 기존 객체에 대한 좌표 필터를 추출합니다.

좌표 필터를 지정하려면 명령 실행 중 명령창에 마침표와 X, Y, Z 중 하나 이상의 문자를 입력하거나 또는 마우스 오른쪽 버튼을 클릭하여 바로 가기 메뉴를 열고 점 필터를 선택하여 사용합니다.

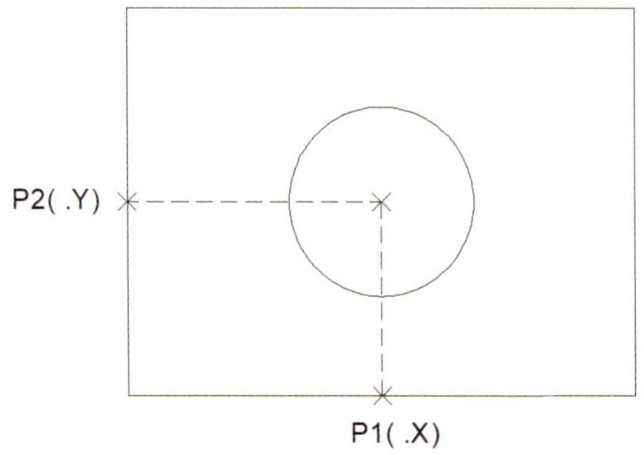

예제 1 점 필터를 이용하여 객체에 대한 좌표 필터 추출하기

명령 : CIRCLE Enter↵

원에 대한 중심점 지정 또는 [3점(3P)/2점(2P)/Ttr - 접선 접선 반지름(T)]: .X 입력

선택 X of: P1 클릭

아직까지 요구됨 YZ의: P2 클릭

결과 : X,Y 좌표에 대한 새로운 좌표 점이 중심으로 설정됩니다.

CHAPTER 04

주석 객체

1. 주석 축척이란?

도면을 출력하는 데 있어 1:1로 표현하는 경우는 거의 없습니다. 기본적으로 CAD에서는 실제 치수로 작도하지만 제한된 크기의 종이에 출력할 때는 축척에 따라 크기를 조정합니다. 주석 객체는 객체를 '주석' 객체로 정의하여 축척에 따라 문자나 도형의 크기를 자동으로 조정합니다.

주석 축척 객체로 정의할 수 있는 주석 객체는 문자와 문자 스타일, 치수, 해치, 공차, 다중 지시선 및 다중 지시선 스타일, 블록, 테이블, 속성이 있습니다. 주석 축척을 계산할 때 사용하는 방식은 객체가 모형 공간에 있는지 배치 공간에 있는지에 따라 달라집니다.

모형(MODEL) 공간 : 모형 공간에서 주석 객체의 문자 높이나 축척은 고정 문자 높이로 설정할 수 있고, 객체에 주석 축척을 지정하여 조정할 수도 있습니다. 고정 문자 높이 또는 주석 축척이 지정된 주석 객체는 현재 플롯 축척 크기에 비례하도록 유지합니다.

배치(LAYOUT) 공간 : 배치 공간에서는 일반적으로 출력할 때 축척을 1:1로 설정합니다. 따라서 배치 공간에서 작성하는 주석 객체는 실제로 출력할 크기로 설정해야 합니다.

2. 주석 객체의 작성

치수 스타일에서 주석 객체를 작성하기 위한 스타일을 정의합니다.

> TIP 문자 스타일(STYLE), 치수 스타일(DIMSTYLE), 블록(BLOCK)에서 "주석"임을 정의합니다.

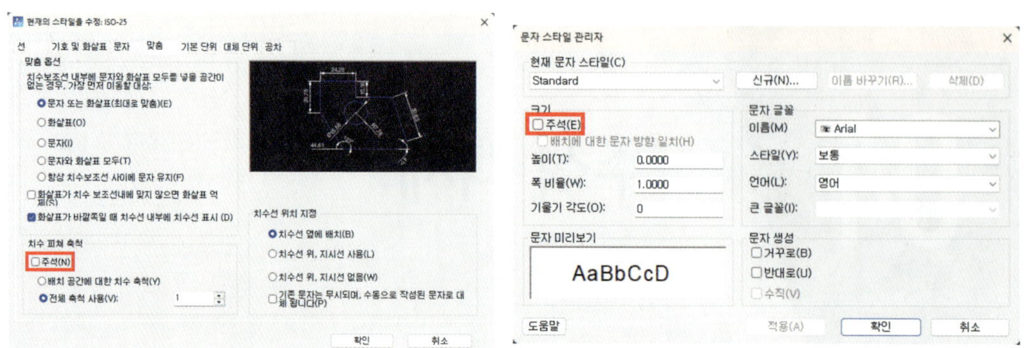

〈치수스타일〉 〈문자 스타일〉

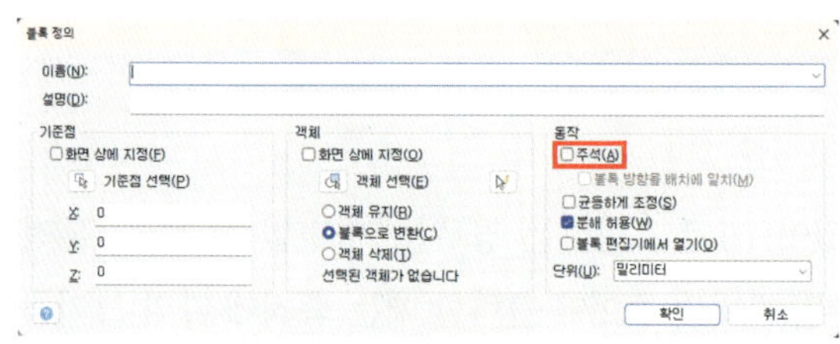

〈블록〉

치수 스타일 주석 객체 정의

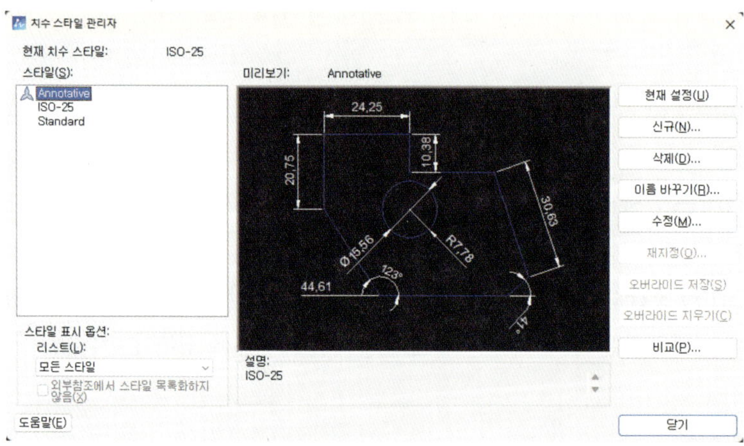

기본적으로 치수 스타일에 'Annotative'로 주석 치수 스타일이 정의되어 있으며, '신규'를 선택하여 새 스타일을 작성하거나 '수정'을 통해 기존 스타일을 주석 스타일로 변경할 수 있습니다.

이미지와 같이 주석 스타일로 정의된 'Annotative'를 선택한 후 현재 설정을 선택하여 주석 치수 스타일로 변경합니다.

TIP 주석 축척이 적용된 치수 스타일은 스타일 이름 앞에 주석 마크가 표시됩니다.

주석 축척 설정

작성하고자 하는 객체에 대해 주석 축척을 설정합니다. 주석 축척 설정은 상태 영역의 ⚠ 1:1 ▼ '주석 축척'을 클릭하여 주석 축척 목록에서 설정할 축척을 선택합니다. (1:20 선택)

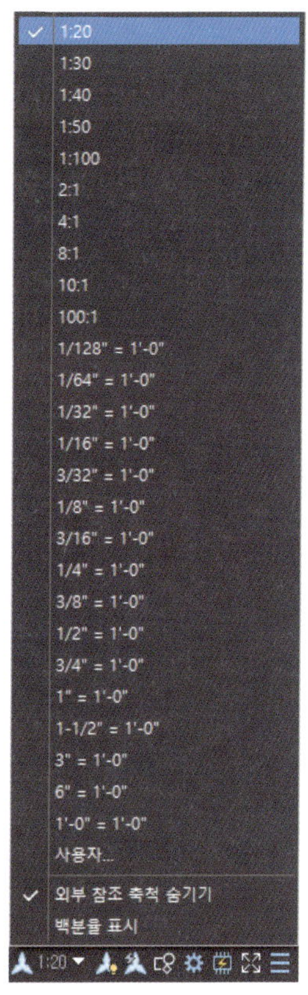

주석 객체(치수 기입) 작성

그림과 같이 가로/세로 치수를 표기합니다. 이때, '주석 가시성'과 '자동 주석 축척 적용'을 끄고 실행합니다.

> **TIP**
>
> ⚠ **주석 가시성** : 주석 가시성을 켜면 모든 주석 객체가 표시되고, 끄면 현재 축척에 해당된 주석 객체만 표시됩니다.
>
> ⚠ **자동 주석 축척** : 자동 주석 축척을 켜면 주석 축척이 변경될 때 자동으로 주석 객체에 축척이 추가됩니다.

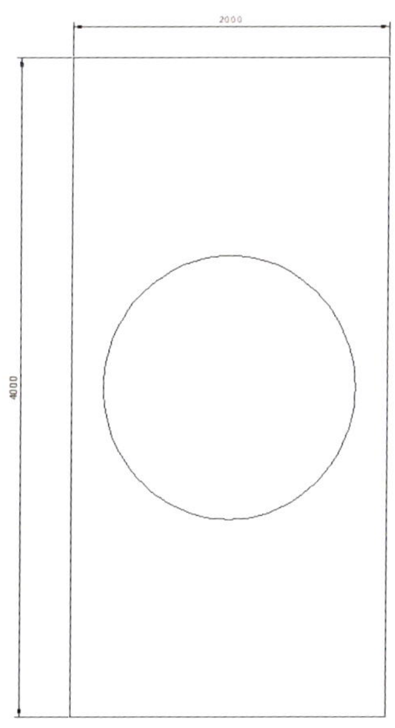

축척 값 변경 및 주석 객체(치수 기입)

축척 값을 변경합니다. (1:40 선택)

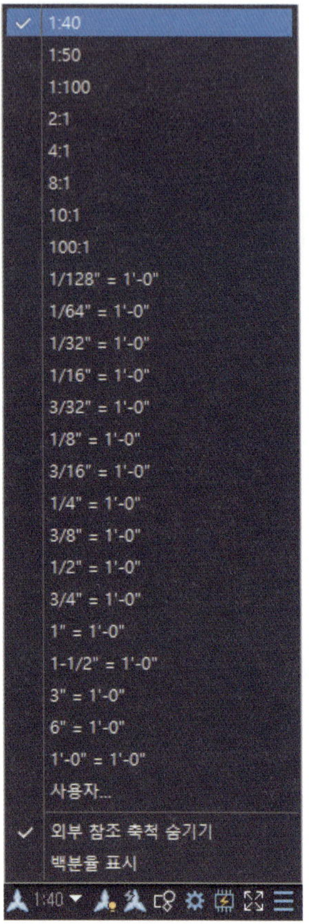

주석 객체(치수 기입) 작성

그림과 같이 내부 원의 지름 치수를 기입합니다.

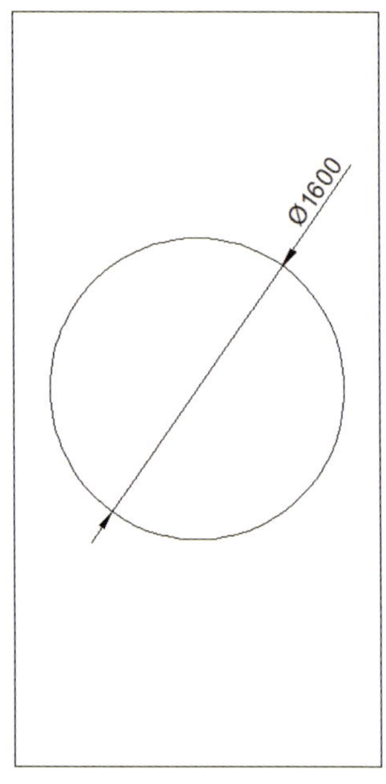

주석 객체 가시성 제어

하단의 상태 영역에서 ▲ '주석 가시성'을 선택합니다. 그림과 같이 모든 주석 축척(1:20/1:40) 주석 객체가 표시됩니다.

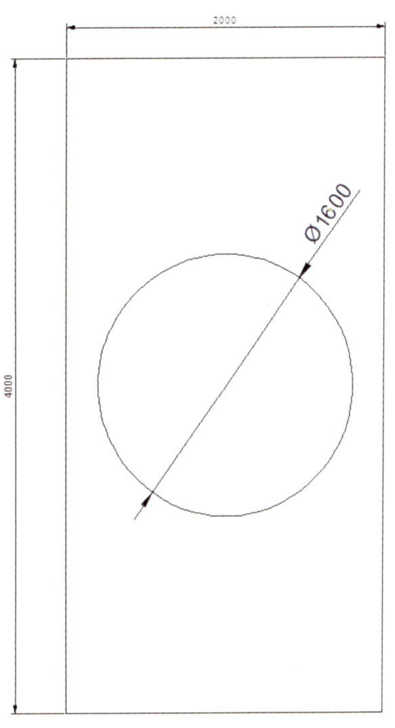

자동 주석 축척 적용

하단의 상태 영역에서 ▲ '자동 주석 축척'을 선택합니다. 1:20, 1:40으로 축척을 변경하면 자동으로 주석 축척이 추가되어 동일한 주석 축척이 적용됩니다.

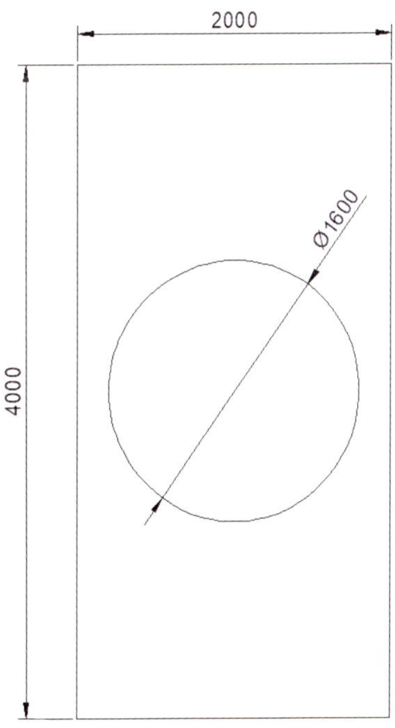

3. 주석 축척 목록 추가 및 수정

주석 축척은 ZWCAD에서 기본 제공되는 축척 외에 사용자의 설정에 맞게 추가하거나 제거 또는 수정할 수 있습니다.

■ 명령어 : SCALELISTEDIT

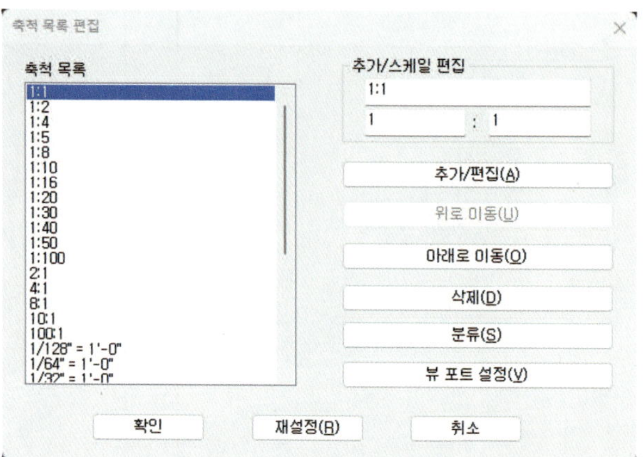

☑ 옵션(OPTION)

- **축척 목록** : 현재 정의되어 있는 축척 목록을 표시합니다.
- **추가/편집(A)** : 기존 축척을 편집하거나 새로운 축척을 추가합니다.
- **위로 이동(U)** : 현재 선택한 축척 목록을 위로 이동합니다.
- **아래로 이동(O)** : 현재 선택한 축척 목록을 아래로 이동합니다.
- **삭제(D)** : 현재 선택한 축척을 목록에서 삭제합니다.
- **분류(S)** : 현재 정의되어 있는 축척 목록을 값에 따라 재정렬합니다.
- **뷰 포트 설정(V)** : 선택한 축척을 뷰 포트에 적용합니다.
- **재설정(R)** : 모든 사용자 축척을 삭제하고 축척 리스트에 표시된 축척의 기본 목록을 복원합니다.

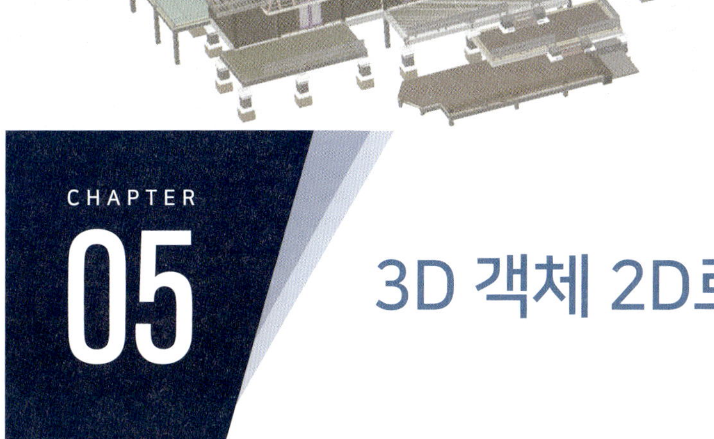

3D 객체 2D로 변환하기

01 3D 객체 2D 객체로 변환하기

3D 작업에 앞서 3D 모델링 리본 모드로 바꿔줍니다. 홈, 솔리드, 표면, 메시, 뷰, 도구, 삽입, 파라메트릭 등 3D 모델링에 자주 사용되는 기능들로 탭이 구성되어 있습니다.

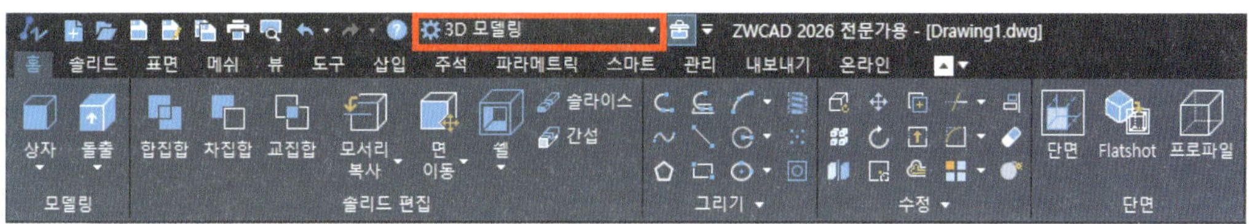

1. FLATSHOT

FLATSHOT 기능은 도면의 변환없이 3D 객체를 현재 뷰를 기반으로 2D로 투영하는 기능입니다. 생성된 형상은 UCS의 XY 평면에 블록 형태로 삽입되며 도면 파일로도 변환할 수 있습니다. 이 블록을 눈에 보이는 프로파일 선과 숨겨진 프로파일 선을 표현할 수 있어 3D 모형을 2D로 변환할 때 유용하게 사용됩니다.

FLATSHOT 명령어를 사용하면 FLATSHOT 대화상자가 나타납니다. 대화상자에서 FLATSHOT 옵션을 설정한 후 〈확인〉 버튼을 클릭하면 3D 객체가 현재 뷰로 2D 객체로 투영됩니다. 옵션은 다음과 같습니다.

- FLATSHOT

■ **메뉴** : 홈 → 단면 → FLATSHOT

■ **명령어** : FLATSHOT

명령: FLATSHOT [Enter↵]

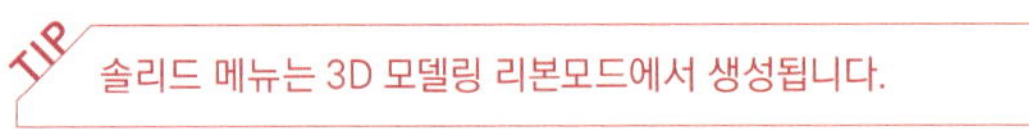

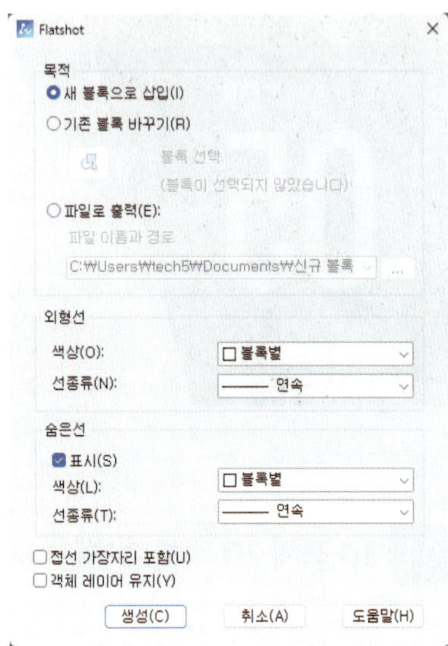

목적

2D 투영을 블록의 삽입 형태 또는 도면 파일에 대한 변경으로 설정합니다.

- 새 블록으로 삽입 : 2D 투영을 현재 도면에 신규 블록으로 삽입합니다.

- 기존 블록 바꾸기 : 기존 블록을 새로 생성된 블록으로 대체합니다.

- 파일로 출력 : 신규 블록을 지정한 저장 경로에 저장합니다.

외형선

보이는 2D 프로파일 선의 색과 선종류를 설정합니다.

- 색상

2D 프로파일 선에서 선의 색을 설정합니다.

- 선종류

2D 프로파일 선에서 선의 선종류를 설정합니다.

숨은선

숨겨진 2D 프로파일 선의 색과 선종류를 설정합니다.

- 표시

숨겨진 2D 프로파일 선의 표시 여부를 설정합니다. 체크하면 형상 뒤에 가려진 선을 표시합니다.

- 색상

2D 프로파일 선에서 형상 뒤에 숨겨진 선의 색을 설정합니다.

- 선종류

2D 프로파일 선에서 형상 뒤에 숨겨진 선의 선종류를 설정합니다.

FLATSHOT과 VIEW 기능을 통해 3D 객체를 2D 객체로 투영하여 투상 도면을 작성할 수 있습니다.

VIEWPORTS

다수의 뷰포트를 생성합니다.

- ■ 메뉴 : 뷰 → 뷰포트 → FLATSHOT
- ■ 명령어 : VIEWPORTS
- ■ 단축키 : VPORTS

명령: VPORTS Enter⏎

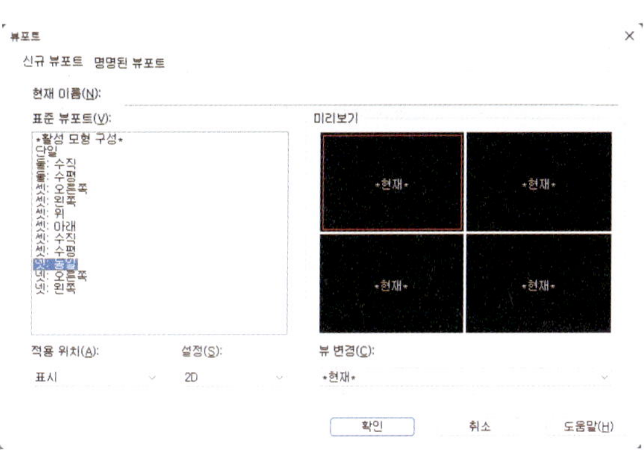

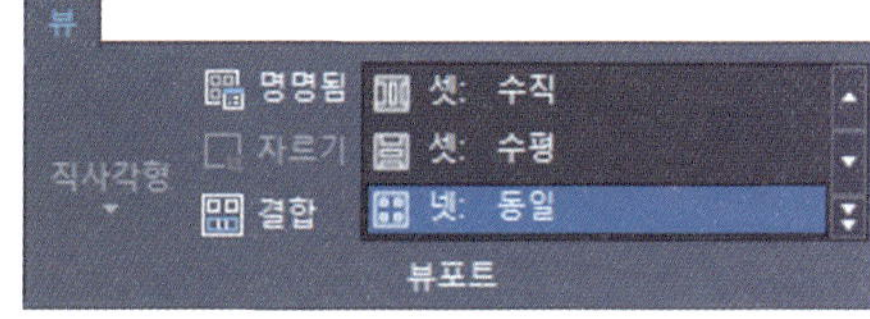

3D VIEW 설정

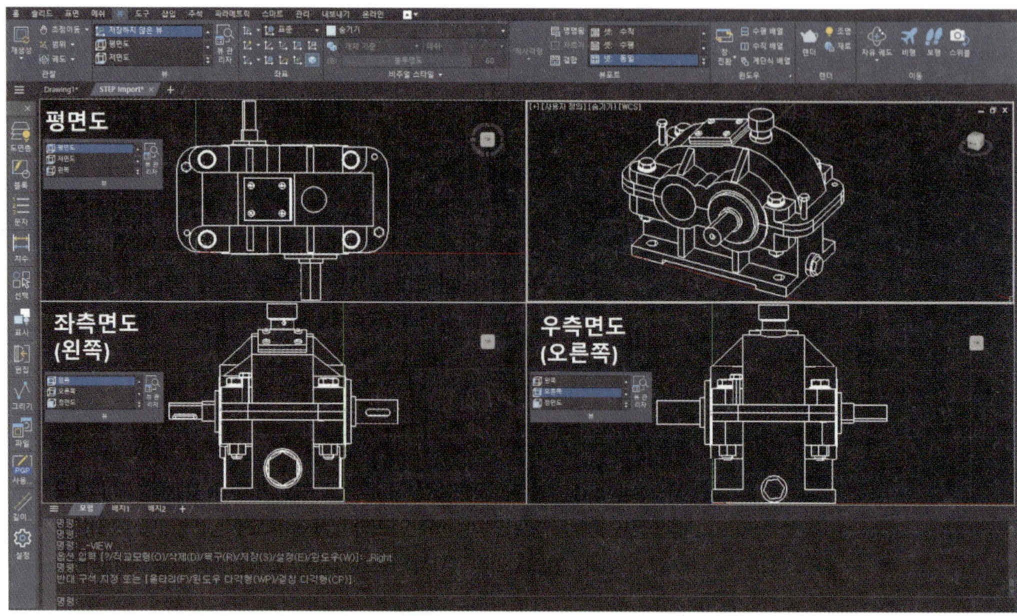

- 평면도

■ 메뉴 : 뷰 → 뷰 → 평면도

왼쪽 상단의 공간을 선택하고 3D 뷰를 평면도로 변경합니다.

- 정면도

■ 메뉴 : 뷰 → 뷰 → 정면도

왼쪽 하단의 공간을 선택하고 3D 뷰를 정면도로 변경합니다.

- 측면도

■ 메뉴 : 뷰 → 뷰 → 왼쪽/오른쪽

우측 하단의 공간을 선택하고 3D 뷰를 우/좌측면도로 변경합니다.

FLATSHOT을 이용하여 투영하기

FLATSHOT 명령어를 사용하여 옵션을 설정한 후 〈생성〉을 클릭하고 원하는 삽입 위치를 선택합니다.

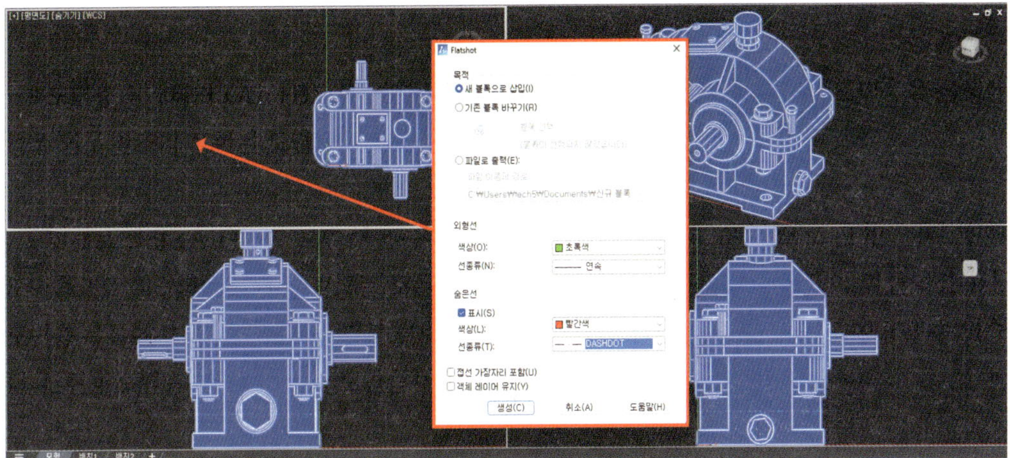

다른 뷰포트 공간도 동일한 방법으로 반복하여 3D 객체를 2D 객체로 투영합니다.

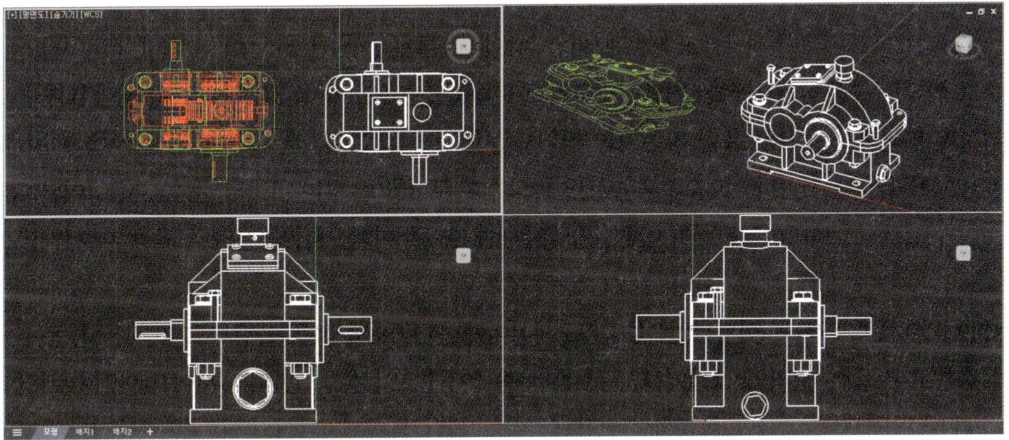

도면 뷰(Viewbase) 기능을 통해 3D 모델을 2D 도면으로 빠르게 만들 수 있습니다. 모형 공간의 3D 솔리드 객체에서 기준, 직교, 등각 투영 뷰를 생성할 수 있습니다.

1. 기준 뷰

기준 뷰는 모형 공간에서 바로 보이는 첫 번째 도면 뷰입니다. 생성하는 동안 축척, 표시, 설정, 방향, 정렬 설정을 지정합니다. 이후의 도면 뷰는 일반적으로 기준 뷰에서 파생되는 투영 뷰입니다.

2. 표준 뷰 생성

■ 메뉴 : 홈 → 도면 뷰 → 표준 뷰
■ 명령어 : VIEWBASE

사용 방법

명령: VIEWBASE [Enter↵]

객체 선택 또는 [전체 모델(E)] 〈전체 모델〉: 3D 모델 객체 선택

새로운 또는 기존 레이아웃 이름을 입력하여 현재로 설정 또는 [?] 〈배치2〉: [Enter↵]

기준 뷰의 위치를 지정 또는 [유형(T)/선택(E)/방위(O)/은선(H)/축척(S)/가시성(V)] 〈유형〉: 배치 탭 공간 내 기준뷰 위치 지정

옵션 입력 [선택(E)/방위(O)/은선(H)/축척(S)/가시성(V)/이동(M)/종료(X)] 〈종료〉: [Enter↵]

투영 뷰의 위치를 지정 또는 [종료(X)] 〈종료〉: 투영 뷰 위치 지정

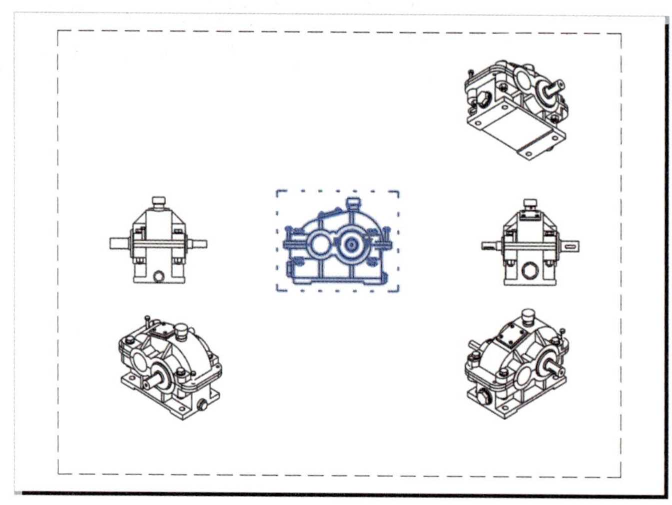

유형(T): 기준 뷰를 생성한 후 명령이 존재하거나 투영 뷰를 계속 생성하는 경우에 지정합니다.

– 기준만: 뷰 유형을 기준으로만 지정합니다.

– 기준과 투영: 뷰 유형을 기준과 투영으로 지정하고, 기준 뷰를 새로 만든 후 투영 뷰 과정을 진행합니다.

선택(E): 모형 공간으로 돌아가서 생성된 도면 뷰의 선택 설정을 수정합니다.

– 추가: 선택 설정에 객체를 추가합니다.

– 제거: 선택 설정에서 객체를 제거합니다.

– 전체 모델: 모형 공간에서 지원되는 모든 객체는 도면 뷰의 선택 설정이 됩니다. 모형 공간의 객체가 변경되면 뷰를 업데이트할 때 모형 공간 선택 설정을 다시 캡쳐해야 합니다.

– 레이아웃으로 돌아가기: 배치로 돌아갑니다.

방위(O): 기준 뷰의 방향을 지정합니다.

은선(H): 기준 뷰의 비주얼 스타일과 은선 표시를 지정합니다.

축척(S): 기준 뷰의 뷰 축척을 지정합니다.

가시성(V): 간섭과 접선 엣지의 표시를 지정합니다.

이동(M): 도면 영역에 배치한 후 기준 뷰를 이동할 수 있습니다.

표준 뷰를 생성하면 리본 메뉴에 배치탭과 도면 뷰탭이 생성됩니다.

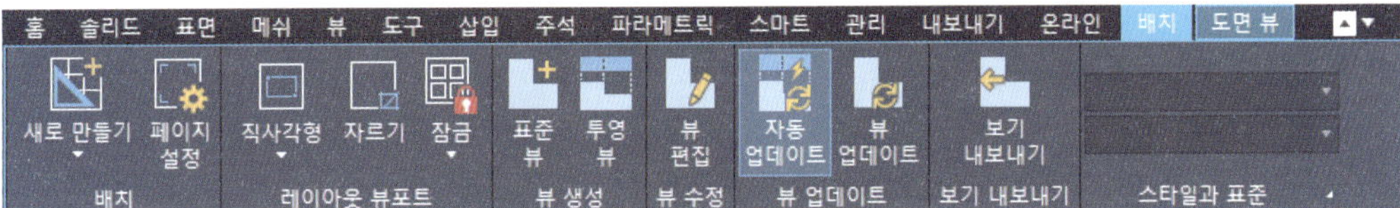

〈배치 탭〉

〈도면 뷰 탭〉

문자 입력 및 테이블 그리기

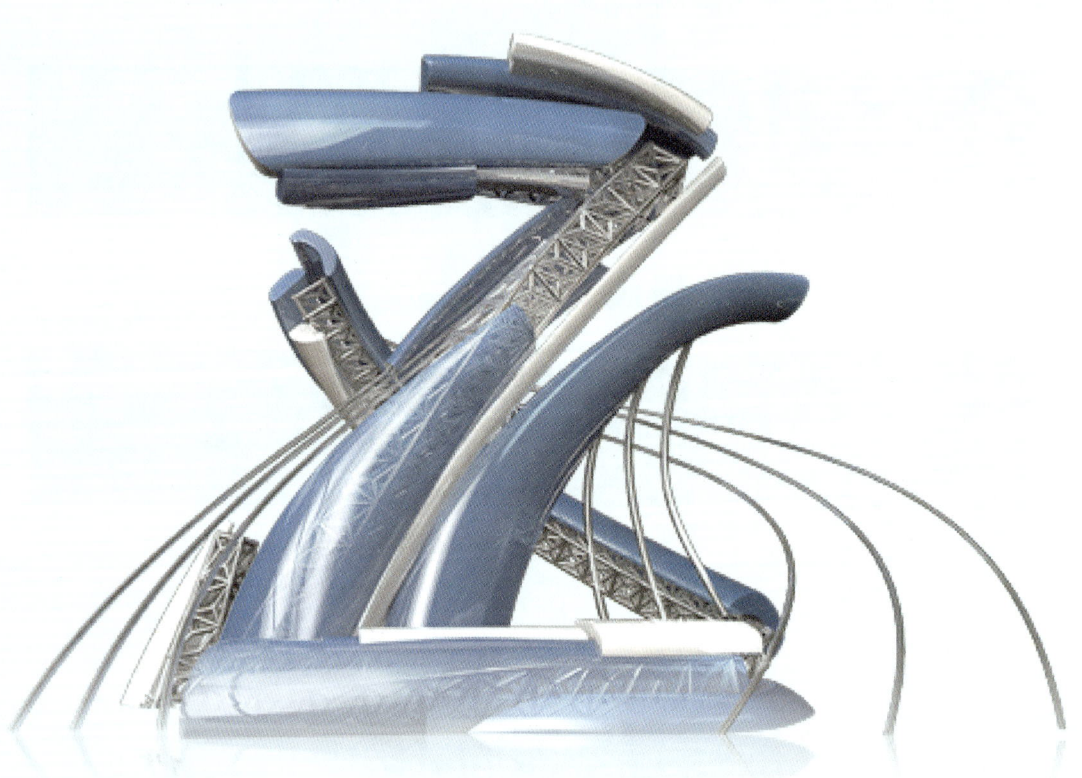

스타일을 이용한 문자 설정하기

01 문자 스타일의 정의 알아보기

1. 스타일을 이용한 문자 설정하기

기본적으로 모든 문자는 스타일 정의 후 입력해야 합니다. 만일 외부 또는 다른 사용자에게서 도면을 받았을 때 자신의 컴퓨터에 없는 글꼴이 포함되어 있을 경우 스타일을 수정하여 자신의 컴퓨터에 있는 글꼴로 대체해야 문자를 확인할 수 있습니다.

2. 문자 스타일 설정하기

〈STYLE〉 명령을 실행하면 문자 스타일 관리 대화상자가 나타납니다.

현재 문자 스타일 : 현재 설정되어 있는 문자 스타일을 표시합니다. 도면 내의 모든 문자 스타일 목록이 나타납니다.

크기 : 문자의 크기를 설정합니다.
- **용지 문자 높이** : 문자의 크기 중 높이를 설정합니다. 높이를 설정하면 문자 입력 시 설정된 높이로 표기됩니다. 높이를 '0'으로 설정하면 문자를 입력할 때 높이를 자유롭게 설정할 수 있으며, 최근 설정한 높이 값으로 기본 설정됩니다.
- **폭 비율** : 문자의 폭 비율을 설정합니다. 기본적으로 문자의 정해진 폭은 '1'입니다. '1'보다 작은 수를 입력하면 가로 폭보다 세로 폭이 좁은 형태의 문자가 표현됩니다.
- **기울기 각도** : 문자의 기울기를 입력합니다. 입력한 수치만큼 문자가 기운 상태로 표현됩니다.

문자 생성 : 문자의 효과를 지정합니다.
- **거꾸로** : 상하 반전된 형태로 문자를 표현합니다.
- **반대로** : 좌우 반전된 형태로 문자를 표현합니다.

문자 글꼴 : 문자 글꼴에 관련된 설정을 합니다.
- **이름** : 선택한 글꼴을 표시하거나 선택합니다.
- **스타일** : 문자의 강조 방법을 선택합니다. 일반 글꼴 및 기울임, 진하기 등을 선택할 수 있으나

일부 글꼴의 경우 문자를 강조할 수 없는 글꼴도 있습니다.

  - **언어** : 사용하고자 하는 국가의 언어를 설정합니다.

  - **큰 글꼴** : 큰 글꼴을 사용하고자 할 때는 지원하는 글꼴을 선택하여야 합니다. 주로 확장자가
*.SHX인 쉐이프 글꼴이 큰 글꼴을 지원합니다.

문자 미리보기 : 설정한 문자 스타일을 미리 보기 창에서 확인할 수 있습니다.

3. 문자가 물음표로 표시될 때 정상적으로 표시하기

문자가 '?????' 식으로 물음표로 표시되는 경우가 있습니다. 이는 문자 내용이 현재 설정되어
있는 글꼴에서 지원하지 않는 경우입니다. 예를 들어 영문 표기 문자를 한글만 지원하는 글꼴로
문자스타일을 설정하면 영문 표기가 되지 않아 물음표로 표기됩니다. 이런 경우 문자 스타일에서
지원하는 글꼴로 대체하면 됩니다.

02 문자 입력 및 수정하기

〈STYLE〉 명령에 의해 문자 스타일 설정을 하였다면 이제 문자를 입력해 볼 차례입니다. 문자
는 한 줄씩 입력하여 표기하는 방법과 여러 줄로 입력하는 방법이 있습니다.

1. 행 단위로 문자를 입력하는 DTEXT 명령 알아보기

DTEXT 명령은 한 줄씩 문자를 입력할 때 사용합니다. 입력할 때 표현되는 문자의 형태는 이전
에 설정한 〈STYLE〉 명령에 의해 정의됩니다. 정의한 스타일의 문자 높이를 지정하지 않았을 경
우 입력할 때 문자의 높이를 지정해 주어야 합니다.

사용 방법

명령: DTEXT Enter↵
문자 시작점 설정 또는 [자리 맞추기(J)/스타일(S)] : 〈문자의 시작점 지정〉
문자 높이 설정 〈2.5〉 : 〈문자의 높이 입력〉
문자의 회전 각도 지정 〈0〉 : 〈문자의 회전 각도 입력〉
〈문자 입력〉 Enter↵

- **자리 맞추기(J)** : 문자의 자리 맞춤 방법을 정의하며, 가로 방향의 글꼴에만 적용할 수 있습니다.
- **정렬(A)** : 선택한 기준선의 양 끝점에 맞도록 문자의 크기를 자동으로 조절합니다. 고정된 길이 안에 문자를 표현해야 하므로 문자의 길이가 길수록 문자의 크기는 작아집니다.
- **맞춤(F)** : 문자의 높이를 고정시킨 상태로 선택한 기준선의 양 끝점에 맞도록 문자의 폭을 자동으로 조절합니다.

중심(C) :
문자의 삽입점이 문장의 중심 아랫부분에
위치하고 삽입점으로부터 가운데 정렬하여
입력합니다.

Dtext Center

왼쪽(L) :
기본으로 설정되어 있으며, 문자를 왼쪽
정렬하여 입력합니다.

Dtext Left

중간(M) :
문자의 삽입점이 문장의 가운데 중심에
위치하고 삽입점으로부터 가운데 정렬하여
입력합니다.

Dtext Middle

오른쪽(R) :
문자를 오른쪽 정렬하여 입력합니다.

Dtext Right

맨 위 왼쪽(TL) :
문자의 삽입점이 왼쪽 윗부분에 위치하고
왼쪽 정렬하여 입력합니다.

Dtext TL

중간 왼쪽(ML) :
문자의 삽입점이 왼쪽 중심에 위치하고
왼쪽 정렬하여 입력합니다.

Dtext ML

중간 중심(MC) :
문자의 삽입점이 가운데 중심에 위치하고
오른쪽 정렬하여 입력합니다.

Dtext MC

중간 오른쪽(MR) :
문자의 삽입점이 오른쪽 중심에 위치하고
오른쪽 정렬하여 입력합니다.

Dtext MR

맨 아래 왼쪽(BL) :
문자의 삽입점이 왼쪽 아랫부분에 위치하고
왼쪽 정렬하여 입력합니다.

Dtext BL

맨 아래 중심(BC) :
문자의 삽입점이 가운데 아랫부분에
위치하고 가운데 정렬하여 입력합니다

Dtext BC

맨 위 중심 (TC) :
문자의 삽입점이 가운데 윗부분에 위치하고
가운데 정렬하여 입력합니다.

맨 아래 오른쪽 (BR) :
문자의 삽입점이 오른쪽 아랫부분에
위치하고 오른쪽 정렬하여 입력합니다.

맨 위 오른쪽 (TR) :
문자의 삽입점이 오른쪽 윗부분에 위치하고 오른쪽 정렬
하여 입력합니다.

2. 여러 행을 입력하는 MTEXT 명령 알아보기

MTEXT 명령은 한꺼번에 여러 줄의 문장을 입력할 때 사용합니다. DTEXT 명령과 달리 문자 편집기를 통해 문자를 입력하게 되며 문자 스타일에 관계없이 문자 편집기 안에서 글꼴과 높이 등을 설정할 수 있습니다. 여러 도면에 같은 문장이 들어가는 경우 외부 문자 파일을 이용하여 문자를 입력하는 것도 가능합니다.

사용 방법

명령 : Enter↵

첫번째 코너를 지정하세요 : 〈입력 상자의 왼쪽 윗부분 지점 지정〉

반대 구석 지정 또는 [자리맞추기(J)/선 간격(L)/회전 각도(R)/문자 스타일(S)/높이(H)/방향(D)/폭(W)/열(C)] : 〈입력 상자의 오른쪽 아랫부분 지점 지정〉

 **옵션 (OPTION)**

– **자리 맞추기(J) :** 여러 줄이 하나의 객체로 인식되므로 입력 상자의 정렬 방법에 대해 지정합니다.

좌상단(TL) : 입력 상자의 왼쪽 윗부분에 삽입점이 만들어집니다.

중앙상단(TC) : 입력 상자의 가운데 윗부분에 삽입점이 만들어집니다.

우상단(TR) : 입력 상자의 오른쪽 윗부분에 삽입점이 만들어집니다.

좌중간(ML) : 입력 상자의 왼쪽 가운데 부분에 삽입점이 만들어집니다.

중앙중간(MC) : 입력 상자의 가운데 부분에 삽입점이 만들어집니다.

우중간(MR) : 입력 상자의 오른쪽 가운데 부분에 삽입점이 만들어집니다.

좌하단(BL) : 입력 상자의 왼쪽 아랫부분에 삽입점이 만들어집니다.

중앙하단(BC) : 입력 상자의 가운데 아랫부분에 삽입점이 만들어집니다.

우하단(BR) : 입력 상자의 오른쪽 아랫부분에 삽입점이 만들어집니다.

– 선 간격(L) : 줄 간격을 설정합니다.

최소값(A) : 입력된 줄에서 가장 큰 문자의 높이를 기준으로 줄 간격을 조정합니다.

정확한 값(E) : 입력된 모든 행의 줄 간격이 동일하게 설정합니다.

– 회전 각도(R) : 여러 줄 문자의 회전 각도를 설정합니다.

– 문자 스타일(S) : 여러 줄 문자에 적용할 문자 스타일을 지정합니다.

– 높이(H) : 여러 줄 문자의 문자 높이를 지정합니다. 높이를 설정하지 않을 경우 문자를 편집할 때 높이를 변경할 수 있습니다.

– 방향(D) : 여러 줄 문자의 수평 및 수직 방향을 설정합니다.

– 폭(W) : 여러 줄 문자의 폭을 설정합니다. 폭을 지정하면 지정된 폭 안에서만 문자가 입력되며 지정된 폭을 넘어가면 자동으로 줄이 바뀌어 입력됩니다.

– 열(C) : 내부 문자 편집기 열 옵션 및 열 그립을 사용하여 여러 줄 문자에서 여러 열을 작성하고 편집할 수 있습니다..

3. 문자 편집기 살펴보기

문자 편집기는 작은 워드프로세서라 할 수 있습니다. 스타일이 적용된 문장이라도 글꼴을 변경할 수 있고 글꼴 크기와 탭 설정까지 다양한 편집 기능을 제공합니다.

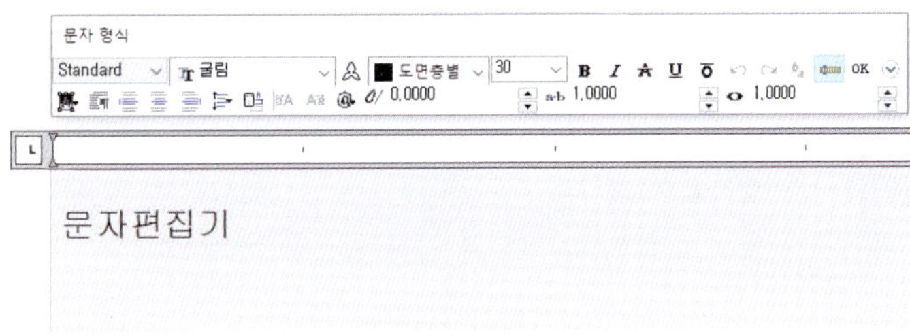

탭 스타일 변경 : 탭 스타일의 표시 방법을 변경합니다.

단락 들여쓰기 : 단락을 들여쓰기할 위치를 지정합니다.

눈금자 : 문자의 길이를 알 수 있도록 눈금자를 표시합니다.

눈금자는 마우스 오른쪽 버튼을 클릭하여 단락을 실행하면 문자의 정렬 방법과 탭 위치를 설정할 수 있는 단락 대화상자가 나타납니다.

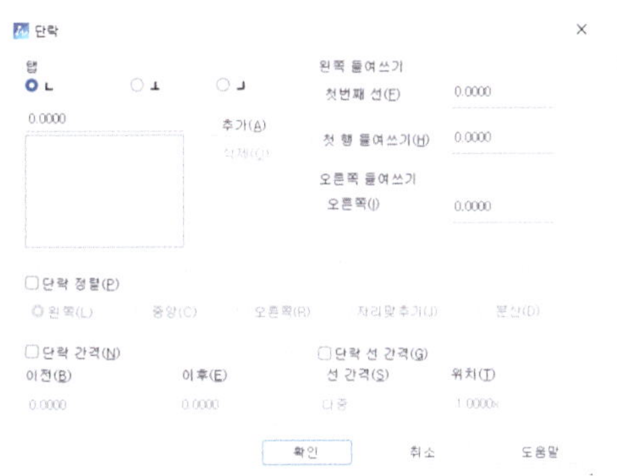

첫 번째 행 들여쓰기 : 여러 행의 문자를 입력할 때 첫 행을 들여쓰기 할 위치를 설정합니다.

사용자 탭 위치 : 사용자가 설정한 탭 위치를 표시합니다. 문자 편집기 안에서 탭을 누르면 자동으로 탭 위치가 표시되며, 마우스를 이용해서 탭 위치를 변경할 수 있습니다.

문자 편집기 수직 늘이기 : 문자 편집기의 크기를 수직 방향으로 조절합니다.

문자 편집기 수평 늘이기 : 문자 편집기의 크기를 수평 방향으로 조절합니다.

4. 문자를 수정하는 DDEDIT 살펴보기

문자를 수정하고자 할 때는 〈DDEDIT〉라는 명령을 사용하지만, 일반적으로는 수정할 문자 객체를 더블 클릭하면 문자를 수정할 수 있는 편집기가 열리거나 문자를 수정할 수 있는 입력 상자가 나타납니다.

사용 방법

명령: DDEDIT Enter↵

주석 객체 선택 또는 [명령 취소(U)/모드(M)]: 〈수정할 문자 객체 선택〉

 **옵션 (OPTION)**

- **단일(S)** : 단일 행으로 작성된 문자를 수정합니다.
- **다중(M)** : 다중 행으로 작성된 문자를 수정합니다.

테이블 만들기

01 테이블 스타일 만들기

　문자를 입력하기 전에 문자 스타일을 만들고 문자에 적용하는 것처럼 테이블 또한 테이블 스타일을 만들고 테이블에 적용하는 과정을 거칩니다. 테이블 스타일에서는 테이블의 방향, 색상, 여백 등을 설정하여 테이블의 스타일을 적용할 수 있습니다.

　〈TABLESTYLE〉을 실행하면 테이블 스타일 대화상자가 열립니다.

1. 테이블 스타일 대화상자

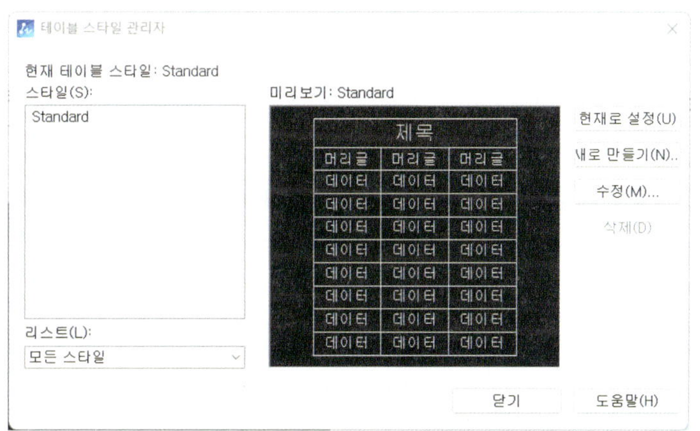

현재 테이블 스타일 : 현재의 테이블 스타일을 표시합니다.

스타일(S) : 현재 도면의 테이블 스타일 목록을 표시합니다.

리스트(L) : 테이블 스타일 표시 방법을 선택합니다.

미리보기 : 스타일에서 선택한 테이블 스타일의 형식을 미리 볼 수 있습니다.

현재로 설정(U) : 스타일에서 선택한 테이블 스타일을 현재 테이블 스타일로 설정합니다.

새로 만들기(N) : 새로운 테이블 스타일을 만듭니다.

수정(M) : 스타일에서 선택한 테이블 스타일을 수정합니다.

삭제(D) : 스타일에서 선택한 테이블 스타일을 삭제합니다.

2. 테이블 스타일 새로 만들기

테이블 스타일 대화상자에서 〈새로 만들기〉 버튼을 클릭한 후 이름을 지정하면 새로운 테이블 스타일 설정 대화상자가 나타납니다.

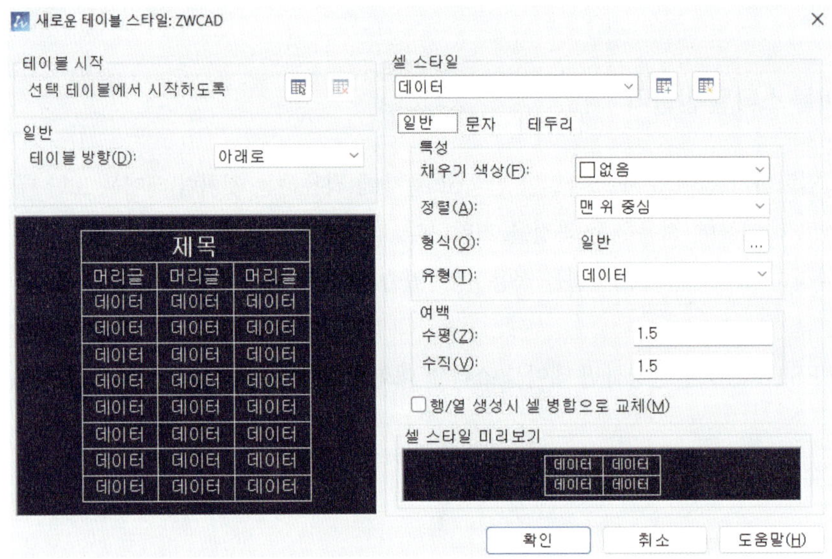

일반

– **테이블 방향(D)** : 테이블의 방향을 설정합니다. 테이블의 셀 스타일은 '제목/머리글/데이터' 3가지로 이루어져 있습니다. '아래로' 설정은 위에서부터 제목 → 머리글 → 데이터(내용) 순으로 배치되며 '위로'는 역순으로 배치됩니다.

셀 스타일 : 데이터, 머리글, 제목에 사용할 스타일을 생성하거나 수정할 수 있습니다.

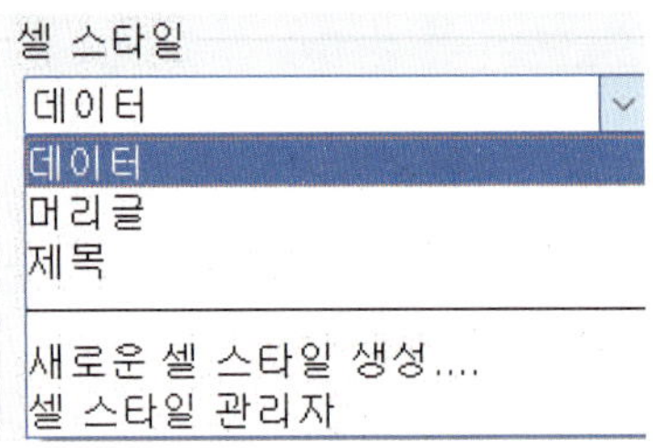

일반 : 선택한 셀의 채우기 색상, 정렬 방법, 여백을 설정합니다.

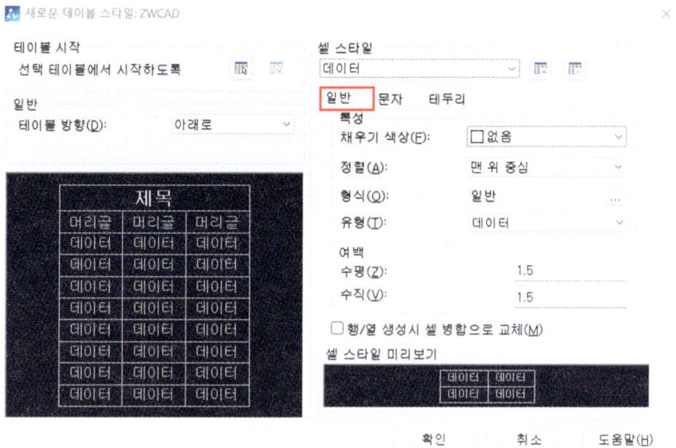

문자 : 선택한 셀에서 사용할 문자의 스타일, 높이, 색상을 설정합니다.

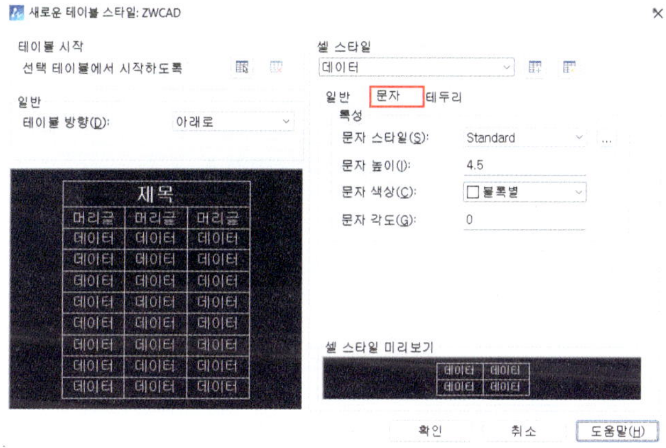

테두리 : 선택한 셀의 테두리선 두께와 색상을 설정합니다.

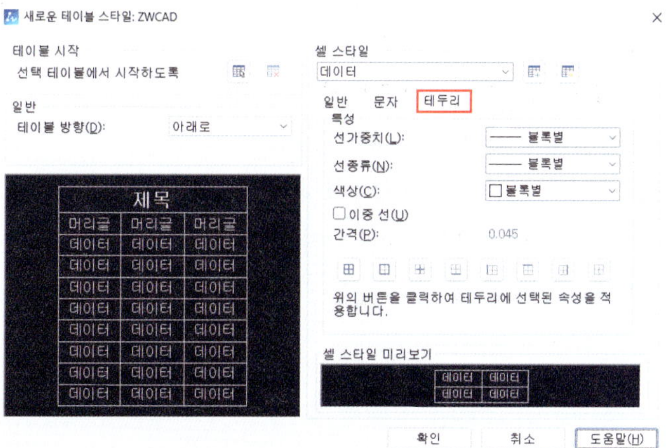

테이블 스타일을 설정한 후 테이블을 만듭니다. 테이블을 만든 후 수정하는 것보다 현재 작업에 맞도록 행과 열의 간격, 글자 크기 등을 미리 지정하면 더 효율적으로 작업할 수 있습니다.

〈TABLE〉을 실행하면 테이블 삽입 대화상자가 나타납니다.

1. 테이블 삽입 대화상자

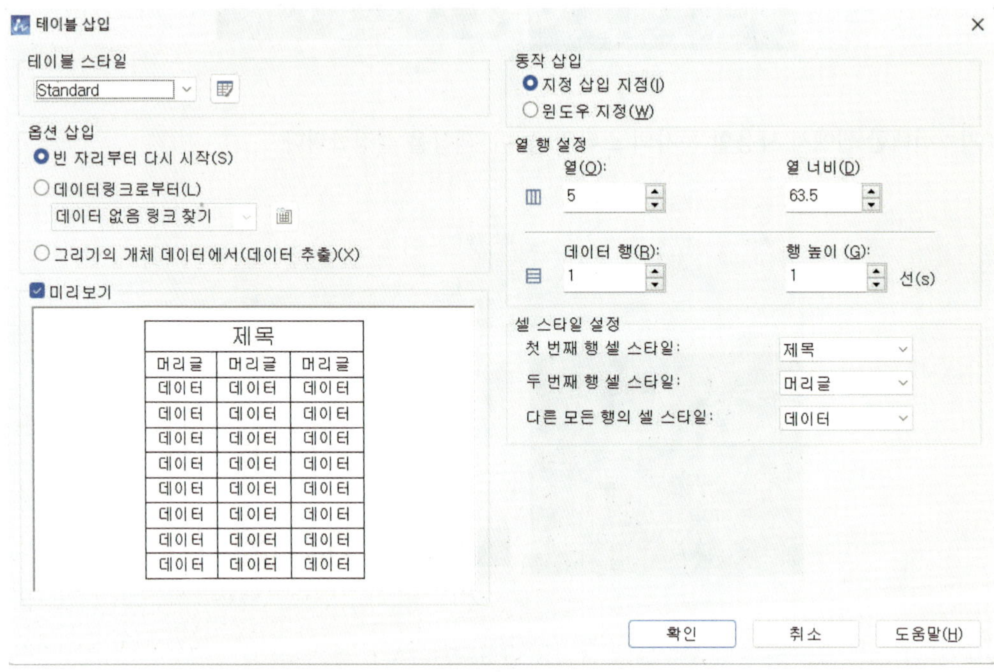

테이블 스타일 : 테이블에 적용할 스타일을 지정합니다.

옵션 삽입 : 테이블을 만드는 방법을 지정합니다.

미리보기 : 설정한 테이블의 형태를 미리 확인할 수 있습니다.

동작 삽입 : 테이블의 삽입 방법을 지정합니다.

열 행 설정 : 열과 행의 개수와 간격 크기를 설정합니다.

셀 스타일 설정 : 셀 스타일을 지정합니다. 이전 테이블 스타일에서 설정한 제목, 머리글, 데이터 중에서 선택할 수 있습니다.

2. 테이블 편집하기

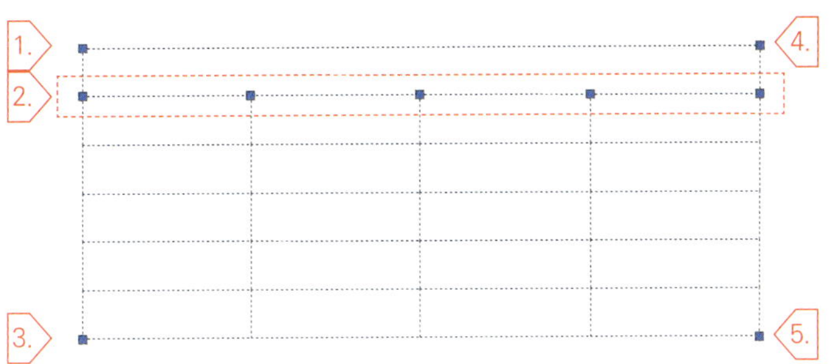

테이블 이동 조절 점 : 테이블 전체를 이동합니다.

테이블 열 폭 : 선택한 열의 폭을 조절합니다.

테이블 높이 : 테이블 전체의 높이를 조절합니다. 각 행의 높이는 자동으로 균등분할 됩니다.

테이블 폭 : 테이블 전체의 폭을 조절합니다. 각 열의 폭은 자동으로 균등분할 됩니다.

테이블 높이 및 폭 : 테이블 전체의 높이 및 폭을 조절합니다. 각 행의 높이와 열의 폭은 자동으로 변경됩니다.

3. 셀 편집하기

  편집하고자 하는 셀을 클릭합니다. 리본 메뉴를 이용하여 셀의 행, 열, 스타일, 데이터 형식 등을 편집할 수 있습니다.

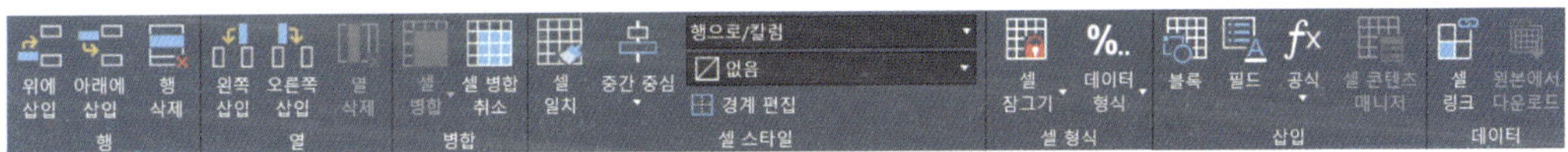

행, 열 : 테이블 위, 아래, 왼쪽, 오른쪽에 셀을 삽입하거나 삭제합니다.

TABLE		

TABLE	

병합 : 선택한 셀을 병합 및 해제합니다.

TABLE		

TABLE

셀 스타일 : 셀의 스타일을 변경합니다.

TABLE		

TABLE	
1	2
3	4

셀 형식 : 셀의 창 크기, 데이터 형식을 변경합니다.

TABLE		

TABLE	
30	30.00%
15	0.2617RAD

삽입 : 블록, 필드, 공식, 셀 내부 콘텐츠 등을 삽입합니다.

데이터 : 테이블 외부 데이터를 가져오거나 내보낼 수 있습니다.

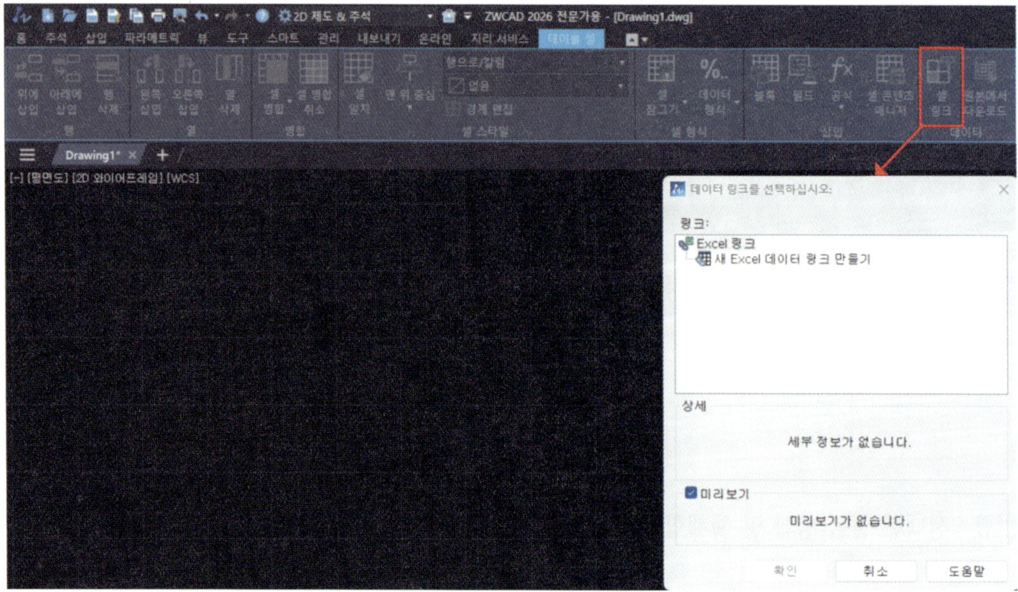

4. 셀 문자 쓰기

문자를 쓰고자 하는 셀을 선택한 후 문자를 입력하면 나타나는 문자 편집창에 내용을 추가하거나 편집할 수 있습니다.

03 수식

1. 표 수식

엑셀에서 사용했던 합, 평균과 같은 공식과 수식들을 표에 적용할 수 있습니다. 셀을 선택하면 표 도구 모음을 불러와 다섯 가지 유형의 공식 중 필요한 수식을 선택하여 사용할 수 있습니다. 곱하기, 빼기, 제곱 등과 같은 수식을 사용할 수 있고, 등호(=) 뒤에 수식을 입력하여 엑셀 일부 수식 기능도 사용 가능합니다.

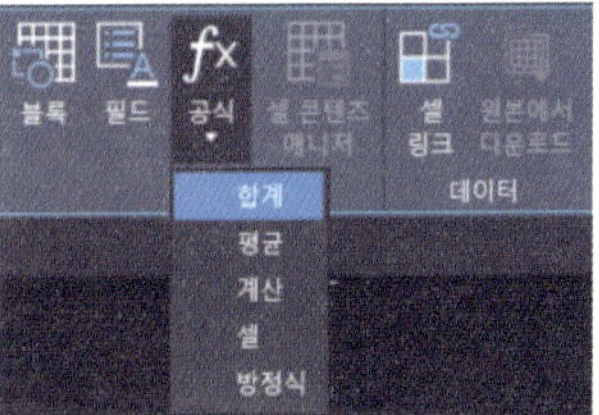

2. 필드 수식

도면에 변경된 내용이 있을 경우 REGEN을 이용하여 관련 필드를 업데이트할 수 있고 필드 수식을 이용하여 훨씬 더 빠른 계산을 할 수 있습니다.

명령어 FIELD를 입력하여 필드 대화 상자를 열고 "필드 이름" 목록에서 식을 선택합니다.

네 가지 수식 중 하나와 셀 범위를 선택하여 계산합니다. 이를 통해 평균, 합계 등의 정보를 가져올 수 있습니다.

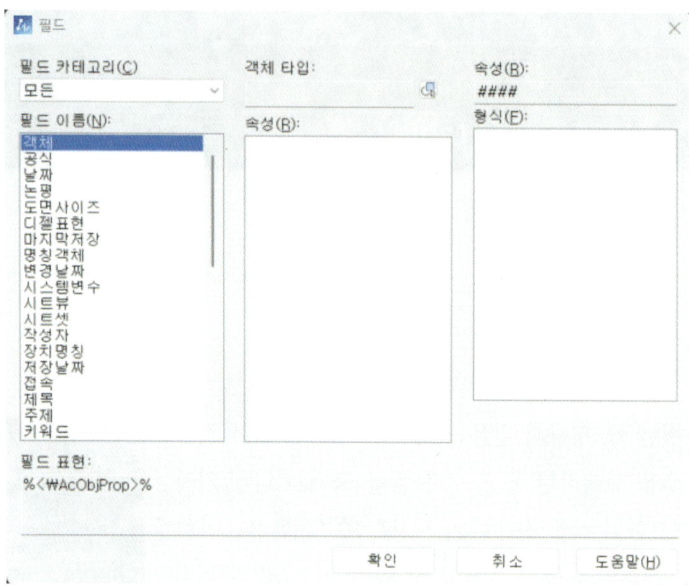

04 테이블을 Microsoft Excel 연동하기

테이블을 Microsoft Excel(XLS, XLSX 또는 CSV) 파일과 데이터 링크할 수 있습니다. 엑셀 파일의 전체 시트, 개별 행, 열, 셀 또는 Excel의 셀 범위 등을 링크하고 파일 간 데이터를 실시간으로 업데이트할 수 있습니다.

〈DATALINK〉를 입력하면 데이터 링크 관리자가 나타납니다.

1. 데이터 링크 관리자

데이터 링크를 작성, 편집 및 관리합니다.

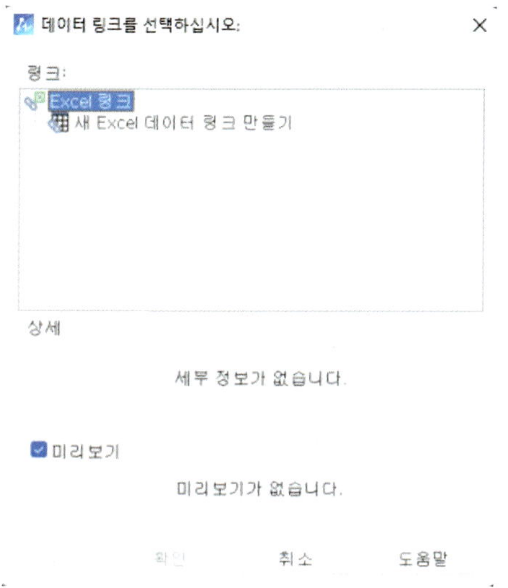

Excel 링크

도면에 Microsoft Excel 데이터 링크를 나열합니다. 아이콘이 링크된 체인을 표시하는 경우 데이터 링크가 유효함을 나타내며 아이콘이 끊긴 체인을 표시하는 경우 데이터 링크가 끊어짐을 나타냅니다.

새 Excel 데이터 링크 작성

새 데이터 링크에 대한 이름을 입력할 수 있는 대화상자가 나타납니다. 이름을 작성하면 새 Excel 데이터 링크 대화상자가 나타납니다.

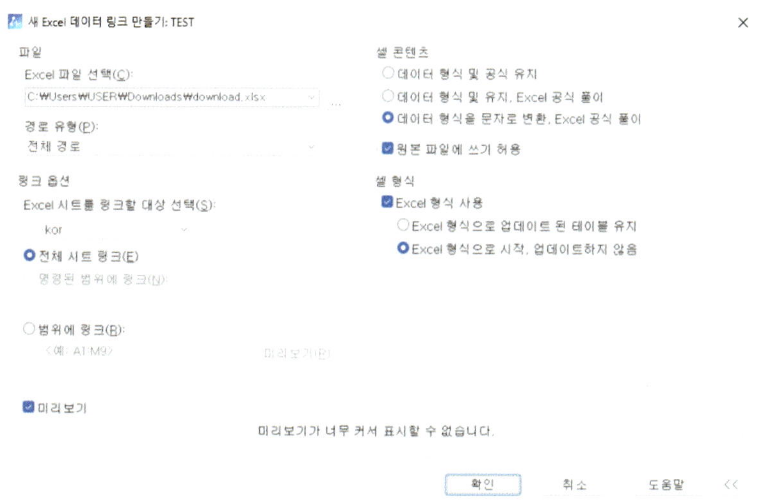

상세 정보

위의 트리 뷰에서 선택한 데이터 링크에 대한 정보를 나열합니다.

미리보기

링크된 데이터의 도면 테이블을 미리보기 합니다. 데이터 링크가 현재 선택되지 않은 경우 미리보기는 표시되지 않습니다.

2. 새 Excel 데이터 링크 만들기

데이터 링크 이름 입력

데이터 링크 이름을 입력합니다.

파일

Excel 파일 선택 : 데이터 링크할 Excel 파일 선택합니다.

경로 유형 : 절대, 상대, 경로 없음 등 경로 유형을 설정합니다.

링크 옵션

Excel 시트를 링크할 대상 선택 : 전체 시트, Excel의 명명된 범위, 특정 범위 등 링크할 대상을 선택합니다.

> **TIP**
> Microsoft Excel에서 명명된 범위를 설정하려면
> 1. Microsoft Excel에서 액세스하려는 통합 문서나 스프레드시트를 실행하고 링크 범위로 사용할 셀 범위를 선택합니다.
> 2. Microsoft Excel 수식 메뉴의 정의된 이름 탭의 이름 정의를 이용하여 범위 이름을 지정합니다.
> 3. Microsoft Excel을 저장합니다.

미리보기

링크된 데이터를 미리보기를 통해 표시합니다.

셀 컨텐츠

- 데이터 형식 및 공식 유지 : 데이터 형식을 가져옵니다. Excel 공식에서 데이터가 계산됩니다.

- 데이터 형식 유지, Excel 공식 풀이 : 공식 및 지원되는 데이터 형식이 부착된 데이터를 가져옵니다.

- 데이터 형식을 문자로 변환, Excel 공식 풀이 : Excel 데이터를 Excel의 공식으로부터 계산된 데이터가 있는 문자로 가져옵니다.

셀 형식 지정

　- Excel 형식 사용 : 원본 XLS, XLSX 또는 CSV 파일에 지정된 형식을 도면으로 가져오도록 지정합니다. 이 옵션을 선택하지 않으면 테이블 삽입 대화상자에 지정된 테이블 스타일 형식이 적용됩니다.

　- Excel 형식으로 업데이트된 테이블 유지 : DATALINKUPDATE 명령을 사용할 때 변경된 형식이 모두 업데이트 됩니다.

　- Excel 형식으로 시작, 업데이트하지 않음 : DATALINKUPDATE 명령을 사용할 때 형식에 적용된 모든 변경 사항은 포함되지 않습니다.

> **TIP**
> 행 또는 열이 추가되는 등 링크된 스프레드시트가 변경된 경우 DATALINKUPDATE 명령을 사용하여 도면의 테이블을 업데이트할 수 있습니다. 마찬가지로, 도면의 테이블을 변경한 경우 같은 명령을 사용하여 링크된 스프레드시트를 업데이트할 수 있습니다.

> **TIP**
> 테이블 엑셀로 내보내기
> TABLEEXPORT 명령어를 입력하여 테이블을 엑셀 파일로 내보낼 수 있습니다.

05 영역 테이블

　영역 테이블 기능은 선택한 객체 영역에서 면적 계산을 생성하고 영역 테이블을 생성하여 외부 파일로 내보낼 수 있습니다. 객체의 영역을 선택하면 자동으로 측정하고 값을 계산하여 사용자는 번거로운 수동 계산 및 테이블 작업을 피할 수 있고 도면의 정확성과 효율성을 향상시킬 수 있습니다.

영역 테이블 AREATABLE

　〈AREATABLE〉 명령을 실행하면 영역 테이블 대화상자가 나타납니다.

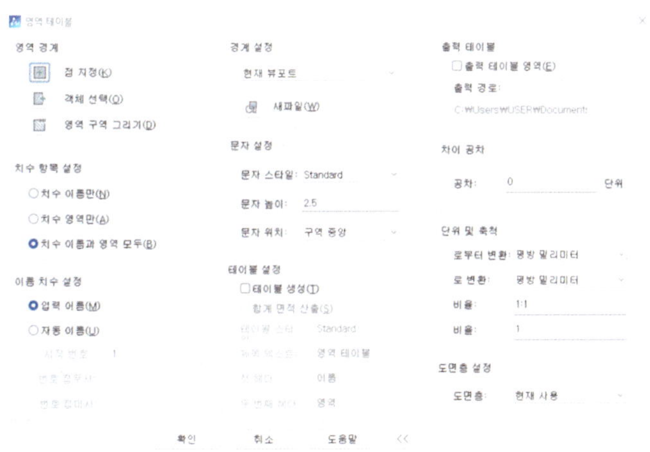

영역 경계 : 선택 유형 및 영역을 선택합니다.

- **점 지정(K)** : 영역의 내부점으로 선택합니다.

- **객체 선택(O)** : 영역의 객체로 선택합니다.

- **영역 구역 그리기(D)** : 윈도우 선택 형식으로 직접 지정합니다.

치수 항목 설정 : 치수 항목을 설정합니다.

이름 치수 설정

- **입력 이름(M)** : 설정할 이름을 직접 작성합니다.

- **자동 이름(U)** : 시작 번호를 미리 설정합니다.

경계 설정 : 현재 뷰포트와 새파일 옵션으로 경계를 설정합니다.

문자 설정

- **문자 스타일**: 문자 스타일을 설정합니다.

- **문자 높이**: 문자 크기를 설정합니다.

- **문자 위치** : 문자 위치를 설정합니다.

테이블 설정 : 테이블 스타일을 설정합니다.

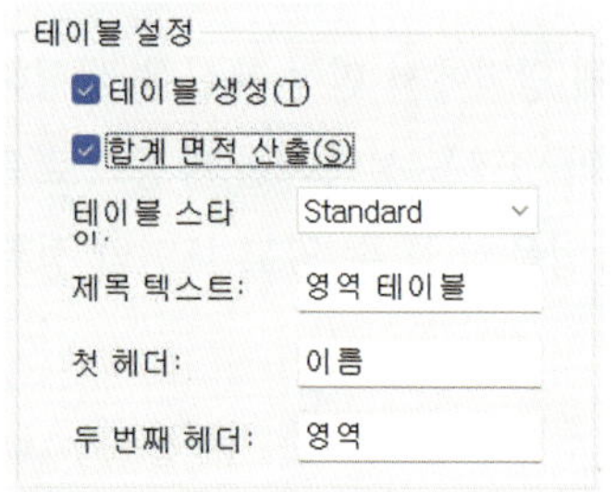

출력 테이블 : 출력 경로를 지정합니다.

차이 공차 : 공차 단위를 설정합니다.

단위 및 축척 : 변환 단위 및 축척을 설정합니다.

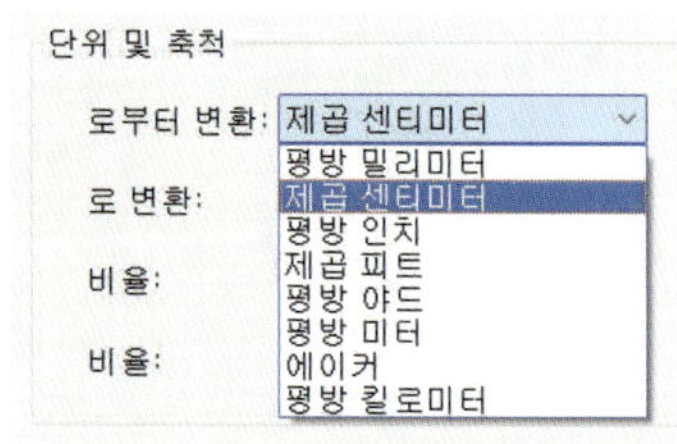

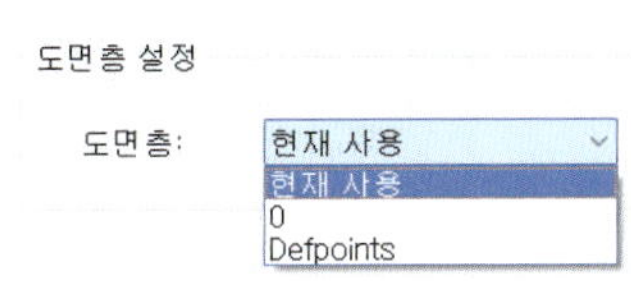

도면층 설정
도면층:
현재 사용
현재 사용
0
Defpoints

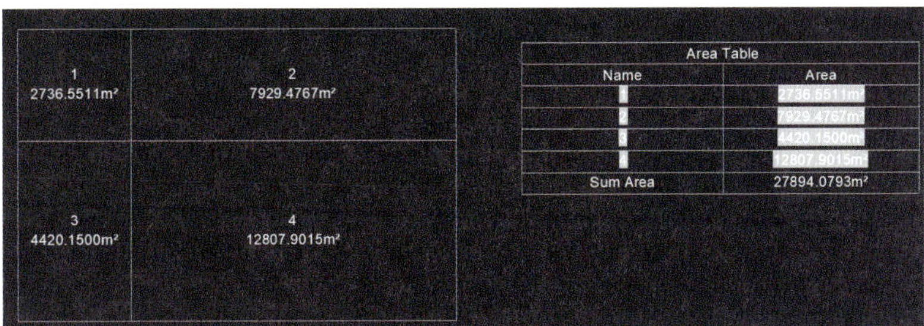

1
2736.5511m²
2
7929.4767m²
3
4420.1500m²
4
12807.9015m²
Area Table
Name	Area
1	2736.5511m²
2	7929.4767m²
3	4420.1500m²
4	12807.9015m²
Sum Area	27894.0793m²

07

블록과 외부 객체 사용하기

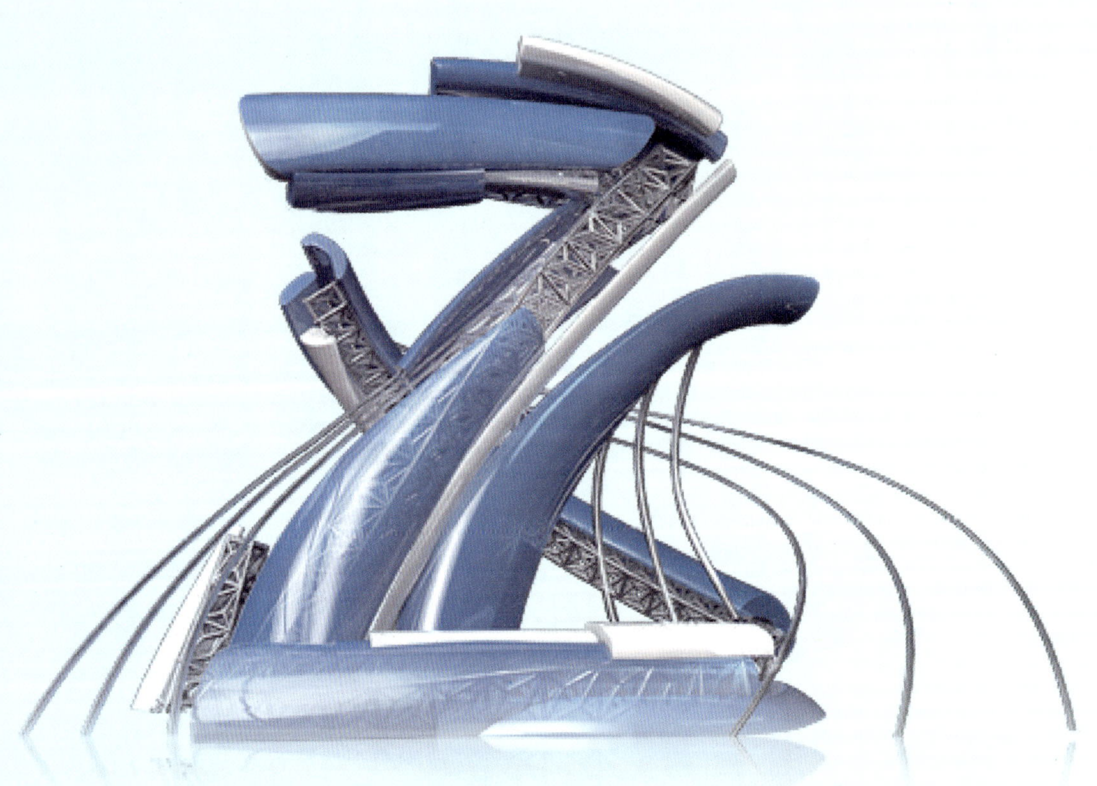

블록 사용하기

01 블록 이해하기

건축이나 기계, 전기, 설비 분야의 도면에서는 도면 안에 같은 객체를 몇 번, 또는 수십 번 반복하여 사용하는 경우가 많습니다. 단순 객체를 반복 사용하는 경우라면 복사하여 사용하지만 사용한 객체가 수정될 경우 복사한 나머지 모든 객체들도 반복하여 수정하여야 하는 문제가 생깁니다. 원본 객체와 연동되어 있는 복사본 객체를 사용하여 원본 객체가 수정될 경우 같이 수정되는 기능을 제공하는 것이 블록(BLOCK)입니다.

블록을 사용하게 되면 미리 정의된 객체를 사용하기 때문에 규격을 통일할 수 있고, 수정과 변경이 매우 용이합니다. 또한 수십 개, 수백 개의 복사본을 사용하더라도 파일 용량과 연산속도를 줄일 수 있습니다.

> **TIP** 객체의 형태는 원본과 연동되어 동일하게 복사되지만 각도, 대칭, 축척 등은 복사본마다 개별적으로 설정되므로 도면 작업이 매우 효율적이며 작업 속도 또한 단축시킬 수 있습니다.

02 블록을 만드는 BLOCK과 블록을 저장하는 WBLOCK

〈BLOCK〉 명령은 도면 안에서 객체를 선택하여 블록을 만드는 명령으로, 도면 안에 포함되어 원본 객체를 삭제하더라도 복사본 블록은 사라지지 않습니다. 그러나 이렇게 만들어진 블록은 현재 도면 안에서만 작동하므로 다른 도면에도 사용하고 싶다면 〈WBLOCK〉 명령을 사용합니다. 〈WBLOCK〉 명령을 사용하면 블록을 별도의 파일로 저장하여 다른 도면에서도 불러들여 사용할 수 있습니다.

1. 블록 BLOCK

〈BLOCK〉 명령을 실행하면 블록 정의 대화상자가 나타납니다.

이름 : 블록의 이름을 정의합니다. 공백 및 특수문자를 사용할 수 있습니다.

설명 : 블록에 대한 설명을 정의합니다.

기준점 : 블록의 기준점을 정의합니다.

- **화면 상에 지정(F)** : 네모 박스를 체크하면 확인 시 작업 화면에서 기준점을 선택합니다.

- **기준점 선택(P)** : 대화상자가 사라지고 작업 화면에서 기준점을 선택합니다.

- **X, Y, Z** : 좌표 값을 설정합니다.

객체

- **화면 상에 지정(O)** : 네모 박스를 체크하면 확인 시 작업 화면에서 객체를 선택합니다.

- **객체 선택(E)** : 대화상자가 사라지고 작업 화면에서 객체를 선택합니다.

- **객체 유지(R)** : 블록으로 만든 후 선택한 객체를 원본 상태 그대로 유지합니다.

- **블록으로 변환(C)** : 선택한 객체를 블록으로 변환합니다.

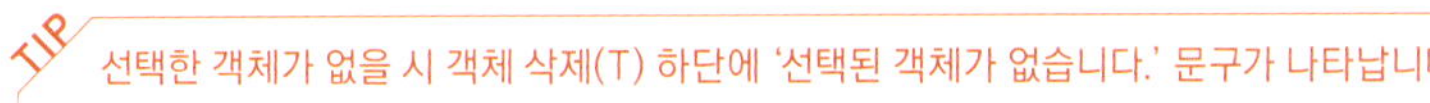

- **객체 삭제(T)** : 블록으로 만든 후 선택한 객체를 삭제합니다.

동작

- **주석(A)** : 블록을 주석으로 지정합니다.

- **블록 방향을 배치에 일치(M)** : 도면 공간 뷰 포트의 블록 참조 방향이 배치의 방향과 일치하도록 지정합니다. 주석 옵션을 사용하지 않는 경우, 이 기능을 사용할 수 없습니다.

- **균등하게 조정(S)** : 블록 참조를 균일하게 축척할지 여부를 정의합니다.

- **분해 허용(W)** : 블록 참조를 분해할지 여부를 지정합니다.

- **블록 편집기에서 열기(O)** : 네모 박스를 체크하면 확인 시 현재 블록 정의를 블록 편집기로 실행합니다.

- **단위(U)** : 블록의 단위를 설정합니다.

2. 블록 저장 WBLOCK

〈WBLOCK〉 명령을 실행하면 블록 정의 대화상자가 나타납니다.

원본 : 블록을 지정할 대상을 선택합니다.

  - **블록(B)** : 현재 도면 내의 블록을 외부 블록으로 설정합니다. 대화 상자에서 블록을 미리 볼 수 있습니다.

  - **전체 도면(E)** : 현재 도면 전체를 외부 블록으로 설정합니다.

  - **객체(N)** : 선택한 객체를 외부 블록으로 설정합니다.

기준점 : 블록의 기준점을 정의합니다.

  - **점 선택(P)** : 대화상자가 사라지고 작업 화면에서 기준점을 선택합니다.

  - **X, Y, Z** : 좌표 값을 설정합니다.

객체 : 블록으로 만들 객체를 선택합니다.

  - **유지(R)** : 블록으로 만든 다음 선택한 객체를 원본 상태 그대로 유지합니다.

  - **블록으로 변환(C)** : 선택한 객체를 블록으로 변환합니다.

  - **도면으로부터 삭제(D)** : 블록으로 만든 다음 선택한 객체를 삭제합니다.

목적 : 블록을 저장할 경로 및 단위를 지정합니다.

  - **파일 이름과 경로(F)** : 외부 블록을 저장할 파일 이름과 저장 경로를 지정합니다.

  - **삽입 단위(U)** : 블록의 삽입 단위를 설정합니다.

3. 삽입 INSERT

〈INSERT〉 명령은 현재 도면의 블록, 또는 외부 블록을 도면에 삽입하는 명령입니다. 삽입 시 블록의 축척과 회전 각도를 미리 설정할 수 있습니다.

〈INSERT〉 명령을 실행하면 블록 삽입 대화상자가 나타납니다.

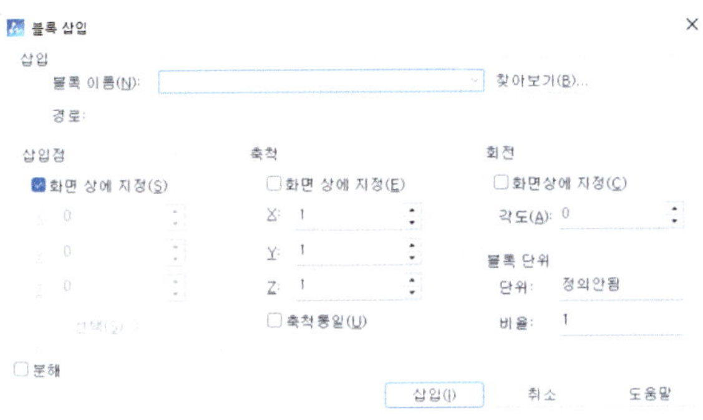

삽입 : 삽입할 블록을 선택합니다.
- **블록 이름(N)** : 블록의 이름을 선택합니다.
- **찾아보기(B)** : 외부 블록을 선택합니다.

삽입점 : 블록을 삽입할 기준점을 선택합니다.
- **화면 상에 지정(S)** : 네모 박스를 체크하면 삽입 시 작업 화면에서 삽입점을 선택합니다.
- **X, Y, Z** : 좌표 값을 설정합니다.
- **선택(S)** : 대화상자가 사라지고 작업 화면에서 삽입점을 선택합니다.

축척 : 삽입할 블록의 축척을 설정합니다.
- **화면 상에 지정(E)** : 네모 박스를 체크하면 삽입 시 작업 화면에서 축척을 정의합니다.
- **X, Y, Z** : 각 축의 축척을 개별로 설정합니다.
- **축척 통일(U)** : X, Y, Z의 균일한 축척을 설정합니다.

회전 : 블록의 회전 각도를 설정합니다.
- **화면 상에 지정** : 네모 박스를 체크하면 삽입 시 작업 화면에서 회전 각도를 정의합니다
- **각도** : 블록의 회전 각도를 설정합니다.

블록 단위 : 블록의 삽입 단위를 설정합니다.
- **단위** : 블록의 단위를 설정합니다.
- **비율** : 블록의 비율을 설정합니다.

분해 : 블록을 분해하고 개별 객체로 삽입합니다. 분해가 체크된 경우에는 축척 통일 비율만 지정할 수 있습니다.

4. 테이블 셀에 삽입 TINSERT

〈TINSERT〉 명령은 현재 도면의 블록, 또는 외부 블록을 테이블 셀에 삽입하는 명령입니다. 삽입 시 블록의 축척과 회전 각도를 미리 설정할 수 있습니다.

〈TINSERT〉 명령을 실행하고 테이블 셀을 선택하면 블록 삽입 대화상자를 실행합니다.

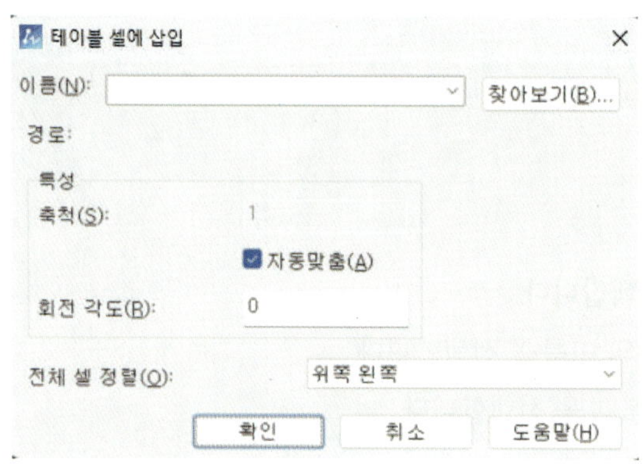

- **축척**: 삽입할 블록의 축척을 설정합니다.
- **회전각도** : 블록의 회전 각도를 설정합니다.
- **전체 셀 정렬** : 삽입할 블록의 정렬을 설정합니다.

03 블록 편집하기

1. 블록 편집기 BEDIT

〈BEDIT〉 명령은 현재 도면의 블록 목록을 확인하여 생성 또는 편집할 수 있는 독립된 공간입니다. 편집을 원하는 블록을 선택하여 블록에 대한 객체를 정의하고 새 블록 또는 도면 파일로 저장할 수 있습니다.

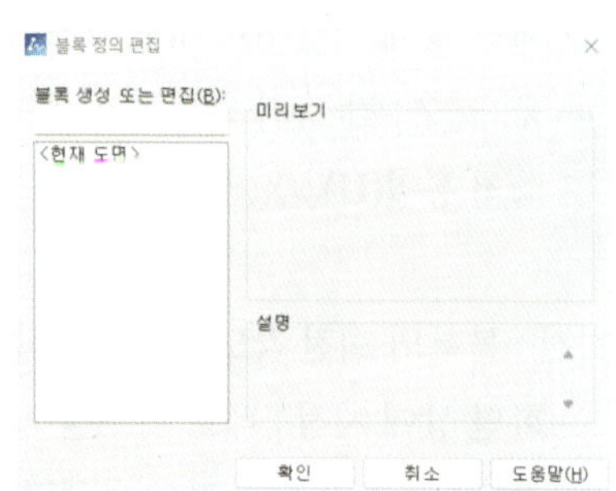

블록 생성 또는 편집(B) : 작성 또는 편집할 블록 이름을 지정합니다.

블록 목록 : 현재 도면에 삽입되어 있는 블록의 목록을 표시합니다.

미리보기 : 선택한 블록을 미리 볼 수 있습니다.

설명 : 블록 생성 시 정의한 설정 내용을 표시합니다.

2. 블록 정의 저장 BSAVE

블록 편집기에서 편집 중인 블록을 저장합니다. 블록 편집기에서 블록 정의를 저장하면 블록에
포함된 형상이 블록 참조의 기본값으로 설정됩니다. 블록 편집기에서 편집 내용을 저장하려면 파
일 저장 명령 〈SAVE〉가 아닌 블록 정의 저장 명령 〈BSAVE〉을 이용해야 합니다.

3. 다른 이름으로 블록 저장 BSAVEAS

블록 편집기에서 편집 중인 블록을 다른 이름으로 저장합니다. 블록 편집기에서 블록 정의를 다
른 이름으로 저장하면 블록에 포함된 형상이 블록 참조의 기본값으로 설정됩니다. 다른 이름으로
블록 저장 명령 〈BSAVEAS〉는 블록 편집기 상태에서만 사용할 수 있습니다.

4. 다른 이름으로 블록 쓰기 BWBLOCKAS

블록 편집기에서 편집 중인 블록을 특정 경로에 파일로 저장합니다. 다른 이름으로 블록 쓰기
명령 〈BWBLOCKAS〉은 블록 편집기 상태에서만 사용할 수 있습니다.

5. 블록 이름 변경 CHGBNAME

선택한 블록을 마우스 우클릭하거나 〈CHGBNAME〉 명령어를 이용하여 동일한 이름의 모든
블록, 현재 선택된 블록, 또는 일부 블록의 이름을 빠르게 변경할 수 있습니다.

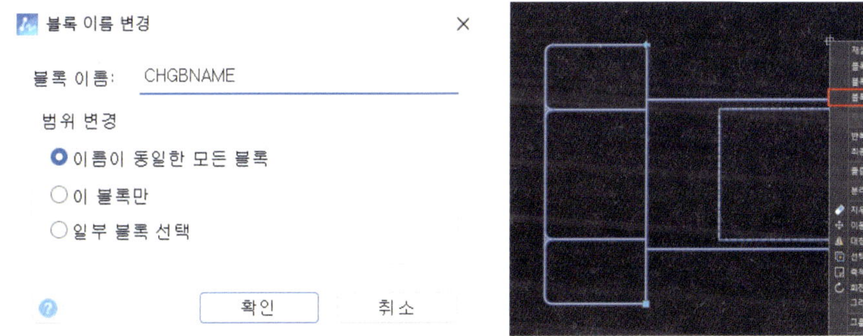

범위 변경 : 블록 이름을 수정할 범위를 지정합니다.

　- **이름이 동일한 모든 블록** : 모형 공간과 배치 공간에 있는 동일한 이름의 모든 블록이 업데이
트됩니다.

　- **이 블록만** : 현재 선택한 블록 이름만 업데이트됩니다.

　- **일부 블록 선택** : 현재 선택한 블록과 동일한 이름을 가진 블록을 마우스로 클릭하거나 박스
선택하여 이름을 업데이트합니다.

하나의 완성된 도면에는 다양하고 많은 부품, 구조물 등으로 구성됩니다. 도면이 완성된 이후에 이러한 부품이나 구성물에 대해 수량이나 성격을 추출 또는 집계가 필요한 경우가 있습니다. 블록에서 속성을 부여하거나 추출할 수 있습니다.

1. 블록 속성 정의 ATTDEF

블록에 속성을 부여하기 위한 정보의 종류 및 형식을 정의하는 명령입니다. 속성은 블록과 연관된 정보를 저장하는 문자들의 집합으로 블록에 대한 각종 데이터를 저장하고 추출할 수 있습니다.

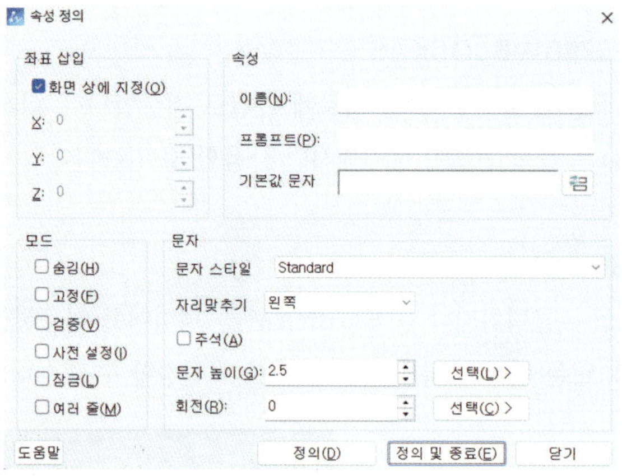

좌표 삽입 : 속성 문자의 위치를 지정합니다.
　- **화면 상에 지정(O)** : 네모 박스를 체크하면 속성 정의 시 좌표 입력 장치를 사용하여 연관될 객체와 속성의 위치를 지정합니다.
　- **X, Y, Z** : 좌표 값을 설정합니다.

속성 : 실제 속성을 정의합니다.
　- **이름(N)** : 도면에서 발견되는 각 속성을 식별합니다. 공백을 제외한 임의의 문자를 조합하여 속성 이름을 입력합니다. 소문자는 대문자로 자동 변경됩니다.
　- **프롬프트(P)** : 이 속성 정의가 포함된 블록을 삽입할 때 표시될 프롬프트를 지정합니다. 프롬프트를 입력하지 않으면 속성 이름이 프롬프트로 사용됩니다. 속성 플래그 영역에서 고정을 선택하면 프롬프트 옵션을 사용할 수 없습니다.
　- **기본값 문자(U)** : 기본 속성 값을 지정합니다.

모드

- **숨김(H)** : 블록을 삽입할 때 속성 값이 표시되거나 인쇄되지 않도록 지정합니다. ATTDISP
는 숨김 모드를 재지정합니다.

- **고정(F)** : 블록 삽입을 위해 속성에 고정된 값을 부여합니다.

- **검증(V)** : 블록을 삽입할 때 속성 값이 정확한지 검증할 수 있도록 프롬프트를 표시합니다.

- **사전 설정(I)** : 사전 설정 속성이 포함된 블록을 삽입할 때 속성을 기본값으로 설정합니다.

- **잠금(L)** : 블록 참조 내 속성의 위치를 잠급니다. 잠금 해제되었을 경우, 속성은 그립 편집을
사용하는 나머지 블록에 대해 이동될 수 있으며 여러 줄 속성은 크기를 조정할 수 있습니다.

- **여러 줄(M)** : 속성 값이 여러 줄 문자를 포함할 수 있음을 지정합니다. 이 옵션을 선택한 경
우, 속성에 대한 경계 폭을 지정할 수 있습니다.

문자

- **문자 스타일(T)** : 속성 문자에 사용할 사전 정의된 문자 스타일을 지정합니다. 현재 로드된 문
자 스타일이 나타납니다. 문자 스타일을 로드하거나 작성하려면 STYLE을 참고하십시오.

- **자리 맞추기(J)** : 속성 문자의 자리 맞추기를 지정합니다. 자리 맞추기 옵션에 대한 설명은
TEXT를 참고하십시오.

- **주석(A)** : 속성이 주석임을 지정합니다. 블록이 주석이면 속성은 블록의 방향과 일치하게 됩니다.

- **문자 높이(G)** : 속성 문자의 높이를 지정합니다. 값을 입력하거나 높이를 선택하여 좌표 입력
장치로 높이를 지정합니다. 높이는 원점에서 선택한 위치까지 측정됩니다. 고정된 높이(0,0을 제
외한 모든 값)을 가진 문자 스타일을 선택하거나 자리 맞추기 목록에서 정렬을 선택하면 높이 옵
션을 사용할 수 없습니다.

- **회전(R)** : 속성 문자의 회전 각도를 지정합니다. 값을 입력하거나 회전을 선택하여 좌표 입력
장치로 회전 각도를 지정합니다. 회전 각도는 원점에서 선택한 위치까지 측정합니다. 자리 맞추기
목록에서 정렬이나 맞춤을 선택하면 회전 옵션을 사용할 수 없습니다.

2. 속성 편집 ATTEDIT

속성 값을 편집합니다. 도면에 표시된 속
성들 만이 편집 대상이 됩니다. **〈속성 블록
선택〉**에서 속성이 정의된 블록을 선택하면
다음과 같은 대화상자가 나타납니다.

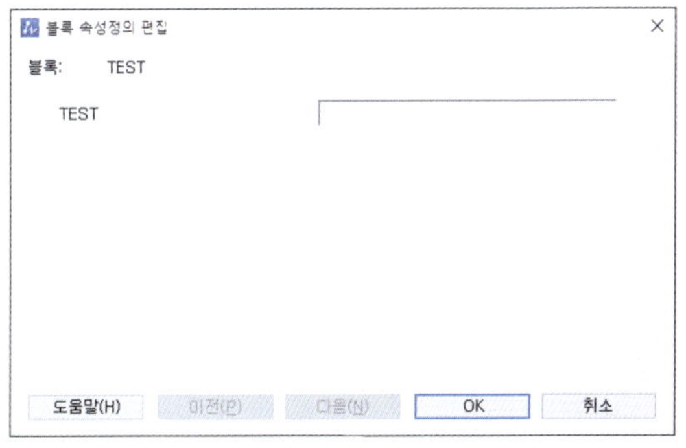

블록 : 블록 이름이 나타납니다.

속성 목록과 속성 값 : 왼쪽에는 속성 목록
이 표시되고 오른쪽에는 속성 값이 나타납니
다. 이 편집 상자에서 속성 값을 수정합니다.

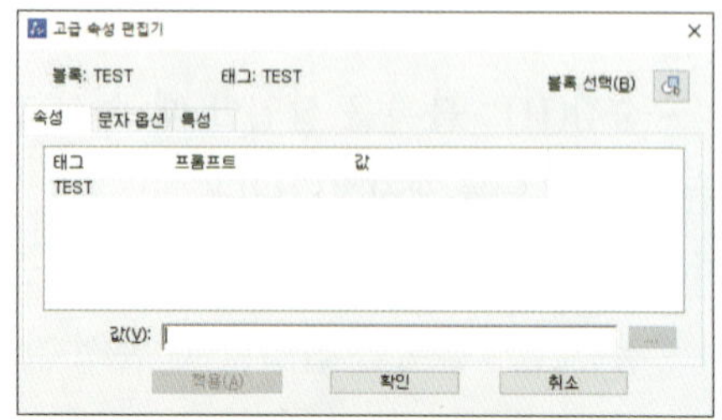

> **TIP**
> 고급 속성 편집기(DDEDIT)를 통해 속성 뿐만 아니라 문자 높이와 문자 옵션, 도면층, 색상과 같은 특성 값을 편집할 수 있습니다.
> 〈주석 객체 선택 또는 [명령 취소(U)/모드(M)]:〉에서 속성이 부여된 블록을 선택하면 다음과 같은 고급 속성 편집기가 나타납니다.
> 1) 속성 탭 : 해당 속성의 값을 편집합니다.
> 2) 문자 옵션 : 문자의 스타일, 자리 맞춤, 높이 등 문자와 관련된 설정을 편집합니다.
> 3) 특성 : 도면층, 선 종류, 색상, 선 가중치 등 특성을 편집합니다.

> **TIP**
> 속성 블록 빠르게 편집하기 ATTIPEDIT
> 〈Ctrl〉을 누른 상태에서 속성 객체를 더블 클릭하면 대화상자 없이 직접 편집이 가능합니다.

3. 속성 표시 ATTDISP

도면에서 블록 속성의 표시/비 표시를 지정합니다.

일반(N) : 속성 정의에서 모드의 〈숨김(H)〉옵션이 지정된 속성은 표시하지 않습니다.

켜기(ON) : 모든 속성을 표시합니다.

끄기(OFF) : 모든 속성을 표시하지 않습니다.

4. 속성 관리자 BATTMAN

블록의 속성 정의를 편집하거나 제거할 수 있고, 블록을 삽입할 때 속성값에 대해 프롬프트가 표시되
는 순서를 변경할 수도 있습니다. 명령을 실행하면 다음과 같은 블록 속성 관리자 대화상자가 나타납니
다. 현재 도면에 등록된 블록에 대한 속성의 정보를 표시하고 동기화, 편집, 제거 등을 할 수 있습니다.

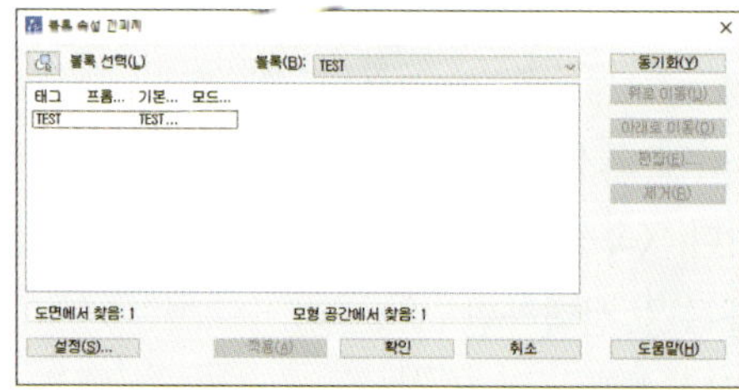

5. 속성 동기화 ATTSYNC

지정된 블록 정의의 새로운 속성 및 변경된 속성을 블록 참조로 동기화합니다. 즉, 변경된 속성
으로 바꿔줍니다.

? : 도면의 모든 블록 정의 목록을 표시합니다.

이름(N) : 블록의 이름을 지정하여 동기화합니다.

선택(S) : 도면에서 객체를 지정하여 동기화합니다.

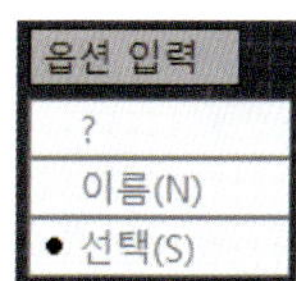

6. 속성 추출 ATTEXT

속성이 정의된 블록의 속성 값을 추출합니다. 도면에서 속성 정보를 추출하여 데이터베이스 소프트웨어에서 사용할 개별 텍스트 파일을 작성할 수 있습니다. 도면에 작성된 도형으로부터 부품 목록을 작성하는 데 유용합니다.

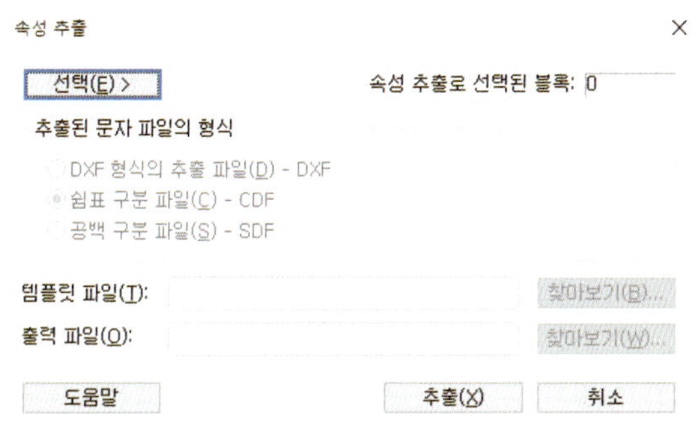

선택(E) : 좌표 입력 장치를 사용하여 속성이 포함된 블록을 선택할 수 있도록 대화상자를 닫습니다. 속성 추출 대화상자가 다시 열리면 〈속성 추출로 선택된 블록:〉에는 선택한 객체의 수가 나타납니다.

파일 형식

- DXF 형식의 추출 파일(D) - DXF
- 쉼표 구분 파일(C) - CDF
- 공백 구분 파일(S) - SDF

템플릿 파일(T) : CDF 및 SDF 형식에 대한 템플릿 추출 파일을 지정합니다. 상자에 파일 이름을 입력하거나 템플릿 파일을 선택한 후 표준 파일 선택 대화상자를 사용하여 기존의 템플릿 파일을 검색할 수 있습니다. 기본 파일 확장자는 .txt입니다. 파일 형식에서 DXF를 선택하면 템플릿 파일 옵션을 사용할 수 없습니다.

출력 파일(O) : 추출된 속성 데이터에 대한 파일 이름 및 위치를 지정합니다. 추출된 속성 데이터에 대한 경로 및 파일 이름을 입력하거나 출력 파일을 선택한 다음 표준 파일 선택 대화상자를 사용하여 기존의 템플릿 파일을 검색할 수 있습니다. .txt파일 확장자가 CDF 또는 SDF 파일에 사용되고 DXF 파일에는 .dxx 파일 확장자가 사용됩니다.

1. 플렉시 블록(Flexiblock) 이란?

플렉시 블록(Flexiblock)은 일반 블록보다 더 유연하고 다양한 형태로 사용할 수 있는 고급 블록 기능입니다. 하나의 블록 정의로 여러 형태와 속성을 가진 객체를 표현할 수 있어 설계 효율성을 크게 높일 수 있습니다.

블록 객체에 특정 매개변수 파라미터(Parameter)와 동작(Action)을 활용하여 선택만으로 사용자화된 블록으로 "변환"할 수 있습니다. 블록의 파라미터와 액션은 다음과 같습니다.

매개변수 파라미터(Parameter)

블록 내부 객체에 변형 가능성을 부여하는 기능으로 동적인 성질을 부여하는 기준 값 또는 조건을 부여합니다. 해당 파라미터(Parameter)를 통해 동작(Action)으로 연결되며 사용자가 블록을 삽입한 후 다양한 방식으로 조절할 수 있습니다.

- 점 : 블록 내 객체 이동 설정
- 선형 : 길이나 거리와 관련된 값 설정
- 극좌표 : 거리와 각도 조절 설정
- XY : XY축 방향으로 동시에 이동할 수 있도록 설정
- 회전 : 블록의 회전 각도 설정
- 반전 : 좌우/상하 대칭 반전 설정
- 정렬 : 다른 객체와 정렬되도록 설정
- 가시성 : 다양한 블록 형태를 설정
- 기준점 : 블록 삽입, 이동 기준점 설정

동작(Action)

플렉시 블록에 동작 기능은 파라미터에 따라 블록의 형태를 실제로 변화하도록 설정하는 기능입니다. 파라미터를 통해 변수를 설정하고 그에 다른 신축, 이동, 회전과 같이 동작을 연결하여 실제로 블록을 변형합니다.

- 이동 : 설정한 파라미터에 따라 이동
- 신축 : 특정 부분만 선택적으로 신축/축소
- 극좌표 신축 : 거리와 회전을 동시에 설정
- 축척 : 전체 객체나 일부 객체를 비율에 따라 축척
- 회전 : 객체를 중심을 기준으로 회전
- 반전 : 좌우 또는 상하 대칭 이동
- 배열 : 일정 간격으로 반복 생성

가시성 상태 설정

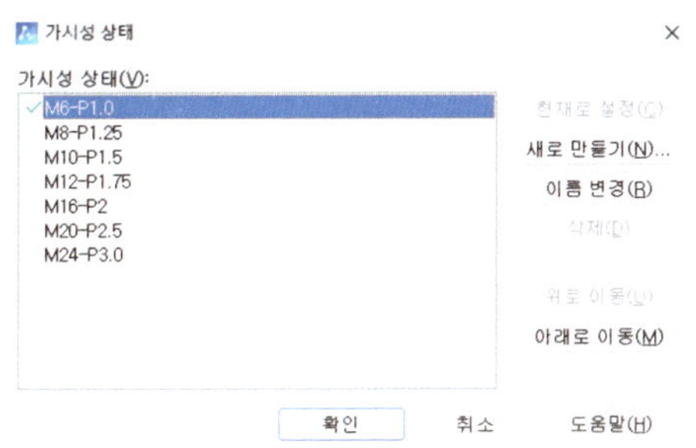

- 가시성 상태 : 블록에서 가시성 상태, 생성, 삭제 설정
- 가시성 모드 : 현재 가시성 상태에 대해 보이지 않게 만들어진 객체를 블록 편집기 표시 설정
- 보이게 하기 : 현재 가시성 상태 또는 모든 가시성 상태에 대해 객체 표시
- 보이지 않게 하기 : 현재 가시성 모든 가시성 상태에 대해 객체 표시하지 않음

> **TIP**
>
> **플렉시 블록과 동적 블록 관계**
>
> 플렉시 블록은 동적 블록 기능과 양방향 호환되어 타 사 소프트웨어에서 작성된 동적블록과 ZWCAD에서 작성된 플렉시 블록을 모두 사용 및 편집할 수 있습니다.

플렉시 블록 예시

위에서 설명한 매개변수, 동작, 가시성 요소를 결합하여, 사용자의 의도에 따라 형태나 위치가 자유롭게 조정되는 "플렉시 블록"을 생성할 수 있습니다. 기존 정적 블록과 달리, 사용자는 삽입된 블록의 특정 그립을 클릭하거나 드래그함으로써 손쉽게 편집이 가능합니다.

- 블록 반전

반전 매개변수(Flip Parameter)와 반전 동작(Flip Action)을 활용하면, 블록의 대칭 형태를 손쉽게 생성하고 변형할 수 있습니다. 예를 들어, 왼쪽 여닫이 도어 블록을 오른쪽 여닫이로 변경할 때 별도의 블록을 삽입할 필요 없이, 반전 그립만을 클릭하면 블록이 좌우 또는 상하로 반전됩니다.

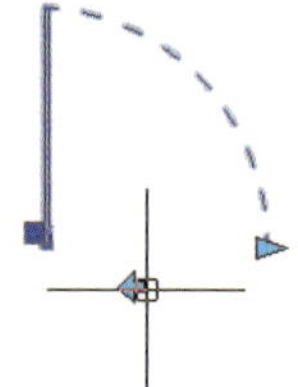
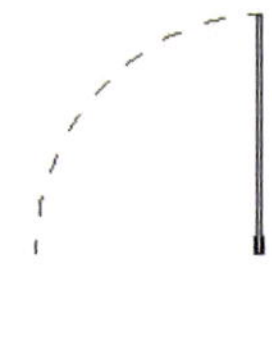

- 블록 신축

선형 매개변수(Liear Parameter)와 신축 동작(Stretch Action)을 활용하면, 블록의 특정 요소를 늘리거나 줄일 수 있습니다. 예를 들어, 도어 삽입 시 폭 맞춤이 필요할 때 사용자는 도면의 스냅에 맞춰 해당 블록을 원하는 길이로 조정할 수 있으며, 연결된 객체들도 함께 변형됩니다.

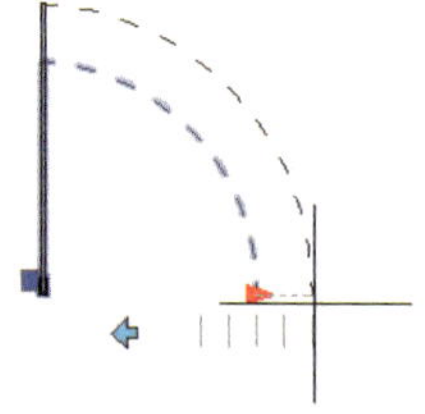
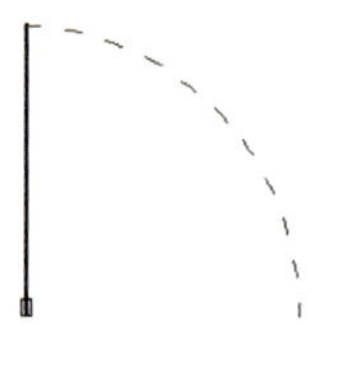

플렉시 블록을 통해 복잡한 설계 요소를 하나의 블록으로 관리할 수 있으며, 반복 작업을 줄이고 도면의 수정 유연성을 높일 수 있습니다. 매개변수와 동작의 조합은 무궁무진하므로, 기본 기능을 익힌 후 점차 복합적인 블록을 설계해 보시기 바랍니다.

아래의 QR 코드를 스캔하여 제공된 실습 영상을 참고하면, 위에서 설명한 기능들을 실무에 직접 적용해보며 쉽게 익힐 수 있습니다.

⟨플렉시 블록 강의 영상 보러가기⟩

해치 사용하기

01 해치 이해하기

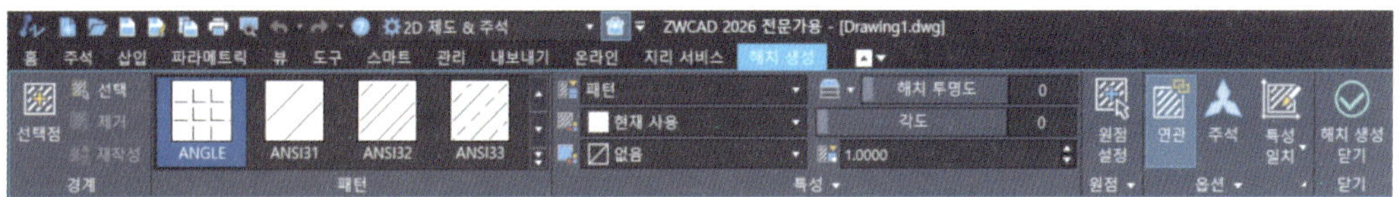

　건축 구조물에서 콘크리트의 표현, 인테리어 설계에서 가구 재질의 표현, 기계 설계의 단면의 표현 등은 일정한 패턴의 무늬로 표현합니다. 해치는 선택한 경계 범위를 일정한 패턴이나 선의 조합으로 채우는 것을 말합니다. 명령어 "BHATCH" 또는 단축키 "H", "BH"를 입력하여 사용합니다

02 해치 사용하기

해치 HATCH

　〈HATCH〉 명령을 실행하면 상단 메뉴바에 해치 생성이 추가되며 원하는 해치를 선택하여 입력할 수 있습니다.

<해치>

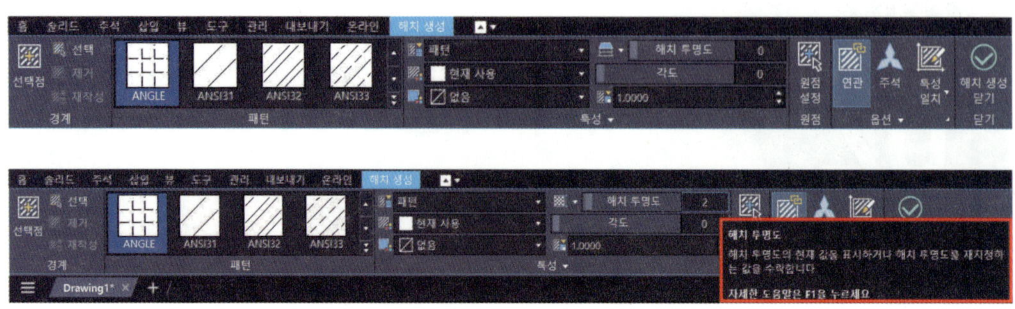

> **TIP** 마우스 커서를 아이콘 위로 올리면 각 기능별 도움말을 볼 수 있습니다.

경계 : 유형 및 패턴을 선택합니다.

- **선택점** : 해치를 넣을 영역의 내부 공간을 선택합니다.
- **선택** : 해치를 넣을 객체를 선택합니다.
- **제거** : 선택한 영역의 경계를 제거합니다.
- **재작성** : 해치를 넣을 경계를 재생성합니다.

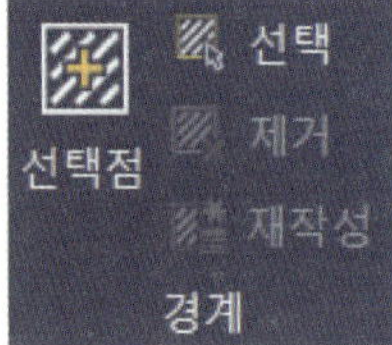

> **TIP** 옵션(Options) – 제도 탭 – 객체 스냅 옵션에서 '해치 객체 무시' 체크하면 해치 패턴의 객체 스냅을 무시할 수 있습니다.

패턴 : 패턴을 선택합니다.

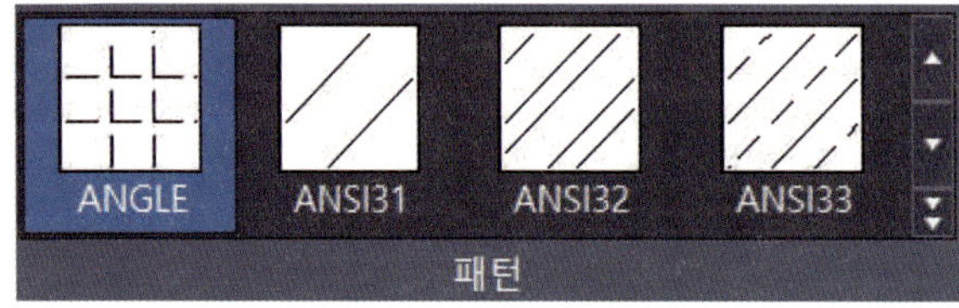

특성 : 해치의 득성을 설정합니다.

- **해치 유형** : 패턴, 그라데이션, 솔리드 또는 사용자 정의 채우기 사용 여부를 지정합니다.
- **해치 색상** : 패턴에 지정한 색상으로 현재 색상을 재정의합니다.

- **배경색** : 해치의 배경색을 지정합니다.
- **해치 투명도** : 해치 패턴의 투명도(0~100)를 설정합니다.
- **각도** : 해치 패턴에 사용할 각도를 현재 UCS의 X축을 기준으로 지정합니다.
- **축척** : 미리 정의된 패턴 또는 사용자 패턴을 확장하거나 축소합니다. 이 옵션은 유형이 미리
정의 또는 사용자로 설정되어 있을 때만 사용할 수 있습니다.
- **해치 도면층 재정의** : 해치에 대해 지정된 도면층으로 현재 도면층을 재지정합니다.
- **도면 공간에 상대적** : 도면 공간의 단위를 기준으로 해치 패턴을 축척합니다.
- **교차 해치** : 사용자 정의 해치 패턴의 경우 기존 선에 90도 각도로 다른 선 세트를 그립니다.

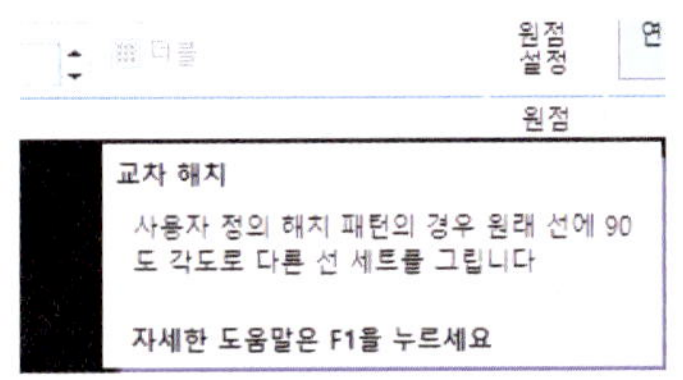

원점 : 해치의 원점을 설정합니다.
 - **원점 설정**: 화면상의 지정점을 클릭하거나 해치 경계의 상하좌우, 중심으로 설정이
가능합니다.

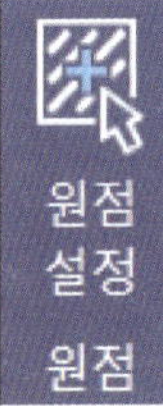

옵션

 - **연관** : 해치 또는 채우기가 연관되도록 지정합니다. 연관
된 해치 또는 채우기는 해당 경계 객체를 수정할 때 업데이트
됩니다.

 - **주석** : 해치가 주석임을 지정합니다. 이 특성은 주석이 도
면에 정확한 크기로 플롯 되거나 표시되도록 주석 축척 프로
세스를 자동화합니다.

 -**특성 일치** : 특성 상속 옵션을 사용하여 해치를 작성할 때
해치 원점을 상속할지 여부를 조정합니다.

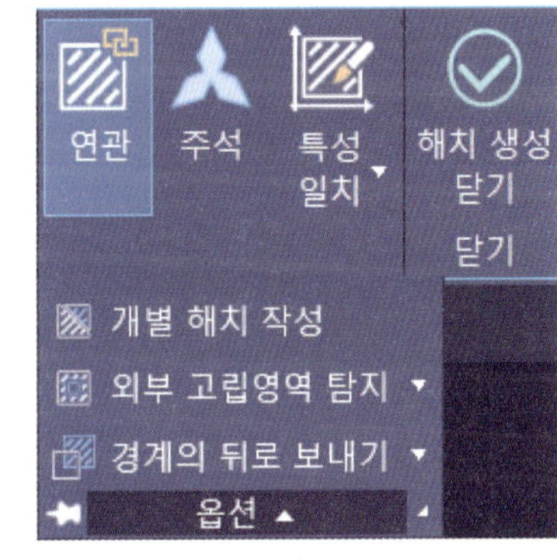

 - **현재 원점 사용** : 해치 원점을 제외하고, 선택한 해치 객체로 해치의 특성을 설정합니다.
 - **원본 해치 원점 사용** : 해치 원점을 포함하여 선택한 해치 객체로 해치의 특성을 설정합니다.
 - **개별 해치 작성** : 여러 객체의 닫힌 경계를 지정할 경우, 단일 해치 객체 또는 복수 해치 객체
를 작성하는지 여부를 조정합니다.
 - **일반 고립영역 탐지** : 해치 선택점으로 지정된 영역에서 안쪽으로 해치를 자동으로 채웁니다.
 - **외부 고립영역 탐지** : 해치 선택점 위치를 기준으로 외부 해치 경계와 내부 고립 영역 사이의

영역만 해치합니다.

  - **고립영역 탐지 무시** : 내부 객체를 무시하고 가장 외곽에 자리한 해치 경계에서 안쪽으로 채웁니다.

  - **고립영역 탐지 사용 안 함** : 기존 고립영역 탐지 방법을 사용하려면 끕니다.

  - **그리기 순서** : 해치 또는 채우기에 그리기 순서를 지정합니다. 해치 또는 채우기는 다른 모든

객체의 앞, 뒤 및 해치 경계의 앞, 뒤에 배치할 수 있습니다.

닫기

해치 생성을 종료하고 상황별 탭을 닫습니다.

〈솔리드〉

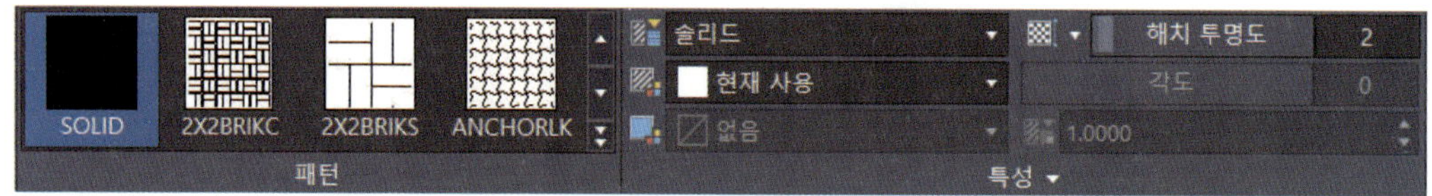

솔리드 : 솔리드, 그라데이션, 패턴 또는 사용자 정의 채우기 사용 여부를 지정합니다.

해치 색상 : 단색 채우기 및 패턴에 지정한 색상으로 현재 색상을 재정의합니다.

〈그라데이션〉

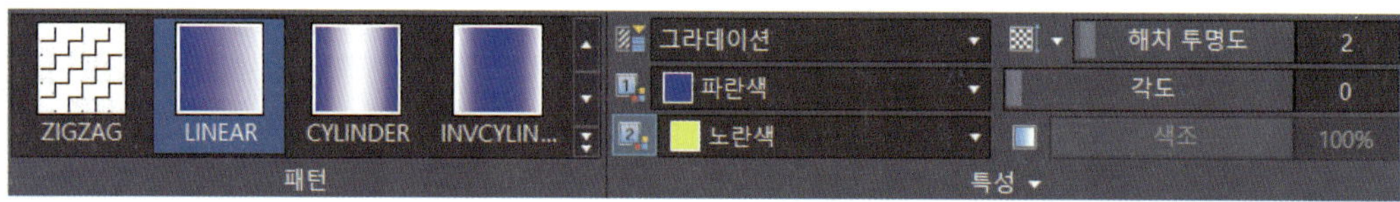

특성

  - **그라데이션 색상 1** : 두 가지 그라데이션 색상 중 첫 번째 색상을 지정합니다.

  - **그라데이션 색상 2** : 두 가지 그라데이션 색상 중 두 번째 색상을 지정합니다.

  - **색조** : 한 색 그라데이션 색조 또는 음영에 대한 옵션을 켜거나 끕니다.

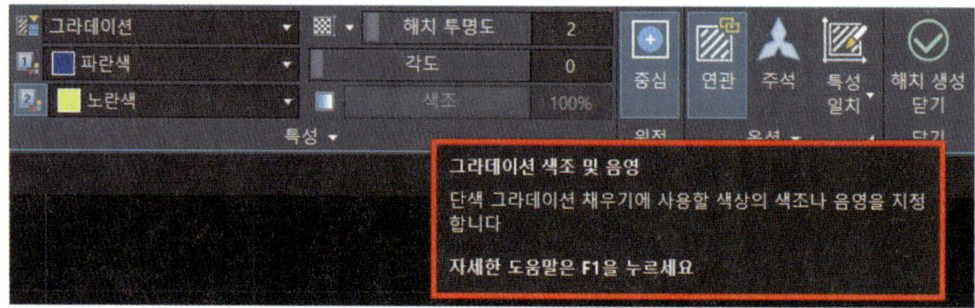

중심 : 대칭 그라데이션 구성을 지정합니다. 이 옵션이 선택되지 않으면 그라데이션 채우기가 왼쪽으로 상향 이동하여 객체의 왼쪽으로 라이트 소스의 착시 현상이 나타납니다.

> **TIP**
>
> **1) 해치 기능 옵션 메뉴**
>
> 기능 옵션 메뉴를 사용할 수 있으며, 폴리선 및 해치 객체 위로 마우스를 가져가면 나타납니다. 신축, 정점 추가/제거, 호 변환, 기준점, 해치 각도, 축척과 같은 여러 옵션을 사용하여 폴리선 및 해치 된 객체를 편리하게 편집할 수 있습니다. 또한 편집 시 Ctrl 키를 사용하여 옵션을 쉽게 전환할 수 있습니다.
>
> 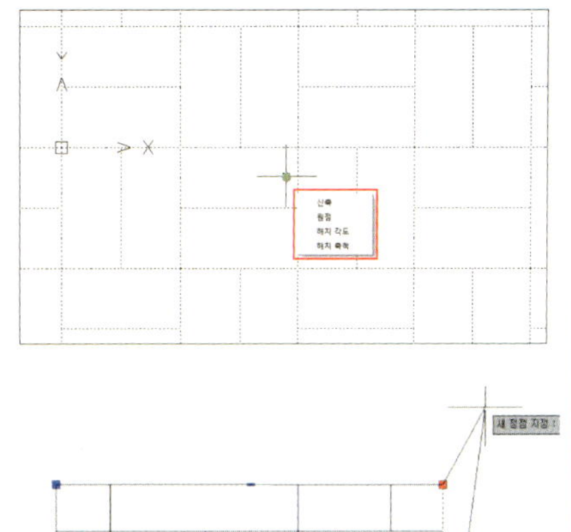
>
> **2) 해치 그립**
>
> 해치를 작성한 후 해치의 정점 또는 값이 변경되어 해치 객체를 수정 또는 편집하거나 새로 작성해야 하는 경우가 있습니다. 이 때, 다양한 유형의 그립 및 그립 모드를 사용하여 여러 방법으로 객체를 이동하거나 조작하고 형태를 조정할 수 있습니다.
>
> 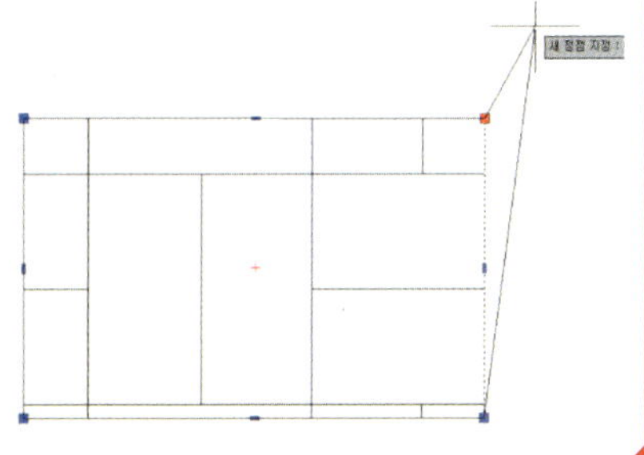

외부 참조 사용하기

01 외부 참조(External Reference) 이해하기

실무에서 사용되는 도면 형식은 대부분 설계사와 발주처 정보가 포함됩니다. 그리고 하나의 프로젝트에서 사용되는 도면 형식은 모두 동일해야 합니다. 그래서 실무에서 사용되는 도면은 외부 참조를 사용하게 됩니다. XREF 명령은 외부(External)와 참조(Reference)를 합성한 것으로 현재 도면에 외부 도면을 연결하여 참조 형식으로 삽입하고자 할 때 사용됩니다. "삽입" 명령은 현재의 도면에 직접 삽입하여 현재 도면 데이터베이스에 추가하는 것이고, 외부 참조는 현재의 도면에 삽입하는 것이 아니라 단순히 외부의 도면을 참조(링크)만 하는 것입니다. 외부 참조의 특징과 장점은 다음과 같습니다.

1. 도면 파일의 용량 절약

현재 도면 데이터베이스에 들어오는 것이 아니라 단지 외부 파일을 주기억장치에 적재해 표시합니다. 도면을 종료하면 경로와 이름만 저장되므로 블록을 삽입하는 것에 비하면 도면 파일의 공간이 절약됩니다. 파일을 다시 열면(OPEN) 파일이 있는 경로와 이름을 추적해 자동적으로 참조하게 됩니다.

2. 도면의 독립성 유지

작업이 계속 진행 중인 도면을 참조하면서 작업을 할 수 있습니다. "삽입(INSERT)" 명령으로 삽입한 경우 원래의 도면 내용이 바뀌면 다시 삽입해야 하지만 외부 참조는 가장 최근에 갱신된 상태를 표시하기 때문에 다른 조작을 하지 않아도 수정된 최신 내용을 참조할 수 있습니다. 따라서 참조한 도면이나 참조된 도면 모두 독립성을 유지하면서 작업할 수 있습니다.

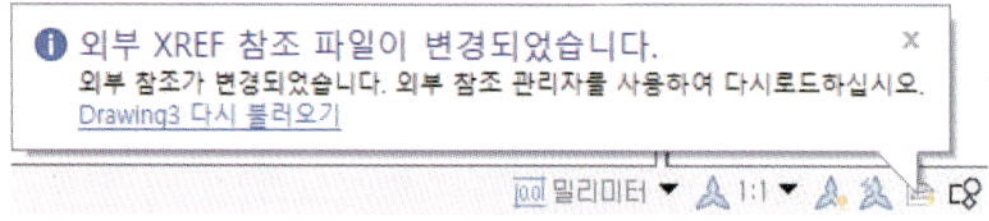

> **TIP** 참조 된 도면이 수정/편집된 경우, 우측 하단에 외부 참조 파일 변경 알림창이 나타납니다.

3. 참조 수의 제약

도면에 참조할 수 있는 외부 참조의 수는 제약이 없습니다.

4. 편집 기능

외부 참조된 후에는 원하는 만큼 복사할 수 있습니다. 복사된 객체에 대해서는 크기를 변경하고 회전시킬 수 있습니다. 외부 참조에 포함된 객체의 특성(도면층, 색상, 선 종류, 선 가중치 등)을 제어할 수도 있습니다.

5. 내포 기능

외부 참조는 다른 외부 참조를 내포할 수 있습니다. 즉, 다른 외부 참조가 포함된 외부 참조를 부착할 수 있습니다.

6. 연결(결합) 기능

프로젝트가 완료되고 보관할 준비가 되면 부착된 참조 도면을 영구적으로 현재 도면과 결합할 수 있습니다.

02 외부 참조 XREF

참조 관리자 XREF

참조되는 도면(외부 참조)의 파일을 구성, 표시 및 관리합니다. 〈XREF〉 명령을 실행하면 외부 참조 관리 대화상자가 나타납니다.

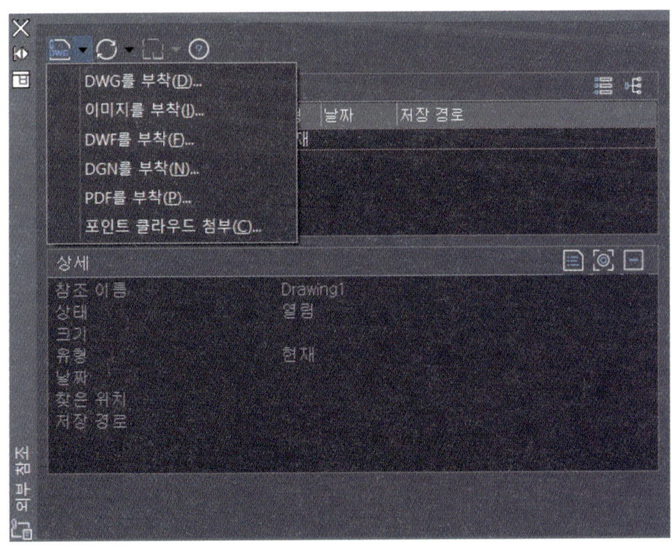

DWG를 부착 : 참조할 외부 DWG 파일을 불러옵니다.

이미지를 부착 : 참조할 외부 이미지 파일을 불러옵니다.

DWF를 부착 : 참조할 외부 DWF 파일을 불러옵니다.

DGN을 부착 : 참조할 외부 DGN 파일을 불러옵니다.

PDF를 부착 : 참조할 외부 PDF 파일을 불러옵니다.

포인트 클라우드 첨부 : 참조할 외부 포인트 클라우드 파일을 불러옵니다.

부착 XATTACH

파일을 외부 참조로 부착합니다. 도면파일을 외부 참조로 부착하면 참조 도면이 현재 도면에 링크됩니다. 현재 도면을 열거나 다시 로드하면 참조 도면의 변경 사항이 모두 나타납니다. 외부 참조 관리자에서 〈부착〉을 클릭하거나 명령행에 〈XATTACH〉를 입력하여 "파일 선택 대화 상자"에서 파일을 선택 후 부착 대화상자를 다음과 같이 표시합니다.

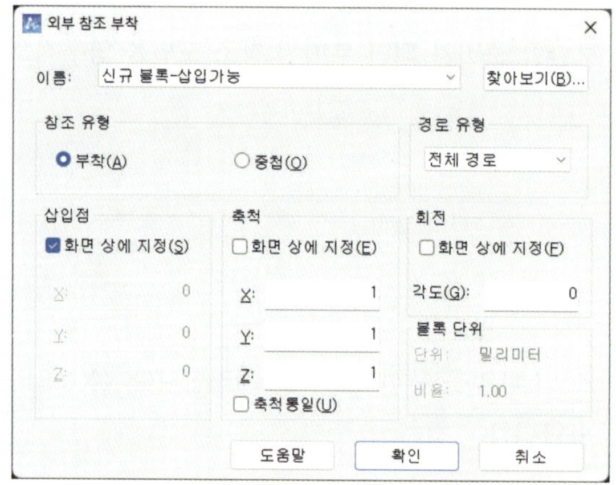

이름

참조할 파일 이름을 지정합니다. 외부 참조가 부착되면 리스트에 이 외부 참조의 이름을 표시합니다. 파일을 찾고자 할 때는 〈찾아보기(B)〉를 클릭합니다.

참조 유형

외부 참조를 부착할지 중첩할지 지정합니다. 부착된 외부 참조와는 다르게 중첩은 현재 도면 자체가 다른 도면에 외부 참조로 부착될 때 무시됩니다.

- **부착(A)**
- **중첩(O)**

경로 유형

외부 참조 파일에 대해 전체(절대) 경로나 상대 경로 또는 경로 없음 및 외부 참조의 이름을 선택합니다.

삽입점

외부 참조 삽입점을 지정합니다. 화면상에서 지정할 수도 있고 (X, Y, Z) 좌표 값을 지정해 삽입할 수도 있습니다.

- **화면 상에 지정(S)** : 네모 박스를 체크하면 부착 시 작업 화면에서 삽입점을 선택합니다
- X, Y, Z : 좌표 값을 설정합니다.

축척

- **화면 상에 지정(E)** : 네모 박스를 체크하면 부착 시 작업 화면에서 축척을 정의합니다
- X, Y, Z : 각 축의 축척을 개별로 설정합니다.
- **축척 통일(U)** : X, Y, Z의 균일한 축척을 설정합니다.

회전

- **화면 상에 지정(F)** : 네모 박스를 체크하면 부착 시 작업 화면에서 회전 각도를 정의합니다.
- **각도(G)** : 블록의 회전 각도를 설정합니다.

블록 단위

도면에 삽입되거나 부착된 블록, 이미지 또는 외부 참조의 자동 축척에 대한 도면 단위 값과 단위 축척 비율을 표시합니다.

3. 외부 참조 도면 부착 해제

외부 참조를 도면에서 완전히 제거하려면 지우는 것이 아니라 분리해야 합니다. 외부 참조를 지우면 그 외부 참조와 연관된 도면층 정의 등은 제거되지 않습니다. 부착 해제 옵션을 사용하면 외부 참조 및 연관된 모든 정보가 제거됩니다.

4. 외부 참조 도면 연결(결합)

외부 참조된 도면은 단순히 참조만 하고 있을 뿐입니다. 화면상으로 보기에는 하나의 도면처럼 보이지만 다수의 도면으로 구성된 도면이 됩니다. 이렇게 외부 참조된 도면을 하나의 도면으로 결합할 수 있습니다.

- **연결** : 명명된 객체 정의는 도면층 이름 머리말에 'blockname$n$' 가 붙어 삽입됩니다.

– 삽입 : 객체 정의에서 도면층 이름 머리말이 추가되지 않고 삽입됩니다.

5. 외부 참조 도면 경로 및 파일 변경

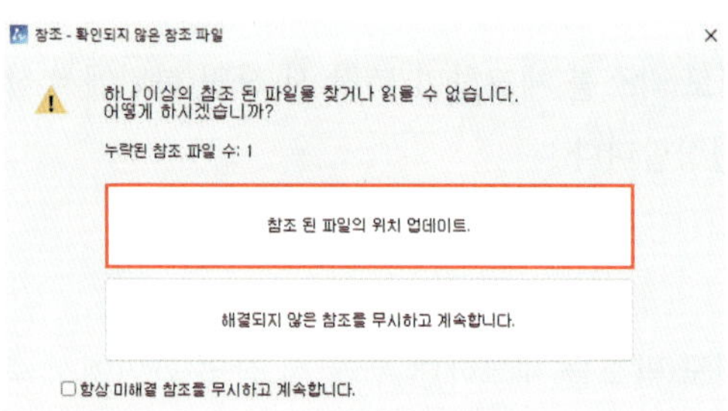

참조 파일을 부착한 이후 다른 폴더로 이동했거나 파일 이름이 변경된 경우에는 다음과 같은 경고 메시지가 나타납니다. 이때, 특정 도면 참조(외부 참조)를 찾을 때 사용되는 파일 이름과 경로를 보고 편집할 수 있습니다.

참조 파일 메시지 대화상자가 나타나면 대화상자에서 '참조된 파일의 위치 업데이트'를 클릭하거나 명령창에 〈XREF〉를 입력하여 외부 참조 관리자 대화상자를 실행합니다.

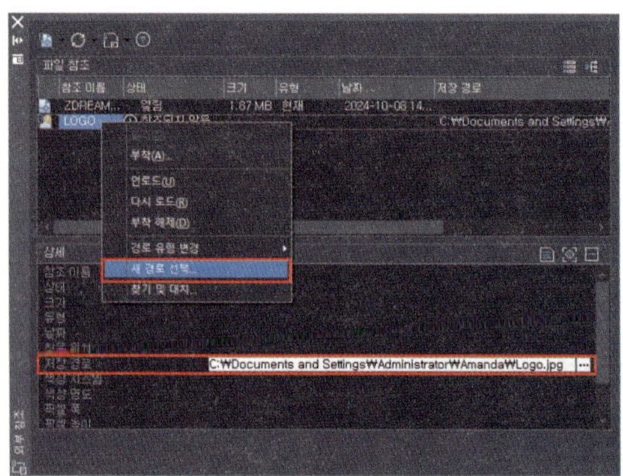

경로가 변경된 경우 외부 참조 관리자 하단의 "저장 경로"에 변경된 경로를 직접 입력하거나 참조 도면을 마우스 오른쪽 버튼을 클릭하여 '새 경로 선택' 옵션으로 경로를 재지정합니다.

파일명 또는 경로가 변경되었으면 외부 참조 관리자 대화상자에서 '다시 로드(R)'를 눌러 모든 참조를 다시 로드합니다.

CHAPTER 04

QR코드, 바코드

01 QR코드, 바코드 생성하기

ZWCAD의 QR코드 생성하기는 도면을 관리하는 데 도움을 줄 수 있습니다. 예를 들어 설계 단계에서 프로젝트 이름, 도면 이름, 설계자, 감사, 데이터 등과 같은 정보를 작성한 후 코드를 생성하여 사용하면 코드를 스캔하는 것만으로 작성된 정보를 효과적으로 도면에서 확인할 수 있습니다.

1. 바코드 생성하기

■ 메뉴 : 도구 → 사용자 정의 설정 → 바코드 생성
■ 명령어 : BARCODE

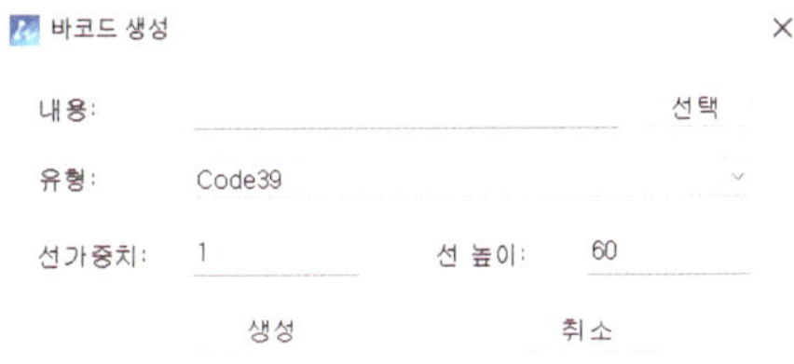

도구 → 사용자 정의 설정 → 바코드 생성을 클릭합니다.

바코드를 생성하는데 필요한 내용, 유형, 선가중치를 입력 후 생성을 클릭합니다.
(바코드 스캔 시 나오는 내용은 아래의 이미지의 내용 칸에 직접 작성해야 합니다.)

바코드의 삽입점을 지정해주면 바코드가 생성됩니다.

2. QR코드 생성하기

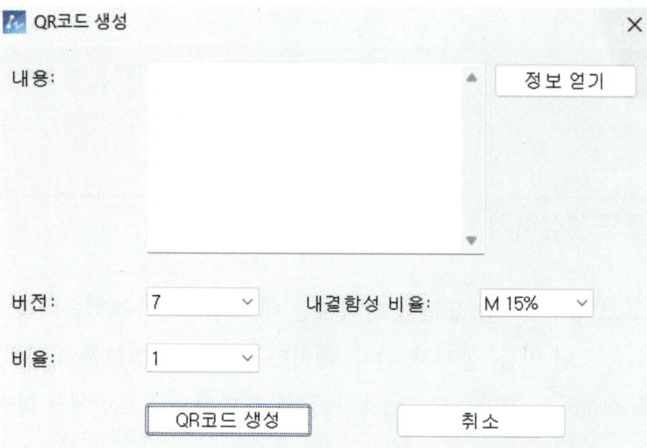

도구 → 사용자 정의 설정 → 만들기 QR코드 만들기를 클릭합니다.

QR코드를 생성하는데 필요한 내용, 버전, 내결함성 비율, 비율을 입력 후 QR코드 생성을 클릭합니다. (QR코드 스캔 시 나오는 내용은 아래의 이미지의 내용 칸에 직접 작성해야 합니다.)

QR 코드 삽입 지점을 지정해주면 QR 코드가 생성됩니다.

디자인 센터

01 디자인 센터

1. 디자인 센터란?

디자인 센터를 사용하면 도면, 블록, 해치 및 기타 그리기 콘텐츠에 대한 기능을 구성할 수 있습니다. 현재 도면에 그림을 다른 도면에서 현재 도면으로 드래그할 수 있습니다. 도구 팔레트로 소스 도면에 있는 블록 및 해치를 드래그하여 유저의 컴퓨터, 네트워크, 웹사이트에서 가져올 수 있습니다.

■ 메 뉴 : 도구 → 팔레트 → 디자인 센터
■ 명령어 : ADCENTER
■ 단축키 : ADC, Ctrl+2

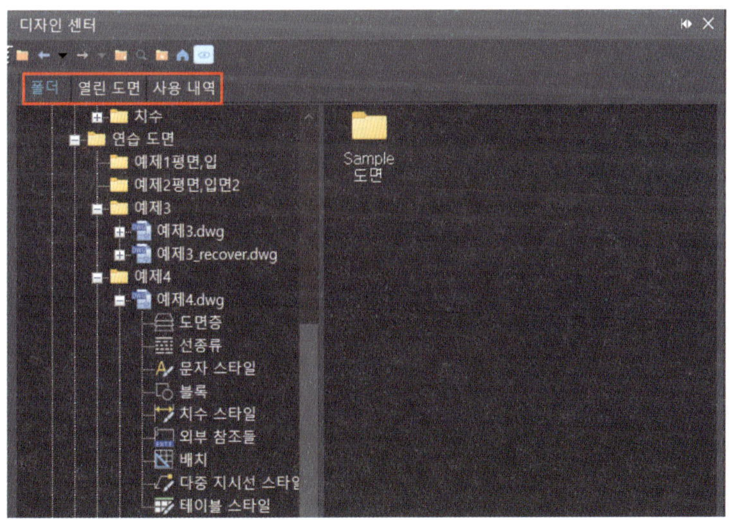

〈Ctrl + 2〉 또는 〈ADC〉 명령을 실행하면 디자인 센터 대화상자가 나타납니다.

폴더 : 콘텐츠가 포함된 폴더를 선택합니다.

열린 도면 : 현재 열려 있는 도면의 콘텐츠를 표시합니다.

사용 내역 : 이전에 사용한 콘텐츠를 표시합니다.

로드 : 선택한 폴더나 웹에 저장된 콘텐츠를 선택합니다.

뒤로 : 가장 최근에 사용한 콘텐츠를 표시합니다.

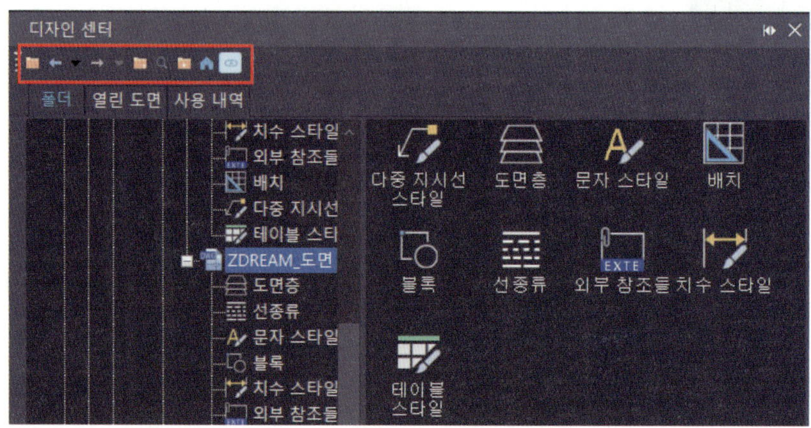

앞으로 : 가장 최근에 사용한 콘텐츠의 다음 항목을 표시합니다.

위로 : 선택한 콘텐츠의 바로 위 단계를 표시합니다.

찾기 : 도면 요소를 검색할 수 있는 검색 대화상자를 표시합니다.

즐겨찾기 : 콘텐츠에서 즐겨찾기 폴더의 항목을 표시합니다. 즐겨찾기 폴더에는 사용자가 자주 사용하는 도면 요소가 저장되어 있습니다.

홈 : 디자인 센터 대화상자의 초기 화면으로 이동합니다.

미리보기 : 열린 도면의 블록 등 객체를 볼 수 있습니다

2. 디자인센터 따라하기

디자인센터를 이용한 다른 도면의 블록 삽입

■ **단축키 : ADC (Ctrl +2)**

원하는 도면을 선택한 후 블록 아이콘을 클릭합니다.

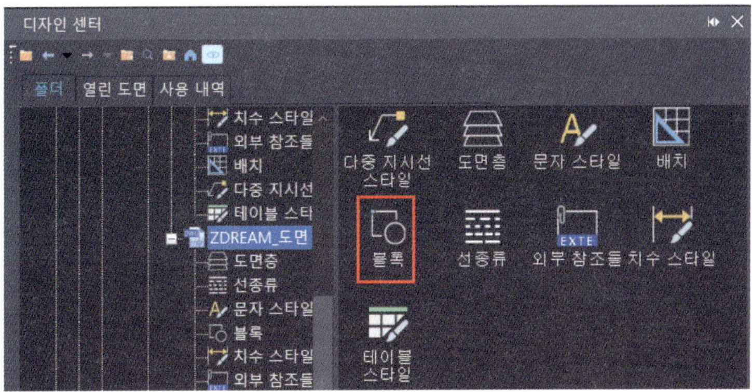

블록 아이콘 선택 후 원하는 블록을 선택합니다.

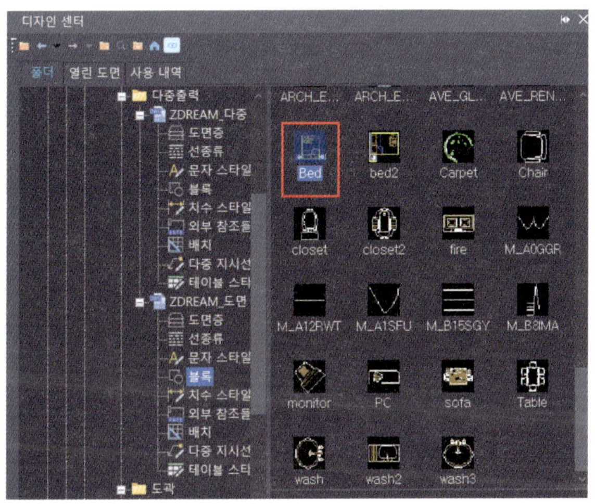

블록 삽입 창이 나오면 삽입을 클릭합니다.

블록 삽입 지점, 축척, 회전 각도 지정해 주면 블록이 삽입됩니다.

08

치수 작성 및 편집

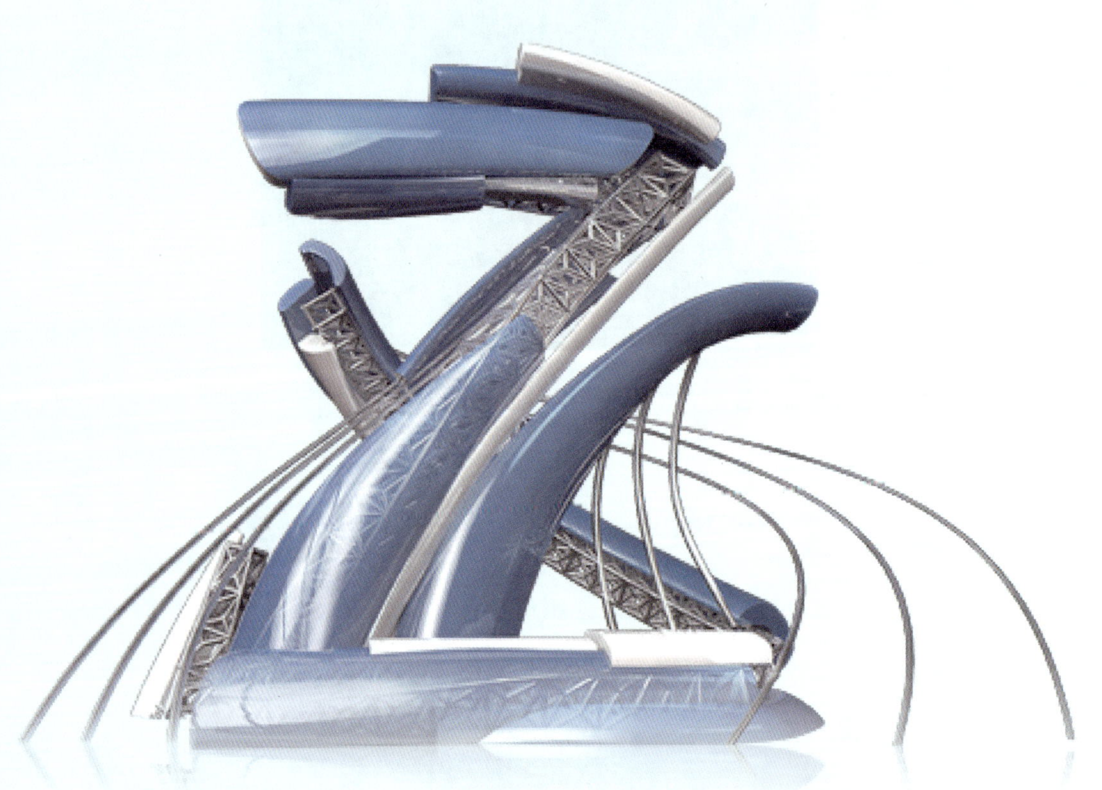

치수 스타일

01 치수 스타일

문자를 입력할 때 문자 스타일을 설정하고 적용하는 것처럼 치수를 기입할 때에도 치수 스타일을 먼저 설정하고 적용해야 합니다. 치수 기입의 첫 단계로 치수 기입을 위해 치수선, 치수 보조선, 화살표의 형상과 문자의 높이, 색상 등 속성을 설정합니다. 치수 작업에서 가장 중요한 작업이 이 치수 유형(스타일)을 설정하는 작업입니다.

1. 치수 스타일 관리자 DIMSTYLE

치수 스타일을 신규로 작성, 기존 스타일의 수정 및 재지정, 스타일과 스타일을 비교합니다.

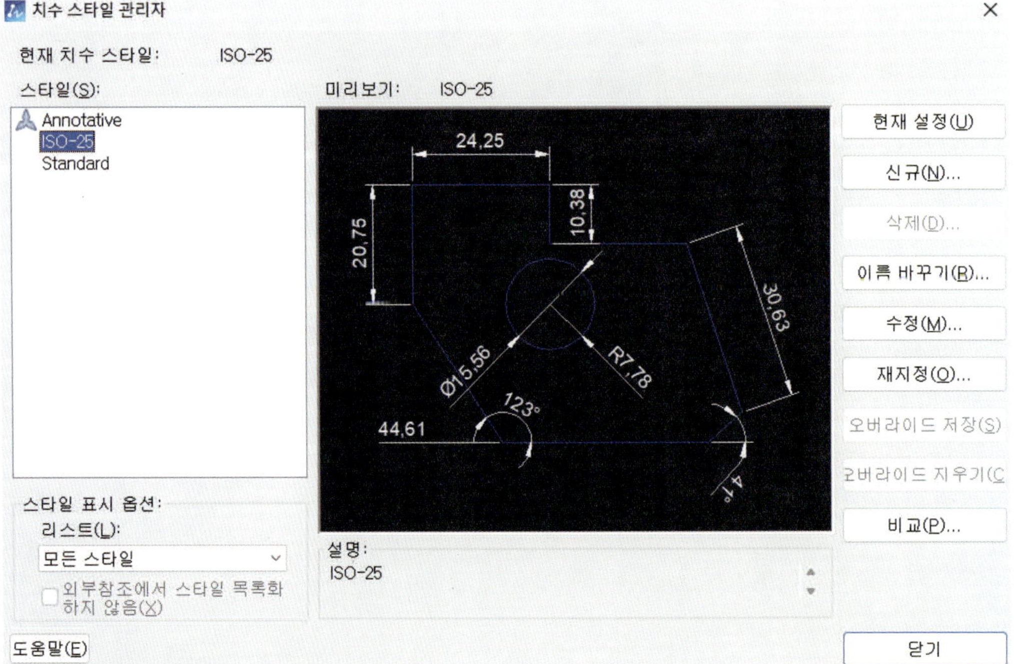

현재 치수 스타일 : 현재 적용되어 있는 치수 스타일이 나타납니다.

스타일(S) : 이 목록에서 작업하고자 하는 스타일을 선택합니다. 스타일 이름 앞에 ▲ 마크가 있는 스타일은 주석 스타일을 의미합니다.

리스트(L) : 스타일(S)에 표시되는 스타일의 조건을 선택합니다.

현재 설정(U) : 선택한 스타일을 현재 치수 스타일로 설정합니다.

신규(N) : 새로운 치수 스타일을 만들기 위한 새 치수 스타일 대화상자가 나타납니다.

삭제(D) : 불필요한 치수 스타일을 제거할 수 있습니다.

이름 바꾸기(R) : 치수 스타일의 명칭을 변경할 수 있습니다.

수정(M) : 치수 스타일의 설정을 변경합니다.

재지정(O) : 스타일에서 선택한 스타일의 값을 재지정합니다. 재지정에 의해 변경된 값은 치수 스타일에 저장되지 않고 임시로 적용됩니다. 설정 값을 변경할 수 있는 현재 스타일 재지정 대화상자가 나타납니다.

오버라이드 저장(S) : 재지정에서 임시로 저장된 스타일을 치수 스타일로 변경합니다.

오버라이드 지우기(C) : 재지정에서 임시로 저장된 스타일을 이전 지정된 치수 스타일로 변경합니다.

비교(P) : 비교 대상 치수 스타일을 지정하여 각 항목별 설정 값을 표시합니다.

설명 : 선택한 스타일에 대한 설명이 나타납니다.

02 치수 스타일 새로 만들기

치수는 치수선, 치수 문자, 보조선 등으로 이루어지기 때문에 문자 스타일 설정보다 복잡합니다. 치수 스타일을 만드는 새 치수 스타일 대화상자는 7개의 탭으로 구분되어 있으며 각 탭에는 치수 기입과 관련된 정밀한 항목들을 설정할 수 있습니다.

1. 치수 스타일 신규 작성 대화상자

치수 스타일 관리자 대화상자에서 〈신규〉 버튼을 클릭하면 새로운 치수 스타일을 만들 수 있는 치수 스타일 신규 작성 대화상자가 나타납니다. 치수 스타일 이름과 기본적인 설정 값을 적용할 치수스타일을 선택한 다음 〈계속〉 버튼을 클릭하면 새로운 치수 스타일의 세부적인 설정을 할 수 있는 새 치수 스타일 대화상자가 나타납니다.

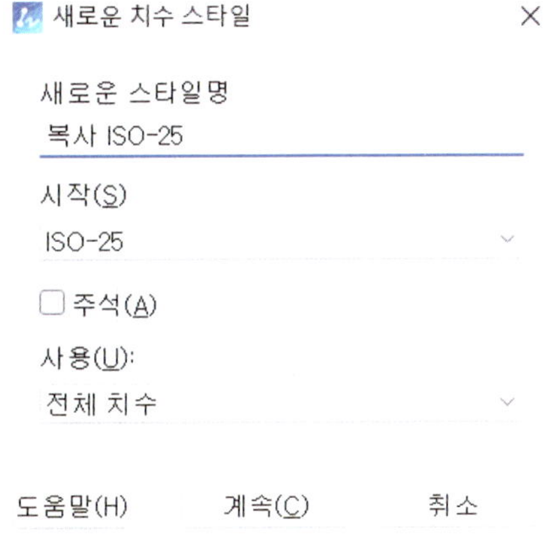

2. 선

치수선과 치수 보조선의 색상, 종류 등을 지정합니다.

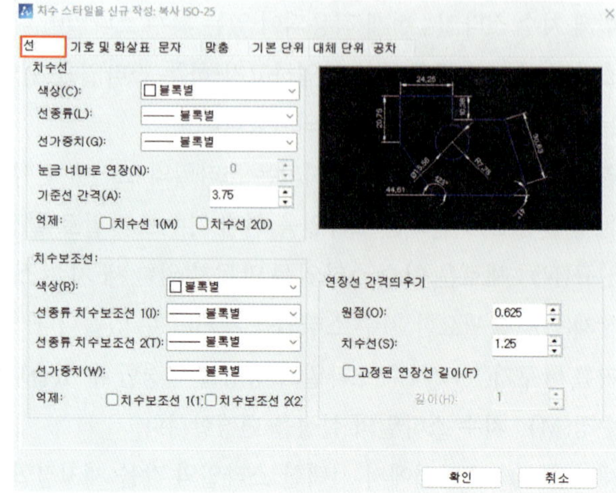

치수선 : 치수선에 관한 세부 내용을 설정합니다.

- **색상(C)** : 치수선의 색상을 지정합니다. 직접 지정하지 않으면 기본적으로 현재 도면층의 색상이 적용됩니다.

- **선종류(L)** : 치수선의 종류를 지정합니다.

- **선가중치(G)** : 치수선의 두께를 설정합니다. 기본적으로는 현재 도면층의 선 두께가 적용됩니다.

- **눈금 너머로 연장(N)** : 화살표를 기울인 형태, 또는 화살표를 표시하지 않았을 때 치수 보조선을 벗어나는 길이를 설정합니다.

- **기준선 간격(A)** : 기준선의 간격을 설정합니다.

- **억제** : 표시하지 않고자 하는 치수선 옵션을 체크하면 화면에 표시되지 않습니다.

치수보조선 : 치수보조선의 세부 내용을 설정합니다.

- **색상(R)** : 치수보조선의 색상을 지정합니다. 직접 지정하지 않으면 기본적으로 현재 도면층의 색상이 적용됩니다.

- **선종류 치수보조선 1(I)** : 치수보조선 1의 선종류를 지정합니다.

- **선종류 치수보조선 2(T)** : 치수보조선 2의 선종류를 지정합니다.

- **선가중치(W)** : 치수보조선의 두께를 설정합니다. 기본적으로는 현재 도면층의 선 두께가 적용됩니다.

- **억제** : 표시하지 않고자 하는 치수보조선 옵션을 체크하면 하면에 표시되지 않습니다.

연장선 간격띄우기 : 객체, 치수선, 치수보조선 사이의 간격을 설정합니다.

- **원점(O)** : 객체와 치수보조선 사이의 간격을 지정합니다.

- **치수선(S)** : 치수선과 치수보조선의 간격을 지정합니다.

- **고정된 연장선의 길이(F)** : 치수 원점의 치수선에서 시작하는 치수보조선의 총 길이를 설정하는 치수 스타일을 지정할 수 있습니다.

3. 기호 및 화살표

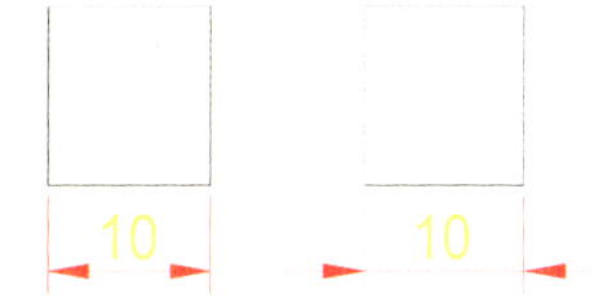

화살표 : 화살표의 형태와 크기를 지정합니다. 화살표 색상은 치수선의 색상이 적용됩니다.

- **시작 화살표(S)** : 첫 번째 화살표의 형태를 지정합니다. 사용자가 직접 화살표를 만든 다음 블록으로 만들어 사용할 수도 있습니다.

- **끝 화살표(E)** : 두 번째 화살표의 형태를 지정합니다.

- **지시선 화살표(T)** : 지시선의 화살표 형태를 지정합니다.

- **화살표 크기(I)** : 화살표의 크기를 설정합니다.

- **기울기 표식** : 화살표 표식 중 기울기 표식을 설정합니다.

- **크기(S)** : 기울기 표식의 크기를 설정합니다.

중심 표식 : 원의 중심 표식의 기호, 마크 크기를 설정합니다.

- **기호(B)** : 중심 표식의 기호를 설정합니다.

- **마크 크기(R)** : 중심 표식의 크기를 설정합니다.

치수 깨뜨리기 : 치수 깨트리기를 사용하면 치수, 치수보조선 또는 지시선이 마치 설계의 일부분인 것처럼 보이는 것을 방지할 수 있습니다.

꺾어진 반지름 치수: 꺾기 반지름 치수의 표시를 조정합니다. 꺾기 반지름 치수는 종종 원 또는 호의 중심점이 페이지 바깥쪽에 있을 때 작성됩니다.

선형 꺾기 치수: 선형 치수에 대한 꺾기 표시를 조정합니다. 꺾기 선은 실제 측정이 치수에 의해 정확히 표현되지 않을 때 선형 치수에 추가되기도 합니다. 일반적으로 실제 측정은 필요한 값보다 작습니다.

호 길이 기호 : 호의 기호의 위치를 위, 이전, 억제로 설정합니다.

4. 문자

치수 문자 스타일의 색상, 높이와 위치 등을 지정합니다.

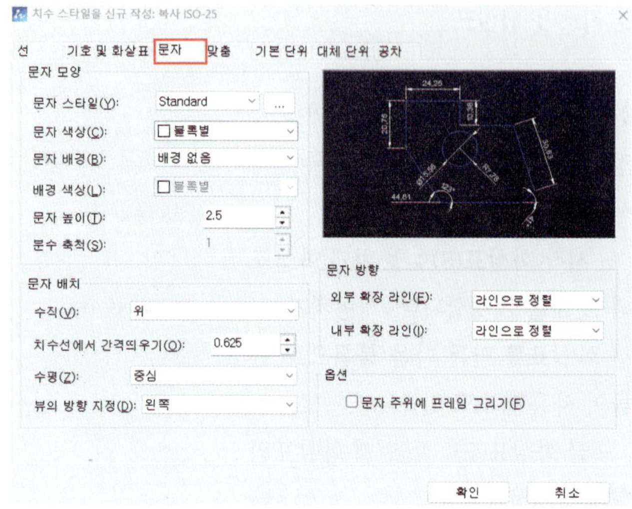

문자 모양 : 치수 문자의 스타일과 색상 등을 설정합니다.

- **문자 스타일(Y)** : 치수 문자 스타일을 지정합니다. 미리 설정해 놓은 스타일을 사용할 수 있고 새로운 문자 스타일을 만들어 사용할 수 있습니다.

- **문자 색상(C)** : 치수 문자의 색상을 지정합니다.

- **문자 배경(B)** : 치수 문자의 배경을 설정합니다.

- **배경 색상(L)** : 치수 문자의 배경 색상을 지정합니다.

- **문자 높이(T)** : 치수 문자의 높이를 설정합니다. 문자 스타일에서 문자 높이가 설정되어 있다면 여기서 설정하는 높이보다 우선하여 적용됩니다.

- **분수 축척(S)** : 1차 단위 탭에서 단위 형식을 분수로 지정하였을 경우 치수 문자에서 분수를 표현할 축척을 설정합니다.

문자 배치 : 치수 문자의 위치를 설정합니다.

- **수직(V)** : 수직 방향의 치수 문자 배치를 설정합니다.

- **치수선에서 간격 띄우기(O)** : 치수선과 치수 문자 사이의 간격을 지정합니다. 이 설정은 치수 문자가 치수선 중앙에 위치할 때 적용됩니다.

- **수평(Z)** : 수평 방향의 치수 문자 배치를 설정합니다.

- **뷰의 방향 지정(D)** : 도면내의 치수의 방향을 설정할 수 있습니다.

문자 방향 : 치수 문자의 방향을 설정합니다.

- **외부 확장 라인(E)** : 외부 치수 문자의 방향을 설정합니다.

- **내부 확장 라인(I)** : 내부 치수 문자의 방향을 설정합니다.

옵션

- **문자 주위에 프레임 그리기(F)** : 치수 문자 주변 프레임의 생성을 설정할 수 있습니다.

5. 맞춤

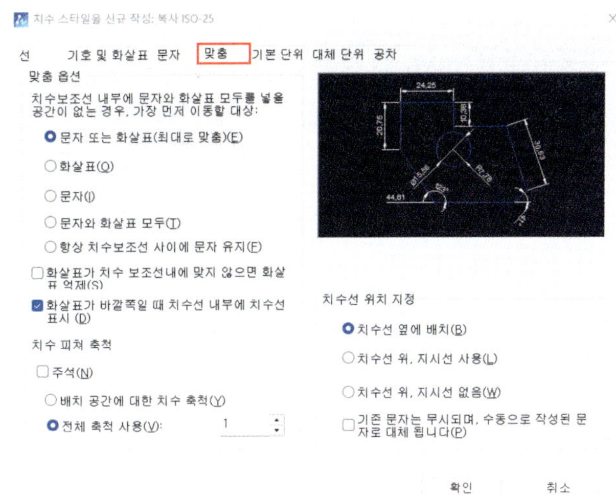

맞춤 옵션 : 문자와 화살표가 치수 보조선 내부에 맞지 않는 경우 5가지 방식으로 설정할 수 있습니다. 문자 또는 화살표(최대로 맞춤), 화살표, 문자, 문자와 화살표 모두, 항상 치수보조선 사이에 문자 유지로 설정 가능하며 그 외 옵션으로 화살표가 치수선 내부에 맞지 않으면 화살표를 억제, 화살표가 바깥쪽일 때 치수선 내부에 치수선 표시를 설정할 수 있습니다.

치수 피쳐 축척 : 치수 객체의 축척 또는 도면 공간의 축척을 설정합니다.

  - **주석(N)** : 치수가 주석임을 지정합니다.

  - **배치 공간에 대한 치수 축척(Y)** : 모형 탭과 배치 탭의 축척을 기준으로 비율이 설정됩니다.

  - **전체 축척 사용(V)** : 모든 치수 스타일 설정에 대한 축척을 설정합니다. 이 축척은 치수 측정 값을 변경하지 않습니다.

치수선 위치 지정 : 치수선의 위치를 3가지 방법으로 설정할 수 있습니다. 치수선 옆에 배치, 치수선 위, 지시선 사용, 치수선 위, 지시선 없음으로 설정 가능하고 그 외 기존 문자는 무시되며, 수동으로 작성된 문자도 대체로 설정 가능합니다.

6. 기본단위

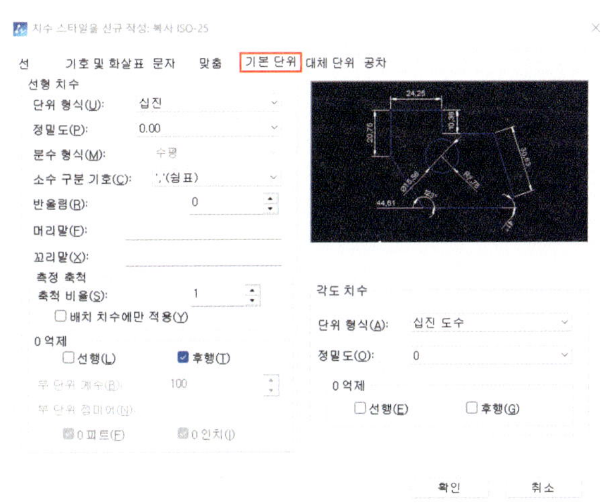

  치수 단위와 형식, 그리고 치수 문자의 머리말과 꼬리말 등을 지정합니다.

선형 치수 : 선형 치수에 대한 형식과 환경을 지정합니다.

  - **단위 형식(U)** : 치수 기입 단위를 지정합니다.

  - **정밀도(P)** : 소수점 자리 수를 지정합니다.

- **분수 형식(M)** : 분수의 표현 방법을 설정하며 단위 형식에서 분수로 지정하였을 때만 설정됩니다.

- **소수 구분 기호(C)** : 소수점을 표현하는 기호를 지정합니다.

- **반올림(R)** : 반올림하고자 하는 자릿수를 입력합니다. '0'은 반올림하지 않고 수치를 입력하면 입력한 수치의 근접한 값으로 반올림됩니다.

- **머리말(F)** : 치수 문자 앞에 항상 표시할 내용을 설정합니다. 머리말에는 문자 이외에 조정 코드를 입력할 수 있으며, 조정 코드는 표준 CAD 글꼴에서만 사용할 수 있습니다.

- **꼬리말(X)** : 치수 문자 뒤에 항상 표시할 내용을 설정합니다. 꼬리말에는 문자 이외에 조정 코드를 입력할 수 있으며, 조정 코드는 표준 CAD 글꼴에서만 사용할 수 있습니다.

측정 축척 : 측정된 객체 길이의 축척 비율을 설정합니다.

- **축척 비율(S)** : 치수를 기입할 때 축척 비율을 설정합니다. 실체 측정된 길이에 입력한 값이 곱해진 치수가 표시됩니다.

- **배치 치수에만 적용(Y)** : 배치 탭에서만 축척 비율을 적용합니다.

0 억제 : '0'의 표시 방법을 설정합니다.

- **선행(L)** : 소수점 앞에 오는 '0'은 표시하지 않습니다.

- **후행(T)** : 소수점 뒤쪽 마지막에 오는 '0'은 표시하지 않습니다.

- **0 피트(F)** : 단위를 피트 형식으로 표시하는 경우 피트 길이가 '0' 미만일 때는 표시하지 않습니다.

- **0 인치(I)** : 단위를 인치 형식으로 표시하는 경우 인치 길이가 '0' 미만일 때는 표시하지 않습니다.

각도 치수 : 각도 치수 기입 방법을 지정합니다.

- **단위 형식(A)** : 각도의 표현 단위 형식을 지정합니다.

- **정밀도(O)** : 각도 치수에서 표현할 소수점 자리 수를 지정합니다.

- **0 억제** : 각도 치수에서 '0'의 표시 방법을 설정합니다.

- **선행(E)** : 소수점 앞에 오는 '0'은 표현하지 않습니다.

- **후행(G)** : 소수점 뒤쪽 마지막에 오는 '0'은 표시하지 않습니다.

치수 문자에 기입된 대체 단위 및 형식을 지정합니다.

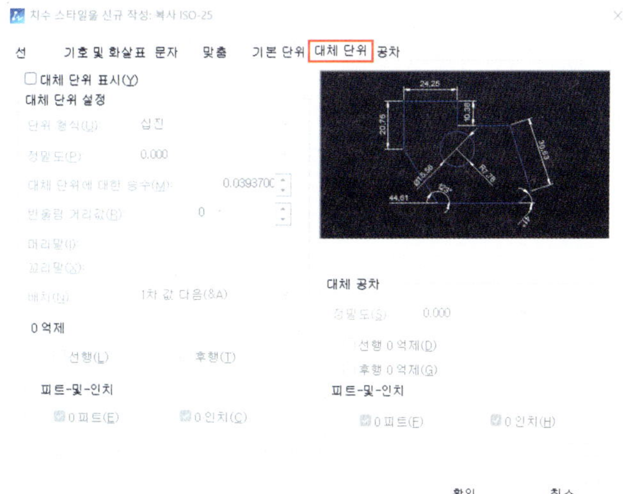

대체 단위 표시(Y) : 옵션 상자에 체크를 하면 대체 단위를 치수 문자에 표시합니다.

대체 단위 설정 : 대체 단위의 형식 및 환경을 설정합니다.

- **단위 형식(U)** : 치수 기입의 대체 단위 형식을 지정합니다.

- **정밀도(P)** : 대체 단위의 소수점 자리 수를 지정합니다.

- **대체 단위에 대한 승수(M)** : 1차 단위 대비 대체 단위의 비율을 설정합니다. (예: 인치 → 센티미터 : '2.54' 입력)

- **반올림 거리값(R)** : 대체 단위의 반올림하고자 하는 자릿수를 입력합니다.

- **머리말(I)** : 대체 단위 치수 문자 앞에 항상 표시할 내용을 설정합니다. 머리말에는 문자 이외에 조정코드를 입력할 수 있으며, 조정 코드는 표준 CAD 글꼴에서만 사용할 수 있습니다.

- **꼬리말(X)** : 대체 단위 치수 문자 뒤에 항상 표시할 내용을 설정합니다. 꼬리말에는 문자 이외에 조정 코드를 입력할 수 있으며, 조정 코드는 표준 CAD 글꼴에서만 사용할 수 있습니다.

- **배치(N)** : 대체 단위의 배치 방법을 설정합니다.

0 억제 : '0'의 표시 방법을 설정합니다.

- **선행(L)** : 소수점 앞에 오는 '0'은 표시하지 않습니다.

- **후행(T)** : 소수점 뒤쪽 마지막에 오는 '0'은 표시하지 않습니다.

- **0 피트(E)** : 단위를 피트 형식으로 표시하는 경우 피트 길이가 '0' 미만일 때는 표시하지 않습니다.

- **0 인치(C)** : 단위를 인치 형식으로 표시하는 경우 인치 길이가 '0' 미만일 때는 표시하지 않습니다.

대체 공차 : 대체 단위 공차의 형식을 지정합니다.

- **정밀도(S)** : 대체 공차의 정밀도를 설정합니다.

- **선행 0 억제(D)** : 대체 공차에서 소수점 앞에 오는 '0'은 표시하지 않습니다.

- **후행 0 억제(G)** : 대체 공차에서 소수점 뒤쪽 마지막에 오는 '0'은 표시하지 않습니다.

- **0 피트(F)** : 대체 공차에서 단위를 피트 형식으로 표시하는 경우 피트 길이가 '0' 미만일 때는 표시하지 않습니다.

- **0 인치(H)** : 대체 공차에서 단위를 인치 형식으로 표시하는 경우 인치 길이가 '0' 미만일 때는 표시하지 않습니다.

8. 공차

치수 문자 공차의 표시 형식 및 환경을 설정합니다.

공차 형식 : 치수 문자 공차의 형식을 지정합니다.

- **방법(M)** : 치수 문자 공차의 계산 방법을 지정합니다.

대칭 : 측정된 치수 문자에 단일 편차가 적용되는 공차 표현을 표시합니다.

편차 : 측정된 치수 문자에 양수와 음수의 공차를 표시합니다.

한계 : 한계 치수를 표시하며 최대값과 최소값을 모두 표시합니다.

기준 : 기본적인 치수 문자와 함께 치수 문자의 테두리에 상자를 표시합니다.

- **정밀도(P)** : 공차의 소수점 자리 수를 지정합니다.

- **공차 상한 값(U)** : 공차의 최대값, 또는 상한 값을 설정합니다.

- **공차 하한 값(W)** : 공차의 최소값, 또는 하한 값을 설정합니다.

- **높이에 대한 축척(H)** : 공차 문자의 높이를 설정합니다.

- **수직 위치(S)** : 공차 문자의 자리 맞추는 방법을 지정합니다.

- **공차 정렬(A)** : 스택 기능 사용 시 상위 및 하위 공차 값의 정렬을 조정합니다.

0 억제 : '0'의 표시 방법을 설정합니다.

- **선행(L)** : 공차에서 소수점 앞에 오는 '0'은 표시하지 않습니다.

- **후행(T)** : 공차에서 소수점 뒤쪽 마지막에 오는 '0'은 표시하지 않습니다.

- **0피트(F)** : 공차에서 단위를 피트 형식으로 표시하는 경우 피트 길이가 '0' 미만일 때는 표시하지 않습니다.

- **0인치(I)** : 공차에서 단위를 인치 형식으로 표시하는 경우 인치 길이가 '0' 미만일 때는 표시하지 않습니다.

검사 치수 DIMINSPECT

선택한 치수에 대한 검사 정보를 추가하거나 제거합니다. 검사 치수를 사용하여 부품의 치수 값 및 공차가 지정된 범위에 있도록 보장하기 위해 제작 부품을 검사하는 주기를 효과적으로 전달할 수 있습니다.

최종 조립 제품에 설치하기 전에 특정 공차나 치수 값을 충족해야 하는 부품에 대한 작업을 할 경우, 검사 치수를 사용하여 부품 테스트 빈도를 지정할 수 있습니다.

검사 치수를 모든 유형의 치수 객체에 추가할 수 있습니다. 이것은 프레임과 문자 값으로 구성됩니다. 검사 치수에 대한 프레임은 두 평행선으로 구성되며 그 끝은 원형 또는 사각형입니다. 문자 값은 수직선으로 구분됩니다. 검사 치수에는 검사 레이블, 치수 값 및 검사 비율 등 최대 3가지 정보 필드를 포함할 수 있습니다.

레이블

검사 치수의 식별에 사용되는 레이블의 문자로 검사 치수의 맨 왼쪽에 표시됩니다.

치수 값

표시된 치수 값은 검사 치수가 추가되기 전과 같은 값입니다. 치수 값은 공차, 문자(머리말 및 꼬리말 모두) 및 측정 값을 포함할 수 있습니다. 치수 값은 검사 치수의 중앙에 있습니다.

검사 비율

치수 값 검사 빈도의 전달에 사용되는 문자이며 퍼센트로 표시됩니다. 검사 비율은 검사 치수의 맨 오른쪽에 있습니다.

검사 치수를 모든 유형의 치수에 추가할 수 있습니다. 검사 치수의 현재 값은 특성 팔레트의 기타에 표시됩니다. 이 값에는 프레임의 모양을 조정하는 데 사용되는 특성과 레이블 및 검사 비율 값을 나타내는 문자를 포함합니다.

선형 치수 작성 및 편집

01 선형 치수 기입하기

치수 기입 방법 중 가장 많이 사용하고 일반적인 치수 기입 방법이 선형 치수입니다. 선형 치수에는 치수선을 나란히 배열하는 방법과 계단형으로 배열하는 방법, 기준선을 기준으로 입력하는 방법 등 다양한 방법이 있습니다.

1. 선형 치수 DIMLINEAR

가장 보편적인 치수 기입 방법으로 치수선이 수평 방향 또는 수직 방향으로 나란히 배열되는 형식입니다. 치수를 측정할 두 점을 선택한 후 치수선이 위치할 곳을 지정하면 치수선과 치수가 기입됩니다.

- ■ 메 뉴 : 주석 → 치수 → 선형
- ■ 명령어 : DIMLINEAR
- ■ 단축키 : DLI

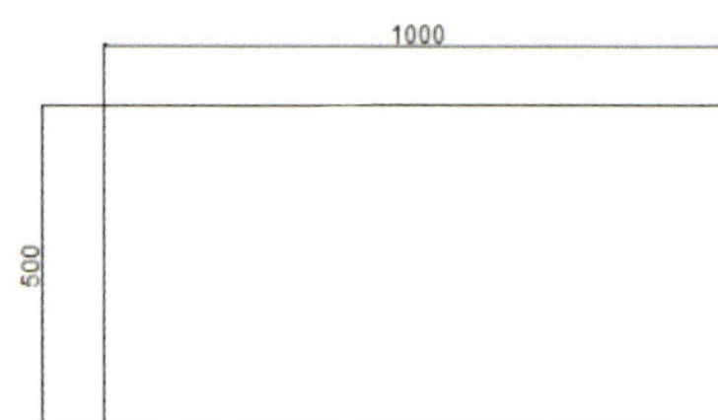

✓ 옵션 (OPTION)

- **여러 줄 문자(M)** : 여러 줄의 치수 문자를 입력할 수 있는 문자 입력 상자를 표시합니다.
- **문자(T)** : 명령창에서 사용자가 치수 문자를 입력할 수 있도록 표시합니다.
- **각도(A)** : 치수 문자의 표시 각도를 설정합니다.
- **수평(H)** : 수평 선형 치수를 기입합니다.
- **수직(V)** : 수직 선형 치수를 기입합니다.
- **회전(R)** : 회전된 선형 치수를 기입합니다.

2. 연속 치수 DIMCONTINUE

연속 치수는 이전에 만든 치수를 이용해 연속으로 치수를 기입하는 명령어입니다. 이전에 만들어진 치수가 없다면 사용할 수 없습니다.

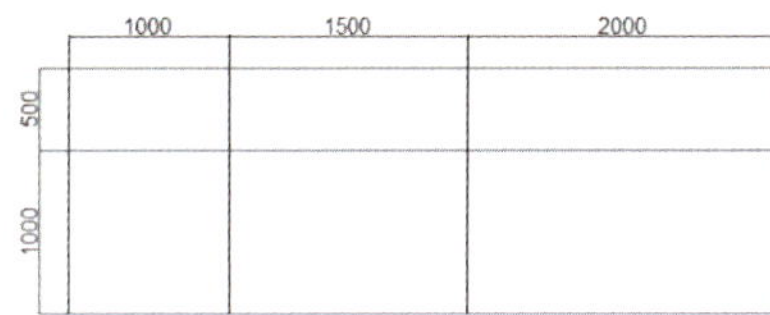

- ■ 메 뉴 : 주석 → 치수 → 연속
- ■ 명령어 : DIMCONTINUE
- ■ 단축키 : DCO

✅ 옵션(OPTION)

- **실행 취소(U)** : 이전 치수 기입 작업을 취소합니다.
- **선택(S)** : 연속 치수의 위치를 적용할 치수를 선택합니다.

> **TIP** 별도의 '선택' 옵션을 설정하지 않는다면 가장 마지막에 작성된 치수가 자동으로 설정되어 연속 치수가 작성됩니다.

3. 정렬 치수 DIMALIGNED

경사진 선형 치수를 입력하는 명령으로 측정된 두 점과 평행한 방향으로 치수선이 기입됩니다.

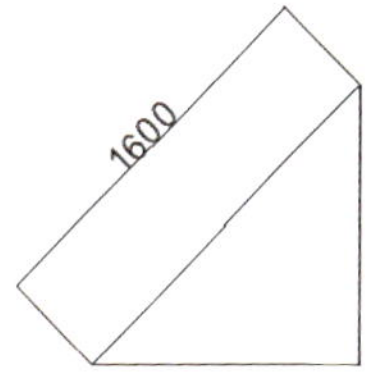

- ■ 메 뉴 : 주석 → 치수 → 정렬
- ■ 명령어 : DIMALIGNED
- ■ 단축키 : DAL

4. 기준선 치수 DIMBASELINE

이전 치수를 기준으로 선형, 세로 좌표 또는 각도 기준선 치수를 생성합니다.

- ■ 메 뉴 : 주석 → 치수 → 기준선
- ■ 명령어 : DIMBASELINE
- ■ 단축키 : DBA

✅ 옵션(OPTION)

- **실행 취소(U)** : 이전 치수 기입 작업을 취소합니다.
- **선택(S)** : 기준 치수의 위치를 적용할 치수를 선택합니다.

5. 꺾어진 선형 DIMJOGLINE

선형 또는 정렬된 치수에서 꺾인 선을 추가하거나 제거합니다.

 메 뉴 : 주석 → 치수 → 꺾어진 선형
■ 명령어 : DIMJOGLINE
■ 단축키 : DJL

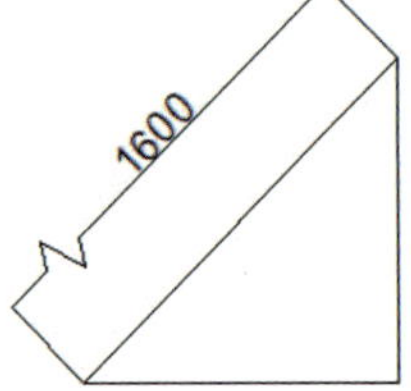

✅ 옵션 (OPTION)

– **제거(R)** : 제거할 꺾기 선이 포함된 선형, 정렬 치수를 선택합니다.

원형 치수 작성 및 편집

01 원형 치수 기입하기

일반적인 선형 치수 외에 원이나 타원, 호와 같이 곡선으로 이루어진 객체의 치수를 입력하는 방법은 조금 복잡합니다. 기입 형태 역시 치수보조선 대신 지시선을 이용하여 기입합니다.

1. 반지름 치수 DIMRADIUS

원이나 호의 반지름을 표시하는 명령입니다. 객체의 형태에 따라서 중심점이 멀리 위치할 수도 있으므로 중심점 위치에 적합한 치수를 기입하는 것이 중요합니다.

- ■ 메 뉴 : 주석 → 치수 → 반지름
- ■ 명령어 : DIMRADIUS
- ■ 단축키 : DRA

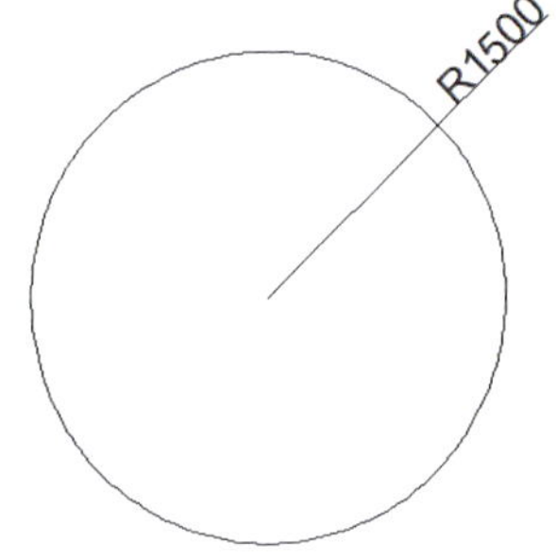

✓ 옵션 (OPTION)

- **여러 줄 문자(M)** : 여러 줄의 치수 문자를 입력할 수 있는 문자 입력 상자를 표시합니다.
- **문자(T)** : 명령창에서 사용자가 치수 문자를 입력할 수 있도록 표시합니다.
- **각도(A)** : 치수 문자의 표시 각도를 설정합니다.

2. 지름 치수 DIMDIAMETER

원이나 호의 지름을 표시하는 명령입니다. 반지름 입력 형태와 같습니다.

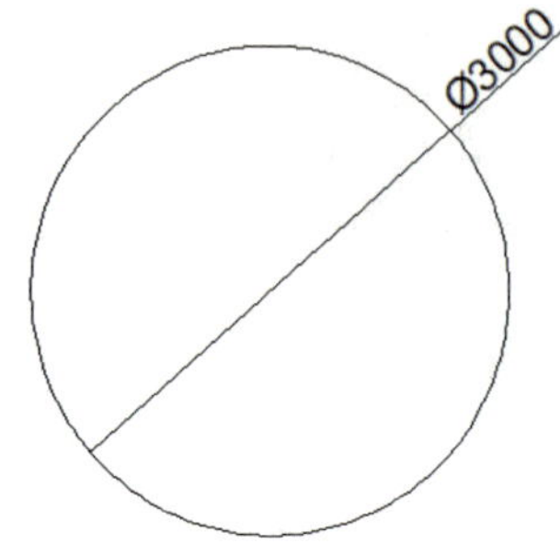

- ■ 메 뉴 : 주석 → 치수 → 지름
- ■ 명령어 : DIMDIAMETER
- ■ 단축키 : DDI

✔ 옵션 (OPTION)

- **여러 줄 문자(M)** : 여러 줄의 치수 문자를 입력할 수 있는 문자 입력 상자를 표시합니다.
- **문자(T)** : 명령창에서 사용자가 치수 문자를 입력할 수 있도록 표시합니다.
- **각도(A)** : 치수 문자의 표시 각도를 설정합니다.

3. 중심 표식 DIMCENTER

지정된 호 또는 원에 대한 중심 표식 또는 중심선을 생성합니다. 치수 스타일에서 중심 표식 표시 여부와 크기를 설정할 수 있습니다.

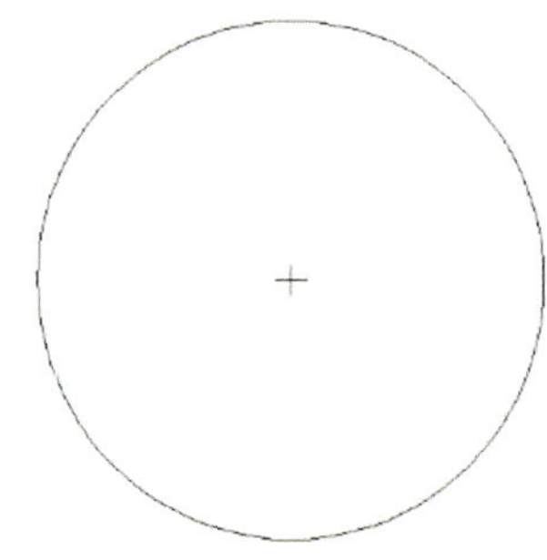

- ■ 메 뉴 : 주석 → 중심선 → 중심 표식
- ■ 명령어 : DIMCENTER
- ■ 단축키 : DCE

4. 호 길이 치수 DIMARC

호의 길이를 측정하여 표시하는 명령입니다.

- ■ 메 뉴 : 주석 → 치수 → 호 길이
- ■ 명령어 : DIMARC
- ■ 단축키 : DAR

✓ 옵션 (OPTION)

- **여러 줄 문자(M)** : 여러 줄의 치수 문자를 입력할 수 있는 문자 입력 상자를 표시합니다.
- **문자(T)** : 명령창에서 사용자가 치수 문자를 입력할 수 있도록 표시합니다.
- **각도(A)** : 치수 문자의 표시 각도를 표시합니다.
- **부분(P)** : 선택한 호의 일부 길이만 측정하여 치수를 표시합니다.
- **리더(L)** : 치수 외에 지시선도 함께 표시합니다.

5. 각도 치수 DIMANGULAR

선택한 두 선의 각도를 표시하는 명령입니다.

- ■ 메 뉴 : 주석 → 치수 → 각도
- ■ 명령어 : DIMANGULAR
- ■ 단축키 : DAN

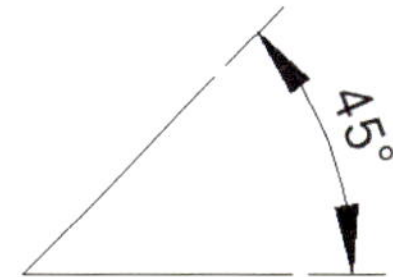

✓ 옵션 (OPTION)

- **여러 줄 문자(M)** : 여러 줄의 치수 문자를 입력할 수 있는 문자 입력 상자를 표시합니다.
- **문자(T)** : 명령 프롬프트에서 사용자가 치수 문자를 입력할 수 있도록 표시합니다.
- **각도(A)** : 치수 문자의 표시 각도를 표시합니다.

TIP 지능형 치수 DIM

지능형 치수 "DIM" 명령은 선택된 객체를 지능적으로 인식하고, 동일한 명령 흐름 내에서 현재 객체 내 가장 적합한 치수 유형을 지속적으로 제공합니다.

- 선형 세그먼트: 수평/수직/정렬된 치수 생성 지원
- 호 세그먼트: 반지름/지름/호 길이/각도 치수 생성 지원
- 원: 지름/반지름/호 길이/각도 치수 생성 지원
- 선형 치수: 연속/기준선 선형 치수 생성 지원
- 각도 치수: 연속/기준선 선형 치수 생성 지원

중심선, 중심 표식

01 중심선 CENTERLINE

중심선(CENTERLINE) 명령은 두 객체(주로 직선, 호, 원 등) 사이의 중심선을 자동으로 생성하는 기능입니다. 기계 도면이나 조립 도면 등에서 중심선을 명확히 표시해야 할 때 유용합니다.

1. 중심선 CENTERLINE

두 개의 평행선 또는 원형 객체를 선택하면 중심선이 자동 생성됩니다.

■ 메 뉴 : 주석 → 중심선 → 중심선
■ 명령어 : CENTERLINE
■ 단축키 : CL

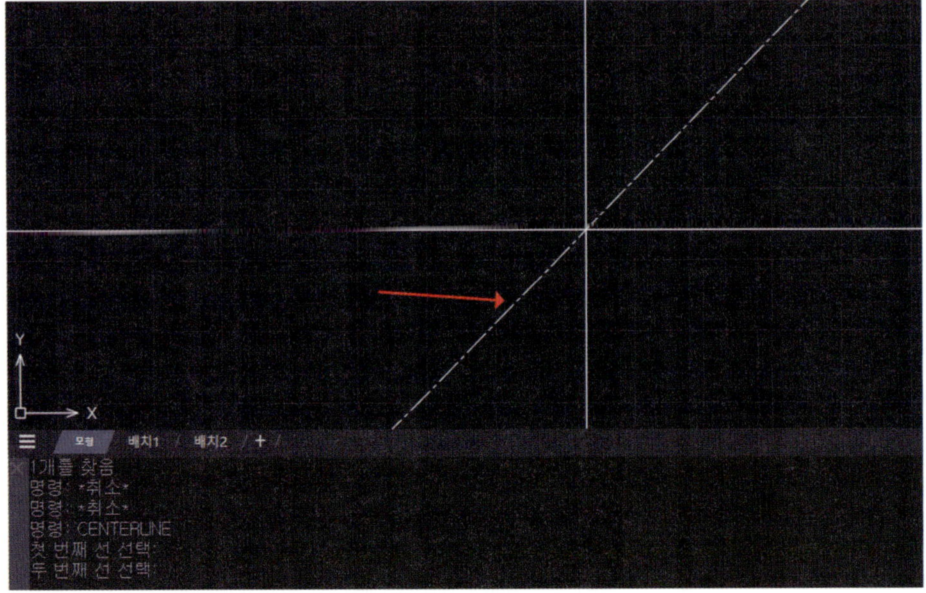

중심 표식(CENTERMARK) 명령은 원 또는 호 중심에 중심 표시를 삽입하는 기능입니다.

드릴 구멍, 볼트 홀, 원형 피처 등 중심점을 시각적으로 명확히 표현해야 하는 상황에서 주로 사용됩니다.

1. 중심표식 CENTERMARK

중심 표식을 삽입할 원 또는 호를 클릭하면 중심 표시가 자동 생성됩니다.

- 메 뉴 : 주석 → 중심선 → 중심표식
- 명령어 : CENTERMARK
- 단축키 : CM

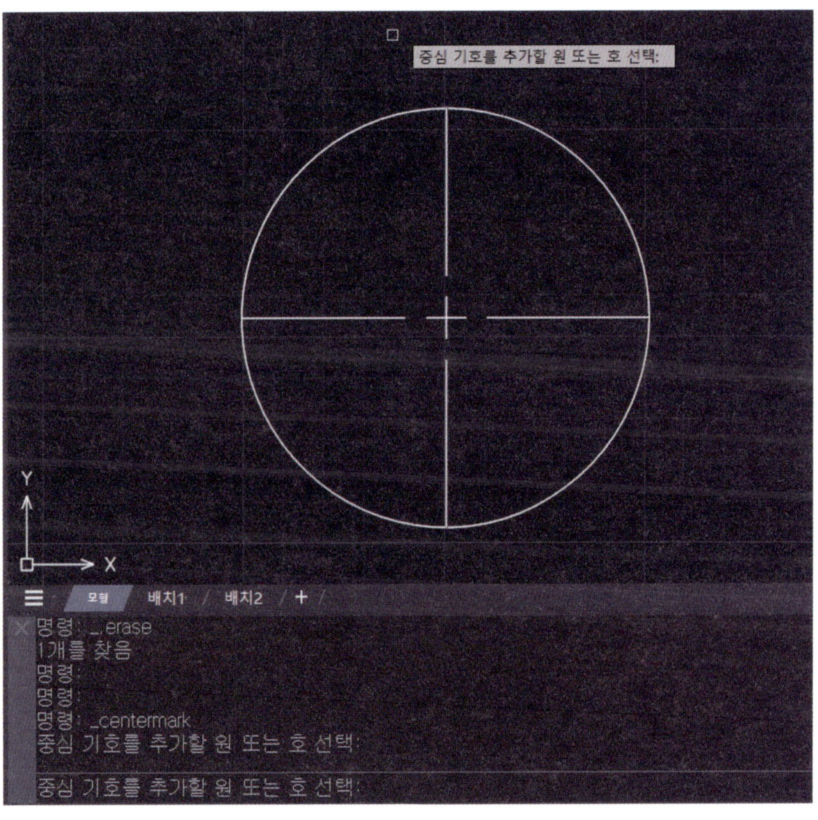

지시선 작성 및 편집

01 지시선 기입하기

치수나 문자를 직접 표기하기 어려운 좁은 공간에는 지시선을 통해 표기합니다. 지시선의 색상과 표현 방법은 치수 스타일과 별도로 다중 지시선 스타일 관리자를 이용하여 관리합니다.

1. 지시선 LEADER

지시선은 특정 위치를 가리켜 설명이나 주석을 작성할 때 사용하는 명령입니다. 치수 기입 명령에는 포함되지 않지만, 화살표와 선을 이용해 대상 요소를 지목한다는 점에서 치수선과 유사한 형태로 표현됩니다.

주로 도면 내의 부품명, 재질, 가공 방식 등 추가 설명이 필요한 요소에 활용됩니다.

■ 메 뉴 : -
■ 명령어 : LEADER
■ 단축키 : LEAD

옵션(OPTION)

- **주석(A)** : 지시선 끝에 주석을 삽입합니다. 주석에는 공차나 블록, 문자 등을 삽입할 수 있습니다.
- **형식(F)** : 지시선의 형식 및 화살표의 형식을 지정합니다.
- **명령 취소(U)** : 이전 작업을 취소합니다.

스플라인(S) : 지시선을 유연한 곡선으로 그립니다.

화살표(A) : 지시선의 시작점에 화살표를 만듭니다.

직진 (ST) : 지시선을 직선으로 그립니다.

없음(N) : 지시선의 시작점에 그립니다.

2. 신속지시선 QLEADER

설정을 미리 하여 정해진 값으로 신속하게 지시선을 만들어 내는 명령입니다.

- ■ 메 뉴 : –
- ■ 명령어 : QLEADER
- ■ 단축키 : LE

 옵션 (OPTION)

– **설정(S)** : 지시선 설정 대화상자를 표시합니다.

주석 : 지시선의 주석의 형식을 지정합니다.

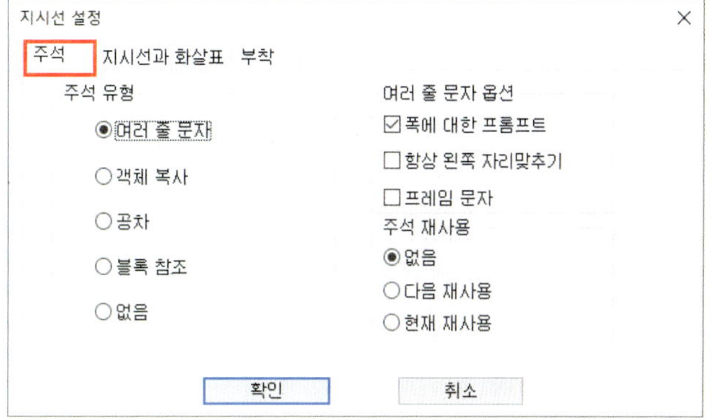

- **주석 유형** : 주석 유형을 선택합니다.

여러 줄 문자 : 여러 줄의 치수 문자를 입력할 수 있는 문자 입력 상자가 표시됩니다.

객체 복사 : 이전에 만들어 놓은 주석을 복사하여 사용합니다.

공차 : 형상 공차를 사용합니다.

블록 참조 : 미리 만들어 놓은 주석 형식의 블록을 사용합니다.

없음 : 주석을 사용하지 않습니다.

- **여러 줄 문자 옵션**

폭에 대한 프롬프트 : 주석 작성 시 미리 설정한 폭에 맞추어 문자가 입력됩니다.

항상 왼쪽 자리 맞추기 : 주석 작성 시 문자의 위치 기준이 항상 왼쪽으로 맞춰집니다.

프레임 문자 : 주석 작성 시 문자에 프레임이 표시됩니다.

- **주석 재사용** : 이전에 사용한 주석을 재사용할 수 있는 설정입니다.

없음 : 주석을 재사용하지 않습니다.

다음 재사용 : 다음 지시선 작성 시 재사용합니다.

현재 재사용 : 이전에 작성한 주석을 현재 작업에 재사용합니다.

지시선과 화살표 : 지시선의 형태와 화살표의 형태를 지정합니다.

- 지시선

직선 : 지시선을 직선으로 그립니다.

스플라인 : 지시선을 유연한 곡선으로 그립니다.

- 점 수 : 지시선이 꺾이는 포인트의 수를 지정합니다. 입력하는 수치만큼 지시선을 꺾을 수 있으며 최대 수치 이내에서는 중간에 멈출 수 있습니다.

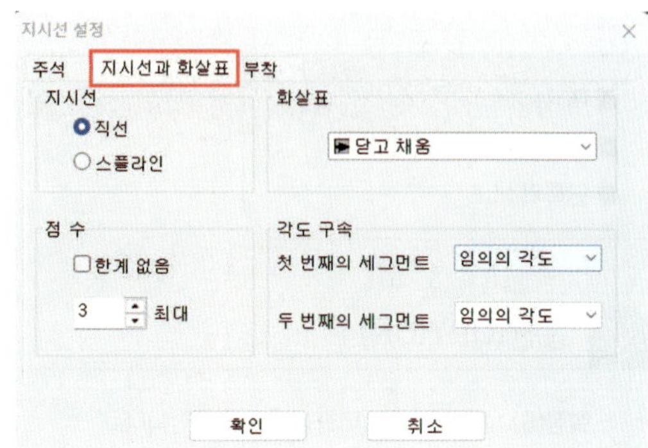

- 화살표 : 지시선 시작점의 화살표 형태를 지정합니다. 기본 화살표를 사용하거나 사용자화 옵션을 통해 사용자가 직접 만들어 사용할 수 있습니다.

- 각도 구속 : 지시선의 각도를 미리 정하여 구속할 수 있습니다.

부착 : 여러 줄 문자 옵션을 선택한 경우 탭이 활성화됩니다. 주석 문자의 좌우측 위치 기준을 설정합니다.

- 여러 줄 문자 부착 : 주석 문자의 위치 기준을 설정합니다. 다음과 같은 위치 기준 옵션을 선택할 수 있습니다. (맨 위 행에 밑줄, 맨 위 행의 중간, 여러 줄 문자의 중간, 맨 아래 행의 중간, 맨 아래 행의 아래)

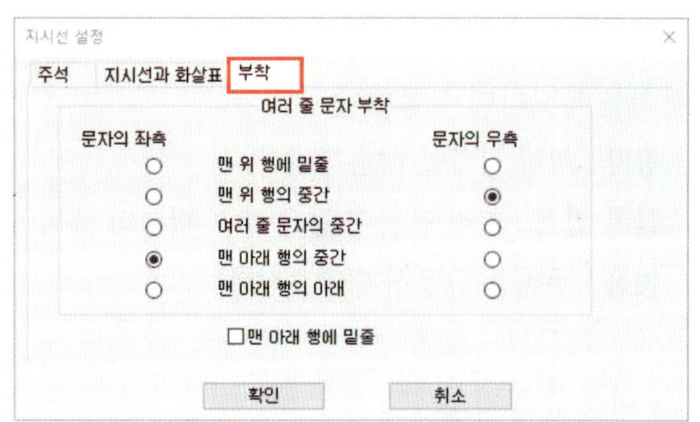

- 맨 아래 행에 밑줄 : 옵션을 체크하면 맨 아래 행에 밑줄이 표시됩니다.

3. 다중 지시선 MLEADER

여러 개의 지시선을 한꺼번에 만드는 명령입니다. 이 명령에 의해 만든 지시선 객체는 일반 선과 화살표, 문자, 블록으로 구성되어 있습니다

■ 메뉴 : 주석 → 지시선 → 멀티 리더
■ 명령어 : MLEADER
■ 단축키 : MLD

```
명령: MLD
MLEADER
지시선 화살표 위치 설정 또는 [콘텐츠(C) 지시선 연결(L) 옵션(O)] <리더 화살표(H)>:
```

- **리더 화살표(H)** : 지시선 화살표의 위치를 먼저 설정한 다음 지시선의 위치와 내용을 설정하여 다중 지시선을 생성합니다.

- **콘텐츠(C)** : 내용을 먼저 입력한 다음 지시선을 설정하여 다중 지시선을 생성합니다.

- **지시선 연결(L)** : 지시선 연결선의 위치를 먼저 설정한 다음 화살표의 위치와 내용을 설정하여 다중 지시선을 생성합니다.

- **옵션(O)** : 다중 지시선 객체에 대한 관련 옵션을 설정합니다.

리더 타입(L) : 생성할 지시선 유형을 설정합니다.

직선(S) : 직선형 다중 지시선을 생성합니다.

스플라인(P) : 스플라인 다중 지시선을 생성합니다.

없음(N) : 지시선 없이 다중 지시선을 생성합니다.

-**지시선 연결(A)** : 지시선 연결에 대한 옵션을 설정합니다.

네(Y) : 연결선 거리를 설정합니다.

아니오(N) : 연결선을 사용하지 않습니다.

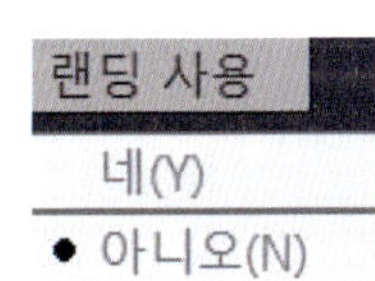

-**콘텐츠 타입(C)** : 다중 지시선에 사용하고자 하는 유형을 설정합니다.

블록(B) : 다중 지시선과 연결할 블록을 설정합니다.

다중텍스트(M) : 문자가 다중 지시선과 함께 포함되도록 설정합니다.

없음(N) : 지시선 끝에 문자가 없도록 설정합니다.

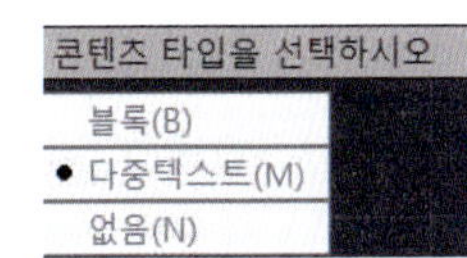

-**최대포인트(M)** : 다중 지시선을 생성하기 위한 점의 최대 개수를 설정합니다.

-**첫번째 각도(F)** : 지시선의 첫 번째 점의 각도를 설정합니다.

-**두번째 각도(S)** : 지시선의 두 번째 점의 각도를 설정합니다.

-**옵션 종료(X)** : MLEADER가 실행될 때 명령행으로 돌아갑니다.

4. 다중 지시선 스타일 MLEADERSTYLE

다중 지시선의 연결선, 화살촉, 컨텐츠 등 다중 지시선의 스타일을 작성하거나 수정합니다.

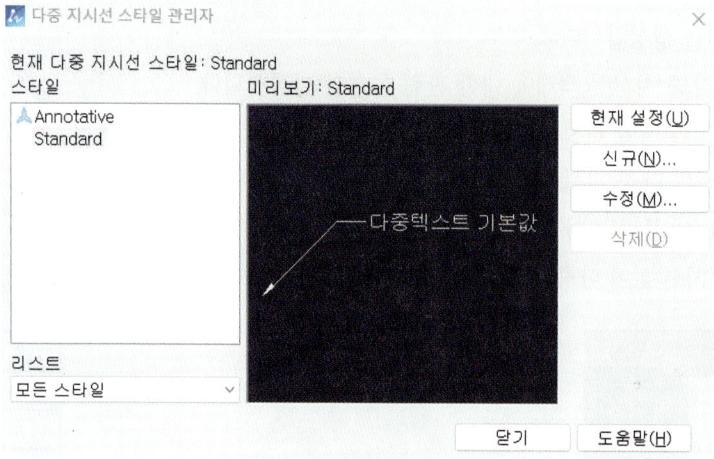

스타일(S) : 현재 도면에 작성된 다중 지시선 스타일 목록이 표시됩니다. 이 목록에서 작업하고자 하는 스타일을 선택합니다. 스타일 이름 앞에 마크가 있는 스타일은 주석 스타일을 의미합니다.

미리보기 : 선택한 스타일의 설정 상태를 이미지로 표시합니다.

리스트(L) : "스타일(S)"에 표시되는 스타일 조건을 선택합니다.

현재 설정(U) : 목록에서 선택한 다중 지시선의 스타일을 현재 스타일로 설정합니다.

신규(N) : "새 다중 지시신 스타일 삭성" 대화상자가 표시되면서 새로운 치수 스타일을 작성합니다.

수정(M) : 선택한 스타일을 수정합니다.

삭제(D) : 선택한 스타일을 삭제합니다.

블록으로 지정된 여러 다중 지시선을 하나의 블록으로 구성하고 정렬합니다.

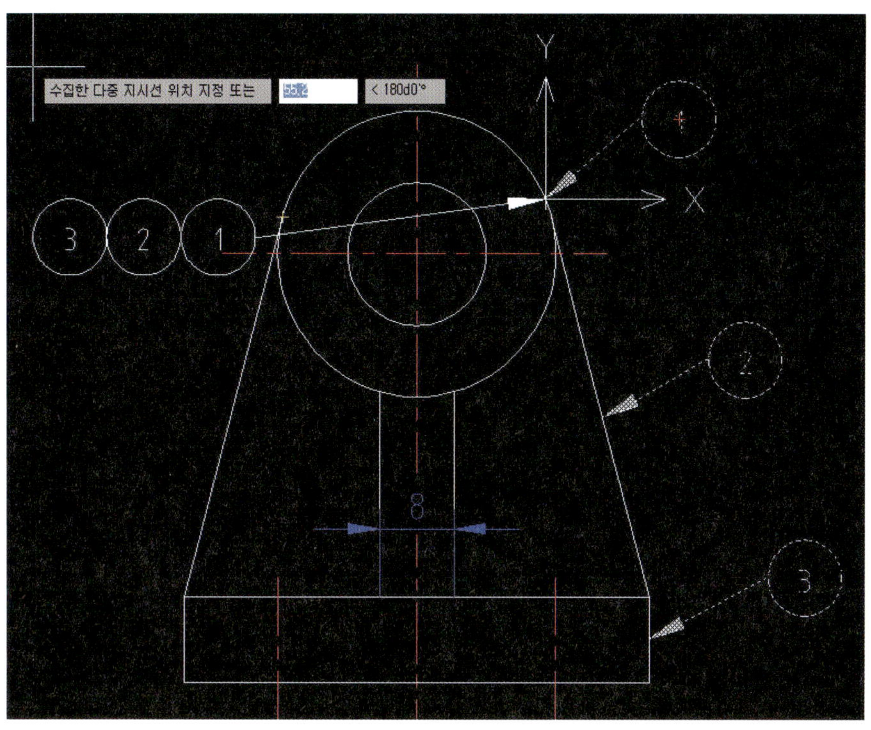

수직(V) : 선택한 다중 지시선 블록을 수직으로 정렬합니다.

수평(H) : 선택한 다중 지시선 블록을 수평으로 정렬합니다.

줄바꿈(W) : 선택한 블록 다중 지시선을 가로 행 단위로 정렬합니다. 폭 또는 개수를 초과하는 블록은 별도의 행에 배열됩니다.

　폭 : 다중 지시선의 각 행의 폭을 지정합니다.

　개수 : 다중 지시선 각 행의 최대 블록 수를 지정합니다.

배치 작성 및 출력

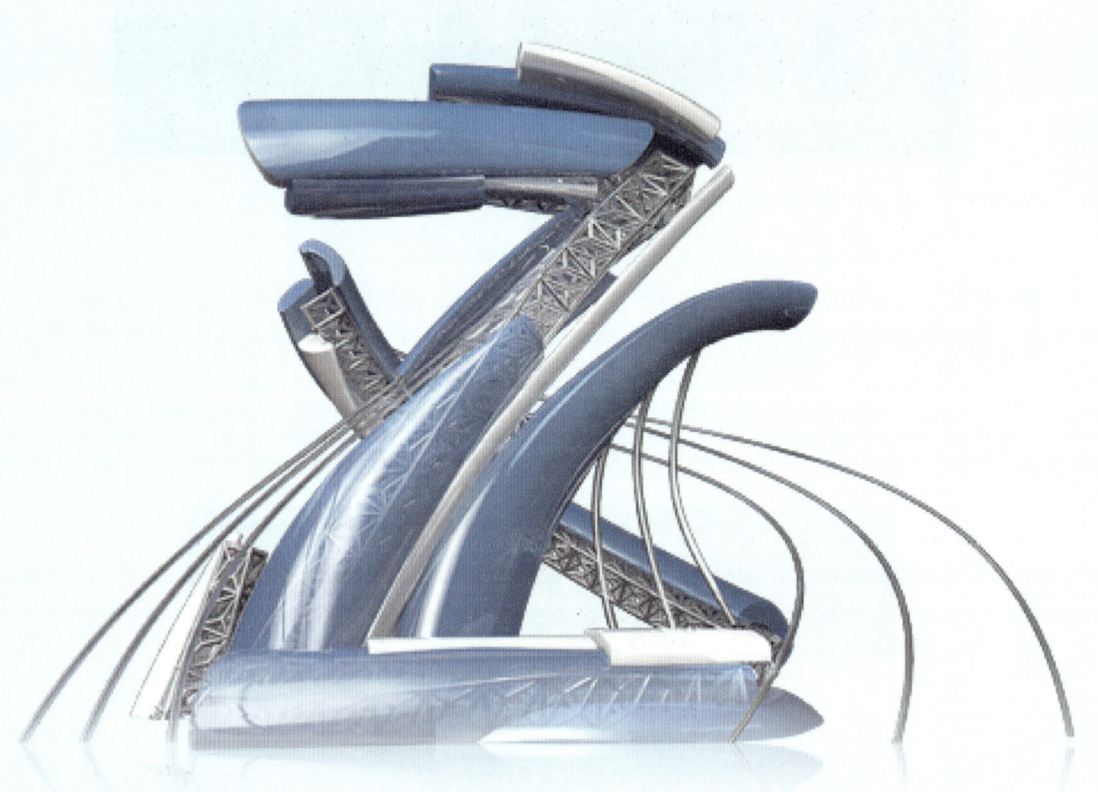

모형 공간과 배치 공간

01 모형 공간과 배치 공간

　ZWCAD에서는 2가지 종류의 공간이 있습니다. 작업화면 아래쪽에 일반적으로 모형 탭과 배치 탭이 있습니다. 모형 공간은 객체를 작성하는 공간이기 때문에 하나만 존재하지만, 배치 공간은 출력을 위해 객체를 배치하는 공간이기 때문에 필요한 만큼 여러 개를 만들어 사용할 수 있습니다.

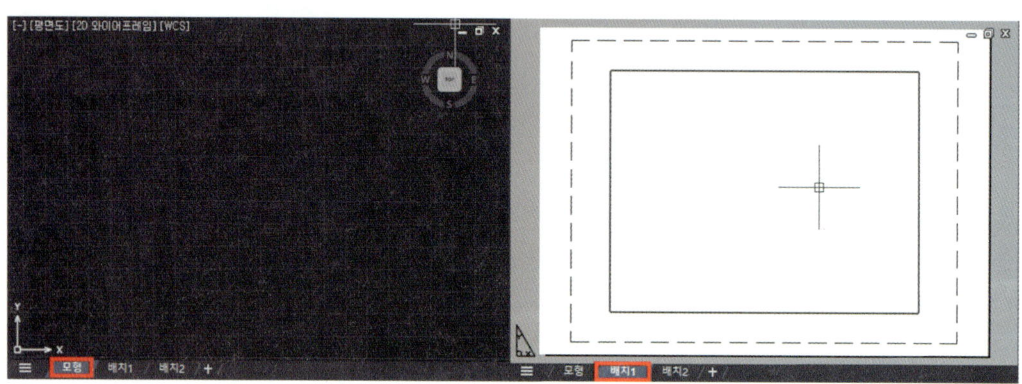

〈객체를 만드는 모형 공간〉　　　　　　　　〈출력을 위해 객체를 배치하는 배치 공간〉

　모형 공간은 객체의 실세 지수이지만 배치 공간에서 단위는 플롯 된 종이 위에서의 거리를 나타냅니다. 즉, 배치 공간과 종이는 1:1로 매칭된다고 생각하면 됩니다.

　배치 공간은 하나의 도면 안에 축척이 다른 도면을 여러 개 배치할 수도 있고, 여러 개의 뷰를 하나의 도면 안에 배치할 수도 있습니다. 즉, 평면도, 측면도, 등각 투영도를 한 장의 종이에 표현할 수 있습니다. 배치 공간에서 모형 공간의 객체를 사용자가 출력하고자 하는 도면 형태로 재배치하여 다양하게 표현할 수 있습니다.

　모형 공간과 배치 공간을 구분할 수 있는 가장 큰 특징은 UCS 아이콘의 형태입니다. 모형 공간에서는 X, Y, Z 방향의 축을 의미하는 UCS 아이콘이 표시되지만 배치 공간에서는 종이에서의 배치를 의미하기 때문에 배치 공간 특유의 UCS 아이콘이 표시됩니다.

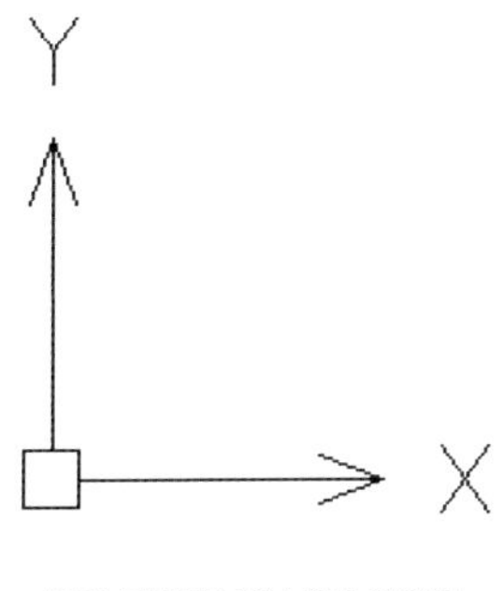

모형 공간에서의 UCS 아이콘

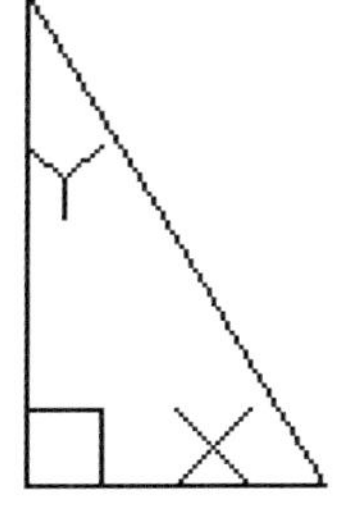

배치 공간에서의 UCS 아이콘

배치 공간은 프린터, 또는 플로터와 같은 출력기기를 이용해서 출력했을 때의 형태를 설정합니다. 배치 공간은 크게 도면 영역과 도면 이외의 영역으로 구분되며, 도면 영역은 다시 출력 영역과 뷰포트 영역으로 구성됩니다.

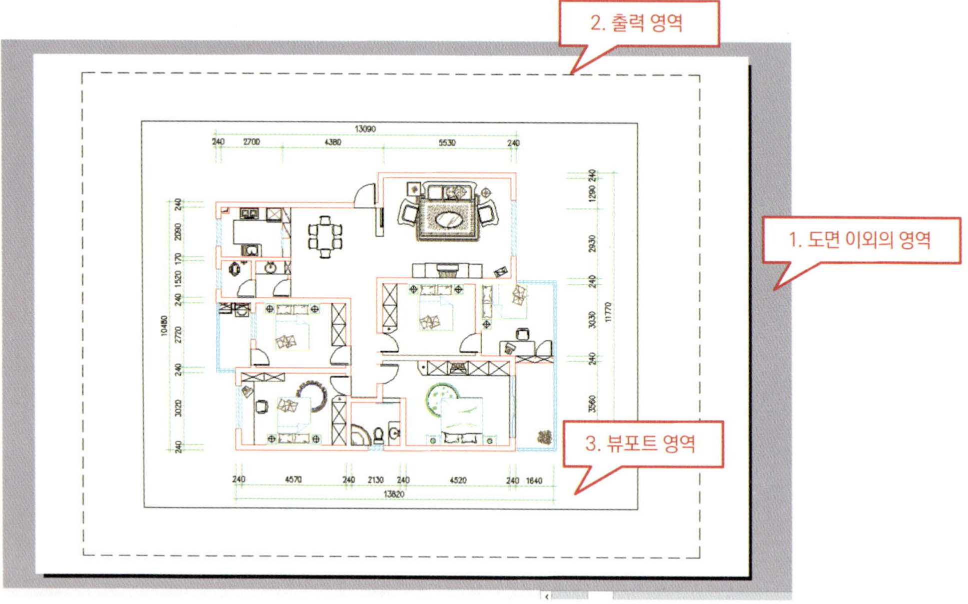

1. 도면 이외 영역

배치 공간은 모형 공간과는 다르게 2개의 테두리가 표시됩니다. 우선 기본적인 설정 환경에서 회색으로 표시되는 부분은 출력 용지의 바깥쪽 영역입니다. 흰색 부분은 용지를 의미합니다. 그러므로 배치 공간에서 배치를 만들 때는 프린터 설정을 통해 사전에 용지 크기를 설정해 두어야 합니다.

2. 출력 영역

흰색 용지 부분에 표시되어 있는 점선은 용지의 출력 영역입니다. 실제 인쇄할 때 출력기기에서 용지를 출력히기 위한 최소 여백이 설정되는데, 배치 공간에서의 점선은 프린터 용지의 여백을 의미합니다. 점선 바깥쪽에 객체를 배치하면 출력이 되지 않을 수 있으므로 점선 안쪽에 객체를 배치해야 합니다.

3. 뷰포트 영역

뷰포트는 객체를 용지(종이 공간) 위에 투영하기 위한 창입니다. 흰색 공간의 실선은 뷰포트 영역입니다. 기본적으로는 1개의 뷰포트가 표시되지만 사용자의 의도에 따라 자유롭게 추가할 수 있습니다.

배치 공간에서 객체를 만드는 작업은 할 수 없지만 새로운 배치를 만드는 작업과 화면을 분할하는 작업을 할 수 있고 배치 공간 전용 도면층을 만들 수 있습니다.

1. 새 배치 공간 만들기

출력용 도면을 배치할 때 하나의 객체를 다양한 형태로 배치할 수 있기 때문에 여러 개의 배치 공간을 만들어 사용할 수 있습니다. 새로운 배치 공간을 만들고자 할 때 도면 공간 아랫부분의 배치 탭을 마우스 오른쪽 버튼으로 클릭한 다음 바로 가기 메뉴에서 〈신규〉를 클릭합니다.

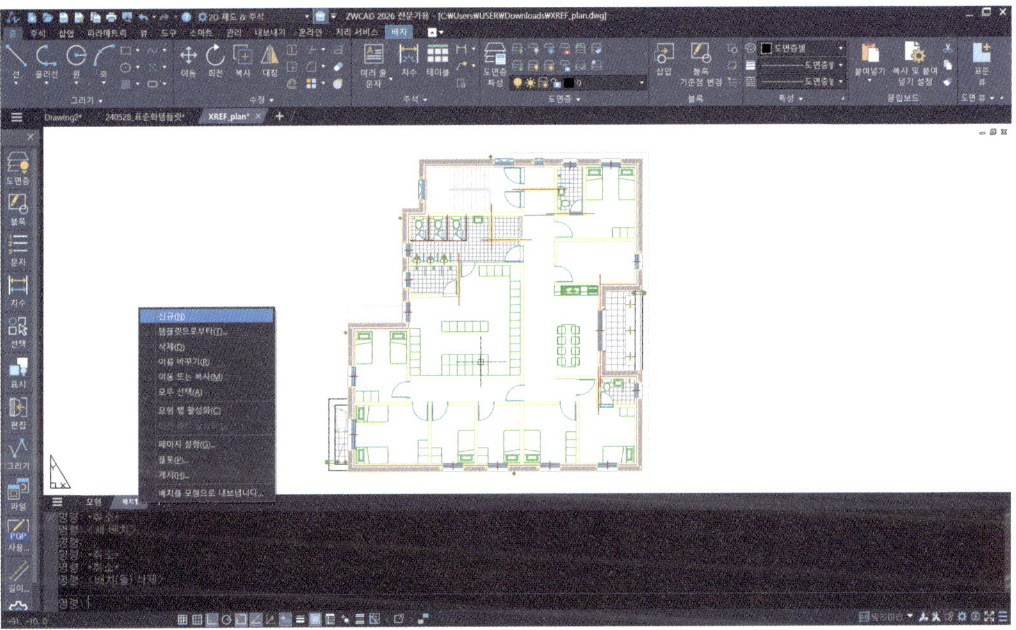

2. 도면 영역 분할하기

배치 공간에서의 영역 분할은 모형 공간에서의 화면 분할과는 다른 성질을 가지고 있습니다. 모형 공간에서 화면 분할(VIEWPORTS)은 화면을 나누어 여러 개의 뷰를 한 번에 보고자 하는 목적이고 배치 공간에서의 영역 분할(MVIEW)은 출력할 객체를 배치하기 위한 목적입니다. 배치 공간에서 영역을 분할하기 위해서는 〈MVIEW〉 명령을 사용하며, 〈MVIEW〉 명령은 배치 공간에서만 사용할 수 있는 명령입니다.

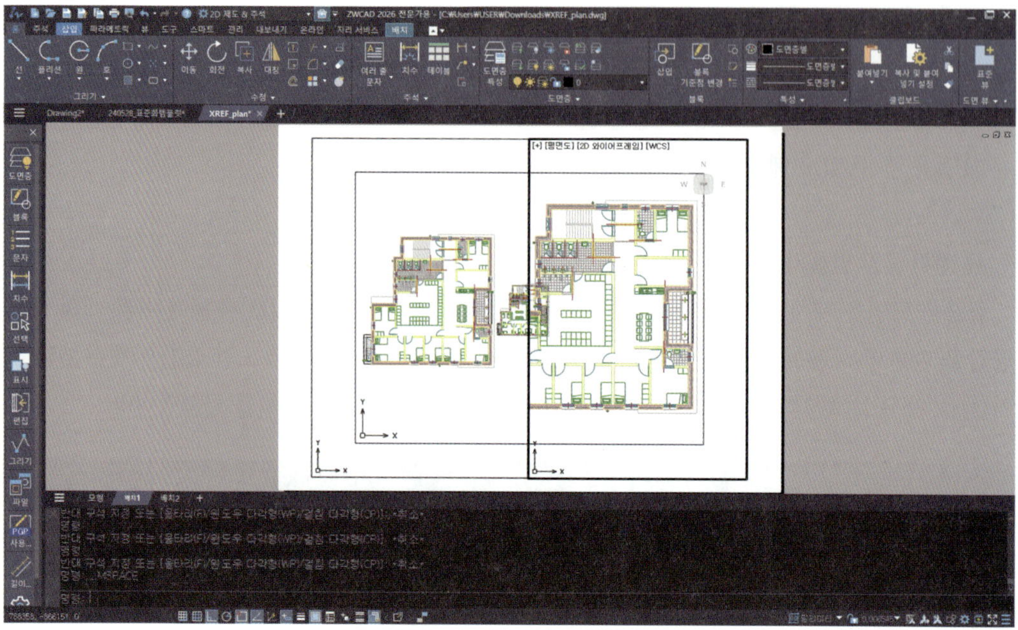

3. 도면층 작업하기

배치 공간에서의 도면층 작업은 특정 객체의 도면층을 숨기거나 선 굵기 등을 변경하고자 할 때 사용됩니다. 배치 공간에서의 도면층 작업은 다양하게 쓰일 수 있습니다.

예를 들어 모형 공간에서 도면의 평면, 천장에 관련된 모든 객체들을 그리고 배치 공간을 평면 도, 천장도로 나누어 배치한 후 평면도에는 평면에 관련된 도면층만 사용하고, 천장도에는 천장 에 관련된 도면층만 사용하면 도면 관리를 용이하게 할 수 있습니다.

4. 배치 공간에서의 명령 알아보기

배치 공간에서만 사용할 수 있는 명령은 아래와 같습니다.

LAYOUT : 배치 공간을 만들고 수정 또는 삭제합니다.

MODEL : 배치 공간에서 모형 공간으로 전환합니다.

MSPACE : 배치 공간의 도면 공간에서 배치 공간의 모형 공간으로 전환합니다.

MVIEW : 배치 뷰포트를 만들고 편집합니다.

MVIEWSETUP : 배치에서 도면에 제목 블록을 삽입하고 제목 블록 영역에서 배치 뷰포트 세트를 작성할 수 있습니다.

PAGESETUP : 용지의 크기, 출력 영역, 선 굵기 유형 등을 설정합니다.

PSPACE : 배치 공간의 모형 공간에서 배치 공간의 도면 공간으로 전환합니다.

VPLAYER : 배치 공간에서 도면층을 관리합니다.

VPORTS : 배치 공간에서 화면을 분할합니다.

기본적으로 모형의 작성은 모형 공간에서 이루어지고 작성된 모형의 출력은 배치 공간에서 이루어집니다. 즉, 모형 공간에서 도형을 작성한 후 배치 공간에서 도면을 배치하여 출력해야 합니다.

1. 새 배치 작성

기본적으로 '배치1', '배치2'을 사용하나 새로운 배치 공간 작성 방법을 위해 새로운 배치를 작성하겠습니다.

'모형' 또는 '배치' 탭에서 마우스 오른쪽 버튼을 클릭하면 바로가기 메뉴가 나타납니다. 바로가기 메뉴에서 〈신규(N)〉를 클릭합니다.

> **TIP**
>
> **새 배치 작성 방법 추가**
>
> 위에서 설명한 방법과 같이 바로가기 메뉴를 이용하여 새로운 배치를 작성하는 방법 외에 아래와 같은 방법으로 새로운 배치를 작성할 수 있습니다.
>
> 1) 메뉴막대(클래식 인터페이스)에서 [삽입(I)-배치(L)-새 배치(N)]를 클릭합니다.
> 2) 'LAYOUT' 명령어로 배치 명령을 실행하여 〈신규(N)〉 옵션을 클릭합니다.
> 3) 배치탭 오른쪽 '+' 버튼을 클릭합니다.

2. 배치 이름 바꾸기

배치 공간의 이름을 바꿉니다. 새롭게 작성한 배치 '배치2' 위에 마우스 오른쪽 버튼 클릭 후 바로가기 메뉴에서 '이름 바꾸기'를 클릭합니다. 나타나는 이름 바꾸기 대화상자를 이용하여 이름을 변경합니다.

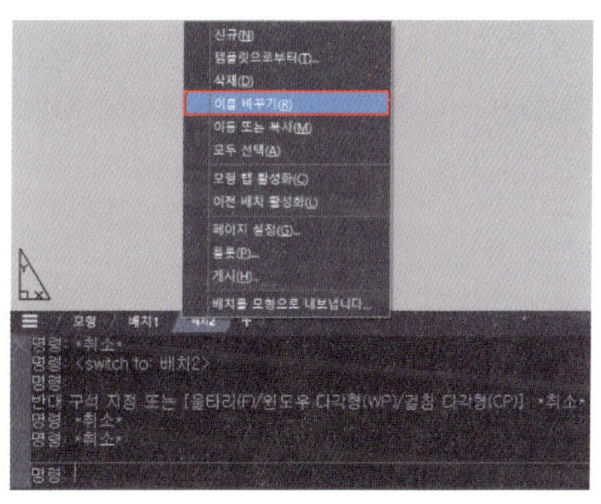

3. 뷰포트 생성

뷰포트는 객체를 용지(종이 공간) 위에 투영하기 위한 하나의 창과 같습니다. 즉, 종이 공간에 배치하고자 하는 도면의 공간을 만듭니다. 배치에서는 뷰포트를 작성하여 각각의 창에 어떻게 표현(보는 각도, 축척 등)을 할 것인지 지정할 수 있습니다.

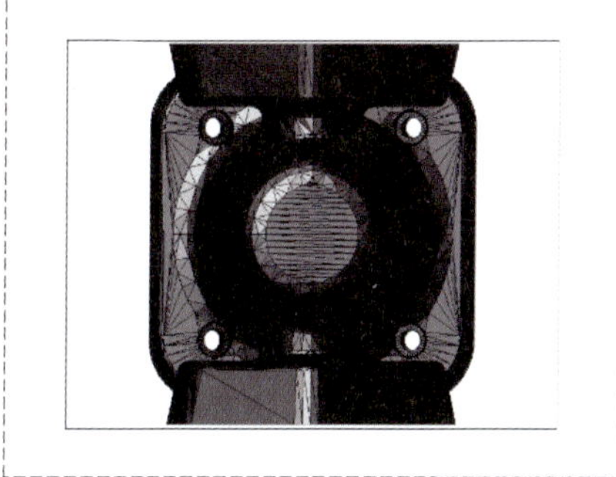

뷰포트 삭제 : 배치 공간으로 이동하면 기본적으로 하나의 뷰포트가 생성됩니다. 기존 뷰포트를 삭제합니다.

뷰포트 작성 : 명령어 'VPORTS'를 입력하여 뷰포트 명령을 실행합니다. 다음과 같은 대화상자가 표시되며 '표준 뷰포트(V)'에서 '셋: 오른쪽'을 선택한 후 〈확인〉을 클릭합니다.

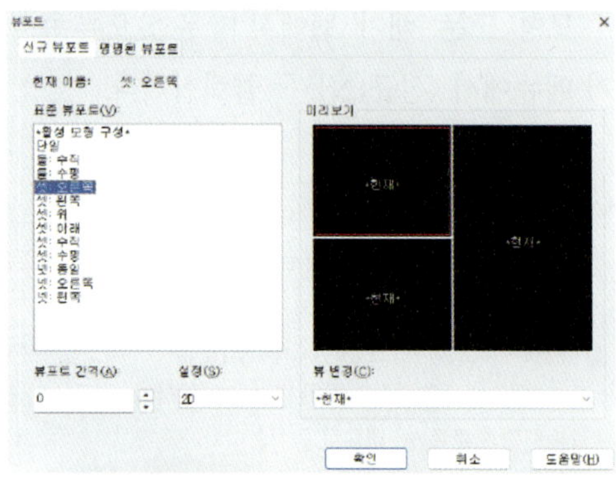

경계 직사각형의 최초 모서리 설정 또는 [화면 맞춤(F)]〈맞춤〉: 에서 ENTER 또는 맞춤 'F'를 입력합니다. 다음 그림과 같이 화면에 3개의 창이 나타납니다.

뷰포트 활성화와 뷰의 변경 : 현재 3개의 뷰포트가 동일한 뷰로 설정되어 있습니다. 마우스를 왼쪽 위에 있는 뷰포트 안쪽에 대고 더블 클릭하여 뷰포트 테두리를 굵은 선으로 바꿉니다.

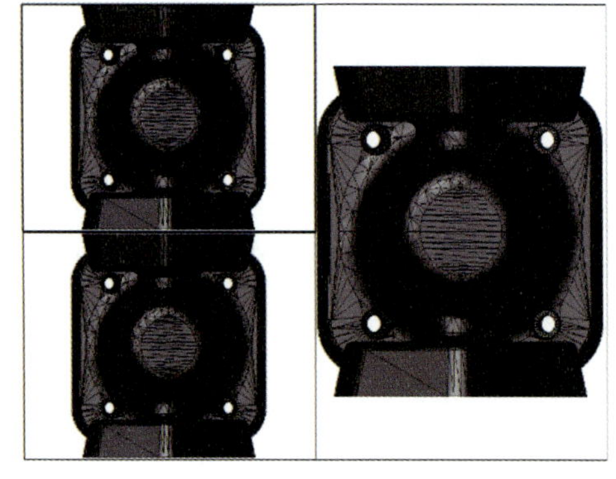

'뷰(V)' 탭 '뷰' 목록에서 '평면도'를 클릭합니다. 이후 마우스를 왼쪽 아래 뷰포트에 대고 더블 클릭하여 정면도를 설정합니다.

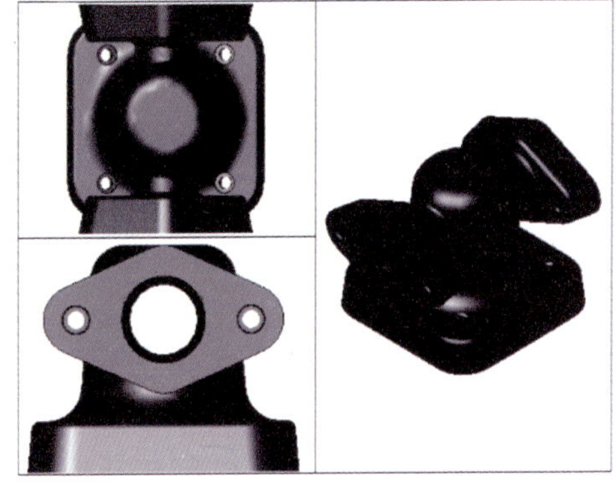

이와 같은 방법으로 3개의 뷰포트의 각 뷰에 평면도, 정면도, 남동 뷰를 설정합니다.

뷰포트 잠그기 : 뷰포트를 잠궈 표시 범위나 설정한 축척을 고정할 수 있습니다. 사용자의 실수로 인해 설정 환경이 변경되는 것을 방지합니다. 오른쪽 뷰포트에 마우스를 대고 더블 클릭하여 우측 하단의 자물쇠 모양 아이콘을 클릭합니다.

4. 출력 페이지 설정

페이지 설정은 배치에 대해 인쇄 장치, 종이 크기, 축척 등 인쇄 환경을 의미합니다. 기본적으로 하나의 배치에 하나의 페이지 설정을 필요로 하며, 동일한 페이지 설정을 여러 배치에 적용할 수도 있습니다. 페이지 설정을 이용하면 하나의 배치 공간 안에서 다양한 인쇄 장치와, 용지를 통해 적절한 인쇄 환경을 설정할 수 있습니다.

페이지 설정 : 명령어 〈PAGESETUP〉 또는 '내보내기' 탭의 '페이지 설정 관리자'를 선택합니다. 나타나는 페이지 설정 관리자에서 〈수정(M)〉을 클릭합니다.

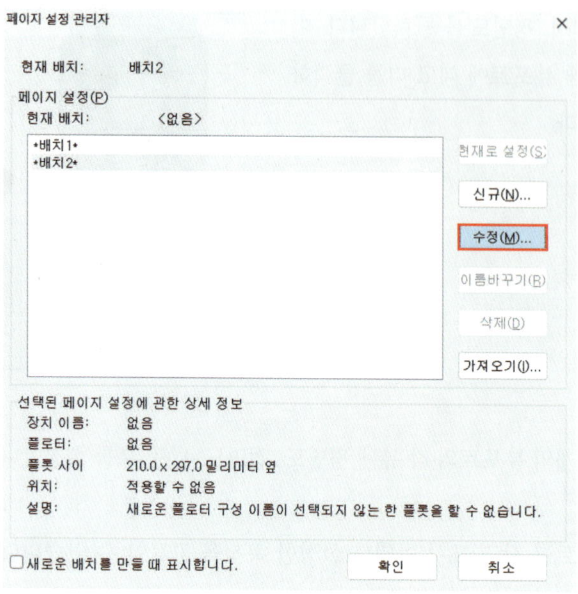

다음 그림과 같이 '플롯 설정 대화상자'가 나타납니다. 사용자의 컴퓨터 환경 및 도면 작성 환경에 맞춰 각 항목을 설정합니다. 여기서는 출력할 프린터를 지정하고 'A4'용지, 플롯 영역은 '배치', 플롯 스타일은 'zwcad.ctb', 축척은 '1:1'로 설정합니다.

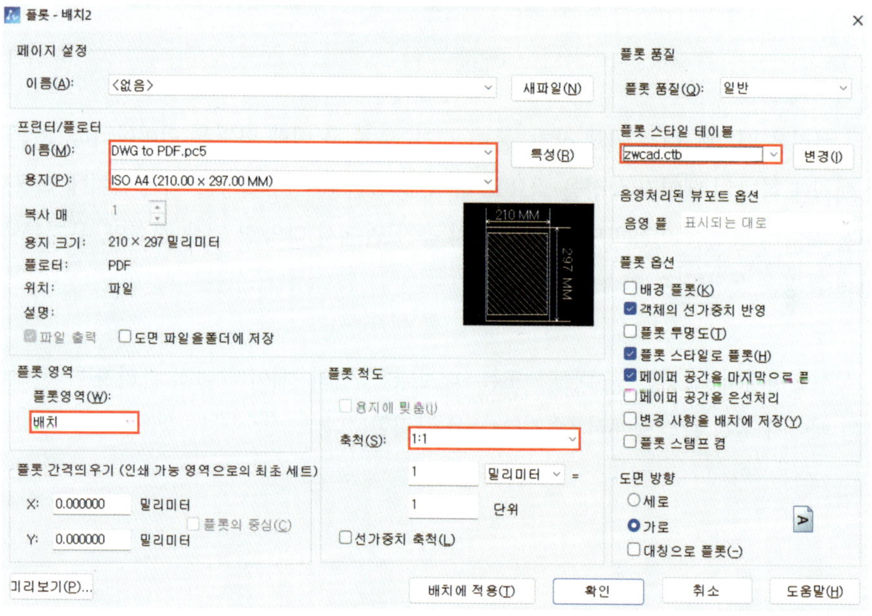

출력 확인 : '플롯 설정' 대화상자에서 〈미리보기〉를 클릭합니다. 출력 상태를 확인한 후 'ESC'를 통해 페이지 설정 대화상자로 다시 돌아갑니다. 페이지 설정 대화상자에서 〈확인〉을 선택하여 페이지 설정을 완료합니다.

배치에 있는 제목 블록의 축척과 모형 탭에 있는 도면의 축척 사이의 비율로 전체 축척을 지정할 수 있습니다. 배치에 제목 블록을 추가할 때, '페이지 설정'을 통하여 플롯 환경을 설정해야 합니다.

1. 정렬

뷰포트의 뷰를 초점 이동하여 다른 뷰포트의 기준점에 정렬되도록 합니다. 현재 뷰포트가 다른 점이 이동하는 대상 뷰포트입니다.

각도 : 뷰포트의 뷰를 지정한 방향으로 초점 이동합니다. 다음 두 개의 프롬프트는 기준점에서 두 번째 점까지의 거리와 각도를 지정합니다.

수평 : 한 뷰포트의 뷰를 초점 이동하여 다른 뷰포트의 기준점에 수평으로 정렬되도록 합니다. 이 옵션은 두 뷰포트의 방향이 수평인 경우에만 사용해야 합니다. 그렇지 않으면 뷰가 뷰포트의 한계 밖으로 초점 이동될 수 있습니다.

수직 맞춤 : 한 뷰포트의 뷰를 초점 이동하여 다른 뷰포트의 기준점에 수직으로 정렬되도록 합니다. 이 옵션은 두 뷰포트의 방향이 수직인 경우에만 사용해야 합니다. 그렇지 않으면 뷰가 뷰포트의 한계 밖으로 초점 이동될 수 있습니다.

회전 뷰 : 뷰포트의 뷰를 기준점 둘레로 회전합니다.

2. 생성

객체 삭제 : 기존 뷰포트를 삭제합니다.

뷰포트 생성 : 뷰포트를 작성하기 위한 옵션을 표시합니다.
  - 로드할 배치 수: 뷰포트 작성을 조정합니다.
  : 0을 입력하거나 Enter 키를 누르면 뷰포트가 작성되지 않습니다.
  : 1을 입력하면 다음과 같은 프롬프트에 의해 크기가 결정되는 단일 뷰포트가 작성됩니다.
  : 2를 입력하면 지정한 영역을 4등분하여 네 개의 뷰포트가 작성됩니다. 분할할 영역과 뷰포트들 사이의 거리를 확인하는 프롬프트가 표시됩니다.

: 3을 입력하면 X 축과 Y 축을 따라 뷰포트의 행렬이 정의됩니다. 다음 두 개의 프롬프트에서 점을 지정하면 뷰포트 구성이 포함된 직사각형 도면 영역이 정의됩니다. 제목 블록을 삽입한 경우에는 첫 번째 구석 지정 프롬프트에 기본 영역 선택을 위한 옵션도 포함됩니다.

각 방향에 두 개 이상의 뷰포트를 입력하면 다음과 같은 프롬프트가 표시됩니다.
X 방향에서 뷰포트 사이의 거리 지정 ⟨0.0⟩: 거리를 지정합니다.
Y 방향에서 뷰포트 사이의 거리 지정 ⟨0.0⟩: 거리를 지정합니다.

뷰포트의 배열이 정의된 면적에 삽입됩니다.

명령 취소 : 현재 세션에서 수행한 작업을 되돌립니다.

3. 뷰포트 축척 (확대축소)

뷰포트에 표시되는 객체의 줌 축척 비율을 조정합니다. 줌 축척 비율은 배치 공간 경계의 축척과 뷰포트에 표시되는 도면 객체의 축척 사이의 비율입니다. 한 번에 하나의 뷰포트를 선택하면 각 뷰포트에 대해 다음과 같은 프롬프트가 표시됩니다.

예를 들어, 1:4 즉 4분의 1 축척인 경우 배치 공간 단위는 1을, 모형 공간 단위는 4를 입력합니다.

4. 옵션

도면을 변경하기 전에 'MVSETUP'의 기본 설정을 합니다.

도면층

제목 블록을 삽입할 도면층을 지정합니다.

한계

제목 블록을 삽입한 다음 도면 범위의 그리드 한계를 다시 설정할지 여부를 지정합니다.

단위

크기와 점의 위치가 인치와 밀리미터 도면 단위 중 어느 것으로 변환될지 여부를 지정합니다.

외부 참조

제목 블록이 삽입될지 외부 참조될지 여부를 지정합니다.

5. 제목 블록

배치 공간을 준비하고, 원점을 설정하여 도면의 방향을 정하며, 도면 경계와 제목 블록을 작성합니다.

객체 삭제

배치 공간에서 객체를 삭제합니다.

원점

이 시트의 원점을 다시 배치합니다.

명령 취소

현재 세션에서 수행한 작업을 되돌립니다.

삽입

제목 블록 옵션을 표시합니다.

경계와 제목 블록을 삽입합니다. 0을 입력하거나 Enter 키를 누르면 경계가 삽입되지 않습니다. 1에서 13까지를 입력하면 해당 크기의 표준 경계가 작성됩니다. 리스트에는 ANSI 및 DIN/ISO 표준 시트가 포함되어 있습니다.

6. 명령 취소

현재 〈MVSETUP〉 세션에서 수행한 작업을 되돌립니다.

플롯 환경 설정

01 페이지 설정하기

페이지 설정은 배치에 대한 인쇄 장치, 종이 크기, 축척 등 인쇄 환경을 의미합니다. 기본적으로 하나의 배치에 하나의 페이지 설정을 필요로 하며, 동일한 페이지 설정을 여러 배치에 적용할 수도 있습니다. 페이지 설정을 이용하면 하나의 배치 공간 안에서 다양한 인쇄 장치와 용지를 통해 적절한 인쇄 환경을 설정할 수 있습니다.

1. 페이지 설정 관리자 대화상자

명령어창에 〈PAGESETUP〉을 입력하면 페이지 설정 관리자 대화상자가 표시됩니다. 여기에서 새로운 페이지를 설정하거나 기존 페이지를 수정하는 작업을 할 수 있습니다.

현재로 설정 : 목록에서 선택한 페이지를 현재 배치 공간에 적용합니다.

신규 : 새로운 페이지를 작성합니다.

수정 : 선택한 페이지를 수정합니다.

가져오기 : 다른 도면 파일에서 페이지를 가져옵니다.

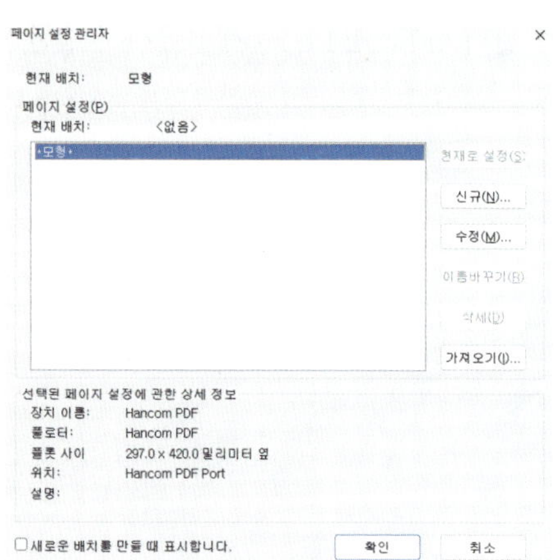

2. 플롯 설정 대화상자

플롯 설정 대화상자는 페이지 설정 관리자 대화상자에서 새로 페이지를 만들거나 기존 페이지를 수정할 때 표시됩니다.

페이지 설정

- 이름 : 현재 편집 중인 페이지의 이름이 표시됩니다.

프린터/플로터

- 이름 : 출력할 출력기기를 지정합니다.
- 용지 크기 : 출력할 용지의 크기를 지정합니다.

플롯 영역

- 창 : 출력할 영역을 윈도우 상자로 지정합니다.
- 범위 : 화면의 모든 객체가 출력 용지에 최대한 가득 차게 인쇄합니다.
- 한계 : 현재의 배치 공간을 출력합니다.
- 화면표시 : 현재 화면에 표시된 뷰를 인쇄합니다.

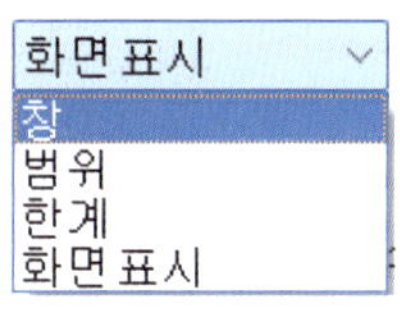

플롯 축척

- 용지에 맞춤 : 용지의 크기에 맞게 출력 영역의 축척을 자동으로 맞춥니다.
- 축척 : 미리 설정된 표준 축척을 지정합니다. 입력 상자에 사용자 지정 축척을 직접 입력할 수도 있습니다.

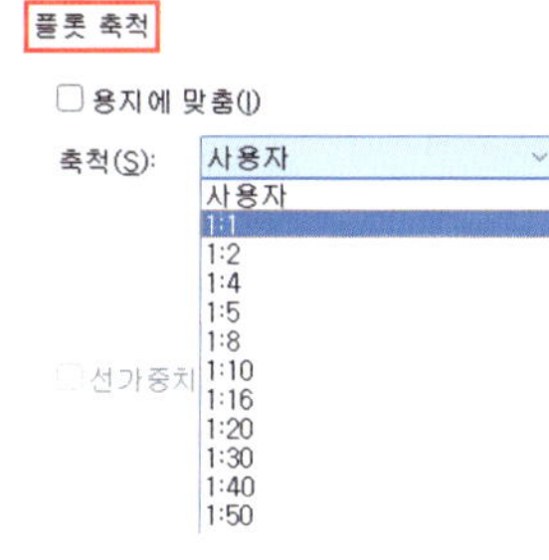

플롯 스타일 테이블 : 출력 대상에 적용할 플롯 스타일을 선택합니다. 기본적으로 제공되는 플롯 스타일 외에 자신만의 플롯 스타일을 만들어 사용할 수도 있습니다.

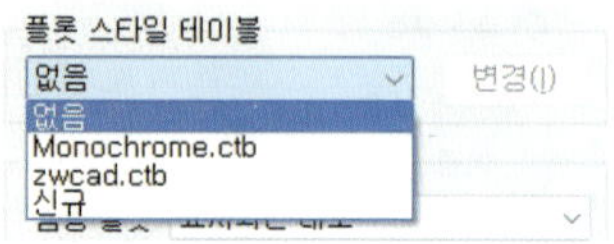

도면 방향 : 용지의 출력 방향을 설정합니다. 〈가로〉 또는 〈세로〉, 〈대칭〉을 지정할 수 있습니다.

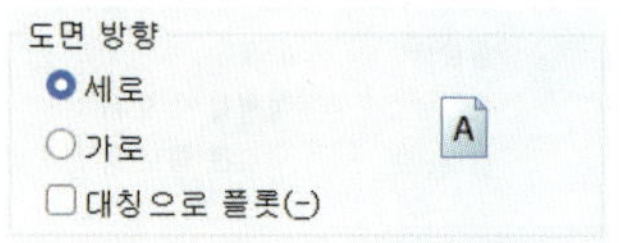

플롯 투명도: 투명도 효과가 있는 객체, 도면층 등을 플롯 시에 표시할 수 있습니다.

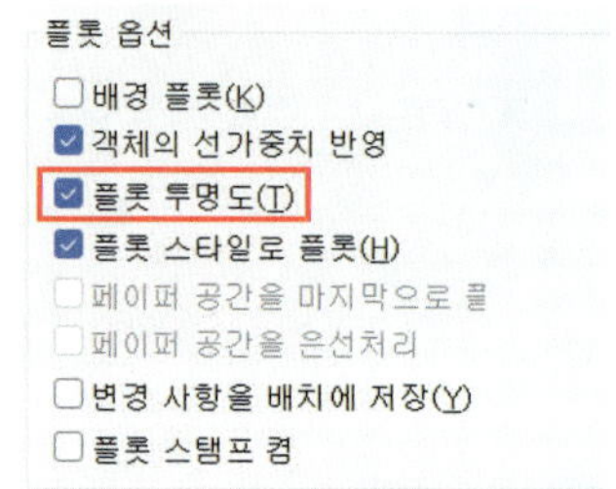

02 플롯 스타일 테이블 만들기

인쇄에 필요한 설정 값(색상, 선 종류, 선의 굵기 등)을 설정하여 플롯 스타일 파일로 작성할 수 있습니다. 인쇄 스타일에는 두 가지가 있으며, 하나는 '명명된 플롯 스타일'과 '색상 종속 플롯 스타일' 입니다. 명명된 플롯 스타일은 도면 내의 도면층 별로 인쇄 스타일을 선택하여 플롯 스타일의 속성에 따라 출력되는 방식이며 '*.stb' 파일로 저장됩니다. 색상 종속 플롯 스타일은 플롯 스타일의 색상(255개까지 설정 가능)과 동일한 색상을 가진 객체가 동일한 속성으로 출력되며 '*ctb' 파일로 저장됩니다.

1. 새 플롯 스타일 테이블 만들기

플롯 명령어 〈PLOT〉을 실행하여 플롯 스타일 테이블의 〈신규〉를 클릭합니다.

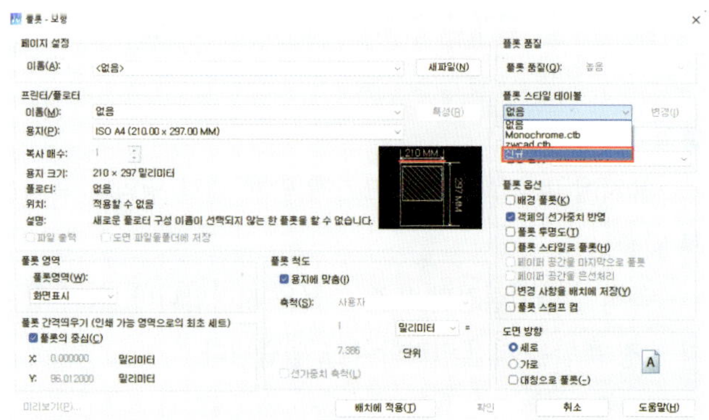

2. 마법사 시작하기

'색상-종속 프린트 스타일 테이블 추가 시
작' 대화상자가 표시되면 〈드래프트를 사용해
작성(S)〉을 선택한 후 〈다음〉 버튼을 클릭합
니다.

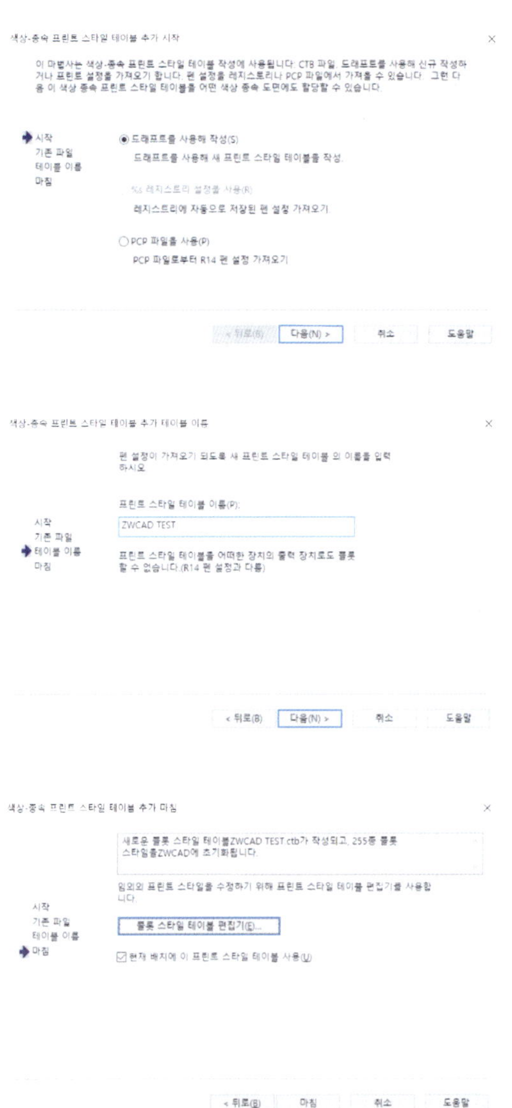

3. 파일 이름 지정하기

프린트 스타일 테이블 파일 이름을 지정한
후 〈다음〉 을 클릭합니다.

4. 플롯 스타일 테이블 편집기 표시

'플롯 스타일 테이블 편집기(E)'를 클릭하여
편집기를 실행합니다.

5. 플롯 스타일 테이블 편집

플롯 스타일 테이블 편집기가 표시되면 도
면층마다 사용하는 플롯 스타일에 대한 색상
을 지정합니다.

스크리닝에서 투명도를 지정합니다.

선가중치에서 인쇄될 선의 굵기를 지정합니다.

설정이 완료되면 〈확인〉을 클릭한 후 〈마침〉
을 클릭하여 편집기 생성 대화상자를 닫습니다.

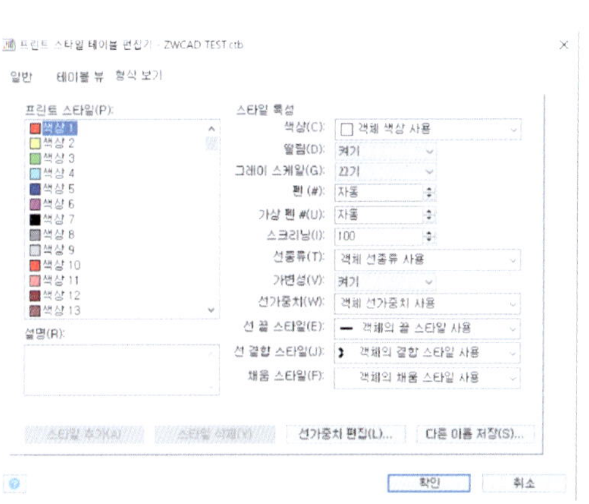

PART 09

[플롯 스타일 테이블 편집기]

플롯 스타일 : 도면 객체의 색상을 지정합니다.

설명 : 선택한 색상에 대한 설명을 입력합니다.

색상 : 출력 색상을 지정합니다.

떨림 : 디더링을 사용하여 인접한 색상이 점 패턴을 사용해 혼합되게 함으로써 플로터에서 사용 가능한 잉크 색상보다 많은 색상을 사용하여 플롯한 느낌이 나도록 합니다.

그레이 스케일 : 회색조의 명암 효과를 표현할지 선택합니다.

펜 : 출력기기가 펜 플로터인 경우 색상에 따른 펜 번호를 지정합니다.

가상 펜 : 출력기기가 펜 플로터가 아닌 경우 색상에 따른 펜 번호를 지정합니다.

스크리닝 : 출력 색상의 투명도를 설정합니다.

선 종류 : 선택한 색상의 선 종류를 선택합니다.

가변성 : 선 유형에 따른 선 축척을 사용할지 선택합니다.

선가중치 : 선택한 색상의 선 두께를 지정합니다.

선 끝 스타일 : 선 끝의 형태를 지정합니다.

선 결합 스타일 : 선이 연결되는 부위의 형태를 지정합니다.

채움 스타일 : 객체가 솔리드로 채워져 있는 경우 색을 채우는 방법을 지정합니다.

선가중치 편집 : 선 두께를 지정합니다.

다른 이름으로 저장 : 설정한 플롯 스타일 테이블을 다른 이름으로 저장합니다.

저장 및 닫기 : 설정한 플롯 스타일 테이블을 현재 이름으로 저장하고 닫습니다.

각 플로터 구성에는 장치 드라이버와 모델, 장치가 연결된 출력 포트, 및 다양한 장치 특정 설정 등의 정보가 들어 있습니다. 이 프로그램에서 사용 가능한 구성된 시스템 및 HDI 비시스템 프린터 또는 플로터를 나열합니다. 이 프로그램에서 운영 체제의 시스템 장치와 다르게 기본값을 설정하지 않는 한, 시스템 장치를 구성할 필요가 없습니다.

플로터가 이 프로그램에서는 지원되지만 운영 체제에서는 지원되지 않는 경우 HDI 비시스템 프린터 또는 플로터 드라이버 중 하나를 사용할 수 있습니다. 또한 비시스템 드라이버를 사용하여 포스트 스크립, 래스터 이미지, DWF(Design Web Format) 또는 PDF(Portable Document Format) 파일을 작성할 수 있습니다.

프로그램은 구성된 플롯(PC5) 파일에 매체 및 플로팅 장치에 대한 정보를 저장합니다. 플롯 구성은 이동 가능하며 동일한 드라이버 및 모델에 대한 플롯 구성은 사무실에서 공유하거나 프로젝트에서 공유할 수 있습니다. 시스템 프린터의 플롯 구성은 공유할 수도 있지만 동일한 운영 체제 버전에서 공유해야 합니다. 플로터를 교정할 경우 교정 정보는 교정된 플로터에 대해 작성한 모든 PC5 파일에 부착할 수 있는 플롯 모델 매개변수(PMP) 파일에 저장됩니다.

플로팅과 관련된 용어 및 개념을 이해하면 프로그램에서 처음 해보는 플로팅 작업을 보다 쉽게 수행할 수 있습니다.

1. 플로터 관리자

플로터 관리자는 설치된 모든 비시스템 프린터에 대한 플로터 구성(PC5) 파일이 나열되어 있는 윈도우입니다. Windows에서 사용되는 속성과 다른 기본 속성을 사용하려는 경우, 플로터 구성 파일을 Windows 시스템 프린터용으로 작성할 수 있습니다. 플로터 구성 설정은 해당 플로터 유형에 따른 포트 정보, 래스터 및 벡터 그래픽 품질, 용지 크기, 사용자 특성 등을 지정합니다.

플로터 관리자에는 플로터를 구성하기 위한 기본 도구인 플로터 추가 마법사가 포함되어 있습니다. 플로터 추가 마법사는 설정하려는 플로터에 대한 정보를 입력하도록 프롬프트를 표시합니다.

2. 플로터 추가 마법사

플로터 추가 마법사를 이용해 새 플로터와 프린터를 추가합니다.

플로터 추가 마법사 실행

명령창에 〈PLOT〉을 입력하여 플롯 대화상자를 활성화한 후 '프린터/플로터' 탭의 〈플로터 추가 마법사〉를 클릭합니다.

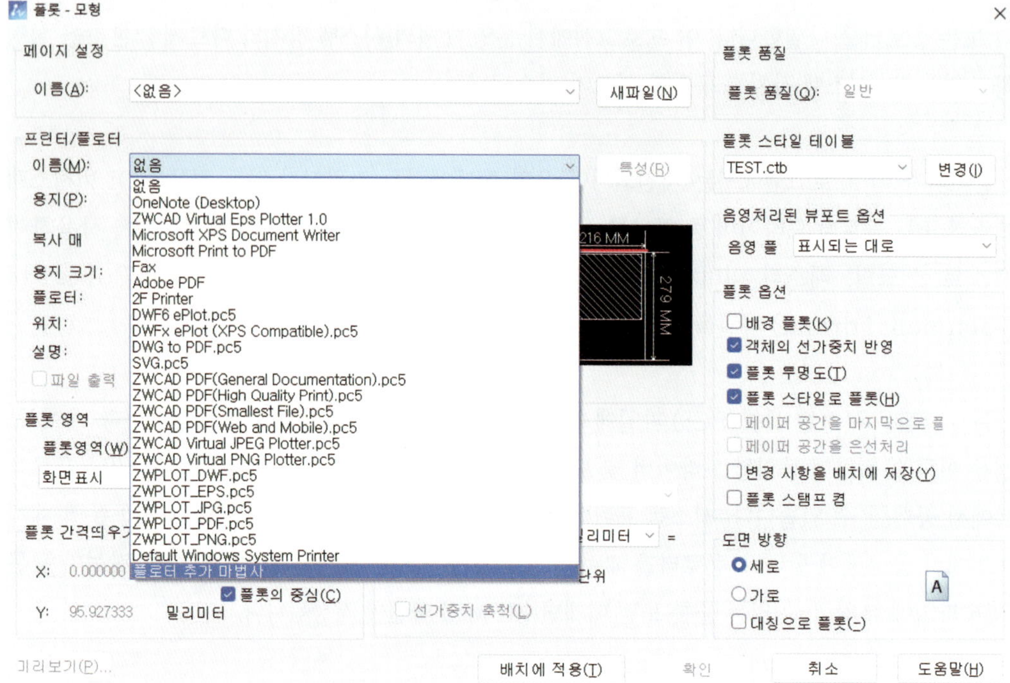

플로터 추가 마법사 시작

'플로터 추가' 대화상자가 나타나면 〈다음〉을 클릭합니다.

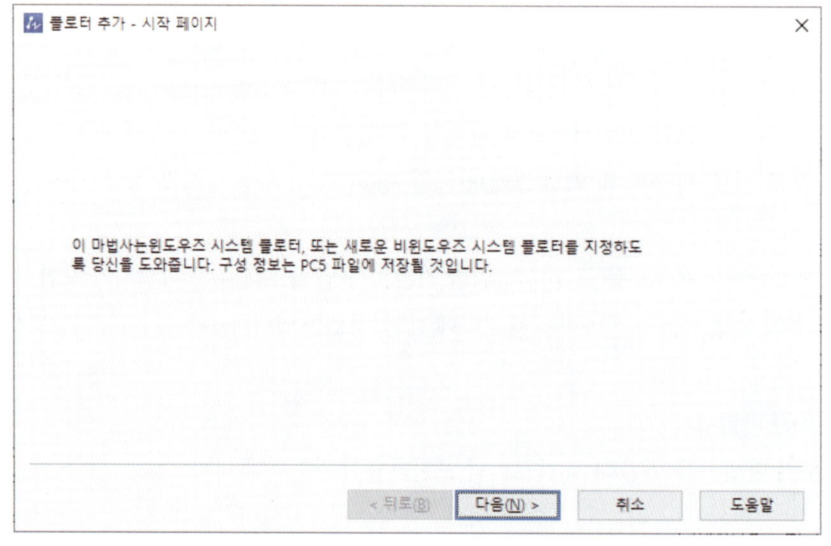

새로운 플로터 설정을 저장할 공간을 선택하며, 특정 환경이 아닌 경우, '내 컴퓨터'를 선택 후 〈다음〉을 클릭합니다.

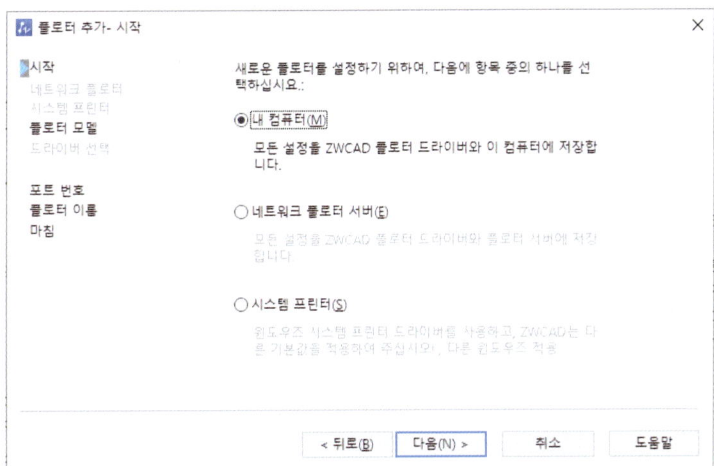

플로터 목록 선택

설치된 장치 드라이브의 플로터와 비시스템 프린터/플로터가 나열됩니다. 추가할 플로터 장치를 선택한 후 〈다음〉을 클릭합니다.

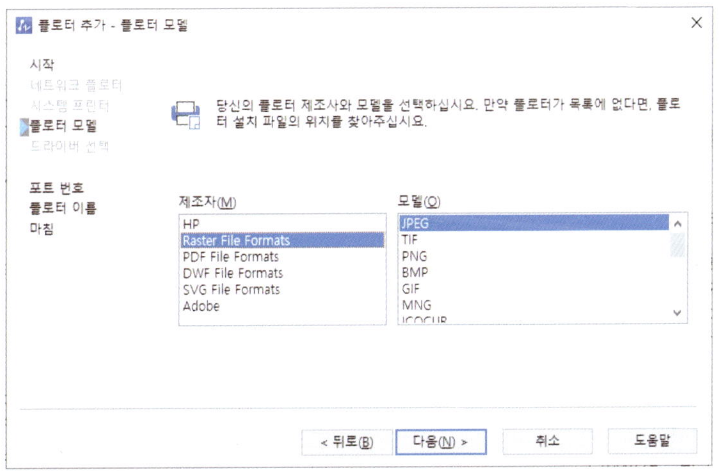

TIP

비시스템 프린터/플로터 목록

래스터 파일 포멧 : JPEG, TIF, PNG, BMP, GIF, MNG, ICOCUR, TGA, PCX, WBMP, JP2, JPC, PGX, RAS, PNM, SKA, EMF

PDF 파일 포멧 : PDF

DWF 파일 포멧 : DWF

SVG 파일 포멧 : SVG

포트 및 파일 플롯 설정

네트워크 프린트/플로터 장치를 사용하는 드라이브의 경우 포트로 플롯(P), 비시스템 플로터 장치를 이용해 파일로 출력하는 경우 '파일을 플롯(F)'을 설정한 후 〈다음〉을 클릭합니다.

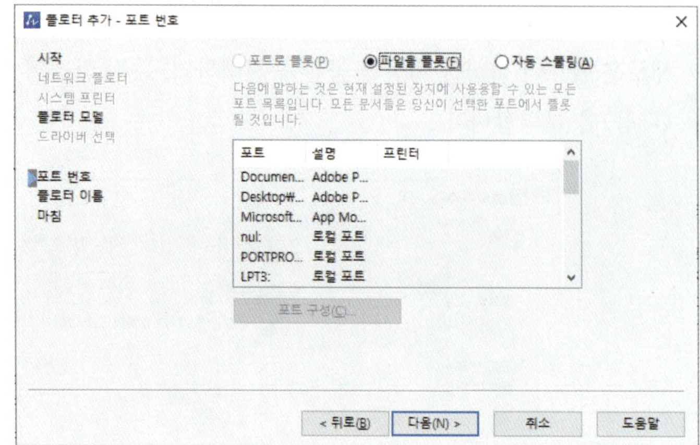

플로터 이름 설정

사용할 플로터의 이름을 설정한 후 〈다음〉을 클릭합니다.

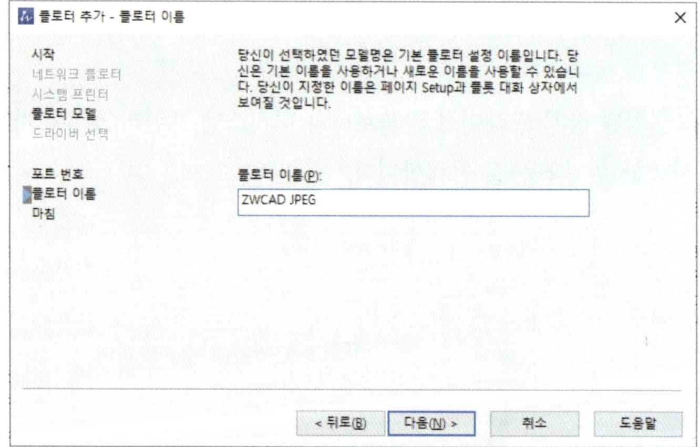

플로터 추가 – 마침

플로터 추가 – 마침 대화상자가 표시되면 〈마침〉 버튼을 클릭해 설정을 마무리합니다.

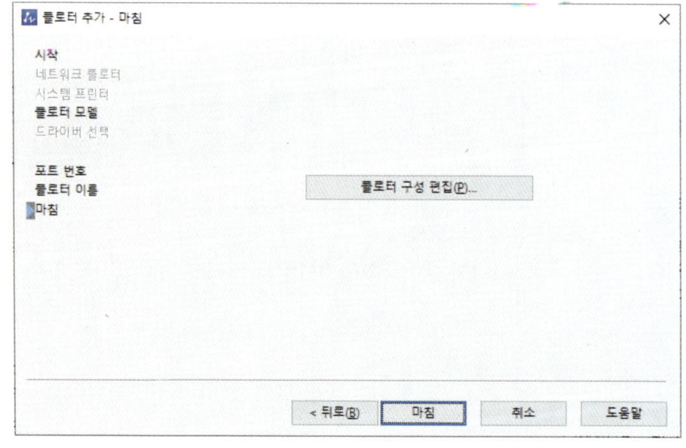

출력하기

01 출력 환경 설정 및 출력하기

출력 환경 설정은 작업한 도면을 사용자가 원하는 대로 정확히 출력하기 위해 출력 도면의 크기와 영역, 축척 등을 설정하는 과정입니다.

1. 출력 환경 설정

명령창에 〈PLOT〉을 입력하면 플롯 대화상자가 표시됩니다. 출력 환경은 출력할 때마다 선택할 수도 있지만 하나의 프로젝트에 속해 있는 도면들은 모두 같은 플롯 스타일 테이블을 적용하기 때문에 출력 영역과 축척만 지정하는 경우가 대부분입니다. 그리고 이전에 사용한 출력 환경은 페이지 설정 – 이름에서 〈이전 값〉을 선택하여 다시 사용할 수 있습니다. 페이지 설정 – 이름에서 선택하는 플롯 스타일은 출력에 관련된 모든 설정이 저장되어 있기 때문에 같은 유형의 도면을 반복해서 출력할 때 빠르고 쉽게 환경 설정이 가능해 매우 편리합니다.

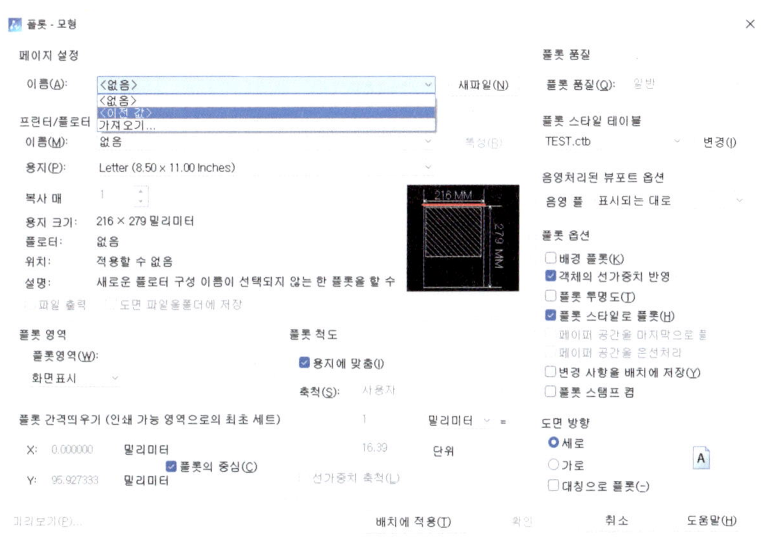

2. 일반적인 출력 과정

플롯 대화상자가 표시된 후 일반적으로 아래와 같은 과정으로 출력을 진행합니다. 그러나 이 과
정에 순서가 정해져 있는 것은 아니므로 순서를 바꾸어 설정해도 무관합니다.

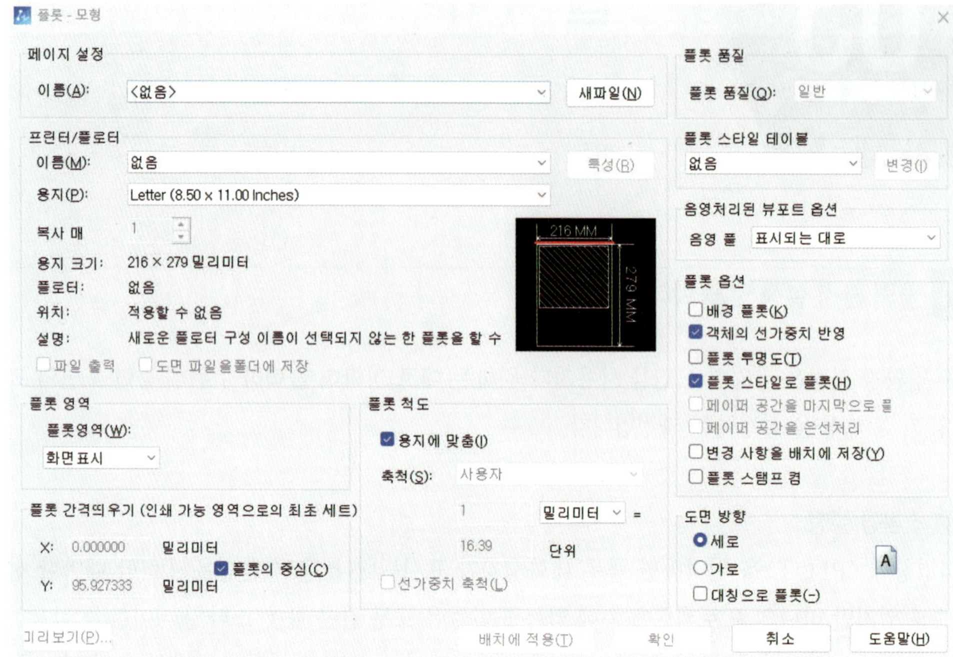

페이지 선택

페이지 설정 – 이름에서 미리 설정해 둔 페이지를 선택하거나 이전에 사용한 〈전회〉를 선택하면
설정해 둔 출력 환경을 불러와 사용할 수 있습니다.

출력기기 선택

프린터/플로터 – 이름에서 출력할 기기를 선택합니다. 출력기기를 선택하면 그 기기에서 출력
가능한 용지가 아래 용지 크기에 자동으로 표시됩니다. 출력할 용지를 선택합니다.

출력 영역 설정

출력 영역을 설정합니다. 윈도우로 지정한 경우 화면에서 윈도우 상자를 사용해 인쇄할 영역을
설정합니다.

축척 설정

출력물의 축척을 설정합니다. 용지에 맞는 정확한 축척을 설정하여 출력하였을 때 도면 객체의
모든 내용이 출력됩니다.

플롯 스타일 테이블 선택

객체 색상에 따른 선 유형이나 선 가중치의 변경이 필요한 경우 미리 만들어 놓은 〈플롯 스타일 테이블〉을 선택합니다.

미리 보기

〈미리 보기〉 버튼을 클릭하면 설정해 둔 최종 인쇄 형태가 화면에 표시됩니다. 미리 보기 창에서는 화면 확대 및 축소를 하여 상태를 확인할 수 있으며 〈인쇄〉 버튼을 클릭해 출력을 진행할 수 있습니다.

출력

모든 설정을 완료하고 〈확인〉 버튼을 클릭하면 출력이 실행됩니다.

02 파일 형식으로 출력하기

출력물을 종이에 인쇄하는 방법 외에 다른 파일 형식으로 저장하여 사용하는 경우가 있습니다. 인쇄물 종이 대신 PDF 파일로 가상 출력하여 저장하는 경우가 있고 객체만 이미지화 하여 추후 포토샵 등에서 사용할 수 있는 EPS 파일로 가상 출력하여 저장하는 경우가 있습니다.

1. 파일 출력

PDF 파일로 출력하는 과정에 대한 예시입니다. 파일 출력은 일반적인 과정과 거의 동일합니다.

페이지 선택

페이지 설정 – 이름에서 〈없음〉을 선택합니다.

출력기기 선택

프린터/플로터 – 이름에서 〈DWG To PDF.pc5〉를 선택합니다. 이 경우 가상 출력이므로 모든 크기의 용지가 표시되며, 이 중에서 필요한 용지 크기를 선택합니다.

출력 영역 설정

출력 영역을 설정합니다. 윈도우로 지정한 경우 화면에서 윈도우 상자를 사용해 인쇄할 영역을 설정합니다.

축척 설정

출력물의 축척을 설정합니다. 용지에 맞는 정확한 축척을 설정하여 인쇄하였을 때 도면 객체의 모든 내용이 인쇄됩니다.

플롯 스타일 테이블 선택

객체 색상에 따른 선 유형이나 선 가중치의 변경이 필요한 경우 미리 만들어 놓은 〈플롯 스타일 테이블〉을 선택합니다.

미리 보기

〈미리 보기〉를 클릭하면 설정해 둔 최종 인쇄 형태가 화면에 표시됩니다. 미리 보기 창에서는 화면 확대 및 축소를 하여 상태를 확인할 수 있으며 〈인쇄〉를 클릭하여 인쇄를 진행할 수 있습니다.

출력

모든 설정을 완료하고 〈확인〉을 클릭합니다.

파일 저장하기

플롯 파일 찾아보기 대화상자가 표시되면 파일 저장 경로와 이름을 지정하고 〈저장〉을 클릭하여 파일을 저장합니다.

시트 세트 관리자

01 시트 세트 관리자

1. 시트 세트 관리자

시트 세트는 배치 공간이 생성된 여러 도면을 하나의 시트 세트 관리자로 관리하고 출력할 수 있는 기능으로 생성, 편집, 게시 및 기록할 수 있습니다. 시트 세트에서 새 하위 세트 또는 만들어진 시트 파일을 가져와 배치를 관리할 수 있습니다.

시트 세트는 직관적으로 하위 세트 또는 시트 사이의 복잡한 계층 구조를 나타내어 서로 간의 관계를 파악하는 데 도움이 되며, 도면 파일 경로를 빠르게 찾을 수 있도록 지원하므로 도면을 보고 관리하기에 편리합니다. 설계 디자이너는 시트 세트를 서버에 업로드함으로써 상태 데이터에 액세스하고, 업데이트를 받고, 전자 전송으로 통신할 수 있습니다.

2. 시트 세트 관리자 사용하기

시트 세트 생성

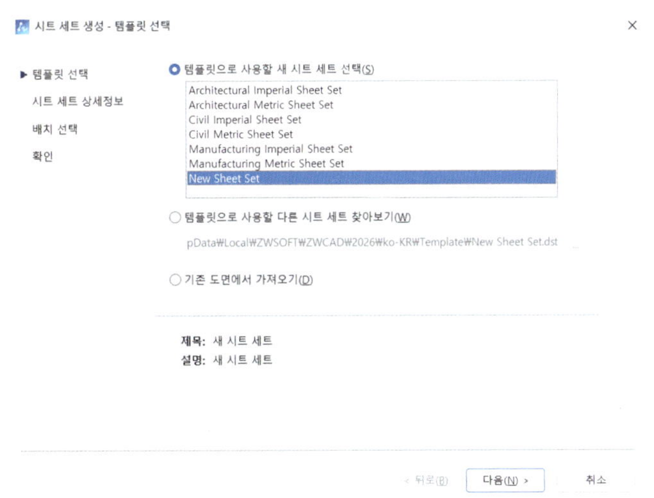

NEWSHEETSET 명령어는 시트 세트를 생성하는데 사용됩니다. 시트 세트를 만드는 방법은 두 가지가 있습니다.

- 시트 세트 템플릿 파일인 DST 파일을 사용합니다. 시트 세트를 만들기 위해 기존 템플릿을 사용할 수 있습니다. 새로 만든 시트 세트는 템플릿의 하위 셋 구조를 상속합니다. 새 하위 세트를 수동으로 만들 수 있습니다.

- 기존 도면을 사용하는 합니다. 컴퓨터의 기존 폴더를 사용하여 도면 파일을 포함하는 하나 이상의 폴더를 지정하여 시트 세트를 만들 수 있습니다. 이때 시트 세트와 그 하위 셋 구조는 폴더 및 하위 폴더 계층 구조에 따라 생성됩니다. 도면에서 배치를 시트 세트로 가져올 수 있습니다.

이름, 새 시트 세트의 설명 및 위치를 입력한 후 마침을 클릭하여 시트 세트 관리자에 새로 작성된 시트 세트를 표시합니다.

시트 세트 하위 시트 생성

시트 세트 관리자에서 시트 세트 또는 하위 세트를 선택하고 마우스 오른쪽 버튼으로 클릭하여 〈새 하위 셋〉을 선택합니다. 하위 세트 특성 대화 상자에서 하위 세트 이름, 폴더 계층 구조, 게시 설정, 시트 위치, 시트 템플릿 등을 지정하여 확인을 클릭합니다.

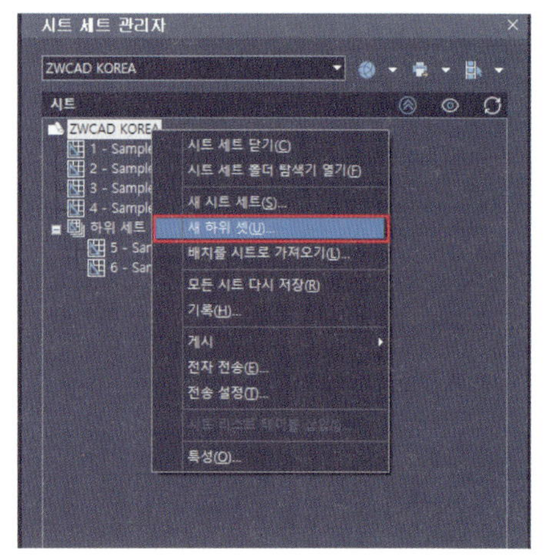

시트 세트 기록

시트 세트에 구성된 관련 파일을 트리 계층 구조 형식으로 패키지(.zip) 파일로 생성합니다. 패키지에 포함된 모든 파일은 파일 이름 옆의 선택 표시로 나타납니다. 파일 표시 영역에서 마우스 오른쪽 버튼을 클릭하여 파일 표시 및 선택 표시 관련한 바로 가기 메뉴가 표시됩니다.

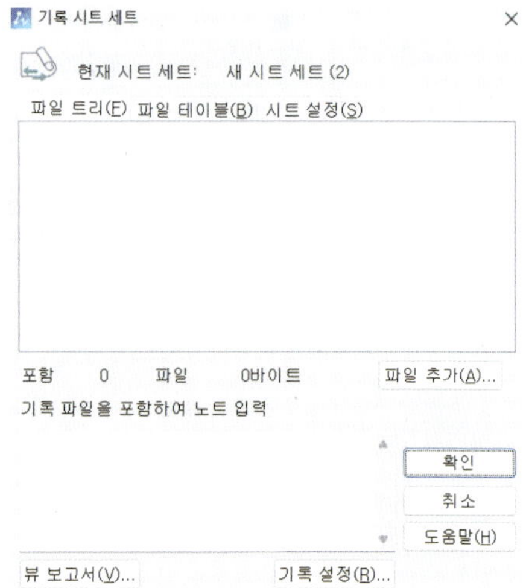

시트 세트 관리자는 시트목록, 시트 뷰, 모델 뷰로 구성되며 다음 작업을 수행할 수 있습니다.

- 시트 세트에서 시트 또는 하위 세트를 생성, 삭제하고 하위 세트 또는 시트를 드래그 하여 시트 세트 트리의 위치를 조정합니다.

- 시트 세트를 플로터에 게시하거나 하나 이상의 시트에서 DWF, DWFx 또는 PDF 파일을 만들 수 있습니다. PUBLISH 명령어와 동일한 기능입니다.

- 전자 전송을 사용하여 시트 세트 및 관련 파일을 인터넷을 통해 패키징하고 전달할 수 있습니다. ETRANSMIT 명령어와 동일한 기능입니다.

- 특성 대화 상자를 열어 시트 세트, 하위 세트 또는 시트의 게시 옵션, 템플릿 위치, 도면 위치, 이름 변경 옵션, 사용자 정의 특성 등을 설정할 수 있습니다.

- 시트 정보가 포함된 테이블을 만들고 배치에 삽입할 수 있습니다.

- 모델 뷰 : 시트 모음과 관련된 도면 파일 목록이 표시됩니다.

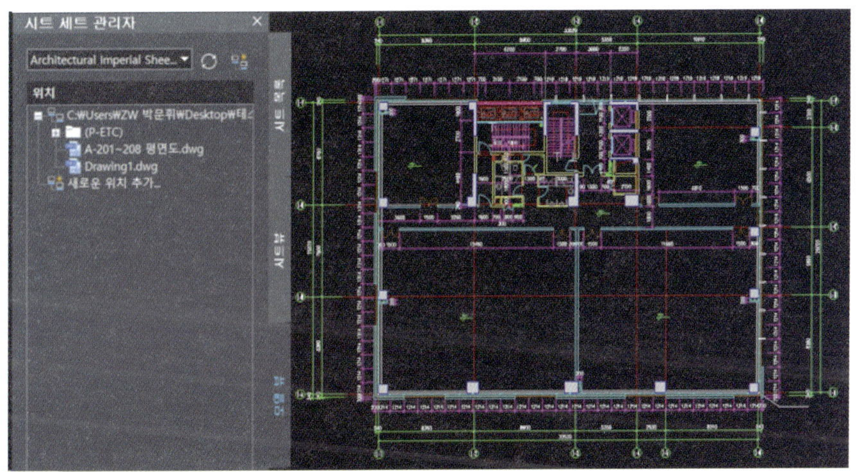

-시트 뷰 : 시트에 삽입된 모형 뷰 목록이 표시됩니다.

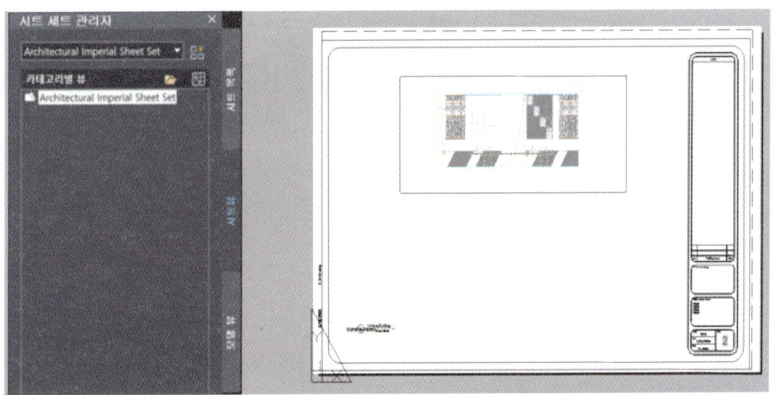

캐 드 의   정 석

ZWCAD

부록

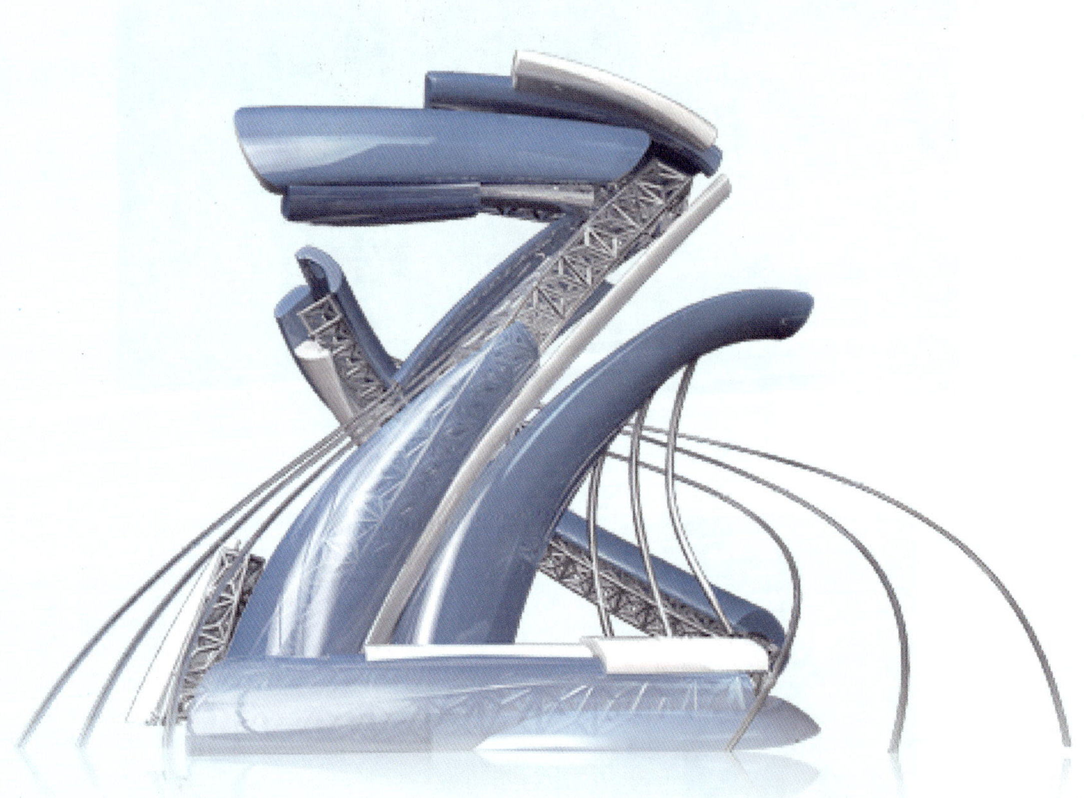

ZWCAD만의 스마트 기능

01 ZWCAD의 스마트 기능이란?

ZWCAD는 기존의 수작업 중심 설계 방식에서 벗어나, 설계 효율성과 정확성을 높이는 총 5가지 스마트 기능을 제공합니다. 자동 출력, 객체 인식, 반복 작업 최소화 등 AI 기술과의 접목을 통해 디자이너가 작업에 집중할 수 있는 환경을 구성합니다. 스마트한 설계 환경을 구현하고자 하는 실무자들에게는 물론, 미래 설계 산업의 흐름을 미리 체감하고자 하는 이들에게도 꼭 필요한 기능입니다.

현재 제공되는 스마트 기능은 스마트 선택, 스마트 마우스, 스마트 음성, 스마트 플롯, 스마트 매치로 구성되어 있으며, 각각의 기능은 설계 과정의 생산성을 크게 향상시킵니다.

앞으로는 사용자의 설계 패턴을 학습하여 스스로 도면을 제안하거나, 반복적인 작업을 자동으로 수행하는 자동화 설계 등 AI 기반의 스마트 설계 환경을 제공할 예정입니다.

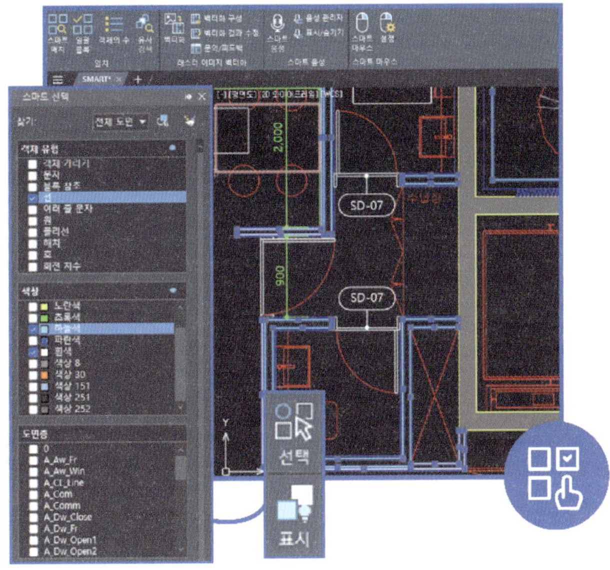

스마트 선택(SMARTSEL)은 현재 도면의 객체 유형, 색상, 도면층, 선종류, 선가중치, 블록 이름, 이미지 이름, 외부 참조 이름 등으로 나열하여 객체를 보다 편리하게 선택할 수 있는 기능입니다. 기능 사용 시 활성창으로 나타나지 않고 대화상자 패널 형식으로 기능이 실행되어 도면 설계 작업 간 실시간으로 사용할 수 있으며, 객체 선택 시 위의 옵션 항목들이 표시되어 즉각적으로 특성의 일부를 확인할 수도 있습니다.

■ 메뉴 : 클래식 메뉴 → Express(X) → 도구 선택(S) → 스마트 선택(S)
■ 명령어 : SMARTSEL

① 좌측 스마트 선택 패널 대화상자에서 필터링할 객체 범위를 지정합니다.
지정 시 선택한 범위에 있는 객체의 다양한 속성이 패널에 나열됩니다.

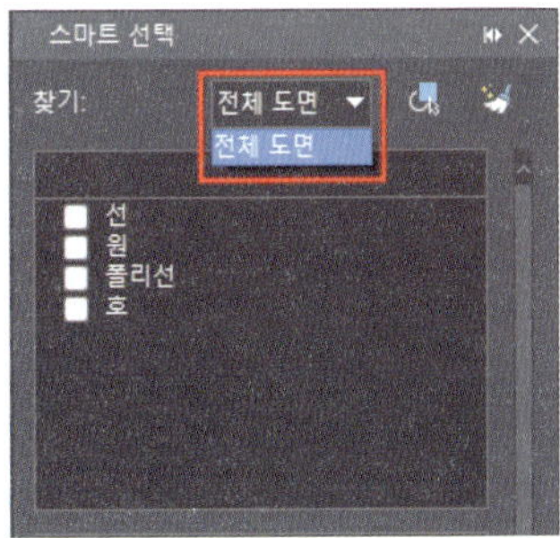

 아래 이미지와 같이 필터링할 객체 속성을 선택하면 일치하는 객체만 선택됩니다.

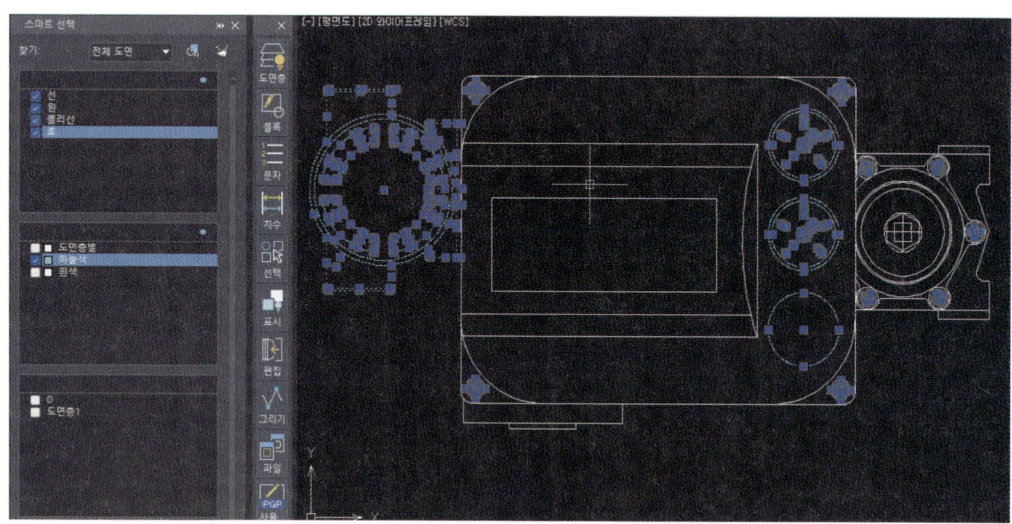

03 스마트 마우스 SMART MOUSE

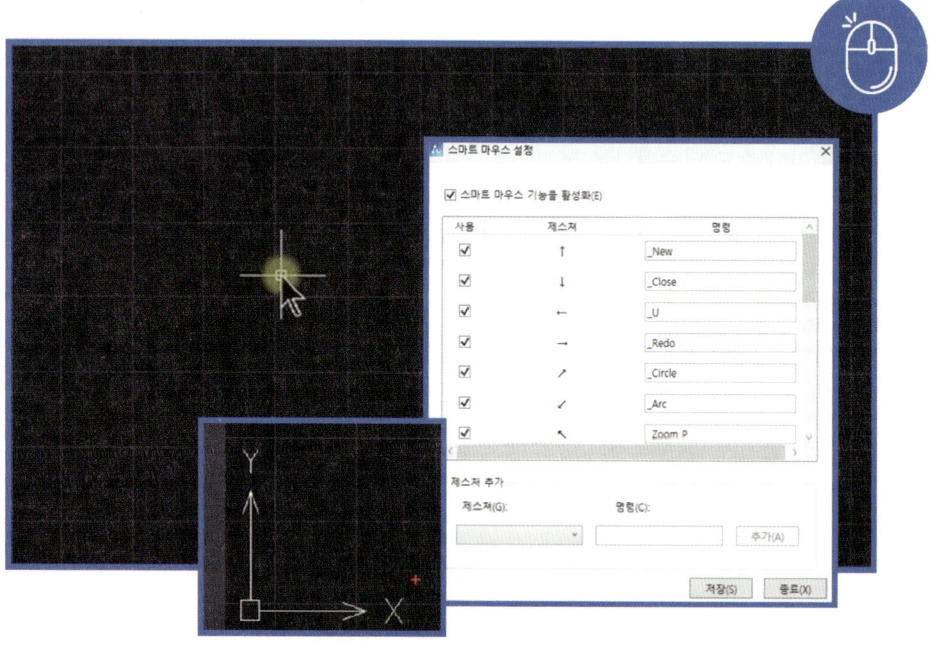

스마트 마우스(SMARTMOUSE)는 마우스 제스처를 통해 기능을 즉각적으로 사용할 수 있으며, 제스처 설정을 통해 각각의 기능을 사용자화할 수 있습니다. 기본적으로 새 도면 열기, 닫기,

뒤로가기, 새로고침, 원, 이동, 블록 등 17가지로 설정되어 있으며, 사용자 정의에 따라 자주 사용하는 명령어를 설정하여 사용할 수 있습니다. 이는 키보드 단축키와 마우스 제스처를 병행하여 설계 작업 효율을 더 극대화합니다.

■ 메뉴 : 스마트 → 스마트 마우스
■ 명령어 : SMARTMOUSE

1 스마트 마우스 메뉴에서 '설정'을 클릭합니다.

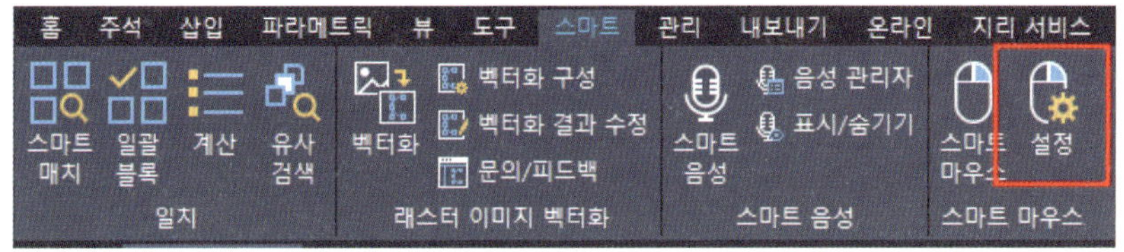

2 스마트 마우스 설정 대화상자에서 사용할 제스처와 명령어를 선택합니다. 이 때, 제스처와 명령어는 사용자화가 가능하며, 하단 제스처 추가 기능을 이용하여 추가 및 변경이 가능합니다.

3 설정을 완료한 후, 작업화면에서 마우스 오른쪽 버튼을 누른 상태로 제스처를 사용할 시 그림과 같이 제스처를 통한 자동 명령어 사용이 가능합니다.

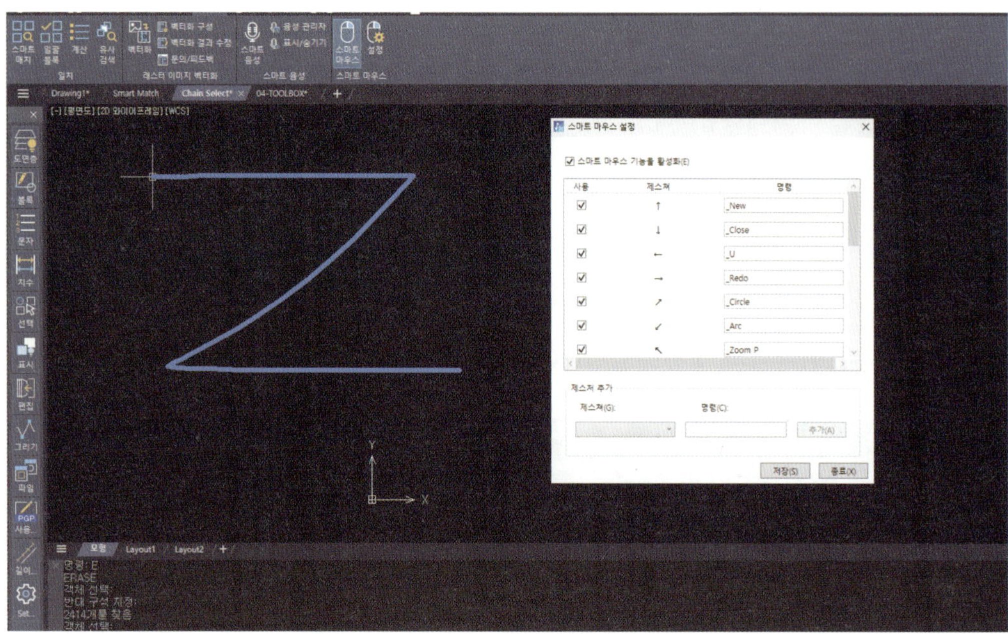

04 스마트 음성 SMART VOICE

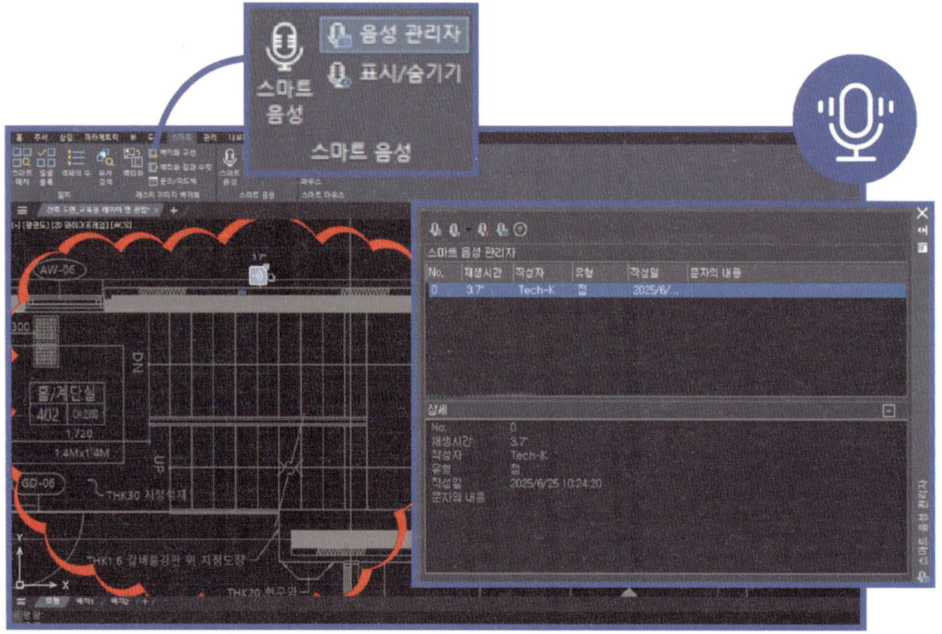

    스마트 음성(SMARTVOICE)은 마이크 모양의 음성 아이콘을 원하는 위치에 삽입하여 구름 형 수정 기호(REVCLOUD)와 같이 편집할 부분에 대한 음성 표기가 가능합니다. 음성 표기 시

사용자가 마이크 모양의 아이콘을 선택하면 기록된 음성을 스피커를 통해 들을 수 있으며, 구름형 수정 기호 표시보다 더 정확한 정보를 음성을 통해 기록하여 도면에 삽입할 수 있어 보다 더 정확한 설계가 가능합니다.

1 스마트 음성 메뉴에서 '스마트 음성'을 실행합니다.

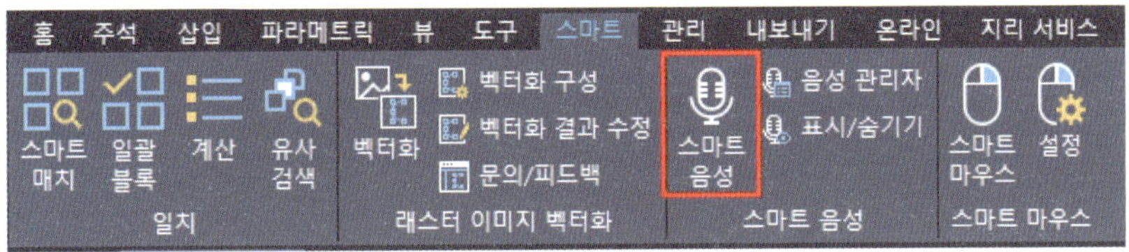

2 작업 화면에 음성을 삽입할 위치를 선택한 후, 스마트 음성 아이콘을 마우스로 누른 채 녹음을 실행합니다.(마우스로 아이콘을 누르고 있어야 녹음이 지속됩니다.)

3 스마트 음성 메뉴의 스마트 음성 관리자를 통해 도면 내 녹음된 모든 정보를 관리할 수 있습니다.

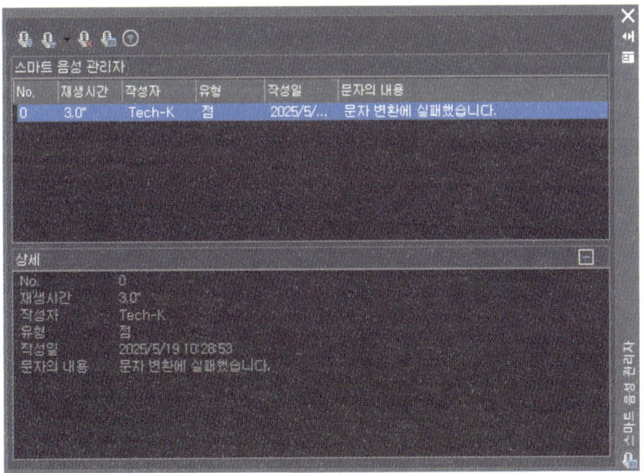

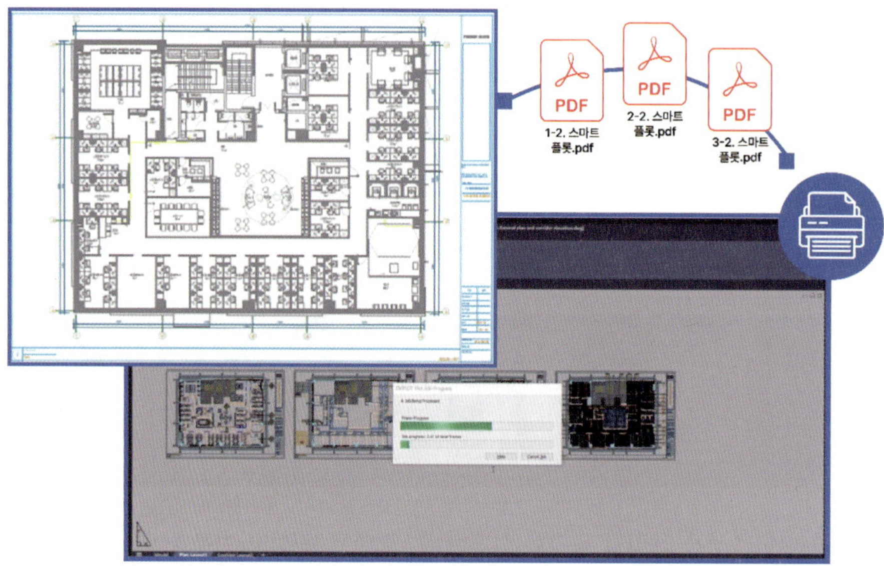

스마트 플롯(SMARTPLOT)은 한 번의 클릭으로 여러 파일의 다양한 도면을 일괄적으로 자동 출력할 수 있어 반복적인 출력 작업을 크게 줄여줍니다. 단일 파일 또는 다중 파일을 선택해 출력할 수 있으며, 출력 파일의 이름 설정, 출력 파일 유형(PDF, PNG, DWG, PLT 등)을 사전 설정에 설정하여 다양한 출력 결과를 얻을 수 있습니다.

■ 메뉴 : 도구 → 스마트 플롯
■ 명령어 : SMARTPLOT

1) 프레임 인식 모드 설정

스마트 플롯은 도면 내 도곽(프레임)을 인식하여 일괄적으로 출력합니다. 도곽 인식 모드 설정에시는 출력할 노곽을 사전 설정하는 기능입니다.

- **범용 모드** : 폴리선, 선, 스플라인, 블록, 외부 참조 등 다양한 요소로 구성된 닫힌 사각형을 인식합니다.

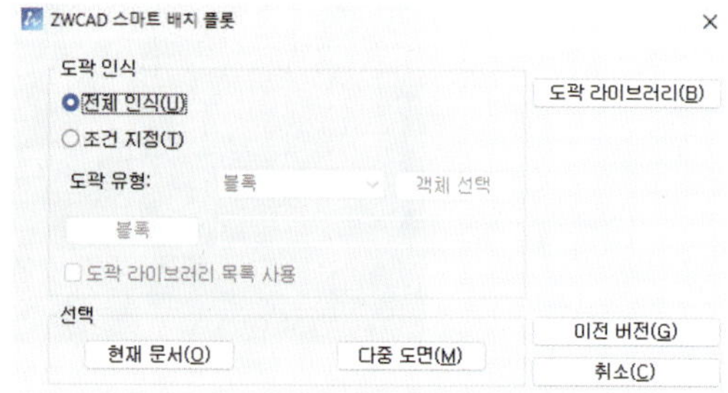

- **조건 모드** : 사용자가 지정한 블록, 도면층, 객체 조건에 따라 도곽을 인식합니다.

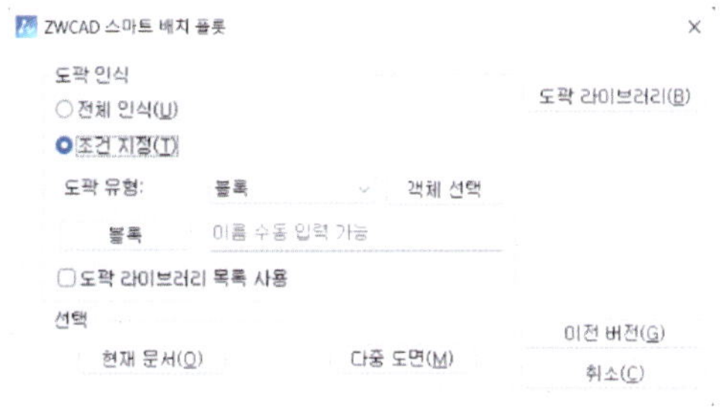

- **도곽 유형** : 다중 출력을 진행할 도곽 유형을 지정합니다. 대체적으로 도곽은 블록화되어 있어 블록 유형을 가장 많이 선호합니다.

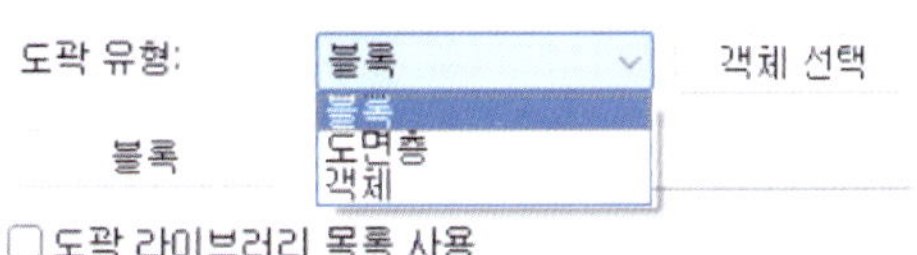

- **객체 선택** : 도면 영역에서 객체를 직접 선택하여 유형을 불러옵니다.

- **수동 입력** : 블록명, 도면층명, 객체 유형명을 직접 입력하는 방법으로, 중복된 유형의 2개 이상 서로 다른 이름을 지정할 때 사용합니다.

- **도곽 라이브러리** : 블록 도곽 유형을 사용할 경우 사용자가 사전에 도곽 별 용지 크기, 파일 이름 등을 설정하여 필요에 따라 선택하여 사용할 수 있습니다.

2) 선택

- **현재 문서** : 현재 도면에서 출력할 도곽을 일괄 선택하여 출력합니다.

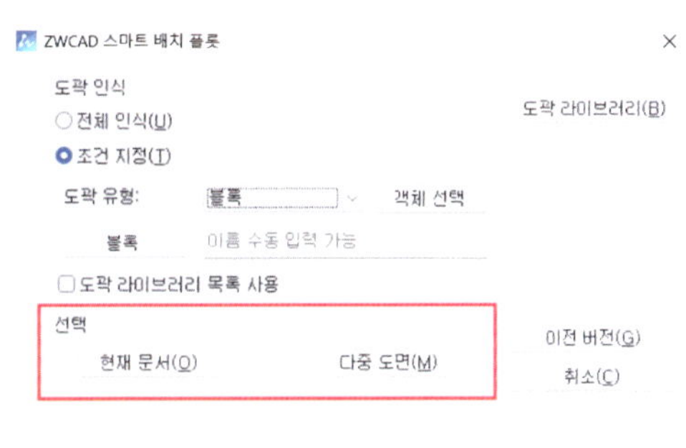

- **다중 문서** : 여러 도면 파일에서 도곽을 검색하여 일괄 출력합니다.

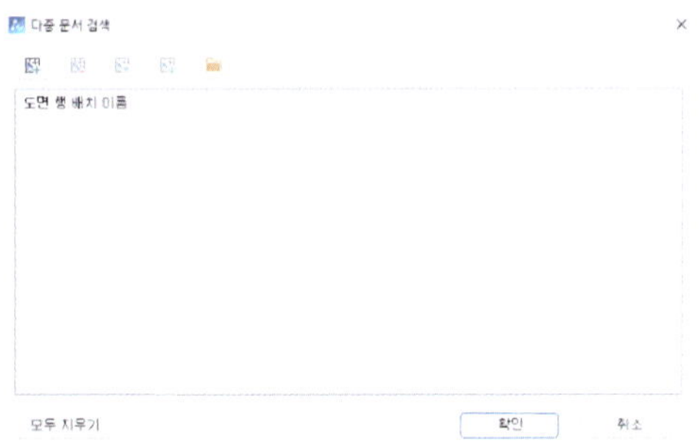

3) 스마트 플롯 배치 플롯

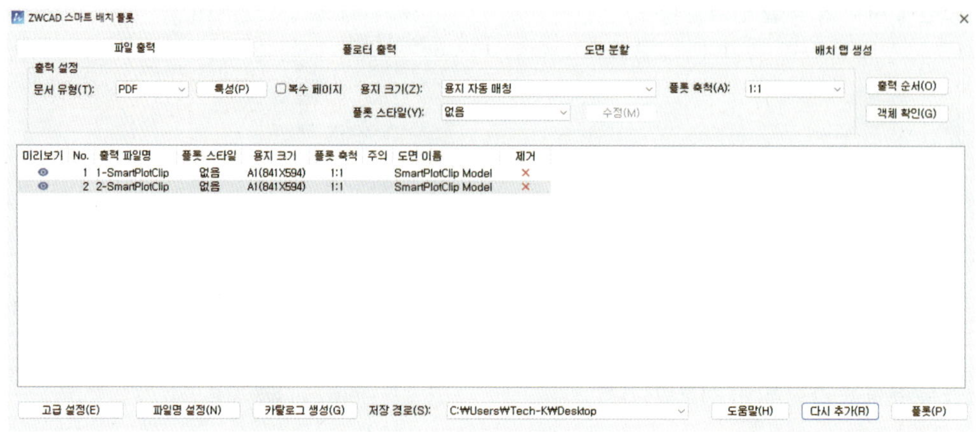

    스마트 배치 플롯 대화상자는 출력 전 마지막 단계로 출력 결과물을 설정할 수 있는 기능으로, 출력 결과물의 전체 목차를 나타내며 미리보기를 통해 사전 검토가 가능합니다. 또한, 상단 탭을 통해 다양한 파일(PDF, 이미지 등), 프린터 플롯, DWG 도면 분할 등으로 출력 유형을 선택할 수 있고 하단 고급 설정 옵션을 통해 출력 품질, 용지 여백 등을 설정, 파일로 출력하는 경우 파일명 변경 기능을 통해 파일명을 사용자화할 수도 있습니다. 모든 설정이 완료되면 '출력' 버튼을 통해 일괄적으로 출력합니다.

- 고급 설정 : 페이지 설정을 통해 플롯 품질과 음영 플롯, 투명도, 용지 여백 등을 설정합니다.

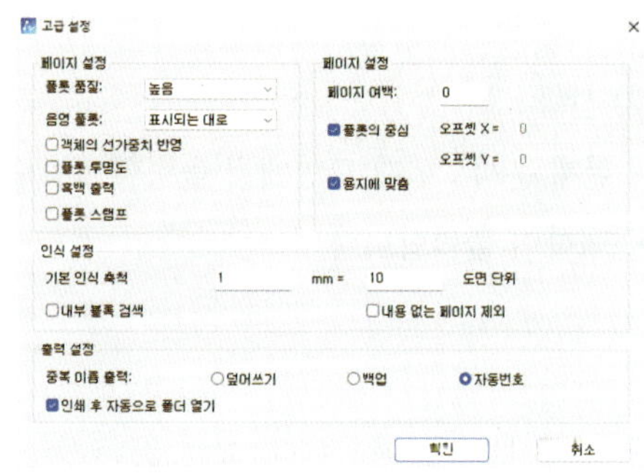

- 파일 이름 변경 스타일 : 기본적으로 '파일명+번호' 형식으로 출력되나, 사용자화 설정을 통해 도곽(프레임) 내 특정 위치의 문자를 추출하여 출력되는 파일명으로 설정할 수 있습니다.

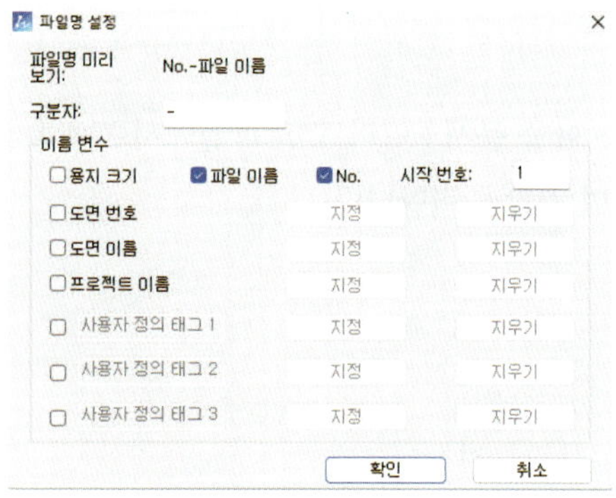

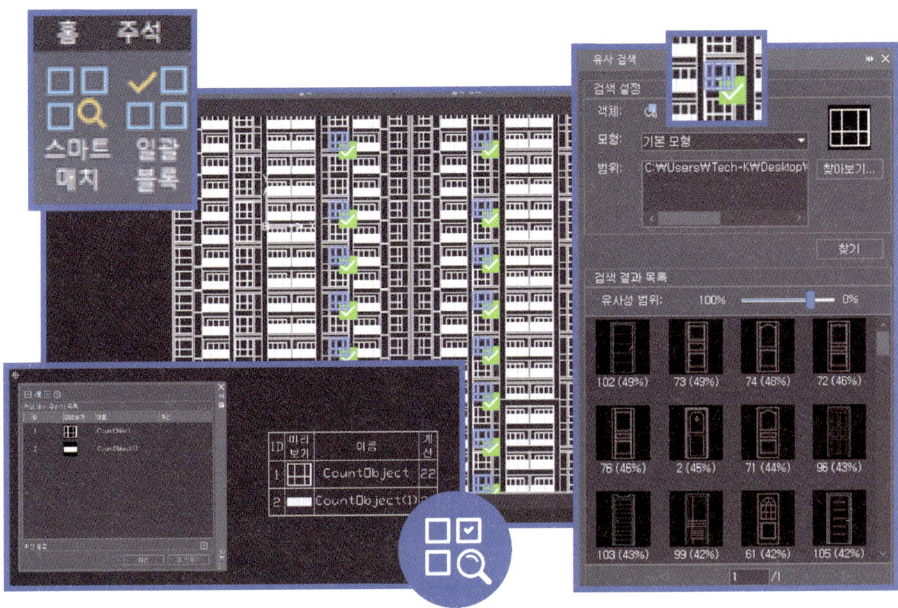

스마트 매치(SMARTMATCH)는 인식 기반 기술로 동일한 객체를 일괄적으로 찾을 수 있는 기능입니다. 원본 객체를 선택하여 다른 위치, 다른 크기, 다른 대칭 객체 유형에서도 동일한 객체를 일괄적으로 선택할 수 있습니다. 매개변수를 통해 공차 값을 적용하여 보다 넓은 범위로 검색할 수 있으며, **배치 블록(BATCHBLOCK)** 기능과 함께 사용하여 일괄적으로 블록으로 생성하거나 다른 블록 객체로 일괄 교체할 수 있습니다. 이는 수작업으로 찾아야 하는 단일 객체와 반복적인 수정 편집 작업을 일괄 처리하여 스마트한 설계 환경을 제공합니다.

1) 스마트 매치

- **메뉴** : 스마트 → 스마트 매치
- **명령어** : SMARTMATCH

도면 내 지정 영역에서 선택한 객체와 동일한 모든 객체를 검색합니다.

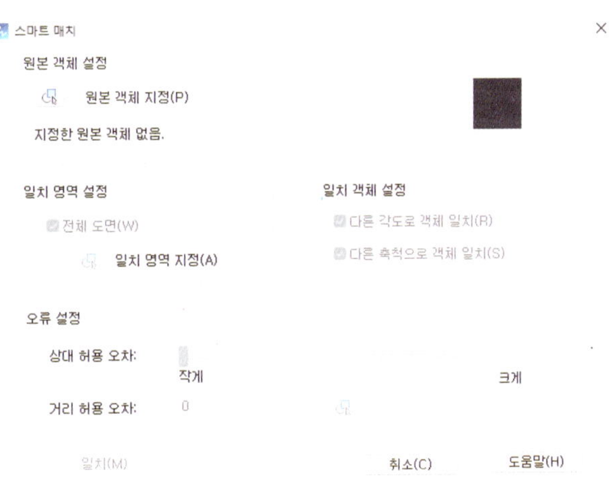

- 원본 객체 지정 : 동일한 모든 객체를 찾기 위해 원본 객체를 지정합니다.

- 일치 영역 설정 : 검색 범위(전체 도면, 지정 영역)을 선택합니다.

- 일치 객체 설정 : 객체의 모양은 같으나 각도나 축척이 다른 객체를 함께 찾을지 선택합니다.

- 오류 설정 : 원본 객체와의 오차 범위를 설정합니다.

- 일치 : 기능을 실행하여 매칭되는 객체를 탐색합니다.

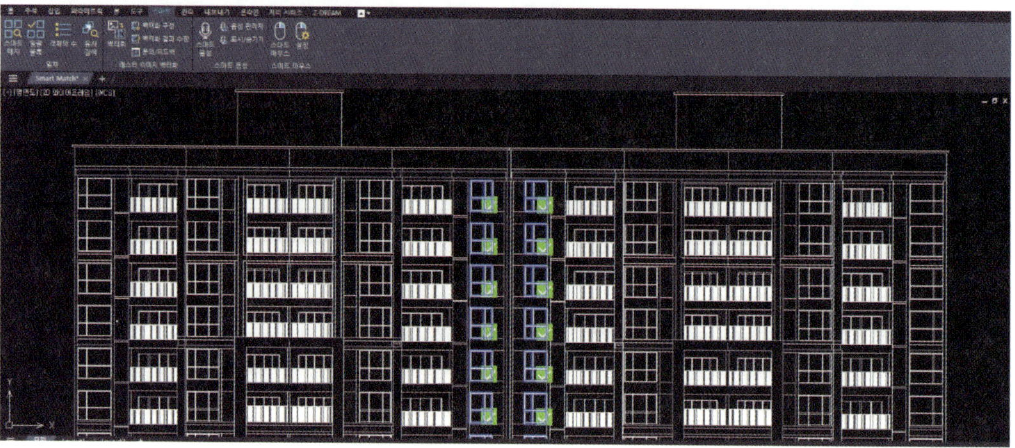

2) 일괄 블록

> ■ 메뉴 : 스마트 → 일괄 블록
> ■ 명령어 : BATCHBLOCK

- 객체 일치 : 스마트 매칭(SMARTMATCH) 기능으로 이동됩니다. 사전에 일괄 처리할 원본 객체를 탐색합니다.

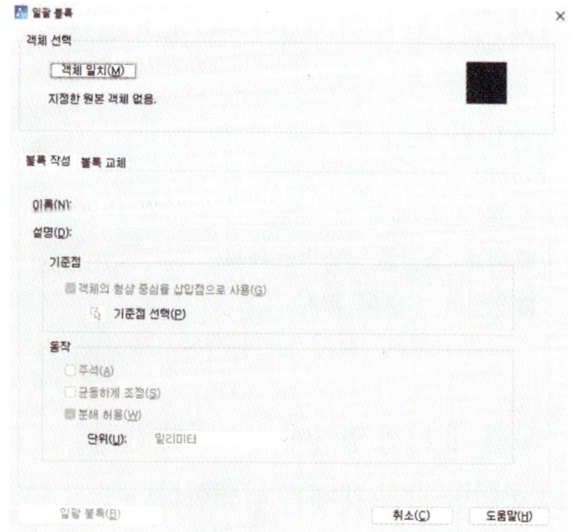

- 블록 작성 : 스마트 매칭(SMARTMATCH) 기능으로 탐색한 객체를 블록으로 일괄 생성합니다.

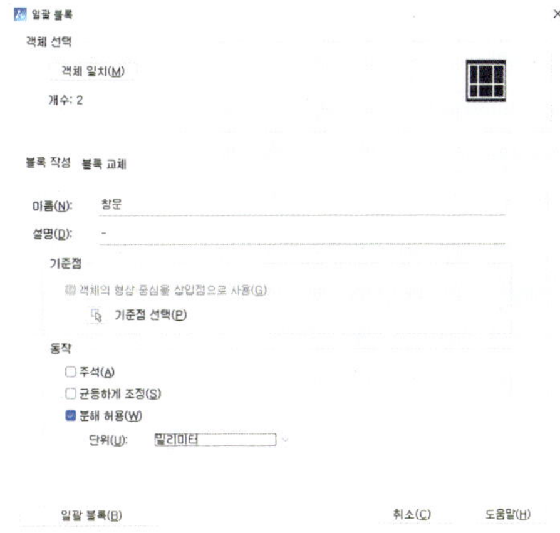

- 블록 교체 : 스마트 매칭(SMARTMATCH) 기능으로 탐색한 블록을 다른 블록으로 일괄 변경합니다. '찾아보기'를 통해 외부의 다른 파일의 블록과도 교체할 수 있습니다.

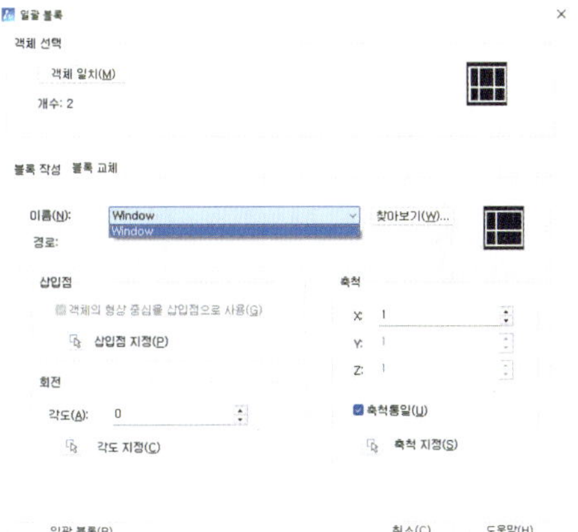

01 PDF 언더레이

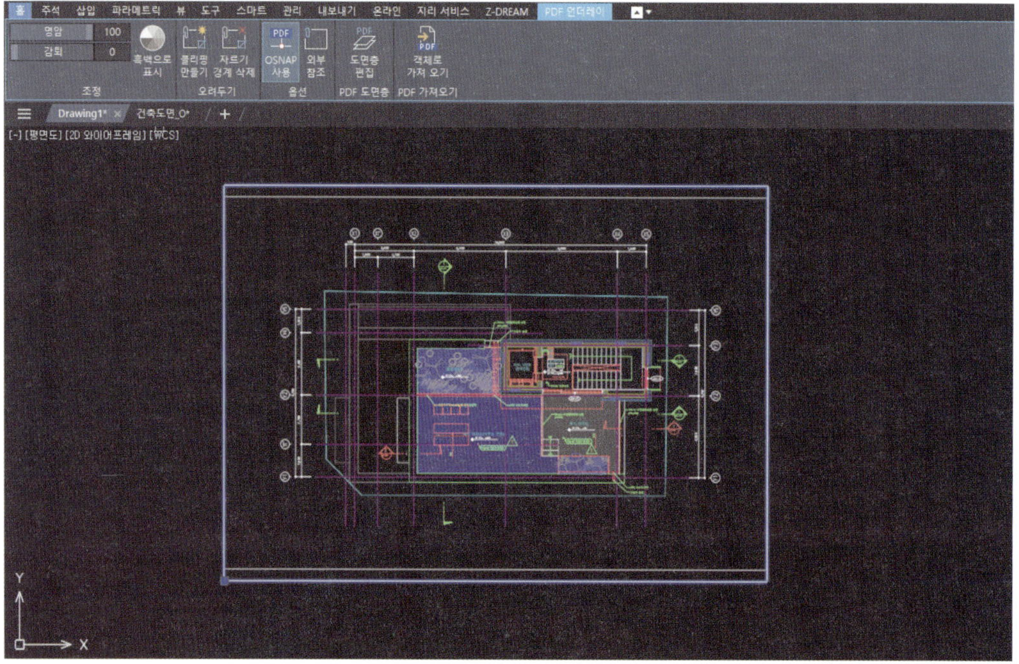

    PDF 언더레이 'PDFATTACH'는 PDF 파일을 현재 도면에 언더레이로 삽입하여 해당 파일을 객체로 변환하지 않고 원본 파일이 링크 형식으로 도면에 연결됩니다. 언더레이로 부착된 PDF는 직접적인 편집은 제한되지만 크게 조정, 자르기, 표시 스타일 변경 등 다양한 방식으로 조정이 가능합니다. 이를 통해 도면 위에 PDF 정보를 참고하거나 활용할 수 있으며, 원본 파일의 형태를 유지한 채 작업 효율을 높일 수 있습니다.

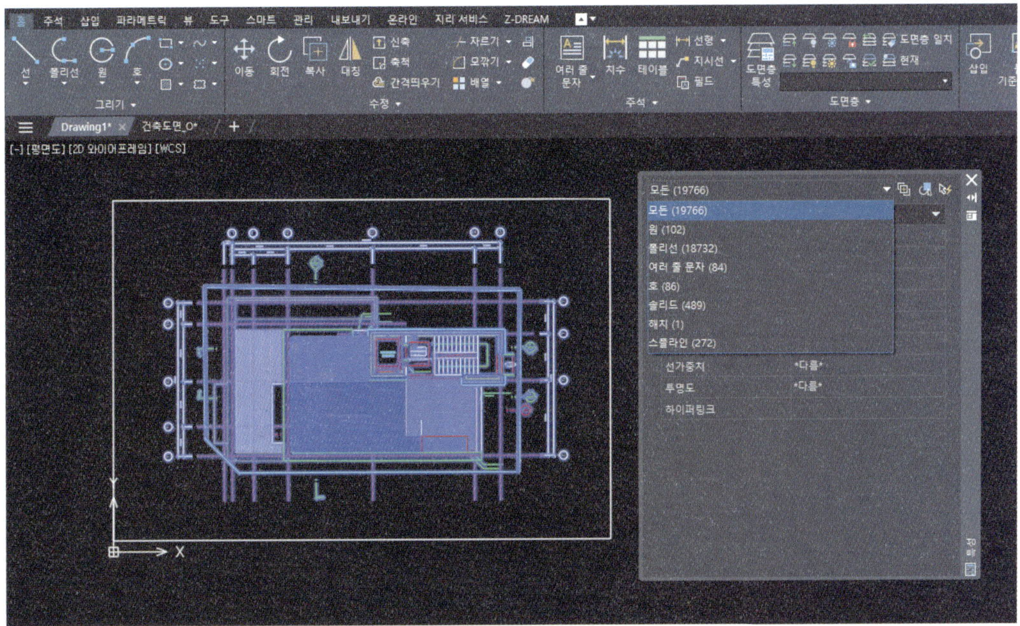

  PDF 가져오기 'PDFIMPORT'는 PDF 파일의 내용을 도면에서 직접 편집 가능한 도면 요소로 가져올 수 있습니다. 이 기능을 통해 기하학적 객체, 해치(채우기) 객체, 래스터 이미지나 트루타입 문자 객체 등을 불러올 수 있으며, 단일 또는 다중 객체 가져오기를 모두 지원합니다.

  PDF 언더레이와는 달리, 변환된 객체는 도면 내에서 자유롭게 편집이 가능하므로 데이터 수정이나 보완 작업에 매우 유용합니다. 복잡한 PDF 정보를 효과적으로 활용할 수 있는 기능입니다.

TIP

PDFIMPORT 관련 시스템 변수

명령어	기능 설명
PDFIMPORTFILTER	PDF 파일 CAD 객체로 가져오기 후 변환할 데이터 객체 유형을 설정합니다.
PDFIMPORTMODE	가져온 PDF 파일에서 데이터 객체 처리 방법을 설정합니다.
PDFIMPORTLAYERS	가져온 PDF 파일의 데이터 객체를 배치할 도면층을 설정합니다.
PDFIMPORTIMAGEPATH	PDF 파일을 가져올 때 참조되는 이미지 파일을 추출하여 저장할 폴더를 지정합니다.

DWG 파일을 PDF 형식으로 변환할 수 있는 기능으로 ZWCAD의 기본 플롯(Plot) 기능을 통해 손쉽게 출력할 수 있으며, 다양한 해상도와 품질을 지원합니다.

이를 통해 도면을 공유하거나 보관하기 위한 PDF 파일을 간편하게 생성할 수 있습니다.

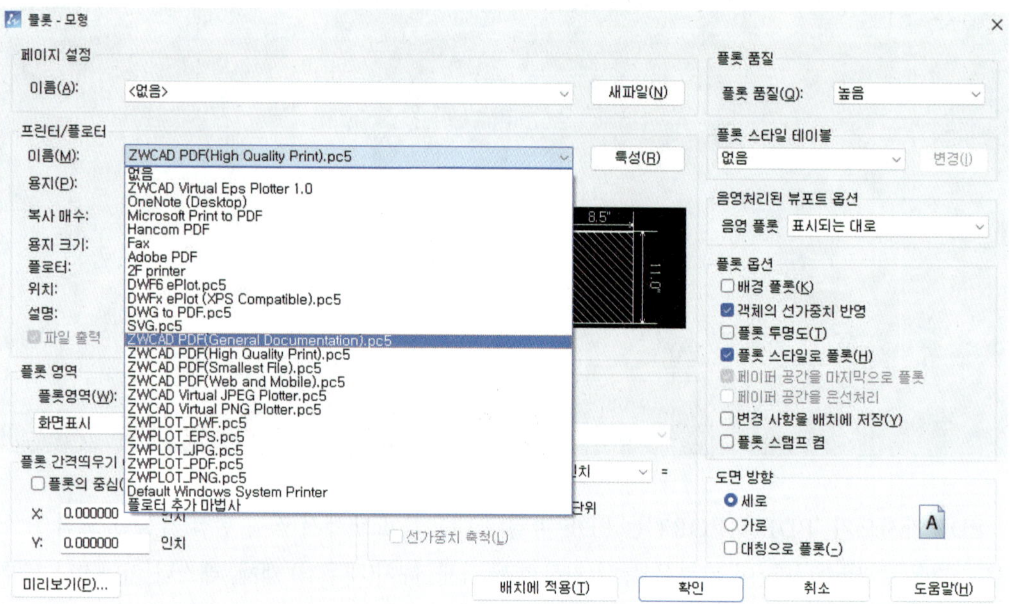

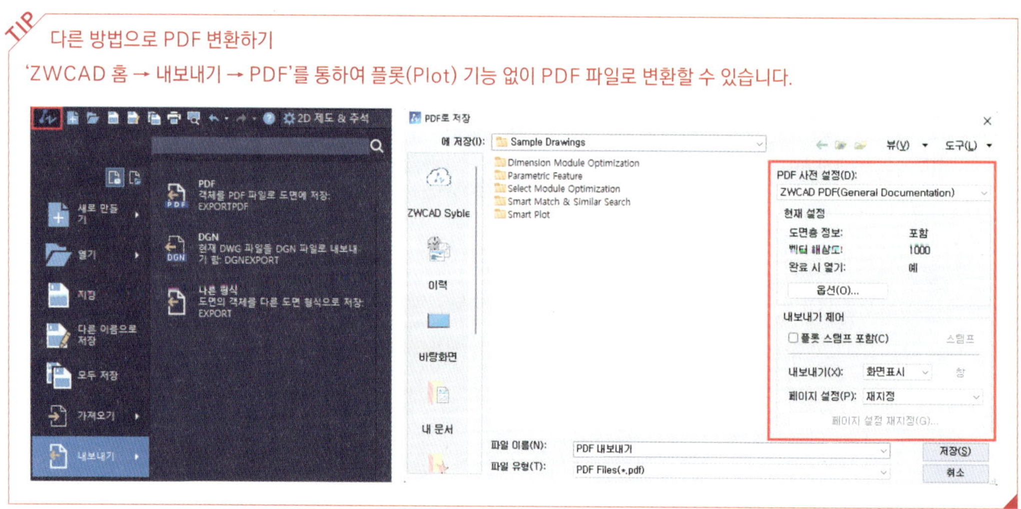

STEP

01 STEP 사용하기

1. STEP 파일이란?

STEP 파일은 CAD(Computer-Aided Design, 컴퓨터 지원 설계) 분야에서 널리 사용되는 3D 모델 파일 형식 중 하나로, 공식 명칭은 ISO 10303으로 제품 모델 데이터를 교환하기 위한 국제 표준 파일 형식입니다.

STEP 파일(.stp, .step, .ste)은 기계 산업 분야에서의 서로 다른 CAD 프로그램 간의 3차원 형상 및 제품 구조 데이터 호환을 위해 사용됩니다. ZWCAD에서는 STEP 가져오기 기능을 지원하고 지원되는 STEP 버전은 A214 및 AP203을 지원합니다. 3D 소프트웨어에서 작성된 STEP 데이터를 ZWCAD 제품에서도 도면을 열고, 3D 부품을 각각의 블록으로 표현하며, 어셈블리 조립 형상을 분해(Explode)를 통해 각 부품 별로 검토 및 편집 가능합니다.

2. STEP 가져오기

STEP 파일은 'STEPIMPORT' 명령어를 통해 가져올 수 있습니다. 불러온 STEP 파일은 3D 모듈 기능을 통하여 모형 공간에서 자유롭게 뷰 전환이 가능하며, 객체는 모두 블록 파일로 표시됩니다.

분해(Exlpode)를 통해 조립된 어셈블리를 분해할 수 있고, 객체 이동을 통해 보다 정밀하게 모델을 검토할 수 있습니다.

STEP 가져오기

■ 메뉴 : 삽입 → STEP 가져오기
■ 명령어 : STEPIMPORT

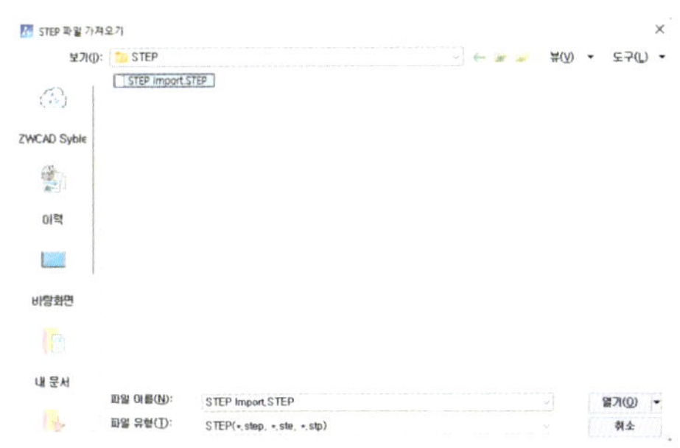

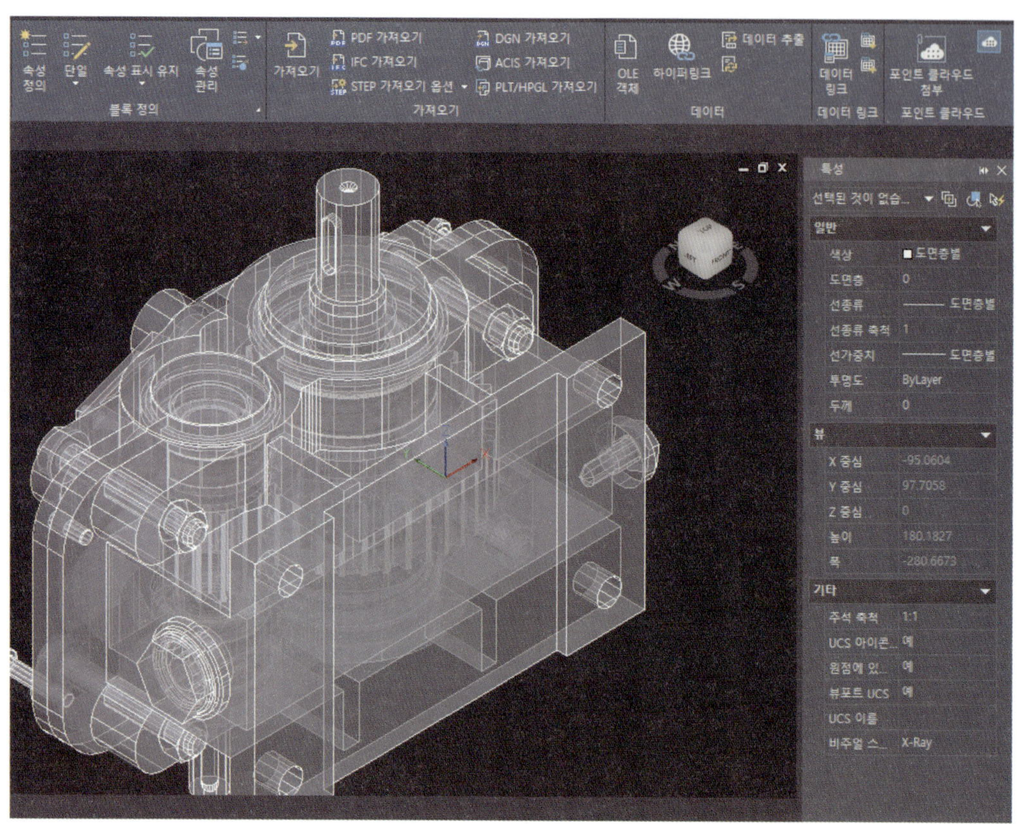

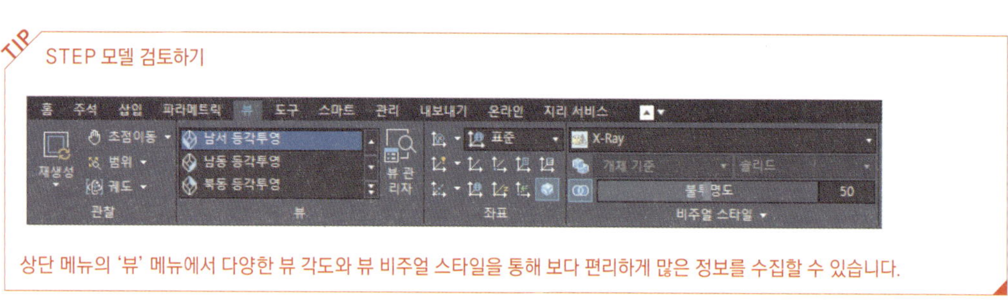

상단 메뉴의 '뷰' 메뉴에서 다양한 뷰 각도와 뷰 비주얼 스타일을 통해 보다 편리하게 많은 정보를 수집할 수 있습니다.

IFC

1. IFC 파일이란?

BIM과 설계 소프트웨어 사이에서 간극을 줄일 수 있는 것이 바로 BIM 국제표준인 IFC(Industry Foundation Classes)입니다. IFC와 같은 중립 포맷을 통해 소프트웨어 간 데이터 호환이 가능한 BIM 환경이 바로 개방형 BIM 환경으로 ZWCAD에서 IFC 파일 즉 BIM 설계 데이터와 데이터 호환이 가능합니다.

현재 ZWCAD에 지원되는 확장자는 IFC 2X3, IFC 4.0, IFC 4X1, IFC 4X2, IFC 4X3 형식으로 가져오기(IMPORT) 명령어를 통해 IFC 파일 형식을 ZWCAD로 가져올 수 있습니다. IFC 파일을 단순히 가져올 뿐만 아니라 IFC 구조 패널로 구성 요소의 세부 사항을 확인하고 관리할 수 있고, 가시성 제어를 통해 불필요한 구성 요소를 숨겨 보다 직관적으로 검토할 수 있습니다.

2. IFC 사용하기

'IFCIMPORT' 명령어를 입력하여 IFC 파일을 불러옵니다. IFC 객체는 3D 모듈 기능을 통하여 모형 공간에서 자유롭게 뷰 전환이 가능하며, 객체는 모두 블록 파일로 표시됩니다.

또한, IFC 파일을 불러오면 IFC 구조 패널 대화상자가 자동 실행되며, IFC 구조 패널을 통해 구성 요소를 확인 및 관리할 수 있고, 패널에서 구성 요소를 선택하거나 모형 공간에서 객체를 선택하면 해당 위치로 자동 이동되며 객체의 속성 정보와 함께 표시합니다.

IFC 가져오기

■ 메뉴 : 삽입 → IFC 가져오기

■ 명령어 : IFCIMPORT

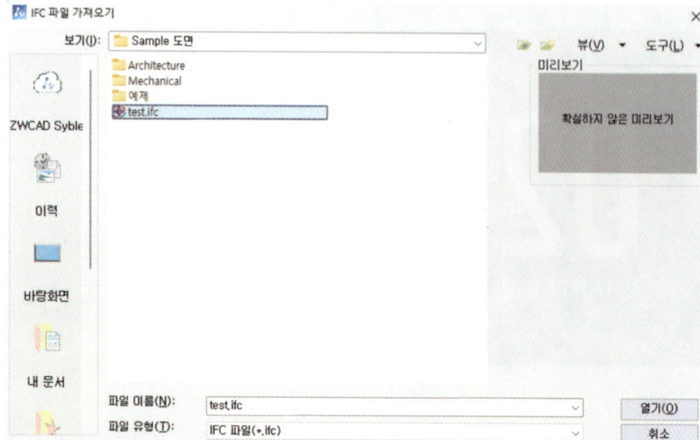

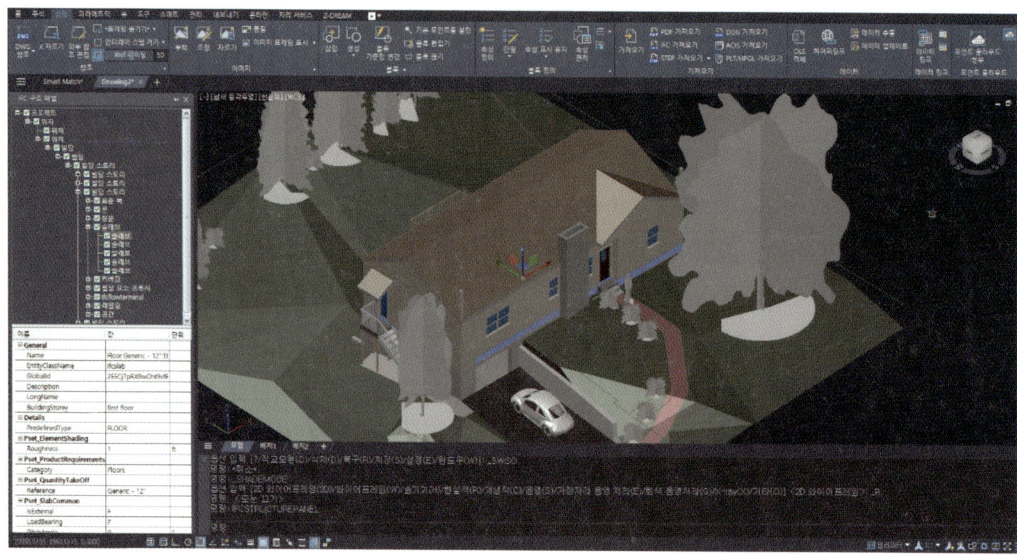

IFC 관련 명령어

명령어	기능 설명
IFCSTRUCTUREPANEL	IFC 구조 패널을 실행합니다.
IFCSTRUCTUREPANELCLOSE	IFC 구조 패널을 종료합니다.
IFCSTRUCTUREPANELUPDAT	IFC 구조 패널을 초기 상태로 새로 변경합니다.

ZWCAD 데이터 추출 기능을 통하여 Ifc_General, Ifc_Details, Ifc_Properties 등의 IFC 객체 구성 요소의 세 가지 데이터 특성을 추출할 수 있습니다.

■ 메뉴 : 삽입 → 데이터 추출
■ 명령어 : DATAEXTRACTION

- 데이터 추출 만들기

데이터 추출 파일을 새로운 파일로 생성하거나 기존에 추출한 데이터(.zex)를 수정합니다.

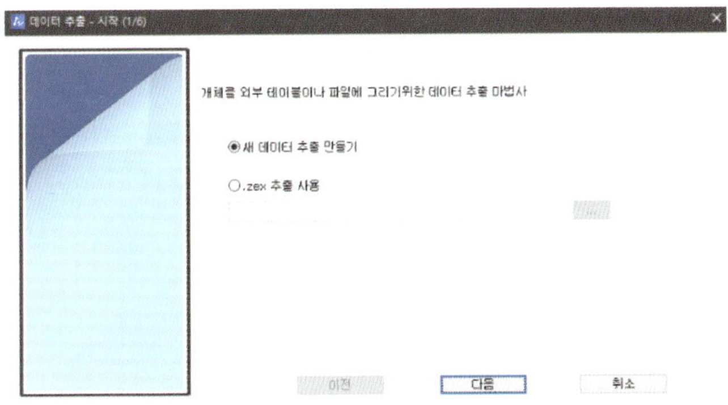

- 데이터 정의

추출을 위한 데이터 범위를 설정합니다. 도면의 일부분, 보이는 화면의 객체, 현재 도면 전체 등으로 설정할 수 있습니다.

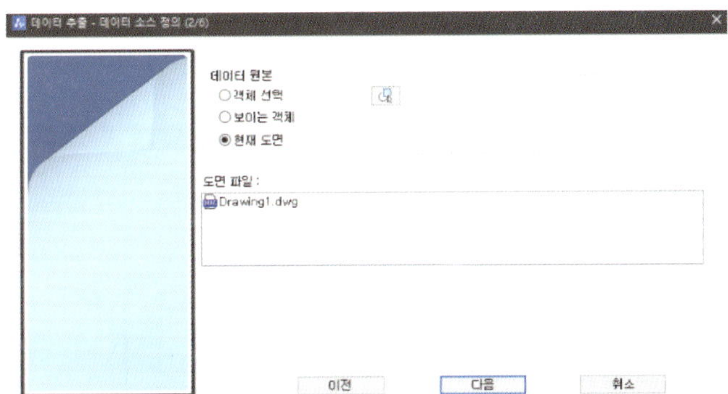

- 데이터 객체 선택

선택한 객체의 특성 데이터를 이름으로 나열하며, 데이터로 추출한 객체를 선택합니다.

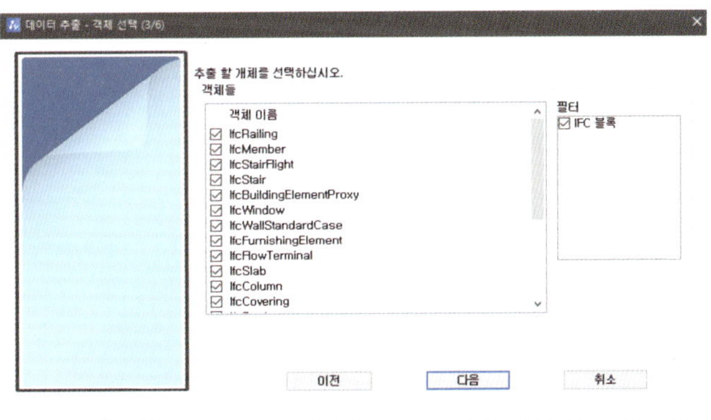

- 데이터 속성 선택

객체의 데이터의 추출 속성을 선택합니다.

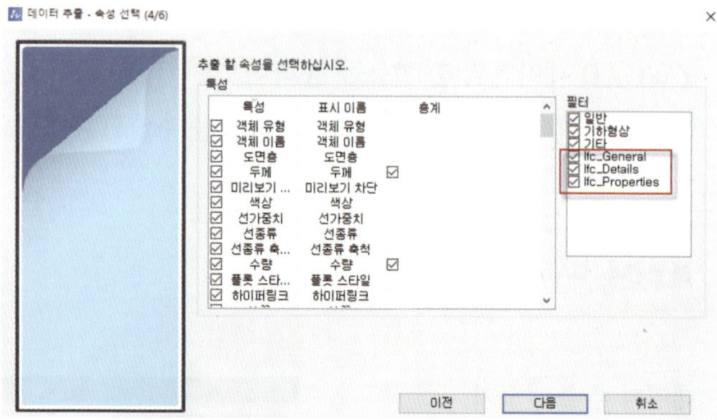

- 데이터 구체화

추출할 데이터 테이블의 열을 사용자 정의하여 최적화합니다.

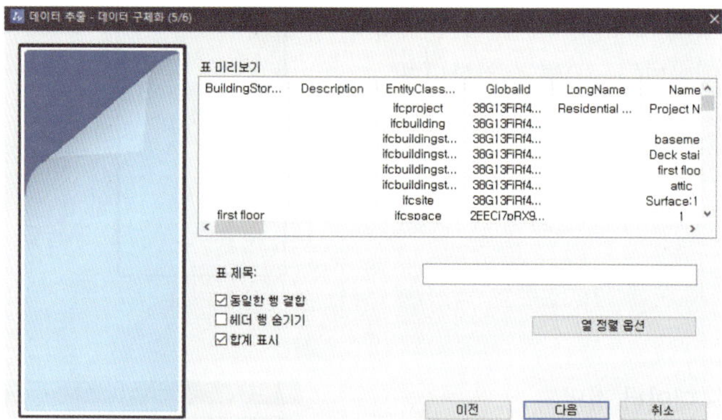

- 데이터 추출

데이터 추출 테이블을 도면에 삽입할 수 있고, 외부 파일(CSV 파일 및 XLS 파일)로 변환하거나 .zex 파일로 저장할 수 있습니다.

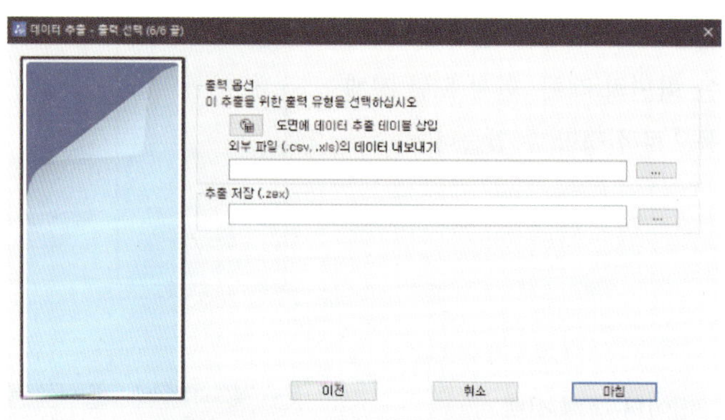

포인트 클라우드

01 포인트 클라우드 사용하기

포인트 클라우드(Point Cloud)는 3차원 공간에서 측정된 점(point)들의 집합을 의미합니다. 일반적으로 3D 레이저 스캐너 또는 기타 방법을 통해 얻어진 데이터로, 각 점은 공간상의 위치를 x, y, z 좌표로 나타냅니다. 포인트 클라우드 기능은 측량, 건축, 기타 산업 산업에서 사용되며 실제 3D 형상 데이터를 빠르게 가져와 설계 정확도를 향상시킬 수 있습니다. ZWCAD에서 포인트 클라우드 파일은 .rcs, rcp, e57, las, laz, pts 등의 다양한 파일 형식을 지원합니다.

1. 포인트 클라우드 가져오기

- ■ 메뉴 : 삽입 → 포인트 클라우드 첨부
- ■ 명령어 : POINTCLOUDATTACH

2. 포인트 클라우드 사용하기

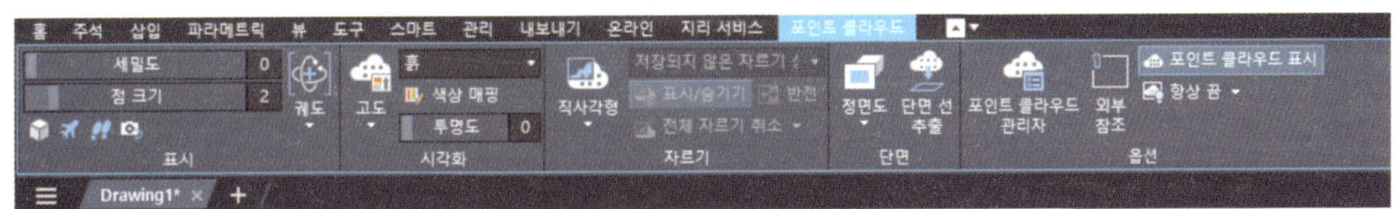

포인트 클라우드 객체를 선택하면 포인트 클라우드 전용 메뉴가 활성화됩니다. 해당 메뉴를 통해 포인트 클라우드 객체의 표현 방식, 시각화 설정, 자르기, 절단면 표시 및 추출 등을 설정할 수 있습니다.

표시

뷰어 지원 도구와 포인크 클라우드 점 세밀도 및 크기를 조정합니다.

〈포인트 클라우드 세밀도 및 크기 조정 차이〉

시각화

일반, 강도, 고도, 분류 등 다양한 시각화 스타일을 지원하고 색상 별 사용자 설정이 가능합니다.

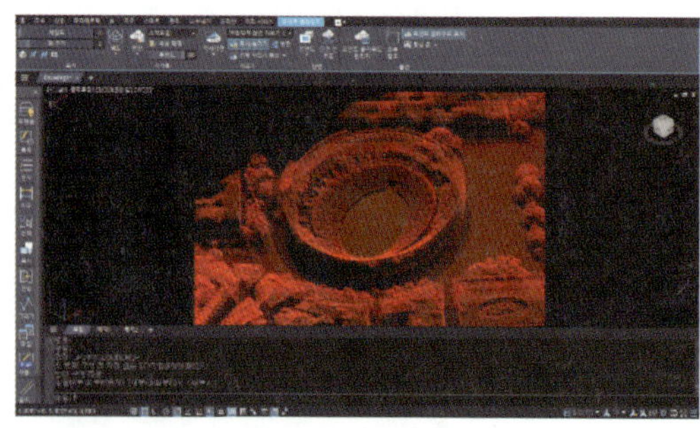

〈강도〉

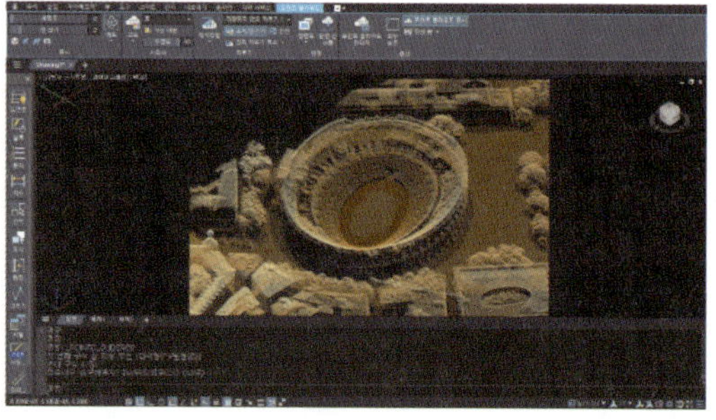
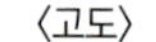

〈고도〉

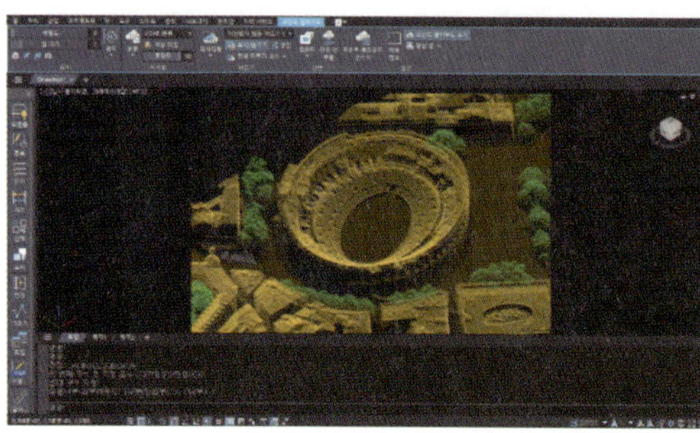

〈분류〉

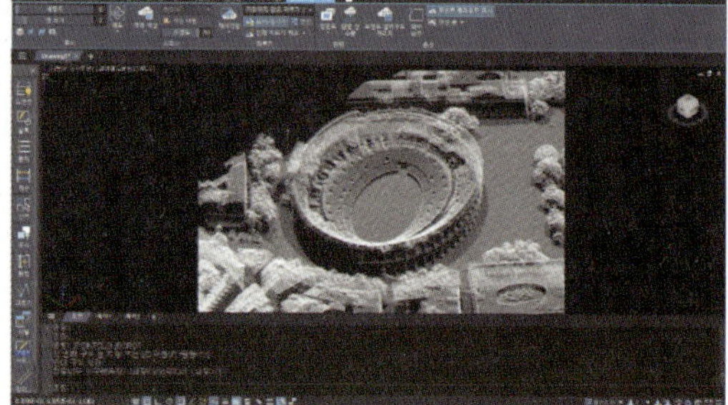

〈일반〉

자르기

불필요한 데이터를 제거하거나 필요로 하는 데이터를 추출하여 보다 효율적인 처리 및 분석을 위한 자르기 기능을 지원합니다. 자르기 모드는 직사각형, 다각형, 원형 경계 모드가 지원됩니다.

〈일반〉

〈자르기〉

단면

단면 평면 기능을 이용하여 평면 또는 곡면의 투영 또는 단면을 추출할 수 있습니다. 추출된 단면 평면의 선을 추출하여 윤곽선 또는 경계선을 생성할 수 있습니다.

〈단면〉

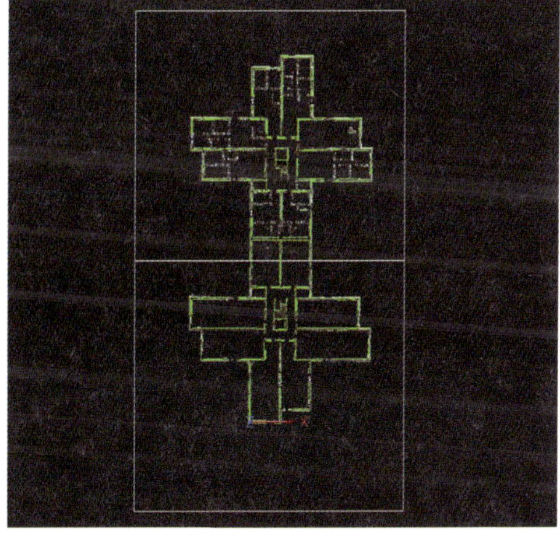

〈외형선 추출〉

옵션

포인트 클라우드 관리자를 통해 구조 트리를 확인할 수 있고, 미리 보기 아이콘을 통해서 스캔 뷰 모드로 검토할 수 있습니다.

02 지리 서비스(GIS)

01 지리 서비스(GIS) 사용하기

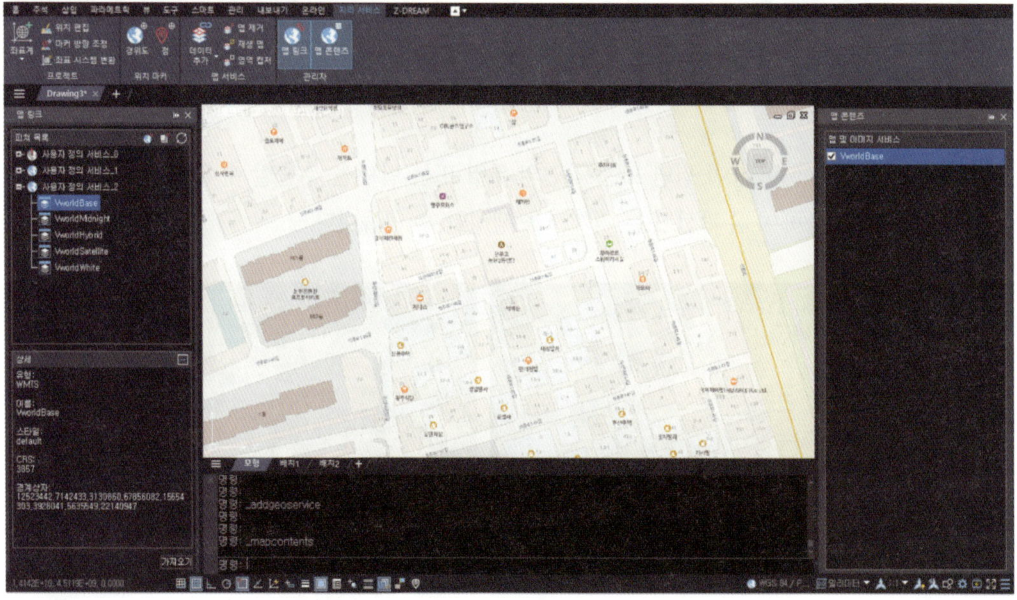

　GIS(Geographic Information System) 지리 서비스는 CAD 실제 작업 중 지도 데이터와 공간 정보를 통합하여 활용할 수 있는 기능입니다. 사용자는 실세계의 위치 기반 데이터를 CAD 도면에 오버레이하여 보다 정확한 설계와 분석을 할 수 있습니다.

　Bing Maps와 같은 온라인 지도를 CAD 도면 배경에 삽입할 수 있고, OGC 표준 지도 서비스를 추가할 수 있습니다. 또한, 좌표 시스템을 통해 도면과 지도를 자동 정렬할 수 있습니다. UTM 등 다양한 좌표계를 설정하여 GIS 데이터와 도면의 정확성을 높입니다. 도시 계획, 도로 설계, 토목 공사 등에서 활용할 수 있습니다.

1. 좌표계 설정

좌표계는 지구의 곡면을 2D 평면으로 나타내기 위한 사용되는 기능으로 도면과 실제 GPS 위치, 위성 지도, 측량 데이터 등과 일치시킬 수 있습니다.

2. 지리 배경 삽입

'맵 추가' 및 '링크 맵 서비스'를 이용하여 공간정보 포털 서비스 플랫폼(V-World, OpenStreetMap, Bing Maps 등)에서 URL 지리 서비스 링크와 맵 인증키를 부여받아 도면에 지도를 삽입할 수 있습니다. 지도는 실시간으로 스트리밍되어 확대/축소가 자유롭고, 특정 위치 배경을 맵 영역 캡처 형식으로 삽입할 수 있습니다.

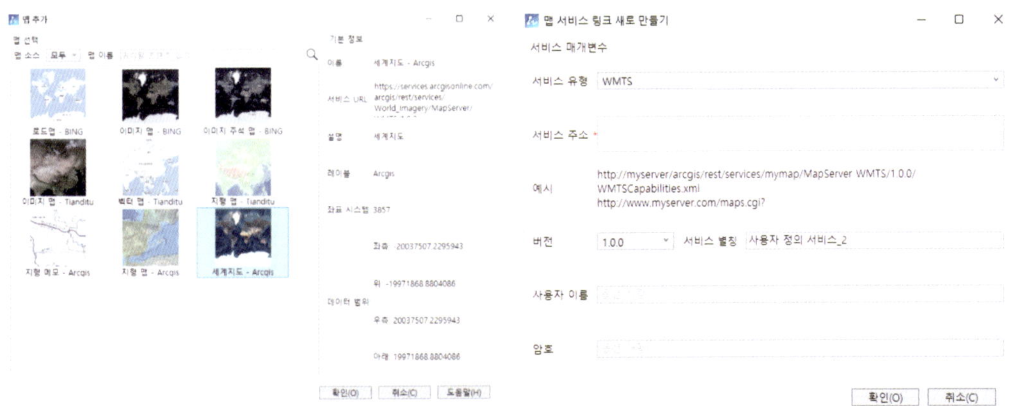

01 DGN 사용하기

1. DGN 파일이란?

DGN 파일은 주로 고속도로, 교량, 선박 설계와 같은 주요 건설 설계에서 사용되는 파일 확장자 형식으로 ZWCAD에서 DGN 파일 형식을 사용할 수 있습니다.

벤틀리 시스템즈사의 MicroStation과 같이 '.dgn' 파일 형식을 사용하는 프로그램과의 데이터 교환에 용이합니다. 외부 DWG 참조에 대해 수행할 작업을 정의하고, MicroStation의 템플릿 파일의 시드 파일을 지정하여 특정 규칙에 따라 DGN 속성을 사용하여 DWG 속성 맵핑을 할 수 있습니다. 이러한 모든 설정은 내보낼 DGN 파일에 적용됩니다. DGN 파일은 V7, V8 두 가지의 버전이 있으며 ZWCAD는 두 모든 버전을 사용할 수 있습니다.

2. DGN 파일 사용하기

DGN 내보내기

'DGNEXPORT' 명령어를 사용하여 현재 열려 있는 도면 파일을 DGN 데이터로 내보냅니다.

DGN 파일을 내보낼 때는 DGN 설정 내보내기 대화상자를 통해 MicroStation 소프트웨어와의 호환성을 위해 참조, 단위, 도면 요소 맵핑 등을 설정합니다.

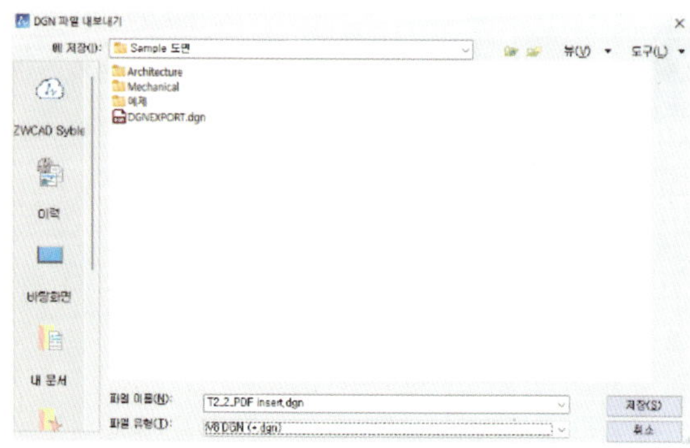

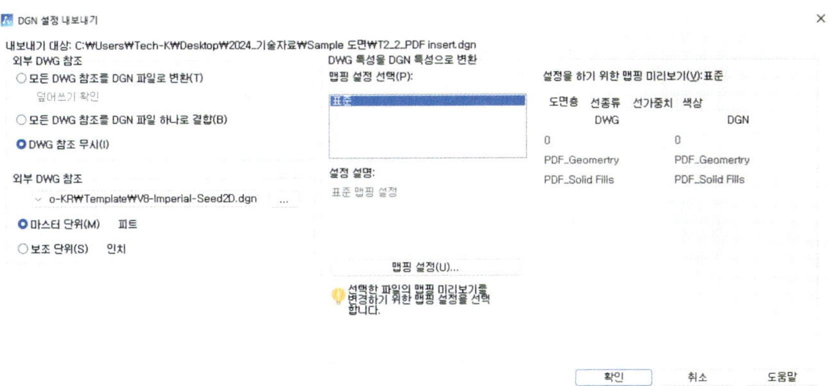

DGN 가져오기

'DGNIMPORT' 명령어를 사용하여 DGN 파일을 CAD 도면 요소로 변환하여 가져옵니다.

MicroStation 소프트웨어에서 제작된 도면을 CAD에서 내용을 확인하고 탐색할 수 있습니다. 가져온 DGN 파일은 CAD 기본 형식인 DWG 파일로 변환하여 사용할 수 있고 편집 기능을 사용하여 수정, 변경, 주석 추가 등의 작업을 수행할 수 있습니다.

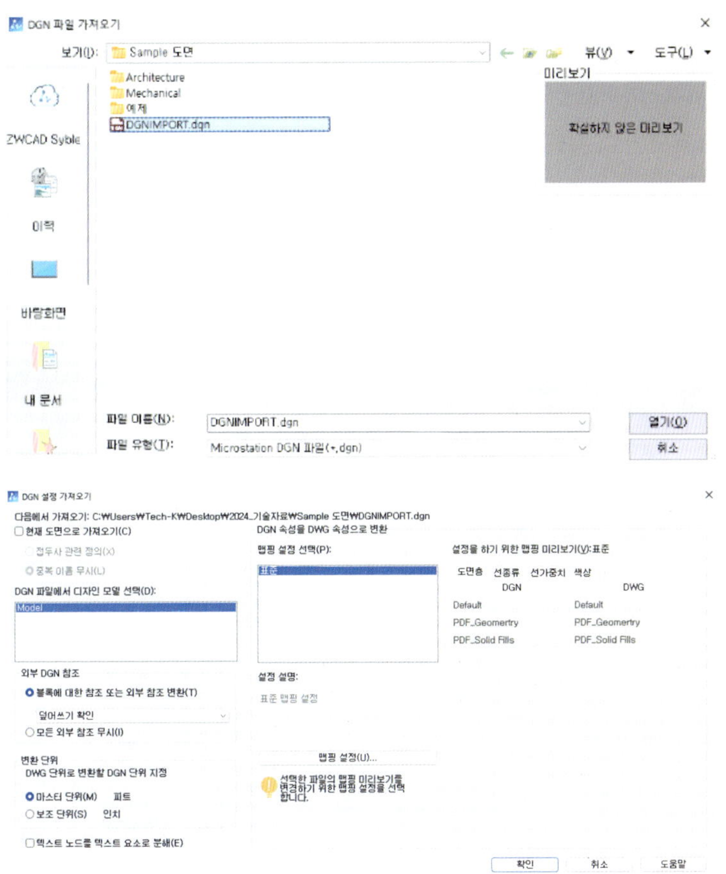

파라메트릭 구속조건

01 파라메트릭 구속조건 알아보기

파라메트릭 구속조건(Parametric Constraints)이란, 도면 요소(선, 원, 호 등)의 치수나 기기학적 관계를 수학적으로 정의하고 고정시켜, 도면을 변경할 때 설정된 규칙을 자동으로 유지되고 변화할 수 있도록 제어하는 기능입니다. 즉, 사용자가 도면을 변경하더라도 설정된 조건에 따라 형상 간의 관계나 치수 값이 일관되게 유지되도록 도와주는 설계 규칙 시스템입니다.

도형 간의 관계를 구속하여 고정함으로써 도면이 의도치 않게 변경되지 않도록 보호하여 정확도가 향상되고, 수식 기반으로 도면을 수학적으로 제어하여 일부분만 수정하더라도 연관 객체가 자동으로 업데이트되어 자동화 시스템을 구축할 수 있습니다.

따라서, 유사한 도면을 여러 개 작성할 때 반복적인 작업을 간소화하고 다양한 크기나 비율을 빠르게 시도할 수 있어 디자인 반복 수정 테스트 등에서 효과적으로 사용할 수 있습니다.

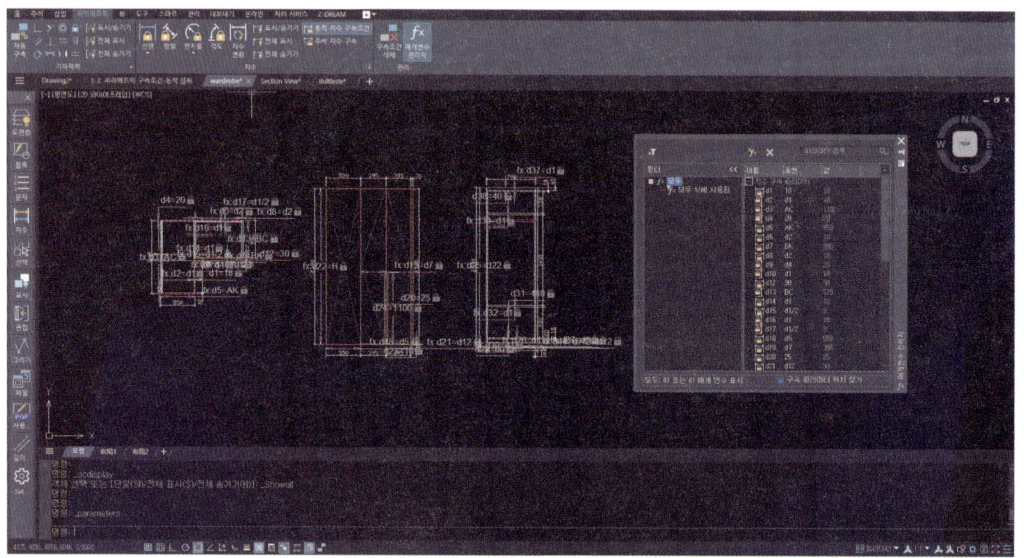

1. 기하학 구속조건

도형 사이의 상대적 위치나 방향에 대한 규칙으로 선이 항상 수평이거나, 두 원이 같은 중심을 갖거나 하는 '형태' 중심의 조건입니다.

기하학 구속조건 유형

명령어	기능 설명
수평(Horizontal)	선이 항상 수평 방향을 유지
수직(Vertical)	선이 항상 수직 방향을 유지
정렬(Range)	선이 지정한 정렬 방향을 유지
평행(Parallel)	두 선이 서로 항상 평행하게 유지
동심(Concentric)	두 원/호가 항상 같은 중심을 유지
일치(Coincident)	두 점 또는 점과 선이 같은 위치에 유지
고정(Fixed)	객체를 도면상 특정 위치에 고정

2. 치수 구속조건

도형의 크기나 거리에 대한 구속으로 길이, 각도, 반지름 등 치수 정보를 고정하거나 연산으로 연결하는 조건입니다.

치수 구속조건 유형

명령어	기능 설명
길이(Length)	선의 길이를 수치로 고정
거리(Distance)	두 점 사이의 거리를 고정
반지름/지름(Radius/ Diameter)	원, 호의 크기를 고정
각도(Angle)	두 선이 이루는 각을 고정

3. 매개변수 관리자

도면에 적용된 파라메트릭 매개변수와 치수를 통합 관리할 수 있는 관리자 도구입니다. 이를 통해서 복잡한 도면에서도 수정, 재사용, 자동화를 효율적으로 수행할 수 있습니다.

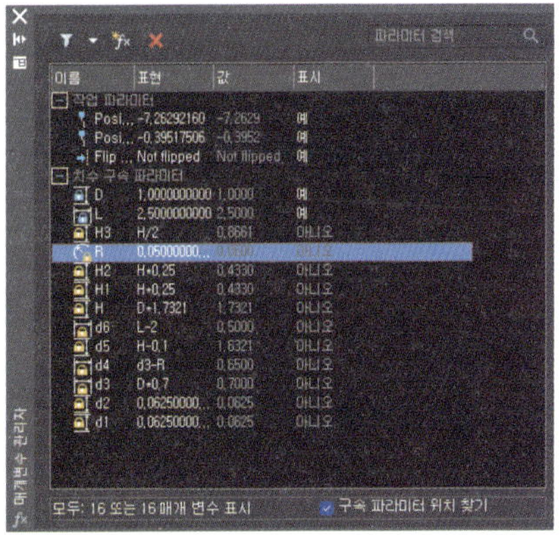

- **이름** : 파라미터 또는 치수 구속조건의 이름
- **표현식** : 수식을 직접 입력하거나 다른 변수와 연동
- **값** : 현재 지정된 수치 또는 수식
- **표시** : 가시성 표시 여부

파라메트릭 구속조건은 일반 객체뿐만 아니라 유동적으로 형상을 변경할 수 있는 플렉시 블록(FlexiBlock)의 동작 기능과 함께 사용할 수 있습니다. 이는 도면 작성과 수정 작업에서도 매우 편리하게 사용할 수 있으며, 더 직관적이고 정확하고 자동화된 제어가 가능한 블록으로 사용할 수 있습니다.

1. 블록 생성하기

원본

구속 조건과 플렉시 블록을 적용하기 위해 블록 생성 전 원본 객체를 디자인합니다.

■ 메뉴 : 홈 → 그리기 및 수정
■ 명령어 : –

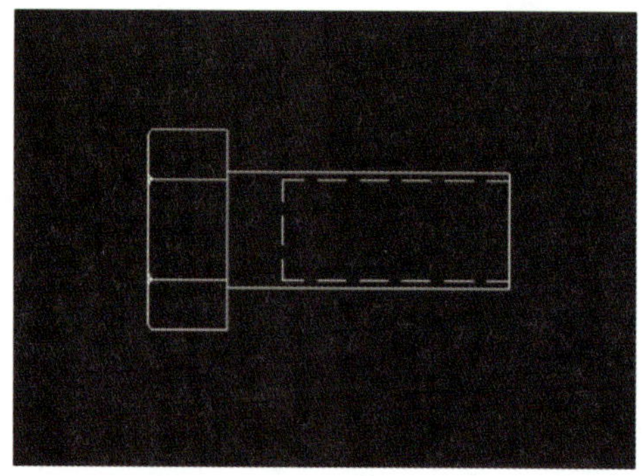

블록 생성

원본 객체를 블록으로 변환합니다. 이 때, 블록은 객체의 중앙 또는 객체의 특정 기준점을 잡아 생성합니다. 이는 모든 작업이 완료되고 블록을 삽입할 때 유용합니다.

■ 메뉴 : 홈 → 블록
■ 명령어 : BLOCK

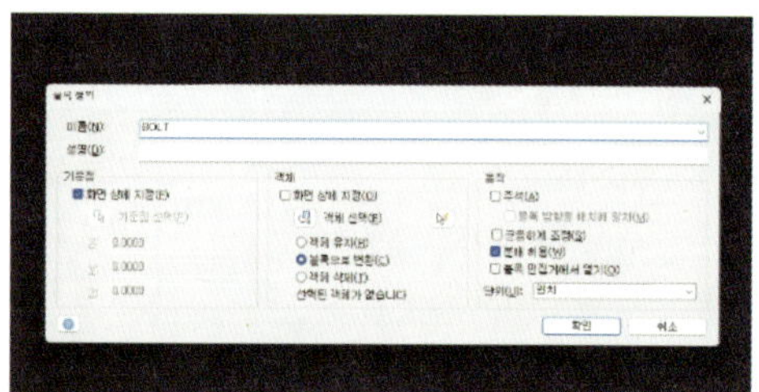

2. 파라메트릭 구속조건 적용하기

블록 편집기

파라메트릭 구속조건을 적용하기 위해서 블록 편집기 화면으로 이동합니다.

■ 메뉴 : 마우스 우클릭 → 블록 편집기
■ 명령어 : BEDIT

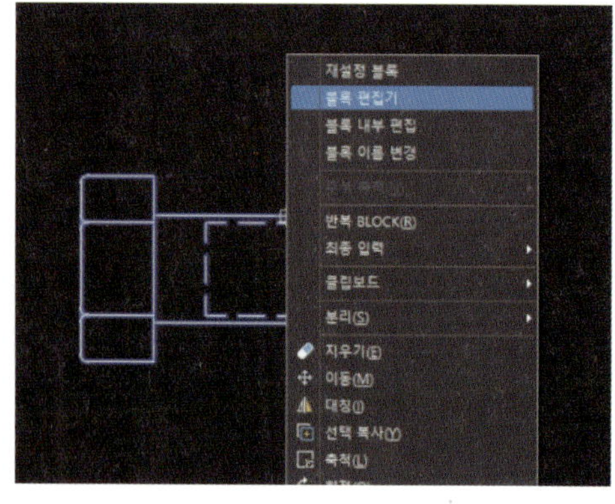

구속조건 적용하기

객체의 선분에 구속조건을 적용하여 형상을 고정합니다.

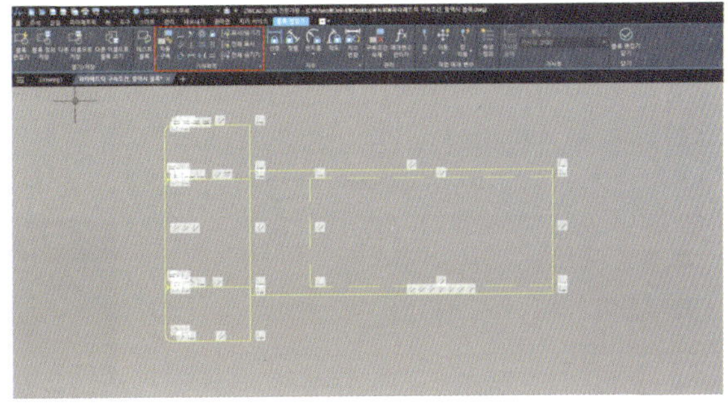

- ■ 메뉴 : 기하학적 → 자동구속
- ■ 명령어 : AUTOCONSTRAIN

치수 구속 및 매개변수 표현식 적용하기

크기가 변화함에 따라 일정하게 형상이 변경되도록 각 위치에 치수 구속조건을 적용합니다. 아래 이미지를 참고하여 치수 구속조건과 값 및 표현식을 작성합니다.

- ■ 메뉴 : 치수 → 선형/수평/수직/정렬/반지름
- ■ 명령어 : 치수 구속

〈매개변수 관리자 – 치수 구속〉

치수 변화에 따라 형상이 유지될 수 있도록 치수구속 표현식을 작성하기 전 치수 구속을 생성합니다.

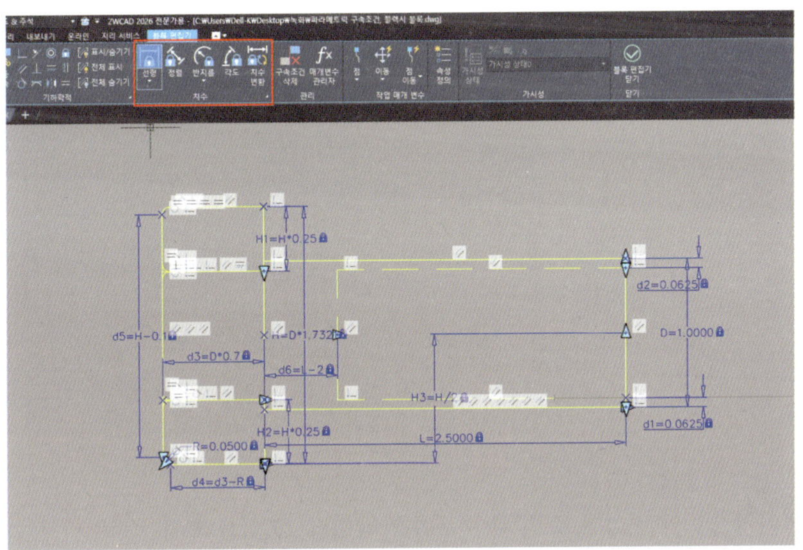

TIP 주의 : 치수 조건의 이름을 통해 표현식을 생성하므로 이름을 작성할 때, 공백이나 오타를 주의합니다.

〈매개변수 관리자 – 표현식〉

형상이 변화함에 따라 상대적으로 다른 형상도 변화가 이뤄져 정확한 형상을 유지할 수 있도록 표현식을 추가합니다.

■ 메뉴 : 관리 → 매개변수 관리자
■ 명령어 : PARAMETERS

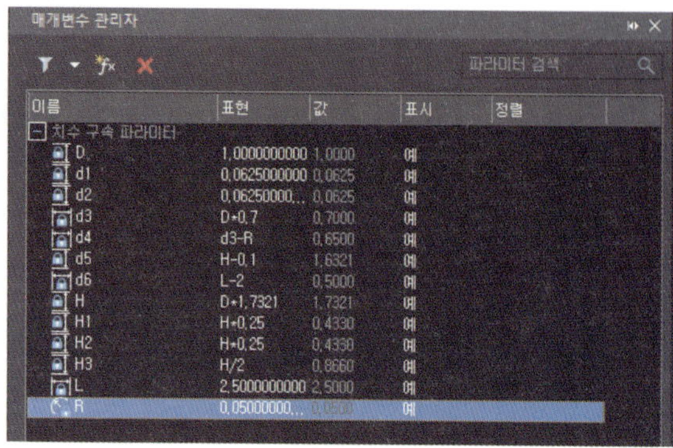

형상 길이 조건 생성하기

치수 구속 파라미터 'L' 값에 일정한 간격으로 길이를 조정할 수 있도록 거리 증가 값을 부여하여 합니다.

■ 메뉴 : 관리 → 매개변수 관리자
■ 명령어 : PARAMETERS + 특성창(Ctrl + 1)

– 거리 유형 : 증가
– 거리 증가 값 : 0.5
– 최소 거리 : 2.0
– 최대 거리 : 12.0

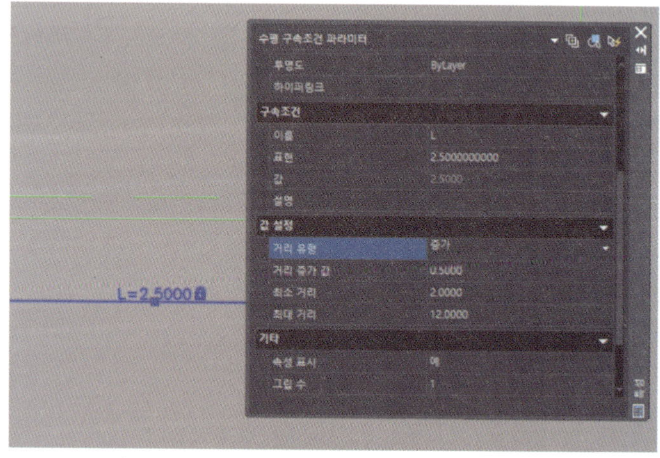

완성하기

형상의 높이와 길이에 변화를 주는 치수 구속 파라미터 'D, L'을 제외한 나머지 치수 구속 파라미터를 '파라미터 전환'을 통해 비표시 상태로 전환합니다. 블록 편집기를 '저장' 시 일정 간격으로 형상이 유지되며, 정확한 값으로 형상이 변경되는 볼트 블록이 완성됩니다.

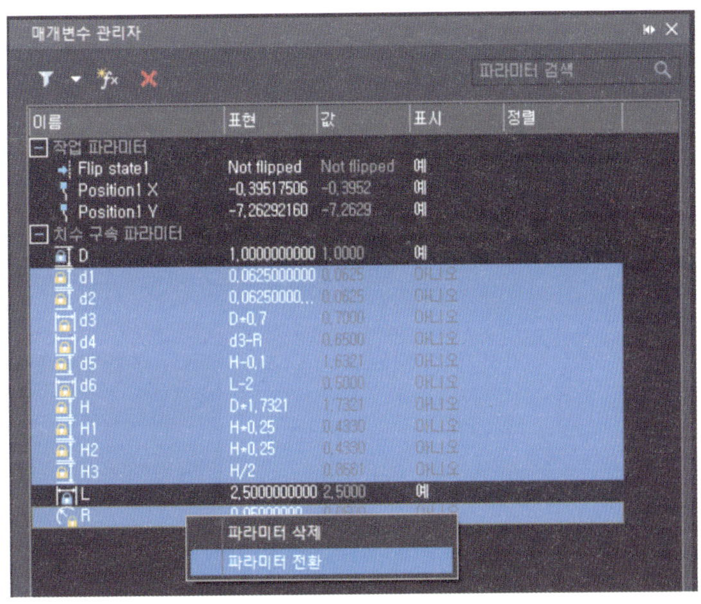

여기까지, '파라메트릭 구속 조건'을 통해 규격에 따라 형상을 유지한 볼트를 완성하였습니다. 다음은 플렉시 블록(Flexiblock)을 통해 볼트의 형상 '반전' 및 '이동' 동작을 추가해보겠습니다.

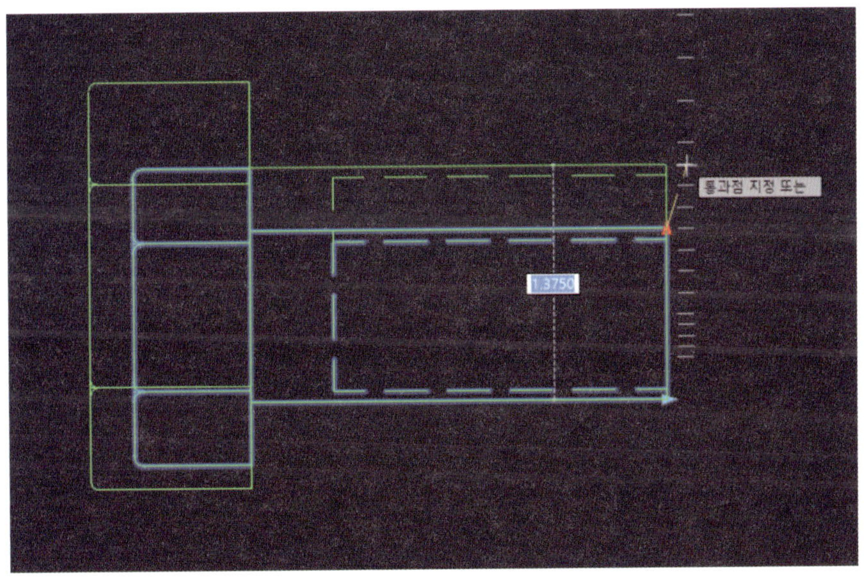

3. 플렉시 블록 만들기

블록 편집기

블록 편집기 공간으로 이동합니다.

매개변수 설정하기

이동 및 반전 동작을 추가하기 전 이동 점과 반전 위치에 매개 변수를 추가합니다.

- 점 매개변수 : 이동 동작을 추가하기 전 객체의 이동 점 기준 매개변수를 생성합니다.

■ 메뉴 : 작업 매개 변수 → 점
■ 명령어 : BPARAMETER → O

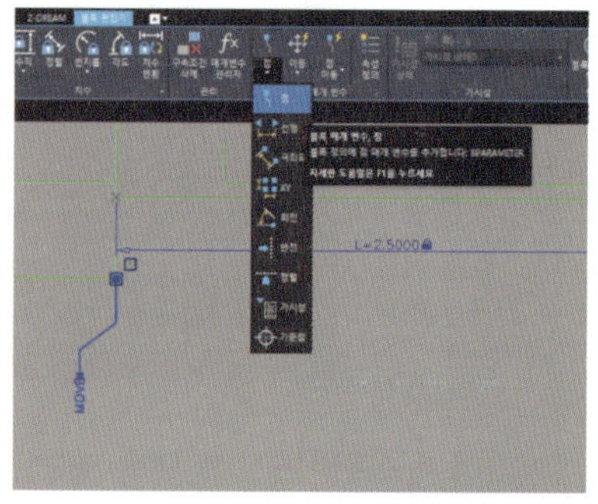

- 반전 매개변수 : 반전 동작을 추가하기 전 객체의 반전 위치 기준 매개변수를 생성합니다.

■ 메뉴 : 작업 매개 변수 → 반전
■ 명령어 : BPARAMETER → F

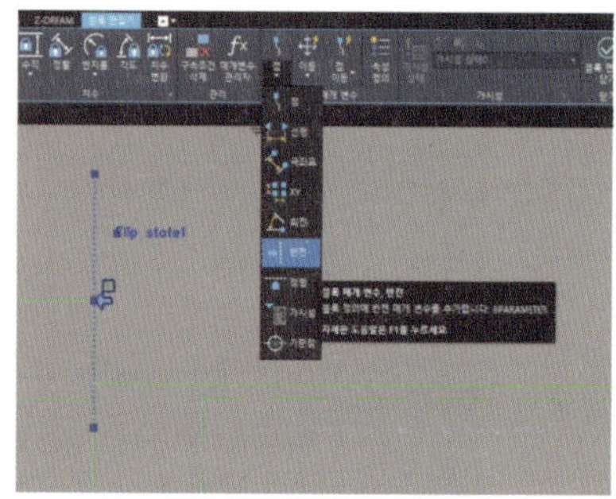

동작 추가하기

볼트 형상이 이동 점을 가지고 자유롭게 이동하고 상황에 따라 쉽게 대칭할 수 있도록 반전 효과 동작을 추가합니다.

- 이동 동작 : 점 매개 변수를 기준으로 이동 동작을 추가합니다.

■ 메뉴 : 작업 매개 변수 → 점
■ 명령어 : BPARAMETER → M

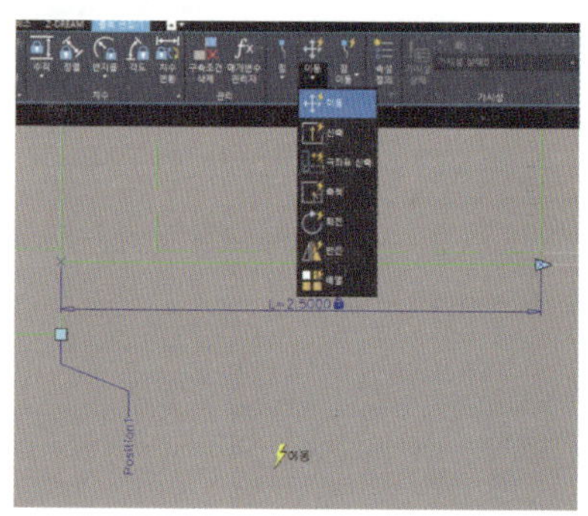

　– 매개변수 선택 : 점 매개변수 선택

　– 객체 선택 : 전체 객체 선택

- 반전 동작 : 반전 매개 변수를 기준으로 반전 동작을 추가합니다.

■ 메뉴 : 작업 매개 변수 → 반전
■ 명령어 : BACTIONTOOL → F

- 매개변수 선택 : 반전 매개변수 선택
- 객체 선택 : 전체 객체 선택

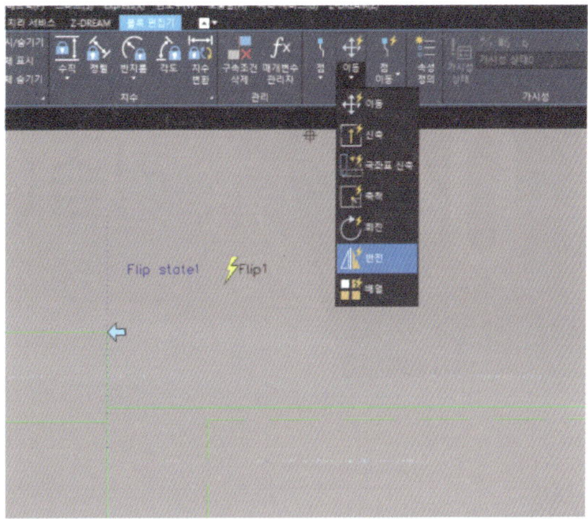

블록을 저장하면 길이, 높이, 반전, 이동을 자유롭게 사용할 변경할 수 있는 볼트 블록이 생성됩니다. 형상의 점 및 화살표 그립을 선택하여 자유롭게 형상을 변화, 이동, 반전하며 사용할 수 있습니다. 이러한 파라메트릭 플렉시 블록을 도구 팔레트(Ctrl + 3)에 추가하여 모든 도면에서 즉각적으로 사용가능한 라이브러리(Library) 대화상자로 사용할 수 있습니다.

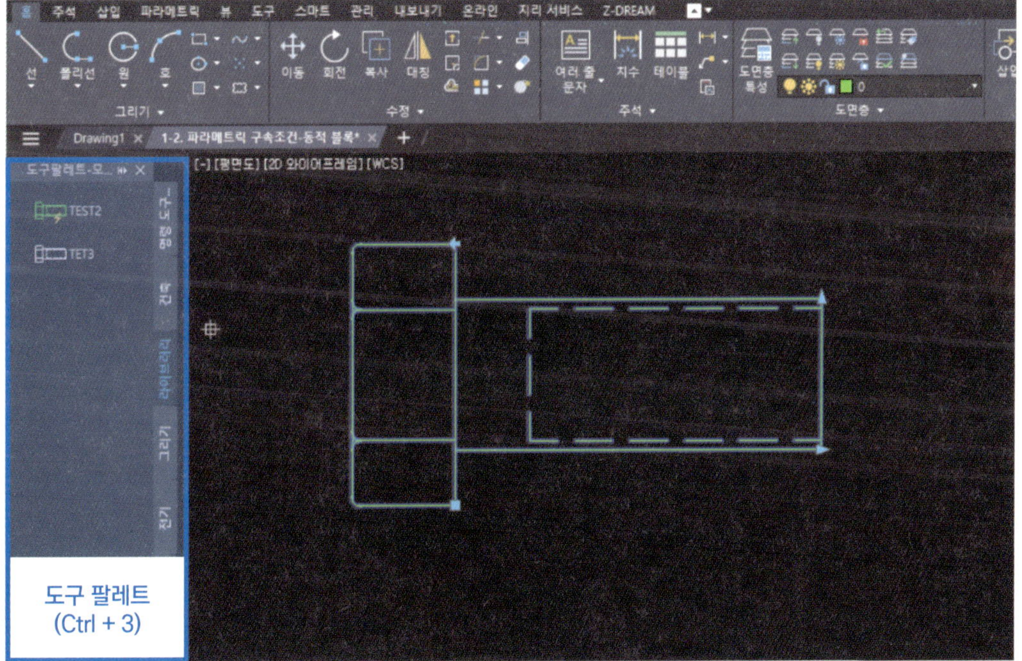

리습(LISP)

01 리습 알아보기

리습(LISP)은 단순 반복 작업을 자동화하거나 사용자 맞춤 기능을 구현하기 위해 사용되는 CAD 프로그래밍 기능입니다. ZWCAD에서 사용되는 프로그래밍 언어 LISP(AutoLISP), VBA(Visual Basic for Applications), DCL과 고성능 플러그인 개발을 위해 사용되는 C++, C#, .NET 등 다양한 언어들 중에서 리습이 가장 배우기 쉽고 접근하기 쉬운 언어입니다.

명령어 'command' 함수를 통해 ZWCAD의 명령을 그대로 사용할 수 있으며, 간단한 문법으로도 제작할 수 있습니다. 그러나 리습 언어의 한계가 명확하고 복잡한 구조로 제작은 어려워, 복잡한 구조의 경우 다른 언어를 활용하여 개발하고 리습은 선, 도형, 블록, 도면층 등 반복 작업 자동화 등 비교적 복잡하지 않은 구조에서 주로 사용됩니다.

- **LISP의 한계**
- UI 개발 : 버튼, 폼 등 GUI 제작이 어려움
- 외부 연동 제한 : 엑셀, DB, 웹 API 등과 연동 어려움
- 대규모 구조 비적합 : 복잡한 구조나 고급 클래스 지원 어려움
- 느린 성능 : 대용량 등 복잡한 처리 어려움

---

02 리습 사용하기

리습은 규칙된 정의대로 사용자가 직접 코딩하여 사용해야 하지만, 리습을 공유하는 다양한 웹 사이트 커뮤니티를 통해 다운로드 받거나 최근 AI 플랫폼 기술력을 이용하여 비교적 쉽게 제작하여 사용할 수 있습니다. 리습 파일은 .lsp 확장자로 CAD에서 직접 로드하여 사용합니다.

리습 로드

ZWCAD에서 '**APPLOAD**' 명령어를 실행합니다.

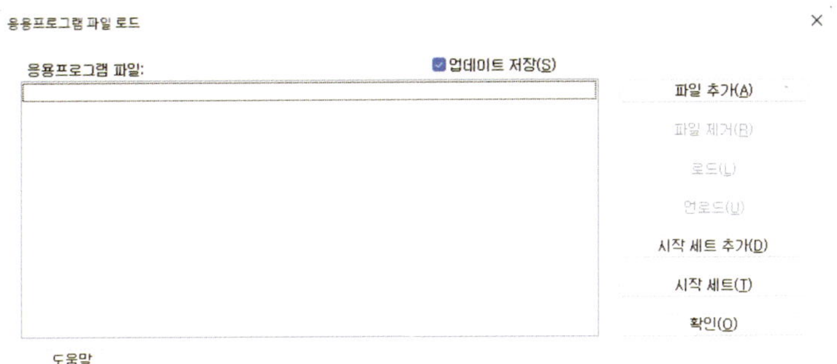

리습 추가

'**파일 추가**'를 통하여 다운로드 및 제작한 리습 파일을 추가합니다.

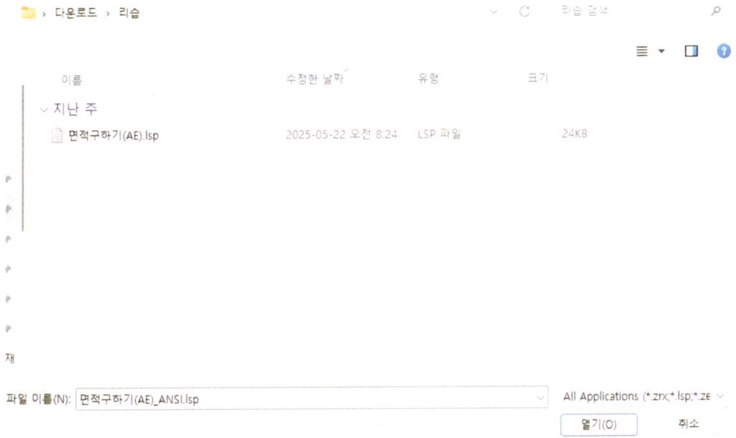

시작 세트 추가

'**시작 세트 추가**'를 통해 파일을 등록하여 도면 실행 시 자동 로드될 수 있도록 설정합니다.

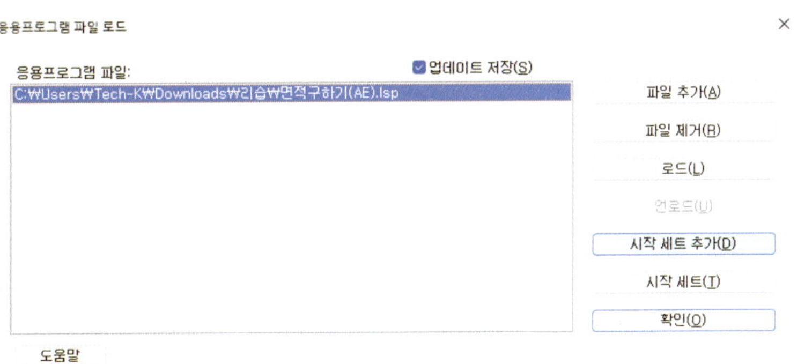

리습 명령어 실행

대체적으로 리습 파일명을 단축 명령어로 설정하나, 명령어가 기재되어 있지 않은 경우 리습 파일을 메모장으로 열어 'defun c: XX'의 단축키를 확인하여 실행합니다.

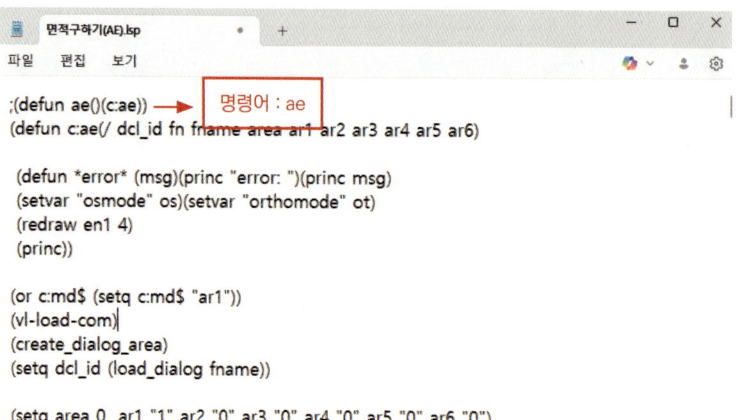

> **TIP** 리습 단축키 변경 방법
>
> defun c: 뒤의 문자열이 명령어를 나타냅니다. 해당 명령어는 CAD에 내장된 명령어가 아닌 사용자가 자유롭게 설정한 단축 명령어로, 원하는 명령 단축키로 변경하여 사용할 수 있습니다.

MEMO

ZDREAM

01 ZDREAM 알아보기

ZDREAM이란, ZWCAD 기반의 플러그인(3rd party)으로 국내 건축, 토목, 기계 설계 업계에서 작업 효율을 높이기 위해 자동화 도구로 사용합니다. ZWCAD KOREA에서 자체 개발하여 국내 실무 환경에 최적화되어 있으며, 사용자의 피드백을 바탕으로 주기적인 자동 업데이트를 통해 새로운 기능을 제공합니다.

대표적으로 일괄 처리 기능으로 반복 작업 자동화, 치수 및 문자 작성 및 편집 자동화, 객체 정렬 및 이동, 향상된 조회 및 찾기 기능 등을 포함하여 각 전문 분야 건축, 토목, 기계 특화 기능까지 약 400가지 이상의 기능이 제공되는 스마트한 플러그인입니다.

이 책에서는 중요 대표 기능을 소개하며, 이 외에 더 자세한 기능은 아래 QR 링크를 통해 전체 기능 매뉴얼을 살펴보시기 바랍니다.

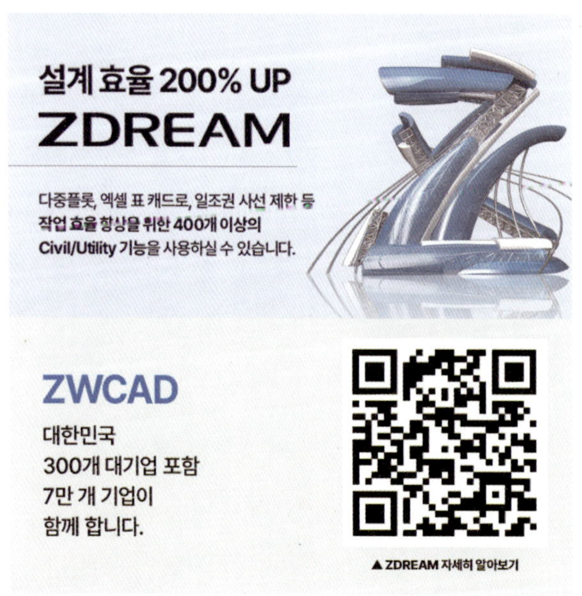

ZDREAM은 건축(Architecture), 토목(Civil Engineering) 분야의 설계 작업을 지원하는 전문 도구를 제공합니다. 이 전문 도구는 일반 CAD의 기능으로는 수행할 수 없거나 많은 시간이 소요되는 기능을 쉽고 빠르고 정확하게 처리할 수 있도록 설계되었습니다.

건축 분야의 주요 기능은 일조권 사선 제한, 면적 조회 등으로 설계 시 필요한 정보를 손쉽게 확인할 수 있고, 반복 작업을 최소화할 수 있는 도곽(테두리) 일괄 삽입/편집 기능, 향상된 참조 편집 등도 함께 제공되어 설계자의 업무 효율을 향상시킵니다.

토목 분야의 주요 기능으로는 상하수도 설계, 종/횡 단면도, 경사 및 곡선 계산 등 다양한 기능을 사용할 수 있으며, 토적표 작성이나 측량 좌표, 도로 설계와 같은 복잡한 작업 역시 간편하게 처리할 수 있습니다. 이 외에도 다양한 데이터를 추출하고 분석할 수 있는 기능이 포함되어 있어 실제 설계 업무에서 매우 실용적입니다.

1. 우수종단 SWP

엑셀 양식에 입력한 지반고, 계획고, 관경 등의 데이터를 기반으로 자동 관망 해석을 수행하고 종단, 횡단, 전개도를 생성합니다.

■ 메뉴 : ZDREAM → CIVIL → 종단 → 우수 종단

■ 실행 과정

– '열기' 클릭 → 데이터가 저장된 ZWater CSV 파일 선택 및 열기

– 종단 그리기, 횡단 그리기, 전개도 그리기 메뉴에서 작성할 항목 선택

– 작성할 형식의 '그리기' 버튼 클릭

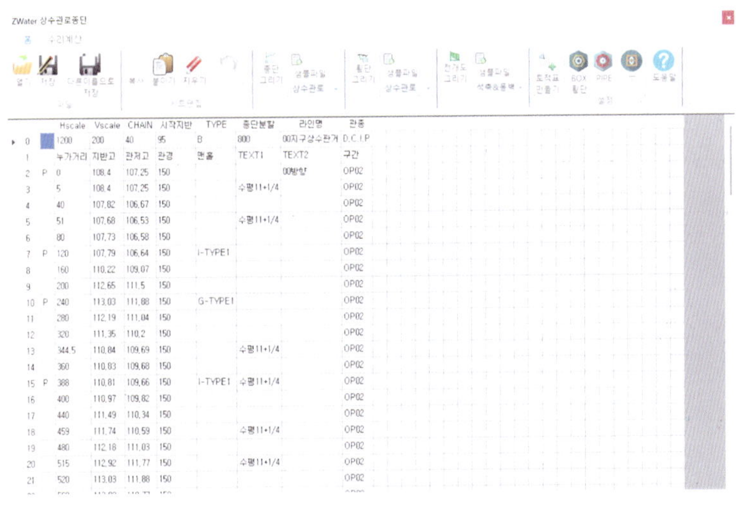

		Hscale	Vscale	CHAIN	시작지반	TYPE	종단분할	라인명	관종
0		1200	200	40	95	B	800	00지구상수관거	D.C.I.P
1		누가거리	지반고	관저고	관경	맨홀	TEXT1	TEXT2	구간
2	P	0	108.4	107.25	150			00방향	OP02
3		5	108.4	107.25	150		수평11+1/4		OP02
4		40	107.82	106.67	150				OP02
5		51	107.68	106.53	150		수평11+1/4		OP02
6		80	107.73	106.58	150				OP02
7	P	120	107.79	106.64	150	I-TYPE1			OP02
8		160	110.22	109.07	150				OP02
9		200	112.65	111.5	150				OP02
10	P	240	113.03	111.88	150	G-TYPE1			OP02
11		280	112.19	111.04	150				OP02
12		320	111.35	110.2	150				OP02
13		344.5	110.84	109.69	150		수평11+1/4		OP02
14		360	110.83	109.68	150				OP02
15	P	388	110.81	109.66	150	I-TYPE1	수평11+1/4		OP02
16		400	110.97	109.82	150				OP02
17		440	111.49	110.34	150				OP02
18		459	111.74	110.59	150		수평11+1/4		OP02
19		480	112.18	111.03	150				OP02
20		515	112.92	111.77	150		수평11+1/4		OP02
21		520	113.03	111.88	150				OP02

■ 실행 결과

- 종단 그리기(상수관로)

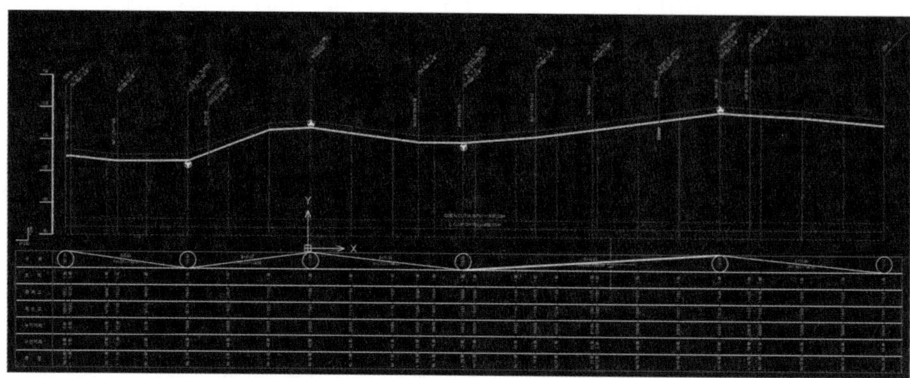

- 횡단 그리기(상수관로)

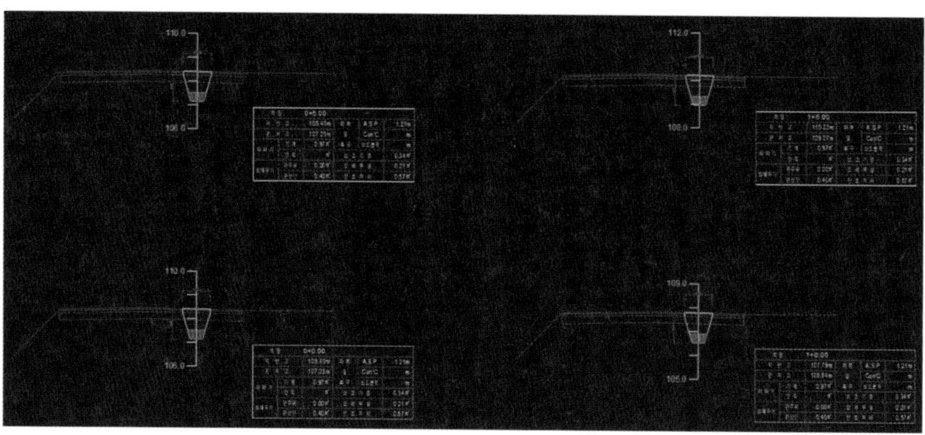

- 전개도 그리기(석축&옹벽)

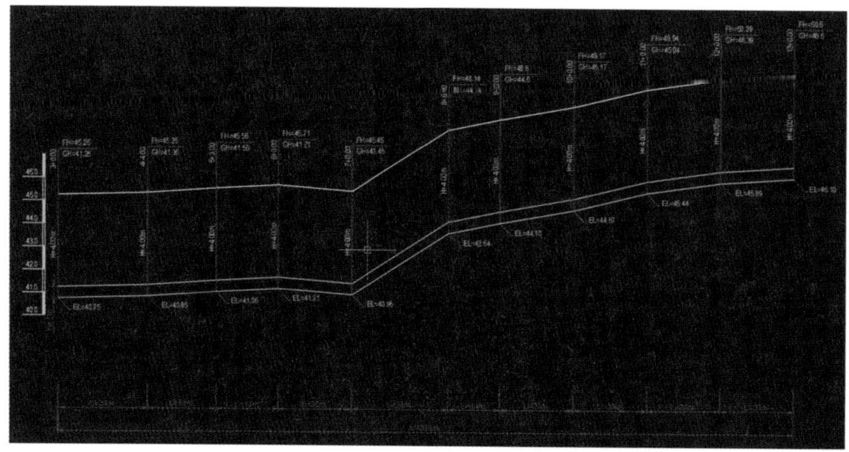

2. 횡단면도 층따기 CUT

횡단면도의 경사면에 대해 설정된 기준 간격 및 조건에 따라 층따기 높이를 자동으로 계산하고, 계산된 높이에 따라 층따기선을 생성하여 도면에 표현합니다.

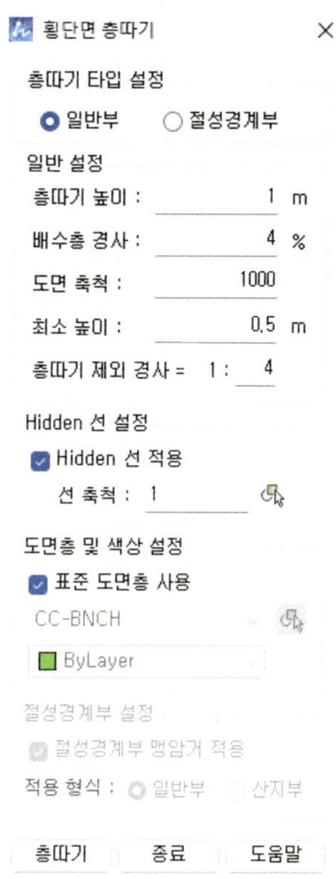

■ 메뉴 : ZDREAM → CIVIL → 횡단 → 횡단면도 층따기

■ 실행 과정

– 명령어 'CUT' 입력

– 층따기 타입 및 옵션 설정 → 층따기 클릭

– 지반선 선택

– 층따기 시·종점 선택

■ 실행 결과

– 기본 설정 값으로 명령어 'CUT'을 실행하여 층따기선 생성

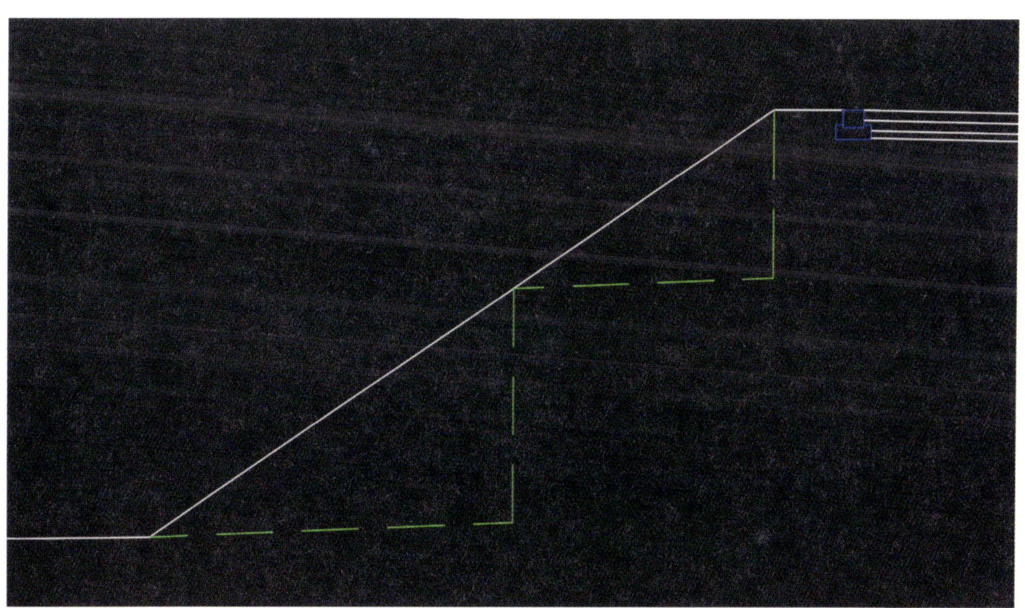

3. 토적표 엑셀로 보내기 EWT

횡단면도에 작성된 토적표 중 전체 또는 선택된 구간의 데이터를 추출하고, 추출된 토적 데이터를 엑셀 파일 형식으로 내보내어 활용할 수 있습니다.

■ 메뉴 : ZDREAM → CIVIL → 횡단 → 토적표 엑셀로 보내기

■ 실행 과정

– 명령어 'EWT' 입력

– 토적표의 블록 속성에 맞게 '일반 블록' 또는 '속성 블록' 클릭 → '측점' 위치 지정

– '항목 등록' 버튼 클릭 → 토적표 항목 중 엑셀로 내보낼 항목 등록

– 측점 설정 및 검색 공간 설정 '지정'

– 모든 토적표를 내보낼 경우 '모든 토적표 내보내기' 클릭, 특정 토적표만 내보낼 경우 '선택 표적표 내보내기' 클릭

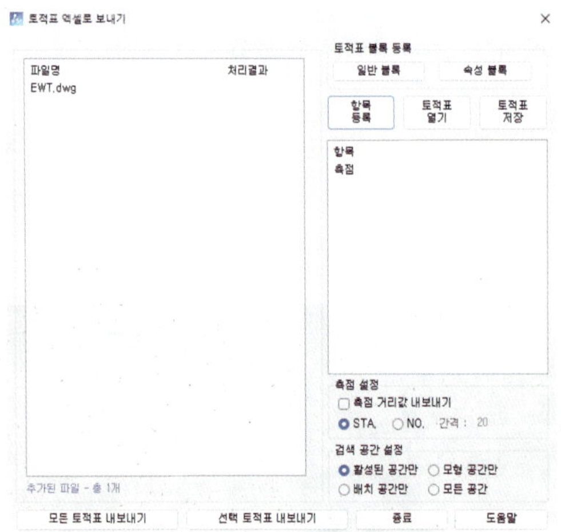

■ 실행 결과

– 측점, 지반고, 계획고, 성토고, 절토고를 항목에 등록하여 명령어 'EWT' 실행

	A	B	C	D	E
1	측점	지반고	계획고	성토고	절토고
2	0	850	850	0	0
3	1	854.63	852.73	0	1.9
4	2	854.63	855.45	0.82	0
5	0+3	850.21	850.41	0.2	0
6	3	856.44	858.18	1.74	0
7	4	861.64	860.91	0	0.73
8	5	865.34	863.56	0	1.78
9	6	864.04	865.64	1.6	0
10	7	867.19	867.17	0	0.02
11	8	866.19	868.61	2.42	0
12	9	870.99	870.06	0	0.93
13	10	872.59	871.5	0	1.09

4. 경사 표시 SLT

선을 직접 선택하거나 두 점을 지정하여 해당 구간의 경사도를 계산하고, 계산된 경사 값을 도면에 '퍼센트' 또는 '1 : S' 형태로 표시합니다.

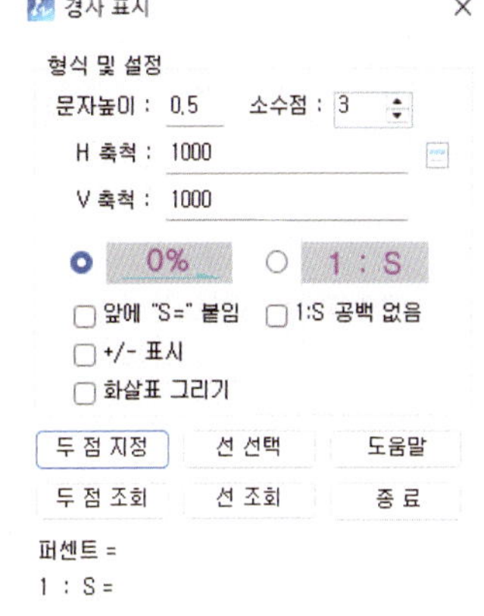

■ 메뉴 : ZDREAM → CIVIL → 작성 → 경사 표시

■ 실행 과정

– 명령어 'SLT' 입력

– 경사 문자 형식 및 표현 방법 설정

– 경사 입력 시, '두 점 지정' or '선 선택' 중 선택

– 경사 조회 시, '두 점 조회' or '선 조회' 중 선택

■ 실행 결과

– 경사 '%' 방식 선택

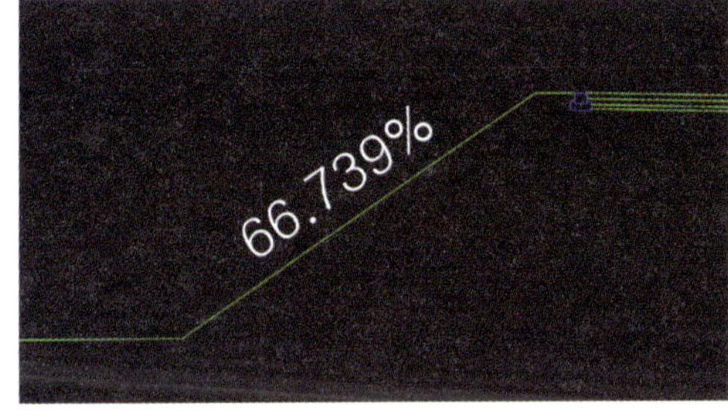

– 경사 '1 : S' 방식 선택

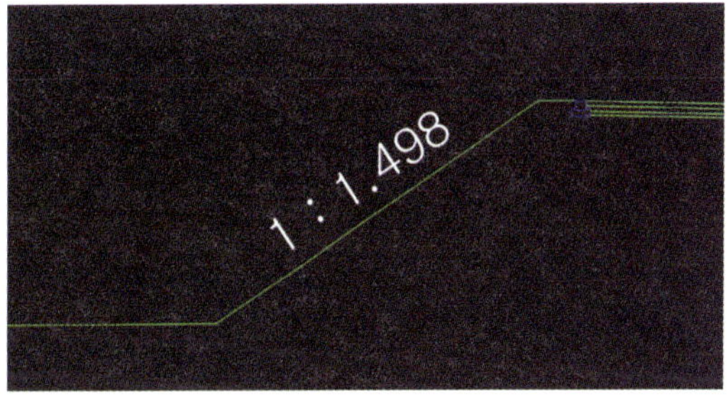

5. 좌표 내보내기 CEX

사용자가 선택한 객체의 좌표 값을 추출하고, 추출된 좌표를 메모장 형식으로 저장하거나 엑셀 파일로 저장할 수 있습니다.

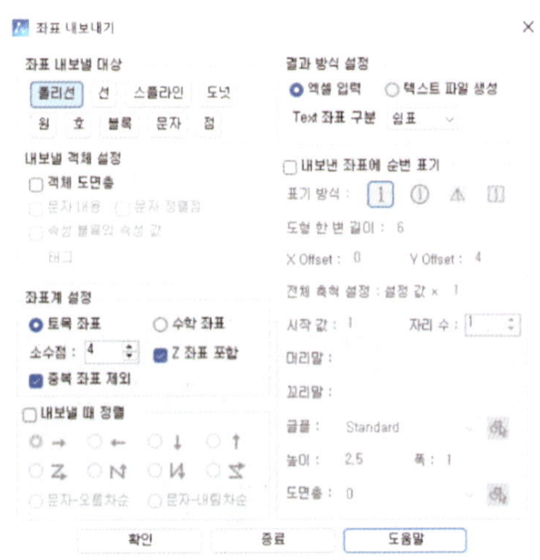

■ 메뉴 : ZDREAM → 좌표 → 좌표 내보내기

■ 실행 과정

– 명령어 'CEX' 입력

– 좌표 내보낼 대상 선택 및 옵션 설정

– '확인' 버튼 클릭 → 좌표 내보낼 객체 선택

– '텍스트 파일 생성' 선택 시, 경로와 파일명 설정

– '엑셀 입력' 선택 시, 엑셀에서 삽입할 셀 선택

■ 실행 결과

– 결과 방식 설정 : '엑셀 입력' 선택 시   – 결과 방식 설정 : '텍스트 파일 생성' 선택 시

A	B	C	D
1	862.80	725.01	0.00
2	1088.83	840.75	0.00
3	1030.97	873.93	0.00
4	1000.88	837.66	0.00
5	937.63	887.05	0.00
6	1130.49	752.02	0.00
7	987.00	630.11	0.00
8	987.00	694.15	0.00
9	1053.34	694.15	0.00
10	1053.34	630.11	0.00

```
TEST.txt - Windows 메모장
파일(F)  편집(E)  서식(O)  보기(V)  도움말(H)
1,862.80,725.01,0.00
2,1088.83,840.75,0.00
3,1030.97,873.93,0.00
4,1000.88,837.66,0.00
5,937.63,887.05,0.00
6,1130.49,752.02,0.00
7,987.00,630.11,0.00
8,987.00,694.15,0.00
9,1053.34,694.15,0.00
10,1053.34,630.11,0.00
```

6. 상대 EL 구하기 FE

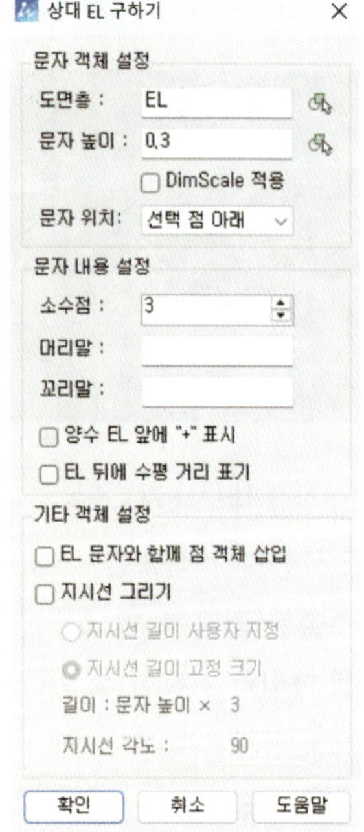

사용자가 지정한 기준점의 ELEVATION LEVER(이하 EL) 값을 통해 구하고자 하는 점의 상대 높이를 계산하고, 계산된 EL 값을 도면에 문자로 표시합니다.

■ 메뉴 : ZDREAM → CIVIL → 좌표 내보내기

■ 실행 과정

– 명령어 'FE' 입력

– 문자 객체와 내용 옵션 설정 → '확인' 클릭

– 기준점 EL 값을 입력 또는 선택(E)

– 기준점 클릭 → EL 값을 구할 지점 클릭

■ 실행 결과

– 'EL 값=0'을 기준으로 명령어 'FE'를 실행하여 빨강색 선이 EL 값 산출

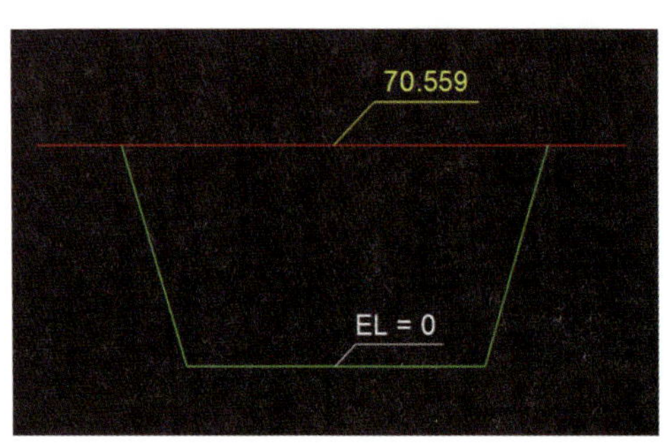

7. 여러 도면 삽입하기 MUIN

여러 개의 도면 파일을 선택하여 하나의 도면에 외부 참조 또는 삽입 방식으로 추가합니다.

■ 메뉴 : ZDREAM → 도곽 → 다중 도면 삽입, Xref

■ 실행 과정

– 삽입할 도면을 추가

– 축척 및 삽입 옵션 설정

– '확인' 버튼 클릭

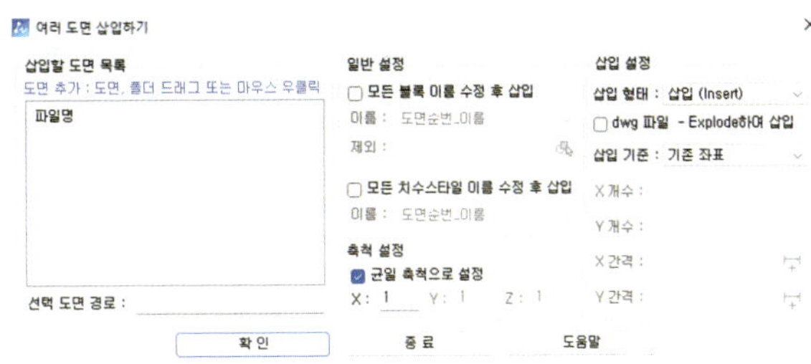

■ 실행 결과

– 삽입 도면 목록

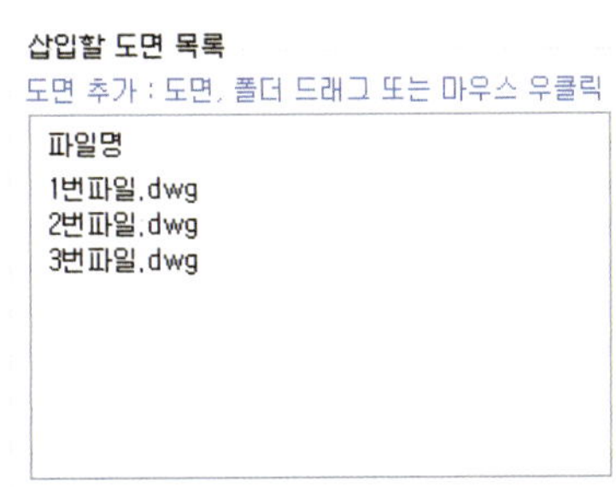

– 삽입 결과

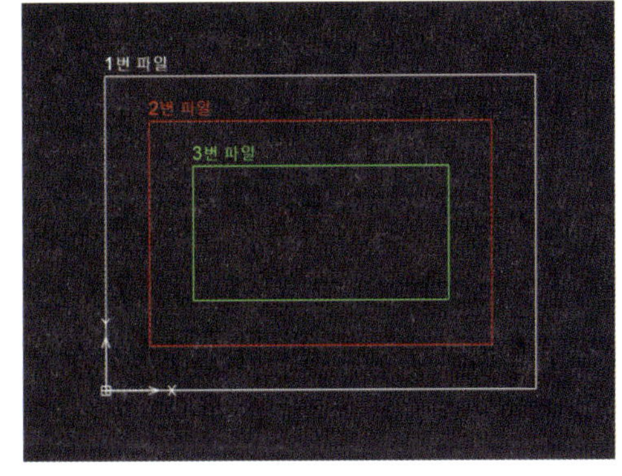

8. 정북 일조권 사선제한 SUNCK

건축물의 일조권 확보를 위한 정북 방향 사선제한 기준을 기반으로 제한선을 계산합니다. 계산된 사선제한선을 도면에 자동으로 작성하고, 정북각을 계산할 수 있습니다.

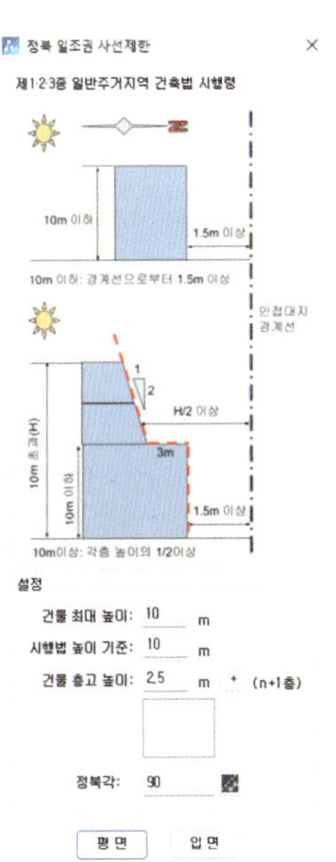

■ 메뉴 : 없음

■ 실행 과정

• 정북 일조권 사선제한선 생성

– 건물 층고 높이 지정 및 층 추가 → '평면' 클릭

– 대지경계선 지정 → 정북 교차점 지정

• 현재 정북각 변경 및 입면도 출력

– 정북각 버튼 클릭 → 북쪽 및 남쪽 선택 → 대지경계선 클릭

– '입면' 클릭 → 입면도 배치 원하는 위치에 마우스 클릭

■ 실행 결과

– 대지경계선(빨강색 선)을 기준으로 명령어 'SUNCK'를 실행하여 정북 일조권 사선제한선(파란색 선) 생성

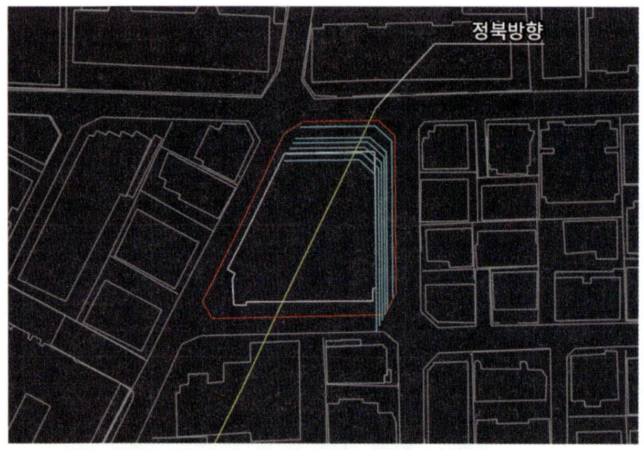

9. 면적 구하기 ARE

지정한 점 내부의 폐합된 면적을 구합니다.

■ **메뉴 : ZDREAM → 조회 → 면적 구하기**

■ 실행 과정

– 명령어 'ARE' 입력

– 면적 구하기 옵션 설정

– 면적을 구할 지점 클릭 또는 객체 선택

– 산출된 면적 결과값을 표시할 위치 클릭

■ 실행 결과

– 4개로 분할된 구역의 면적 조회

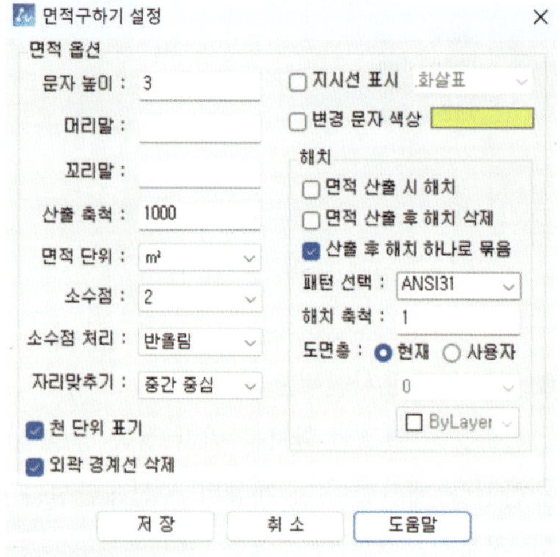

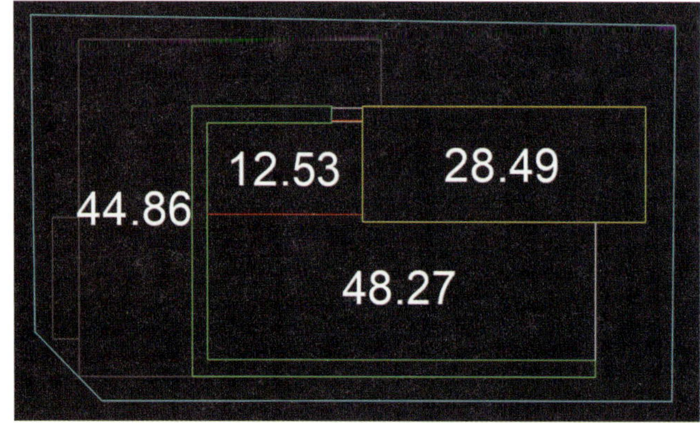

MFG 기계 제조 설계 분야에서 특화된 전문 도구를 제공합니다. 범위 오리기(상세도) 기능을 통하여 일정 범위를 축척하여 상세히 표시할 수 있고, 단면 절단 표시 기능을 이용해 부품의 내부 구조를 명확하게 표현할 수 있어 도면화 작업에 있어 효율적으로 사용할 수 있습니다. 또한, 엑셀 연동 기능을 통해 도면 정보와 부품 데이터를 쉽게 연계하고 관리할 수 있으며, 블록 수량 집계 기능을 이용하여 도면 내 부품 정보를 자동으로 파악하여 BOM 작성 시간을 크게 단축할 수 있습니다. 이 외에도 숫자 자동 증감, 치수 간격 조정, 자동 치수 생성 등 도면화 작업에 특화된 기능을 제공합니다. 이러한 기능들은 기계 설계 과정에서 반복되기 쉬운 작업을 자동화하고, 정확한 데이터 작성과 관리가 가능하도록 지원합니다.

1. 범위 오리기 DDD

도면에서 특정 부위를 확대하여 상세하게 표현할 수 있는 기능입니다. 복잡한 구조나 중요한 부품의 디테일을 명확히 표시하는 상세도를 표현할 때 사용됩니다.

■ 메뉴 : ZDREAM → 유틸리티 →
범위 오리기

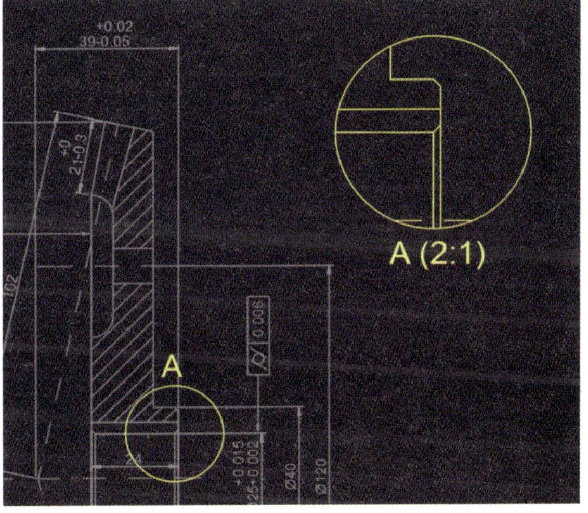

■ 실행 과정
– 명령어 'DDD' 입력
– 형태 및 선택모드 옵션 설정 → 확인
– 범위 설정 → 삽입점 클릭
■ 실행 결과
– 복잡한 구조의 범위를 선택하여 범위 오리기를 이용하여 축척(2 : 1)된 객체 생성

2. 단면 절단 표시 CSE

부품이나 구조물의 내부를 보여주기 위해 단면을 설정하고, 절단선을 표시하는 기능입니다.
조립 상태나 내부 형상을 명확히 표시할 때 사용합니다.

■ **메뉴 : ZDREAM → 그리기 → 단면 절단 표시**

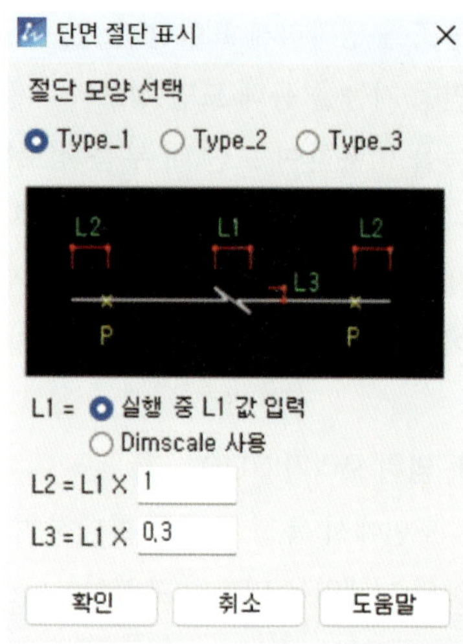

■ 실행 과정

- 명령어 'CSE' 입력

- 시점 선택 또는 '설정(S)'을 입력하여 절단 모양 및 옵션 설정

　- 종점 지정

　- 절단 표시 길이 [입력]

■ 실행 결과

- 절단 모양 : Type_1

- 절단 모양 : Type_2

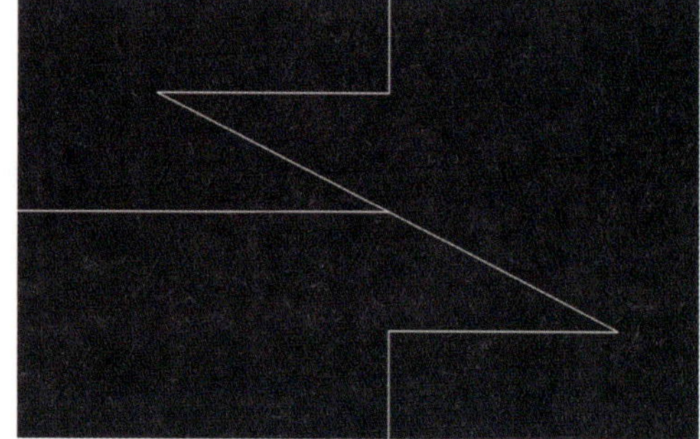

- 절단 모양 : Type_3

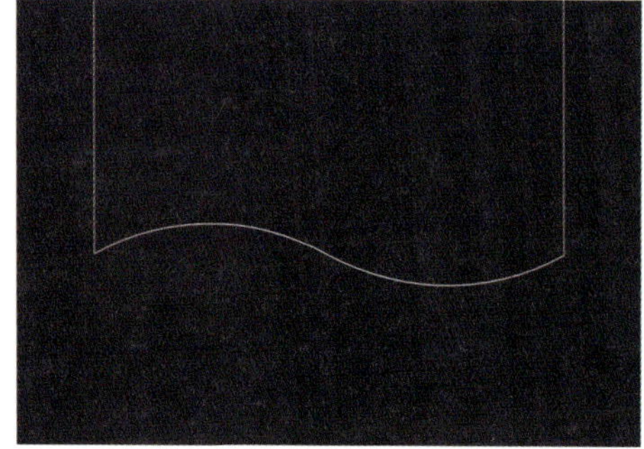

3. 엑셀 표 캐드로 ETC

엑셀에 작성된 표를 캐드로 가져와 선과 문자로
이루어진 표를 작성합니다. BOM 리스트 등 엑셀
데이터를 도면화할 때 활용할 수 있는 기능입니다.

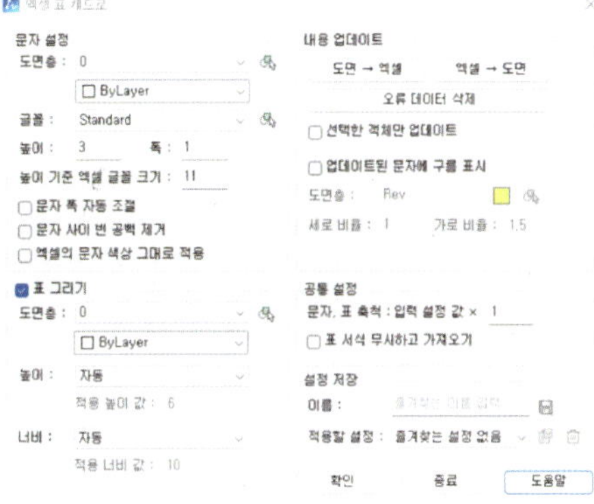

■ 메뉴 : ZDREAM → 엑셀 → 엑셀 표 캐드로
■ 실행 과정
– 명령어 'ETC' 입력
– 옵션 설정 후 '확인' 버튼 클릭
– 캐드에 그릴 엑셀의 표 범위 선택 → '확인' 버튼 클릭
– 캐드에 표를 작성할 지점 클릭
■ 실행 결과
– 엑셀에 작성된 표

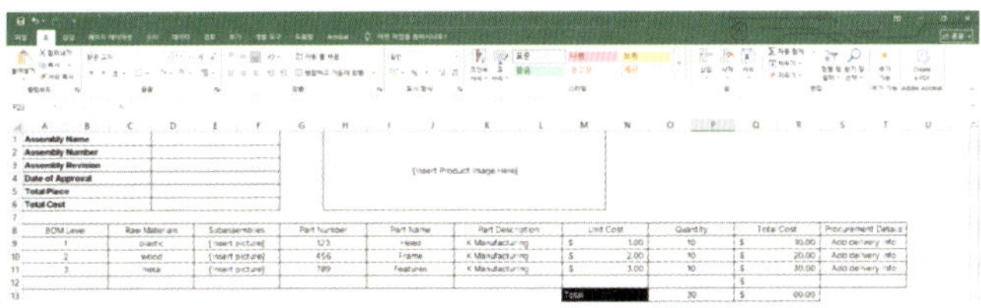

– '엑셀 표 캐드로' 기능으로 캐드에 작성된 표

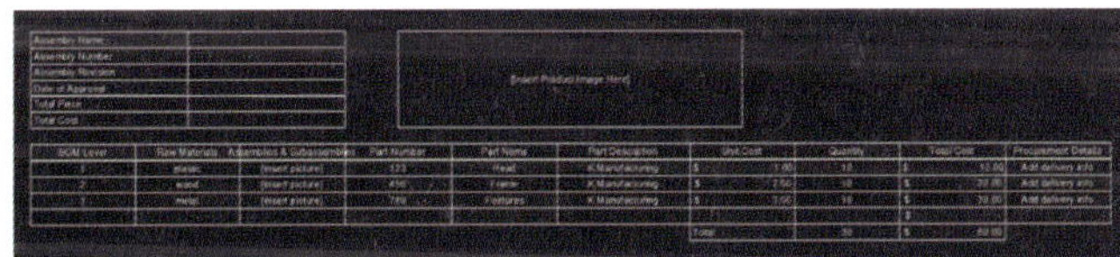

4. 블록 수량 집계 CBL

도면 내 블록 개수를 집계하여 엑셀로 내보내거
나 표로 작성합니다. 기계 부품 등 BOM을 위한 부
품 수량 집계 시 활용할 수 있는 기능입니다.

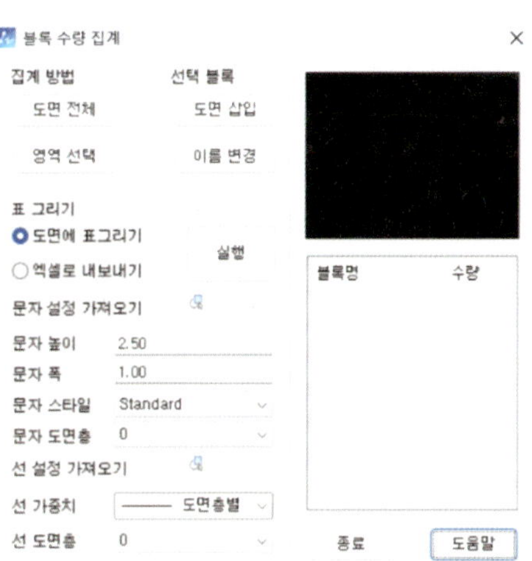

■ 메뉴 : ZDREAM → 조회 → 블록 수량 집계
■ 실행 과정
– 명령어 'CBL' 입력
– 집계 방법 및 선택 블록 옵션 설정
– '도면에 표그리기' 또는 '엑셀로 내보내기' 클릭

■ 실행 결과

– 수량 집계 데이터 도면에 표로 그리기

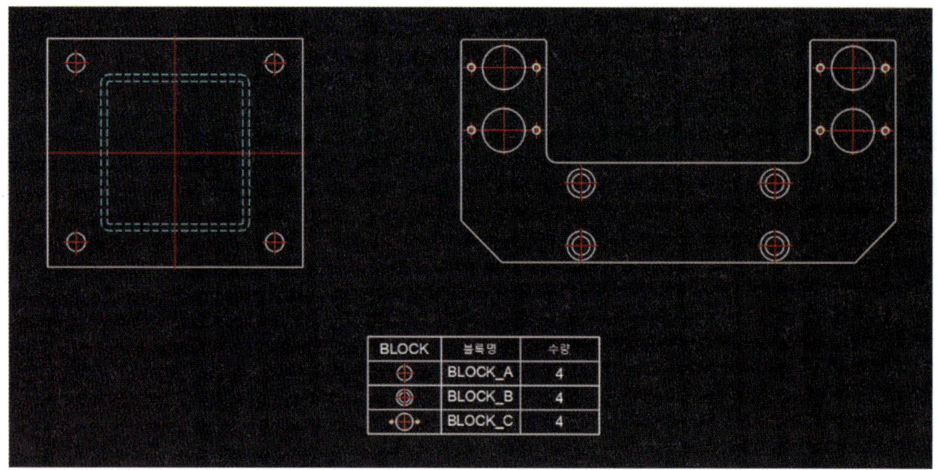

– 수량 집계 데이터 엑셀 데이터로 내보내기

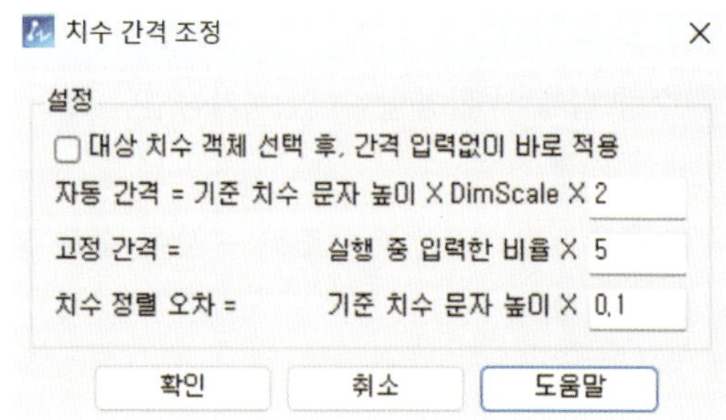

5. 치수선 간격 조절 DSP

여러 치수선들의 사이 간격을 동일한 값으로 일괄 조절합니다.

■ 메뉴 : ZDREAM → 치수 → 치수선 간격 조절

■ 실행 과정

– 명령이 'DSP' 입력

– 치수 간격 조정 옵션 변경 필요 시 'S' 입력

– 기준이 될 치수 선택

– 간격을 조절할 치수 선택

■ 실행 결과

– 치수 '160'을 기준으로 치수선 정렬

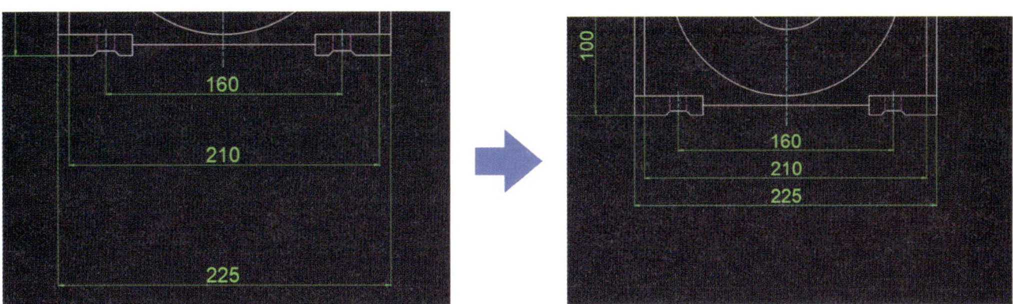

6. 다각형 문자 쓰기 BC

다각형 및 원형 등 도형 안에 숫자를 증분하여 생성합니다. BOM 품번 기호를 생성할 수 있습니다.

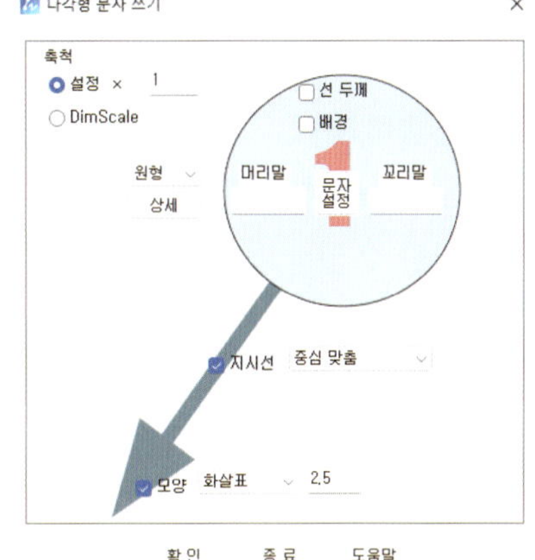

■ 메뉴 : ZDREAM → 문자 → 다각형 문자 쓰기

■ 실행 과정

– 명령어 'BC' 입력

– 문자, 다각형, 지시선 옵션 설정 → '확인' 버튼 클릭

■ 실행 결과

– 유형, 축척, 지시선 유무 등 옵션 설정 후 생성

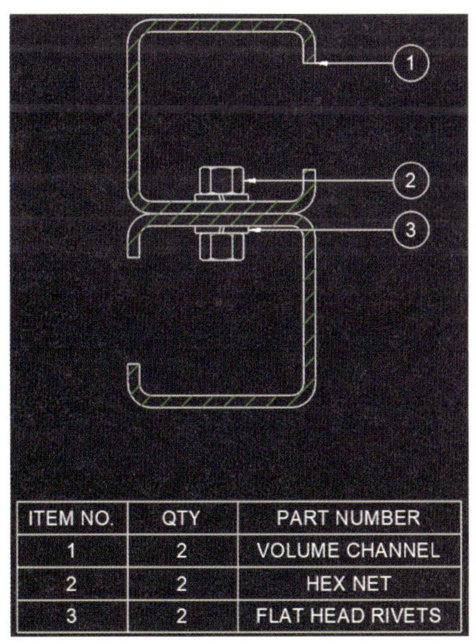

ITEM NO.	QTY	PART NUMBER
1	2	VOLUME CHANNEL
2	2	HEX NET
3	2	FLAT HEAD RIVETS

ZDREAM은 특정 산업 분야에 국한되지 않고, 건축·토목·기계 등 모든 CAD 사용자들이 실무에서 유용하게 활용할 수 있는 범용 도구 기능을 제공합니다. 가장 기본이자 중요한 도면 정리 작업부터 시작하여 중복 객체 제거, 불필요한 데이터 정리, 속도 저하의 원인이 되는 요소들을 손쉽게 정리할 수 있도록 지원합니다. 이러한 기능을 통해 도면의 최적화는 물론 작업 속도와 안정성까지 향상시킬 수 있습니다.

또한, 색상, 도면층, 객체 속성 등을 기준으로 원하는 데이터를 필터링할 수 있는 필터 기능과 함께, 문자나 치수를 일괄 정렬 및 편집할 수 있는 도구도 제공되어 도면의 가독성과 정밀도를 높이는 데 도움을 줍니다. 뿐만 아니라, 여러 개의 도면 파일을 한 번에 변환하거나 출력할 수 있는 다중 출력 기능도 지원되어, 대량 작업 시 시간을 대폭 절약할 수 있습니다.

1. 다중 출력 MPL

여러 도면을 한 번에 일괄 출력하고, 도곽 내 특정 위치의 내용을 불러와 출력된 파일의 이름으로 저장할 수 있습니다.

■ 메뉴 : ZDREAM → 유틸리티 → 다중 플롯

■ 실행 과정

- 명령어 'MPL' 입력

- 우측 하단의 '옵션 펼치기' 버튼 클릭

- 프린터 및 플로터 선택

- '도면 목록'에서 도면 추가 또는 도면이 들어있는 폴더 추가

- '플롯 영역 선택'에서 출력할 도곽 및 특정 블록 선택, 영역 지정

- '플롯 스타일' 선택 → '플롯 축척' 선택

- '선택 정렬'에서 플롯 순서 선택

- 파일 형식으로 출력 시, '파일 플롯 설정' 옵션 선택

- PDF 파일로 출력 시, 'PDF 플롯'에서 파일 병합 및 개별 PDF 삭제 옵션 선택

- '플롯 옵션' 설정

- '전체 도곽 플롯' 또는 일부만 출력시 '선택 도곽만 플롯' 선택

■ 실행 결과

– 다중 플롯을 진행한 캐드 도면

– PDF 파일로 다중 플롯 진행 결과물

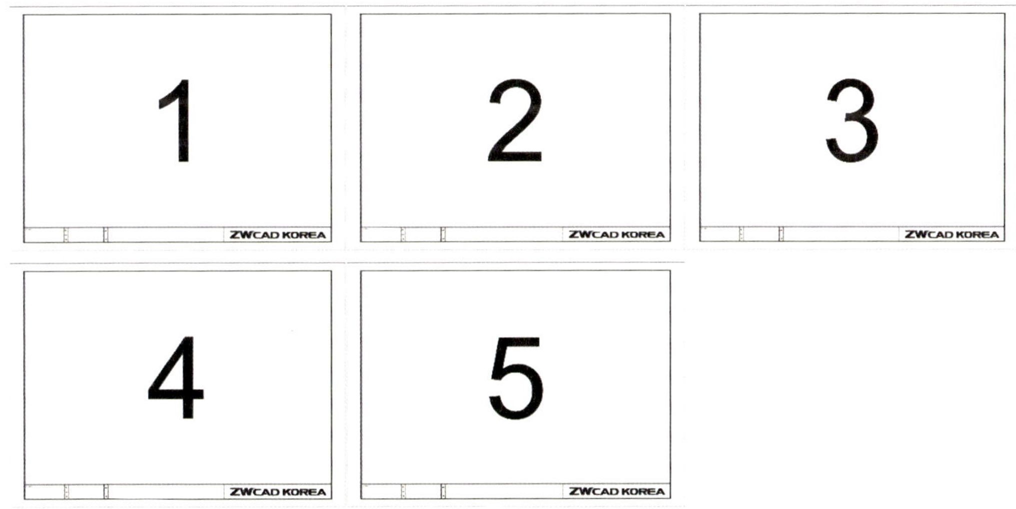

2. 도곽 목록표 작성하기 DTC

도곽의 도면 번호와 도면 이름을 선택하여 도곽 목록표를 생성하여 도면에 작성합니다.

■ 메뉴 : ZDREAM → 도곽 → 도곽 목록표 작성하기

■ 실행 과정

– 명령어 'DTC' 입력

– 도곽 목록표를 작성할 도면 선택

– '도곽 등록' 클릭 → '도곽 선택' 클릭

– '도면 번호 내용 설정' 및 '도면 이름 내용 설정'에서 위치 설정 → '설정 완료' 클릭

– '표 내용 설정'에서 도곽 목록표에 표현될 목록 선택

– '표 그리기' 옵션 설정 → '도곽 정렬 설정' 옵션 설정

– '전체 도곽 표로 그리기' 또는 일부만 작성 시 '선택 도곽만 표로 그리기' 선택

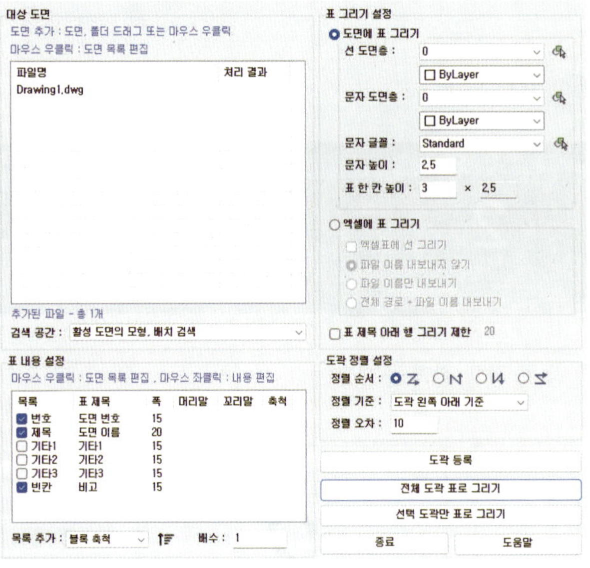

■ 실행 결과

– 도곽 목록표를 작성한 캐드 도면

– '도면에 표로 그리기' 선택 시

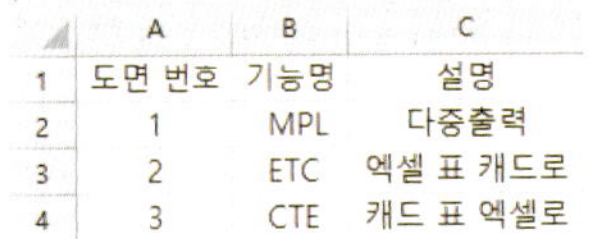

도면 번호	기능명	설명
1	MPL	다중출력
2	ETC	엑셀 표 캐드로
3	CTE	캐드 표 엑셀로

– '엑셀에 표 그리기' 선택 시

	A	B	C
1	도면 번호	기능명	설명
2	1	MPL	다중출력
3	2	ETC	엑셀 표 캐드로
4	3	CTE	캐드 표 엑셀로

3. 도면 번호 쓰기 ADN

도면 내에 도곽의 일련 번호나 속성 값을 일괄적으로 생성합니다.

■ 메뉴 : ZDREAM → 도곽 → 도면 번호 쓰기

■ 실행 과정

– 명령어 'ADN' 입력

– '도곽 등록' 클릭

– 도곽 객체 속성에 맞게 '외부참조 또는 블록' 또는 '속성 블록' 클릭

– 도곽 객체 클릭 → 도면 번호 위치 설정 → 도면 이름 표시 유무 설정

– 도곽 등록 옵션 설정 → '정렬 설정'과 '도면 번호 또는 삽입 문자 설정' 지정

– '전체 도곽 실행' 또는 일부만 작성 시 '선택 도곽만 실행' 클릭

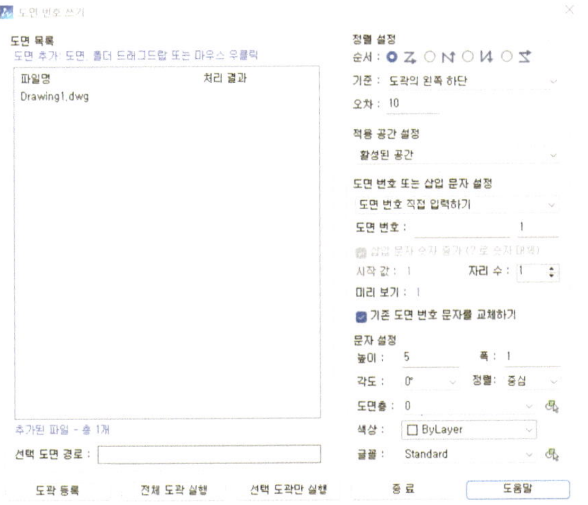

■ 실행 결과

- 도면 번호를 쓰기 이전의 도곽

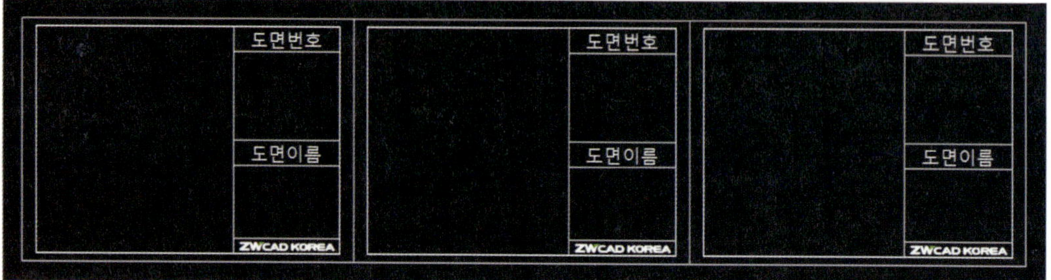

- 명령어 'ADN' 입력 결과물

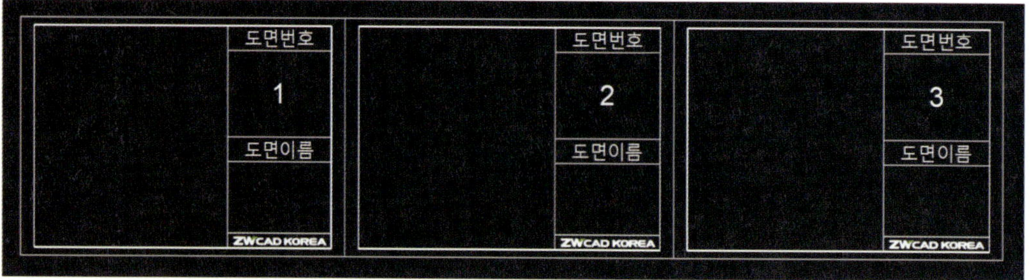

4. 경계선 외부 자르기 EXTR

도면에서 경계를 작성하여 특정 경계 부분만 잘라내거나 복사합니다.

■ 메뉴 : ZDREAM → 수정 → 경계 → 경계선 외부 자르기

■ 실행 과정

- 원하는 위치에 경계 작성

- 명령어 'EXTR' 입력

- 잘라낼 방식 선택 → Trim : 'T' 입력 / XClip : 'X' 입력

- 블록으로 삽입 여부(Y/N) 입력

- 자를 경계 객체 선택 → 자른 객체 삽입할 위치 선택

■ 실행 결과

- 선홍색 사각형을 경계로 명령어 'EXTR' 실행 시 경계선을 기준으로 자르기 및 복사

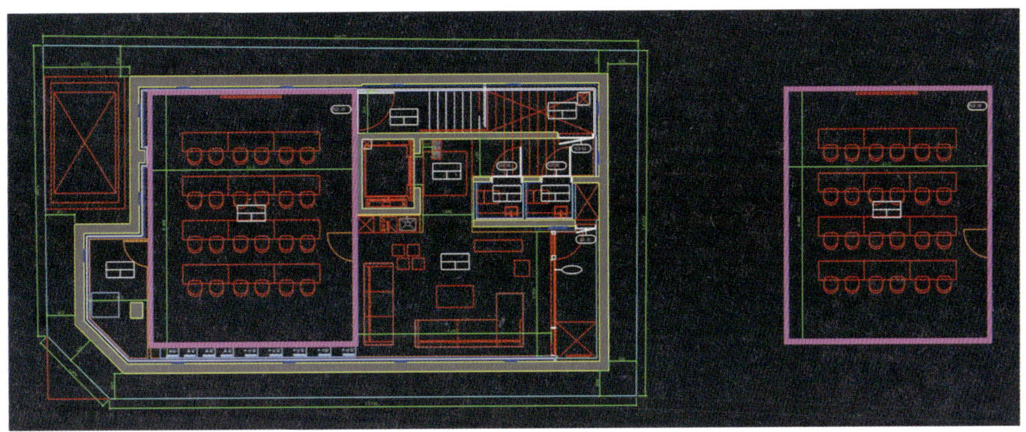

5, 경계로 뷰포트 만들기 MVO

사용자가 선택한 경계를 기반으로 뷰포트를 생성합니다.

■ 메뉴 : ZDREAM → 뷰포트 → 경계로 뷰포트 만들기

■ 실행 과정

– 명령어 'MVO' 입력

– '경계 객체 선택 방식', '배치 설정', '정렬 설정' 등 옵션 설정 후 '확인' 클릭

– '확인' 버튼 클릭 → 경계 객체 선택

■ 실행 결과

– 모형 탭의 '선홍색 테두리'를 경계로 설정하여 뷰포트 생성 결과

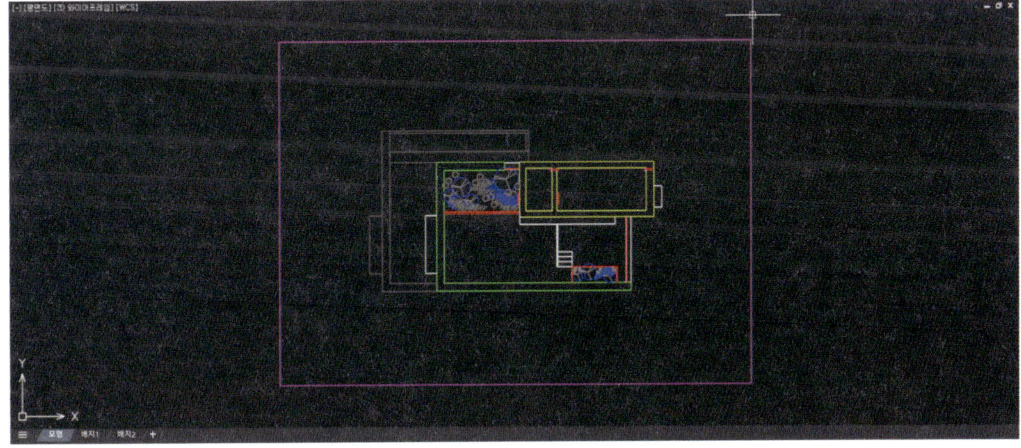

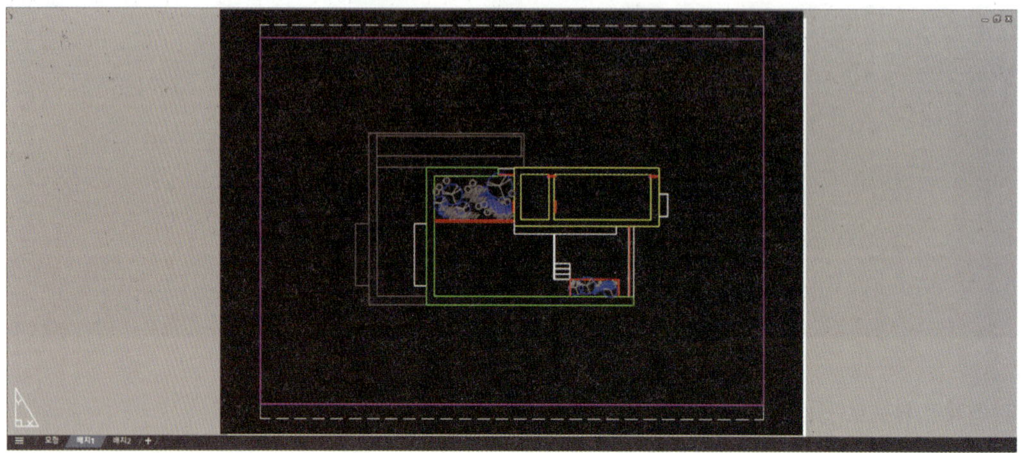

6. 캐드 표 엑셀로 CTE

  도면에 작성된 표 데이터를 엑셀 데이터로 내보냅니다. 내보낸 데이터 수정 시 내용 업데이트를
통해 최신 데이터로 동기화할 수 있습니다.

■ **메뉴 : ZDREAM → 엑셀 → 캐드 표 엑셀로**

■ 실행 과정

– 명령어 'CTE' 입력

– 옵션 설정 후 '확인' 버튼 클릭

– 엑셀에 작성할 도면의 표 범위 선택

– 엑셀에 삽입할 셀 클릭 → '확인' 버튼 클릭

■ 실행 결과

– 캐드에 작성된 표   – '캐드 표 엑셀로' 기능으로 엑셀에 작성된 표

지원 파일형식		
	FULL	LT
DWG	O	O
DXF	O	O
DWT	O	O

	A	B	C
1	지원 파일형식		
2		FULL	LT
3	DWG	O	O
4	DXF	O	O
5	DWT	O	O

7. 치수 자동 삽입 ADI

선이나 폴리선으로 된 객체를 일괄적으로 선택해 자동으로 치수를 삽입합니다.

■ 메뉴 : ZDREAM → 치수 → 치수 자동삽입

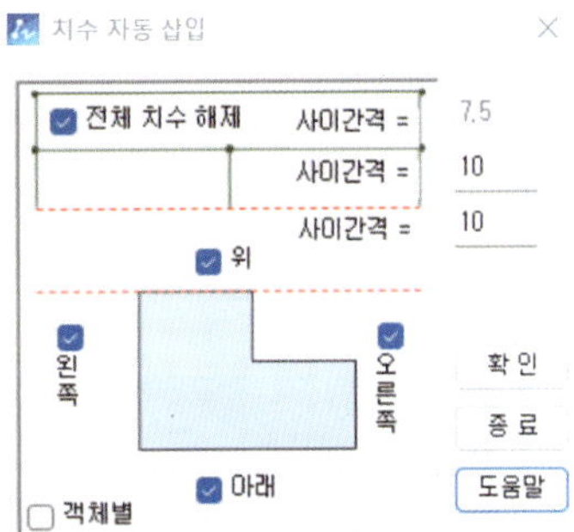

■ 실행 과정

– 명령어 'ADI' 입력

– 치수 스타일 및 삽입 옵션 설정 → '확인' 버튼 클릭

– 치수를 삽입할 객체 선택

■ 실행 결과

– '전체 치수 해제' 체크, 상하좌우 선택

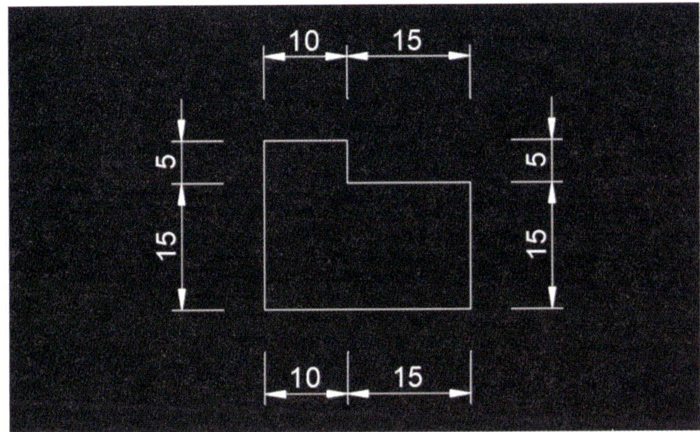

8. 문자 찾기/바꾸기 FTE

현재 도면 내에서 특정 문자를 찾거나, 문자 내용을 일괄 변경합니다.

■ 메뉴 : ZDREAM → 문자 →
내용수정 → 문자 찾기/바꾸기

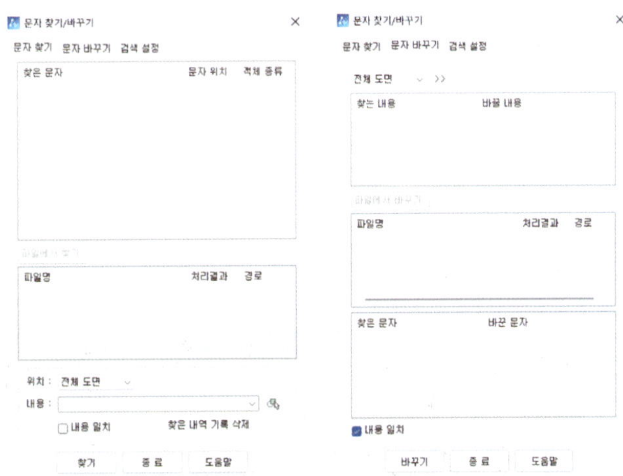

■ 실행 과정

[문자 찾기]

– 문자를 찾을 위치 설정

– 찾을 문자를 '내용'란에 입력

– '찾기' 버튼 클릭

[문자 바꾸기]

- '찾을 내용'란에서 마우스 우클릭 → '내용 추가' 클릭

- '찾을 문자'란에 바꿀 대상 문자 입력 또는 🔍 아이콘을 클릭하여 문자 선택

- '바꿀 문자'란에 바꿀 문자 입력 또는 🔍 아이콘을 클릭하여 문자 선택

- '닫기' 버튼 클릭 → '바꾸기' 버튼 클릭

■ 실행 결과

- 문자 찾기 결과 → 찾은 문자 : ZWCAD

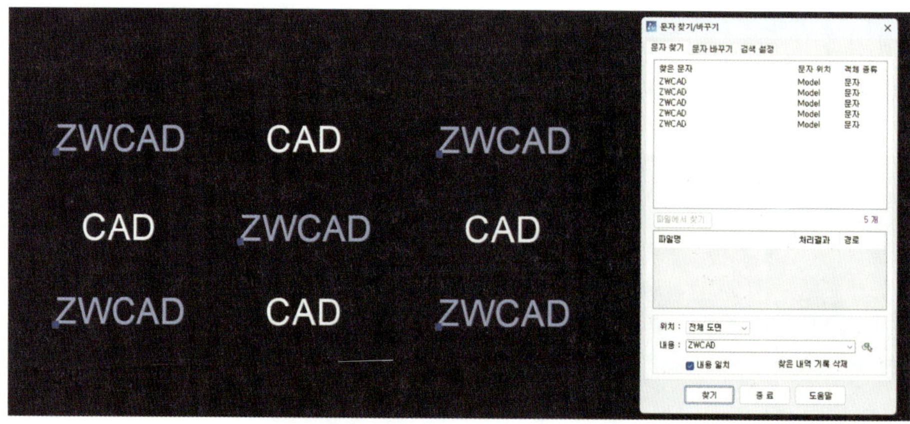

- 문자 바꾸기 결과 → 찾은 문자 : CAD, 바꿀 문자 : ZWCAD

9. 한글 명령 자동 영문 변환 HCMD

기본적으로 한글로 명령어를 입력할 경우 단축키가 작동하지 않습니다. 자동 변환 기능을 활성화한 후 사용 시 한글로 입력한 명령어를 영문 명령어로 자동 변환하여 명령어를 실행합니다.

■ 메뉴 : ZDREAM → 유틸리티 → 한글 명령 자동 영문 변환

■ 실행 과정

- 명령어 'HCMD' 입력

- 예(Y) 입력

■ 실행 결과

- RECTANG의 단축 명령어인 'REC'을 한글 'ㄱㄷㅊ'으로 입력한 결과

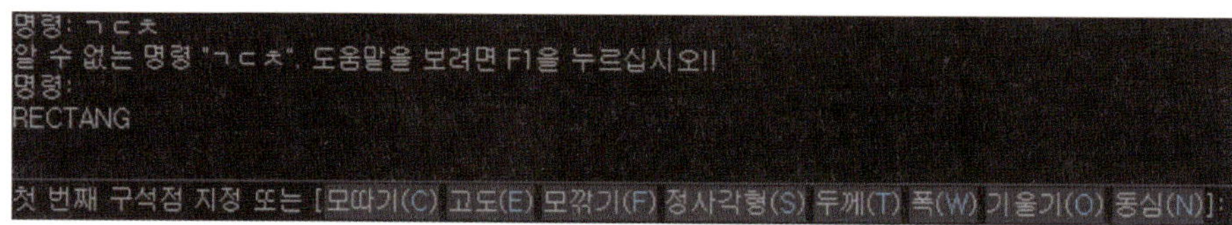

10. 도면 정리 기능 DDE, DEE, PPO

중복 객체 삭제 DDE

도면 내에 중복된 객체에서 사용자가 원하는 객체를 선택하여 삭제하거나 도면층을 변경합니다.

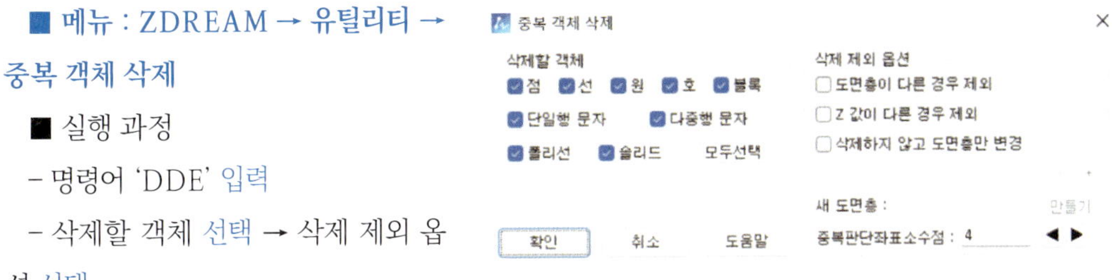

■ 메뉴 : ZDREAM → 유틸리티 → 중복 객체 삭제

- **■ 실행 과정**
- 명령어 'DDE' 입력
- 삭제할 객체 선택 → 삭제 제외 옵션 선택
- '확인' 버튼 클릭 → 중복 객체 삭제할 영역 선택

- **■ 실행 결과**
- 중복된 직사각형 객체에 명령어 DDE 실행

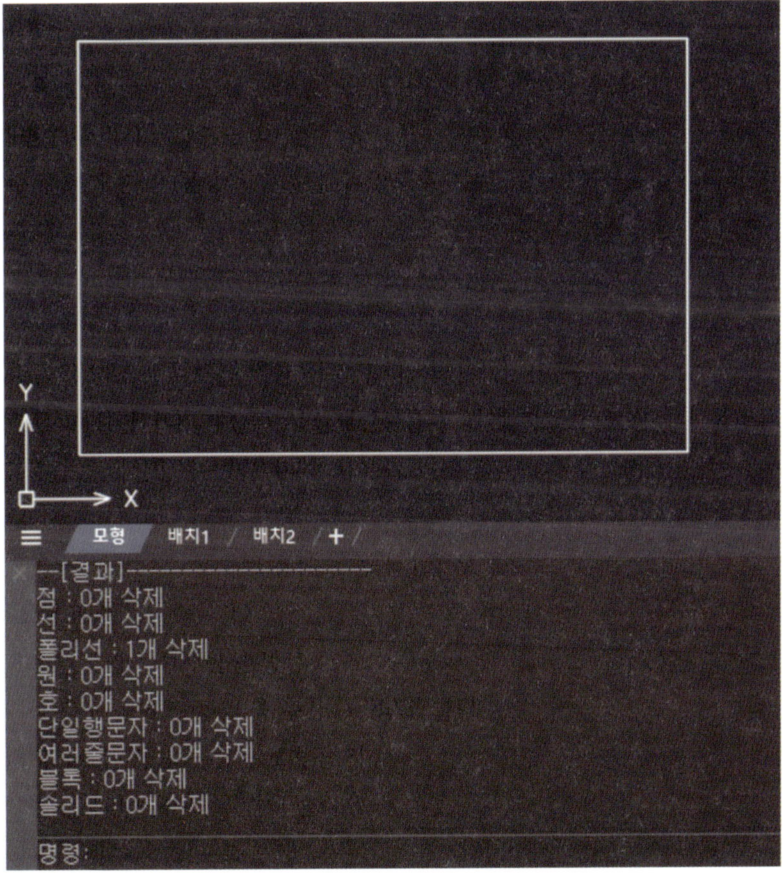

유령 객체 삭제 DEE

내용 없는 문자, 빈 블록이나 그룹을 삭제합니다.

■ 메뉴 : ZDREAM → 유틸리티 → 유령 객체 삭제

■ 실행 과정

– 명령어 'DEE' 입력

– 삭제 옵션 설정 → '확인' 버튼 클릭

■ 실행 결과

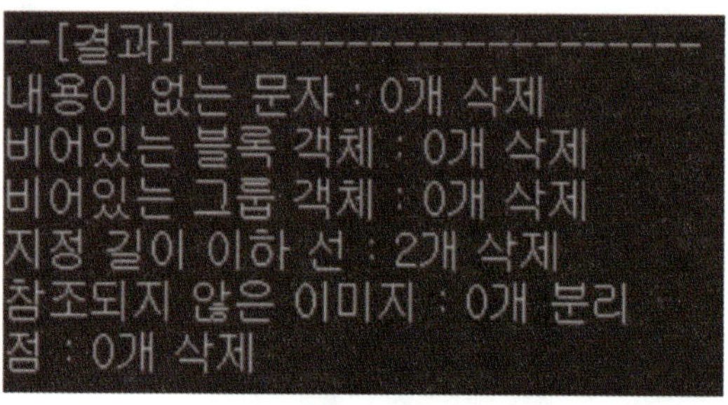

퍼지 옵션 PPO

도면 내 불필요한 객체나 데이터를 정리하기 위해, 설정된 옵션에 따라 선택된 항목들을 일괄 삭제하여 도면을 정리합니다.

■ 메뉴 : ZDREAM → 유틸리티 → 퍼지 옵션

■ 실행 과정

– 명령어 'PPO' 입력

– 삭제할 항목 선택 → '실행' 버튼 클릭

■ 실행 결과

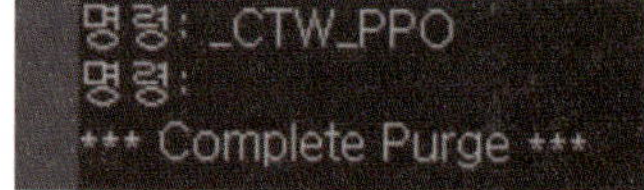

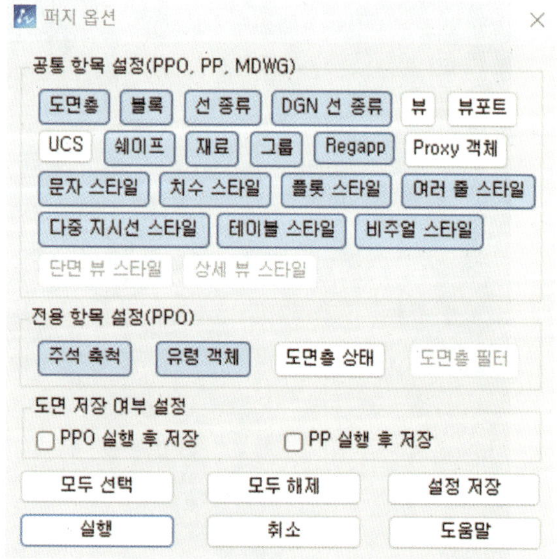

MEMO

06 ZWSolution

01 ZWSolution

ZWSOFT는 건축, 건설, 토목(이하 AEC 산업군)과 기계, 부품, 자동차 및 제조(이하 MFG 산업군)를 포함한 전 분야를 대상으로 전문적인 CAD/CAM/CAE 소프트웨어 솔루션을 제공합니다.

이 책에서 중점적으로 소개하는 2D CAD 제품은 사용 목적과 산업 분야에 따라 세분화되어 있으며, 전문가용(FULL), 일반용(LT), 기계전문가용(MFG), 기계일반용(LM) 등 총 네 가지로 구성되어 있습니다.

각각의 제품은 해당 분야의 업무 특성을 반영해 설계되었으며, 사용자에게 보다 효율적이고 전문화된 작업 환경을 제공합니다.

한편, 3D CAD/CAM/CAE 솔루션인 ZW3D는 모듈별로 세분화된 제품 구성을 통해 기계/제조 분야에 필요한 설계, 엔지니어링 및 가공 등 제품 개발에 필요한 모든 프로세스를 지원하고 있습니다. CAD 분야로는 뷰어 및 부품 설계용으로 적합한 ZW3D Lite, 제품 설계를 위한 하이브리드 솔리드/서피스 기반의 범용성을 가진 전문 설계용인 ZW3D Standard, 그 외 금형 설계용 ZW3D Professional, 파이프/튜빙 및 하네스와 같은 라우터 설계용 ZW3D Advanced가 있습니다. 또한 CAM 분야에서는 2.5D 밀링/선반 가공용 ZW3D 2X, 3D 형상가공 및 금형 가공을 위한 ZW3D 3X, 인덱스 및 다축 가공을 위한 ZW3D 5X 등 각 가공 타입별로 세분화되어 지원합니다. 그리고 FEM 방식의 CAE 구조해석 기능을 제공하는 ZW3D Structural까지 설계부터 시뮬레이션, 가공까지 전 과정을 하나의 플랫폼에서 수행할 수 있습니다.

여기에 더해, ZWSOFT는 데스크톱 환경을 넘어 모바일 및 클라우드 기반 설계 솔루션도 지속적으로 개발하고 있으며, 2D와 3D 설계는 물론, 가공, 해석, 협업, 데이터 관리까지 포괄하는 통합 설계 플랫폼을 구축하여 다양한 산업군의 사용자 요구에 맞춘 최적의 설계 환경을 제공하고 있습니다.

02 ZWCAD MFG/LM

1. ZWCAD MFG/LM 소개

ZWCAD MFG와 ZWCAD LM은 기계 설계를 위한 전문 CAD 소프트웨어입니다. 두 제품 모두 4만 개 이상의 기계 표준 부품과 기계 엔지니어링용 도구를 제공하며, 일반적인 ZWCAD보다 설계 시간은 단축하고 도면 생산성은 크게 향상시킬 수 있습니다. ZWCAD MFG는 ZWCAD 범용 버전의 모든 기능을 더해, 기계 세부 설계 및 엔지니어링을 위한 고급 기능이 통합된 풀 스펙 제품입니다. 반면, ZWCAD LM은 'Limited'의 약자로 ZWCAD MFG의 핵심 기능 중 일부(예 : 부품 라이브러리, 기계 주석 기능 등)을 선택적으로 포함한 경량 버전이며, 보다 합리적인 가격에 제공되어 효율적인 기계 설계 솔루션을 찾는 사용자에게 적합한 버전입니다.

2. ZWCAD MFG/LM 주요 기능

ZWCAD MFG와 ZWCAD LM 버전은 제조용 기계 2D 도면 작성을 위한 다양한 전문 도구를 제공합니다. 대표적으로 축, 기어, 나사, 홀 생성기, 기하공차, 치수 기입 및 편집, 표면 거칠기 기호 등 다양한 기계 기호를 포함하여 부품 번호(Balloon), 부품 목록(BOM), 표준 부품 라이브러리까지 기계 설계에 최적화된 기능들을 포함하고 있어 정밀하고 효율적인 도면 작업이 가능합니다. 단, 앞에서 언급했듯이 ZWCAD LM은 MFG의 핵심 기능 중 일부(예 : 부품 라이브러리, 기계 주석 기능 등)을 선택적으로 포함한 경량 버전으로, 다음의 기능 설명 내용을 참고하시길 바랍니다.

기계 부품 라이브러리

- **MFG/LM 부품 라이브러리** : ZWCAD MFG/LM 부품 라이브러리에는 기계 설계를 위한 특화된 다양한 라이브러리를 제공합니다. 국제 표준 ISO, KS, JIS, DIN 등 볼트, 너트, 와셔, 핀, 리벳, 스프링, 베어링 등 4만 가지 이상의 부품이 포함됩니다. 부품 라이브러리에서 내보내기 옵션을 통해 치수 자동 생성 및 블록, 그룹, 개별 객체로도 내보낼 수 있습니다.

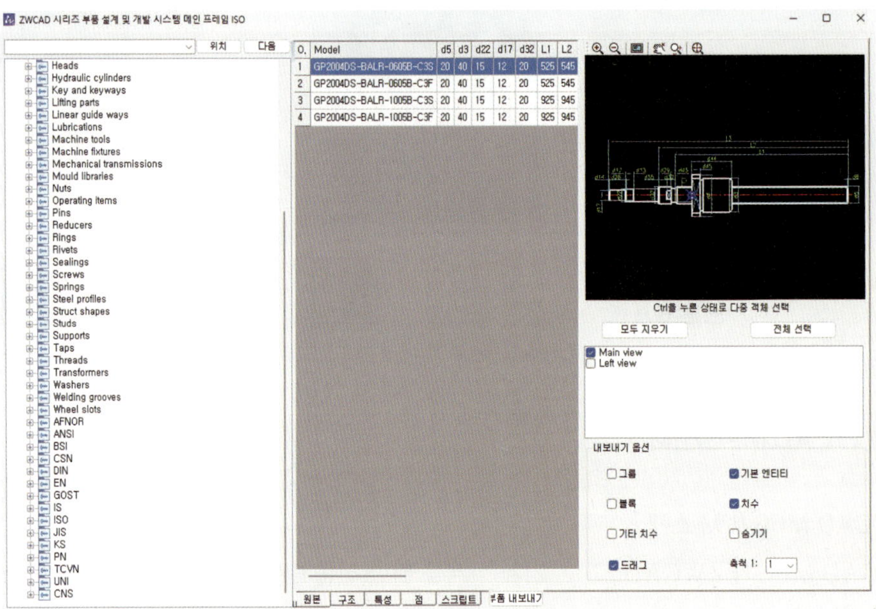

기계 부품 생성기

- **MFG 샤프트 및 기어 생성기** : 매개변수만을 입력하여 다양한 축과 기어를 쉽고 정밀하게 설계할 수 있는 전용 생성기 도구를 제공합니다. 이는 반복적이고 계산이 복잡한 기계 요소 설계를 자동화하고 표준화할 수 있습니다.

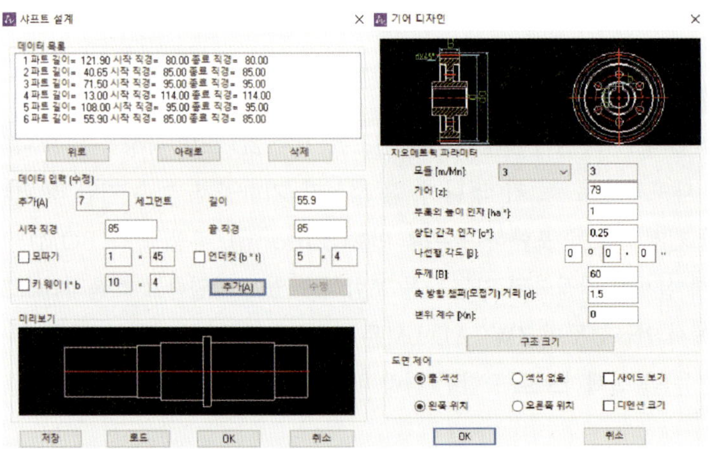

- **MFG** 홀 생성기 : 직선형, 계단형, 테이퍼, 중심 구멍을 포함하여 관통 구멍, 막힌 구멍을 포함한 다양한 홀 유형을 생성할 수 있는 도구를 제공합니다. 또한, 외형 설정으로 정면, 평면 뷰와 배경 숨기기, 단면 표시, 블록화, 치수 자동 생성 등의 기능을 함께 제공합니다.

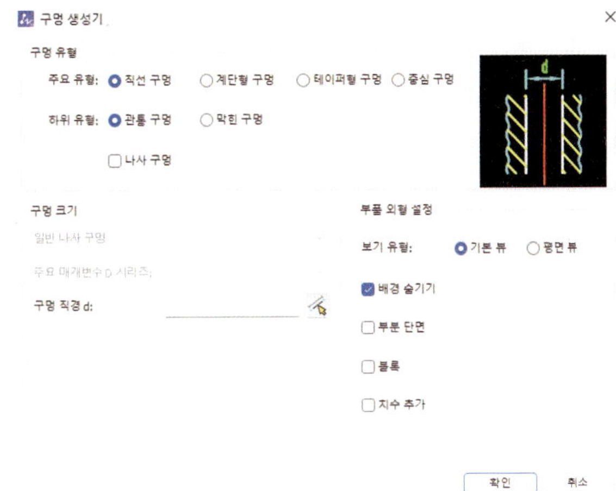

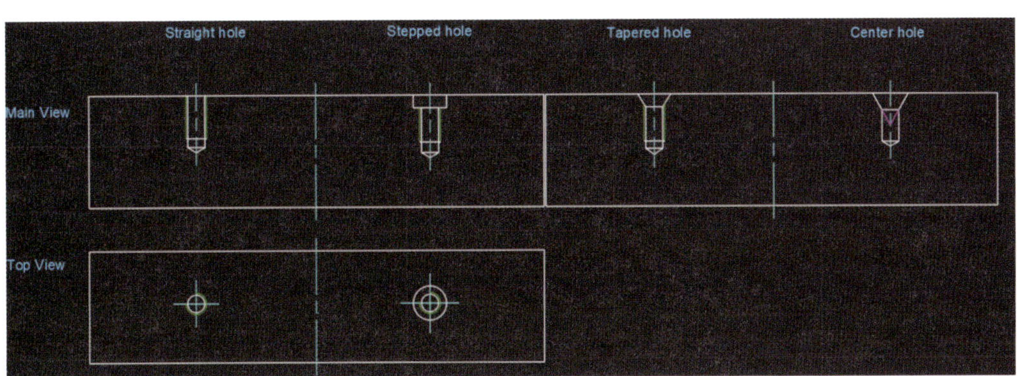

- **MFG** 스프로킷/풀리 설계 및 계산 : 스프로킷/풀리의 도면 설계, 체인/벨트의 길이 계산 등을 신속하게 설계할 수 있는 생성기 및 계산 도구를 제공합니다. 해당 도구는 표준을 준수하여 국가별 표준으로 도면을 작성할 수 있습니다.

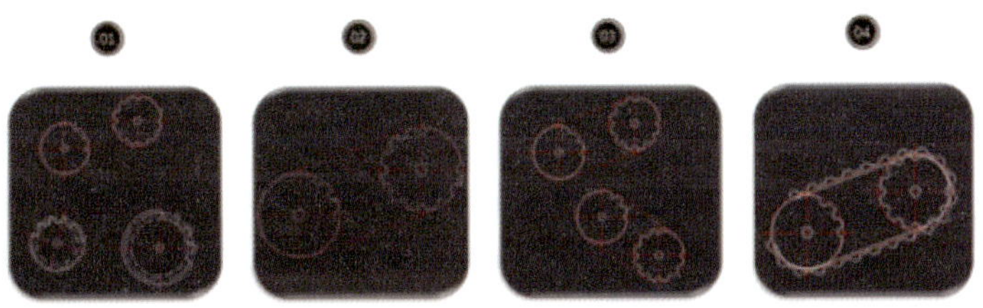

- **MFG** 나사 연결 마법사 : 기계 설계에서 볼트와 너트, 탭 가공, 나사산 연결 등을 정확하고 빠르게 처리할 수 있는 나사 연결 마법사 기능을 제공합니다. 이 기능은 표준 규격에 맞춰 자동으로 나사 연결을 구성해주는 도구입니다.

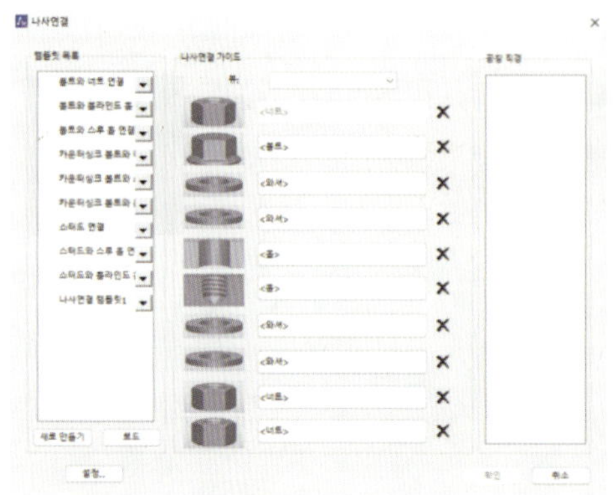

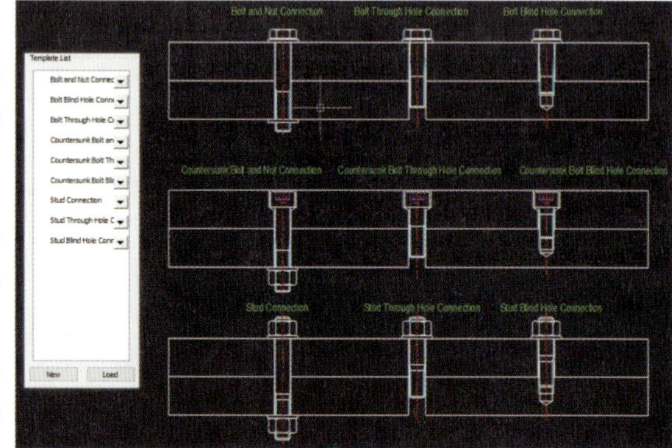

지능적인 부품 번호와 BOM

- MFG 부품 번호 및 BOM 생성 : 부품 번호를 손쉽게 삽입, 정렬, 편집할 수 있습니다. 또한 이를 기반으로 BOM을 제작하고 표준 부품들을 자동으로 인식하여 BOM 목록표에 표시합니다.

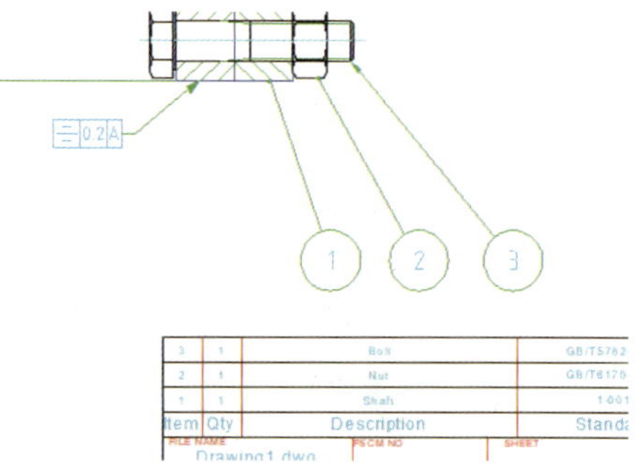

- MFG 참조 부품 및 업데이트 : 부품 라이브러리에 포함되지 않은 사용자화 부품에 참조 레이블을 생성할 수 있습니다. 해당 부품에 속성을 부여하면 BOM 리스트에 자동으로 업데이트되어 부품 번호 및 BOM 생성 기능과 연계하여 사용할 수 있습니다.

스마트 기계 주석

- MFG/LM 파워 치수 : 파워 치수는 기계 설계에서 치수를 보다 빠르고 정확하게 작성할 수 있도록 기하학 공차와 끼워 맞춤(fit list) 기능을 제공하고, 기계 치수에 작성되는 문자 기호, 단위, 표현 유형 등 다양한 치수 옵션을 제공합니다.

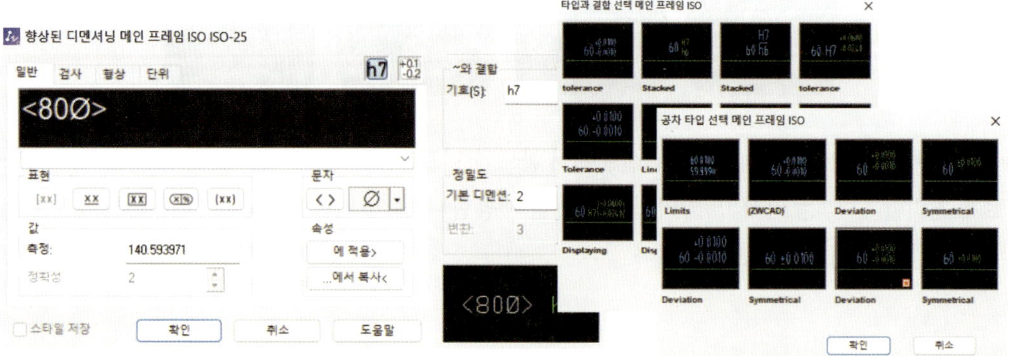

－ MFG/LM **다중 치수** : 최소한의 입력 정보만
으로 다중 치수들을 만들고 세로 좌표나 평행,
대칭 객체의 간격을 적절히 조정할 수 있습니다.

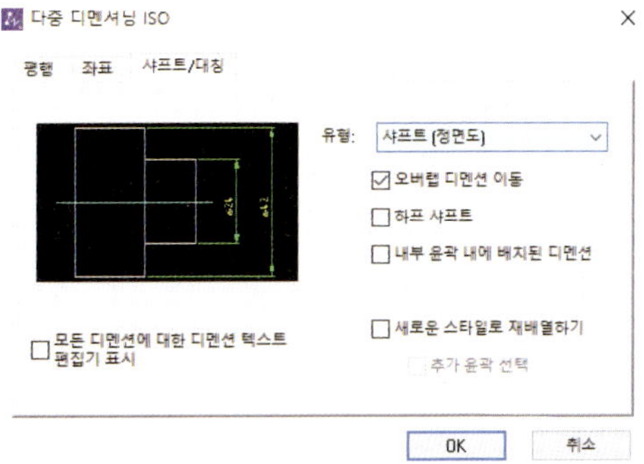

－ MFG/LM **기계 주석** : 기계 기호 주석인 표면 거칠기 기호, 기준점 식별, 테이퍼, 중심 홀, 용
접 기호 등 기계 기호를 제공합니다.

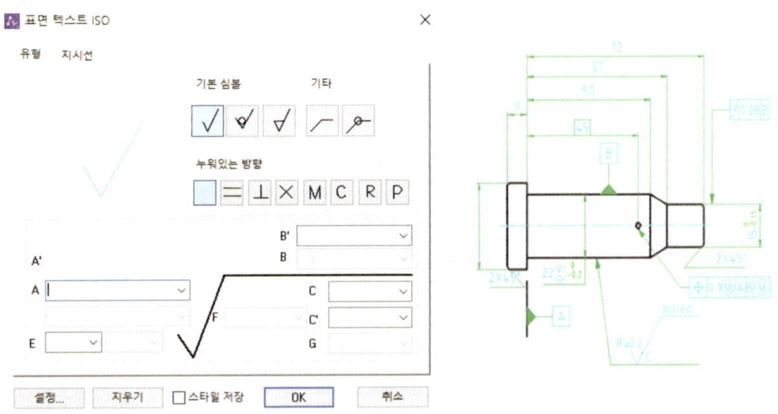

－ MFG/LM **상세 도구** : 상세도를 사용하면 도면의 특정 부분을 사용자가 원하는 축척으로 확
대하여 도면의 다른 부분에 배치할 수 있습니다. 명확하게 표시할 수 없거나 치수를 기입할 수 없
는 영역은 이 기능을 이용하여 작업할 수 있습니다.

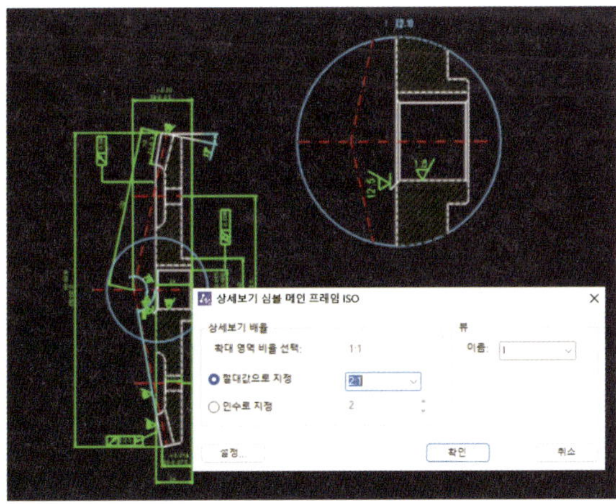

지능적인 도면 환경

- **MFG/LM 기업 및 국제 표준 스타일 지원** :
ZWCAD MFG/LM은 ISO, ANSI, DIN, JIS,
GB 등 국제 표준 환경을 제공합니다. 또한, 전용
도구나, 기호 등을 삽입할 때 자동으로 적절한 도
면층(색상, 선 종류, 선 굵기 등)으로 배치되는 도
면층 매핑(Layer Mapping) 기능을 함께 제공
하여 각 기능별로 도면층을 사용자화하여 사용
할 수 있습니다.

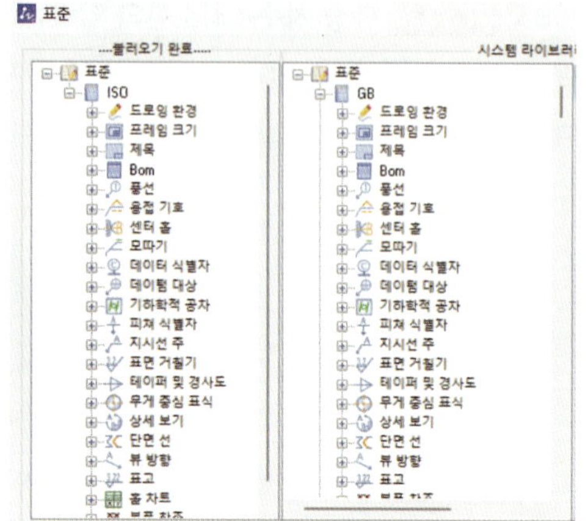

- **MFG/LM 자동 축척** : 축척이 서로 다른 도면 뷰(예 : 상세도, 단면도, 조립도 등)에 치수, 문
자, 기호를 삽입할 때, 해당 뷰의 축척에 맞게 자동으로 크기를 조정해주는 자동 축척 기능을 제
공합니다.

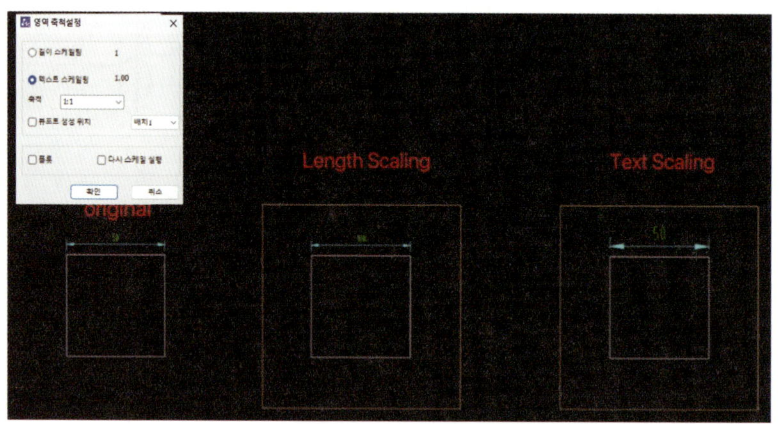

- **MFG/LM 수퍼 편집** : 전용 도구를 통해 작성된 기계 설계 객체(기호, 치수, 부품 등)를 더블
클릭하면 관련 속성이나 형상을 빠르게 수정할 수 있도록 수퍼 편집 기능을 제공합니다.

> TIP
>
> **ZWCAD MFG/LM 제품 비교표**
>
> LM 버전은 MFG 경량화 제품으로 생성기 도구를 제외한 부품 라이브러리
> 및 기계 전용 주석 도구만 포함합니다.

기계 설계 전문 기능	LM	MFG
표준 프레임	✓	✓
품번 기호 및 BOM	✗	✓
기계 도면 도구	✗	✓
정밀 치수 기입	✓	✓
기호 치수	✓	✓
축 및 기어 생성기	✗	✓
홀 생성기	✗	✓
스프로킷/풀리 생성기	✗	✓
나사 연결 마법사	✗	✓
관성 모멘트 계산	✗	✓
부품 라이브러리	✓	✓

1. ZW3D CAD

다양한 데이터 호환성 및 복원성

STEP, IGES와 같은 중립 포맷뿐만 아니라, 각 주요 3D 소프트웨어별 고유 포맷을 직접 불러올 수 있는 강력한 데이터 호환성을 자랑합니다. 또한 고품질 서피스 기능을 활용해 손실된 데이터의 복원 작업을 빠르게 진행할 수 있습니다.

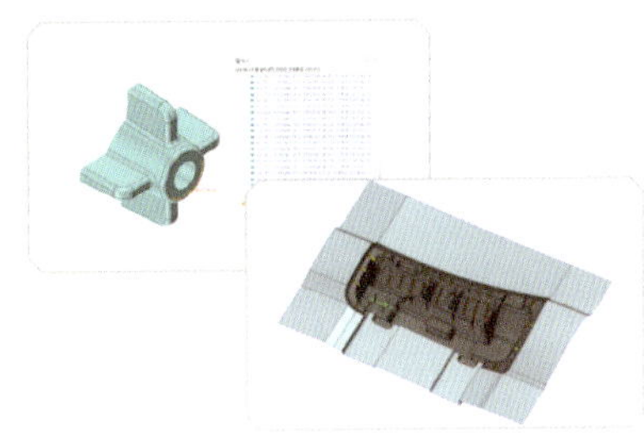

설계자를 위한 편리한 사용성

단품 설계를 위한 솔리드부터 제품의 창의적인 요소와 함께 심미성을 덧붙이기 위한 서피스 설계, 그리고 최종적인 조립 구조를 위한 어셈블리까지 단 하나의 환경 내에서 모든 설계 프로세스 공정을 간소화할 수 있습니다. 또한 여러 표준 라이브러리를 연동하여 사용할 수 있으며, 렌더링 기능을 활용한 시각적인 요소도 함께 연출할 수 있는 사용 인터페이스를 제공합니다.

효율적인 설계의 유연성

복잡한 관계로 구성된 설계 데이터나 외부 데이터를 활용한 설계 수정 작업에서 가장 필요한 것은 유연한 설계 편집 프로세스입니다. ZW3D는 직접 편집 기능을 통해 불필요한 설계 피처를 제거하거나, 피처 영역을 수정 및 이동시킬 수 있어 유연한 설계 작업이 가능합니다.

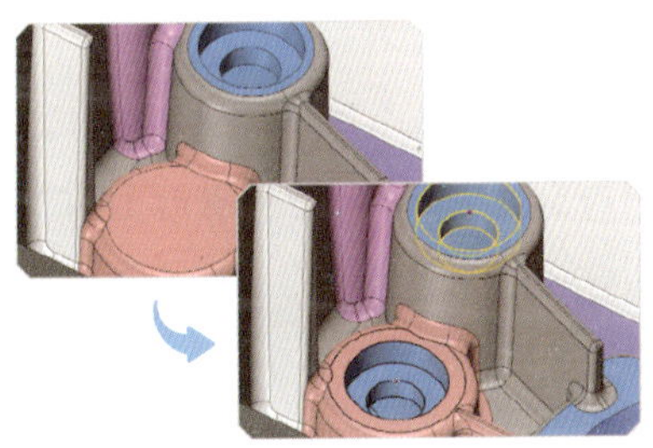

범용성을 갖춘 폭넓은 설계 가능성

기본적인 설계 외에도 시트메탈, 구조물, 라우팅, 하네스, 리버스 엔지니어링, 금형, 전극 설계 등 다양한 분야의 모듈을 활용할 수 있습니다. 특히 CAE 제품군과 결합한 다분야 물리 역학적 설계 검증과 로봇 시뮬레이션 제품인 Eureka Robot 등을 활용하여 다양한 분야에서 기술 집약적인 시스템을 지원하고 있습니다.

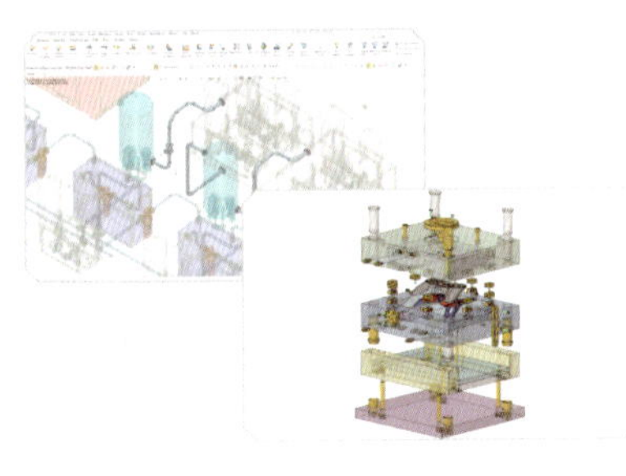

2. ZW3D CAM

CAD/CAM 통합 솔루션

ZW3D CAM은 ZW3D CAD 기본 기능을 함께 제
공합니다. 다양한 2D/3D 데이터 확장자를 지원하며,
데이터 수정 및 모델링이 가능합니다.

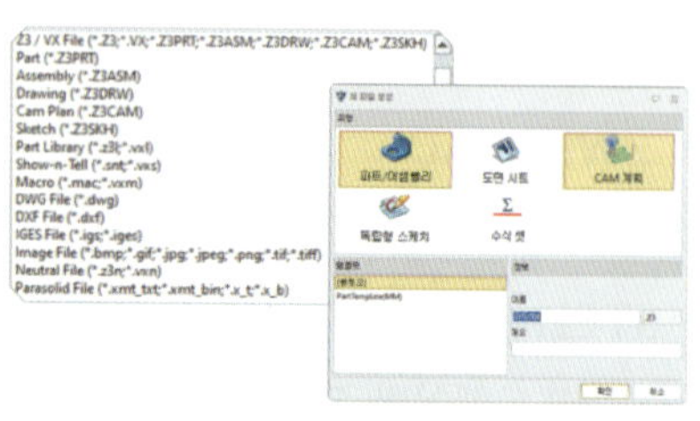

최적화된 부품 가공

ZW3D는 2X 모듈을 통해 부품 가공에 필요한 밀링
과 선반 기능을 함께 제공합니다. 2D 데이터뿐만 아니
라 3D 모델링으로도 손쉽게 2.5D 밀링 작업이 가능하
며, CAM Focus를 통해 ZW3D에서만 경험할 수 있는
최적화된 부품 가공 솔루션을 경험할 수 있습니다.

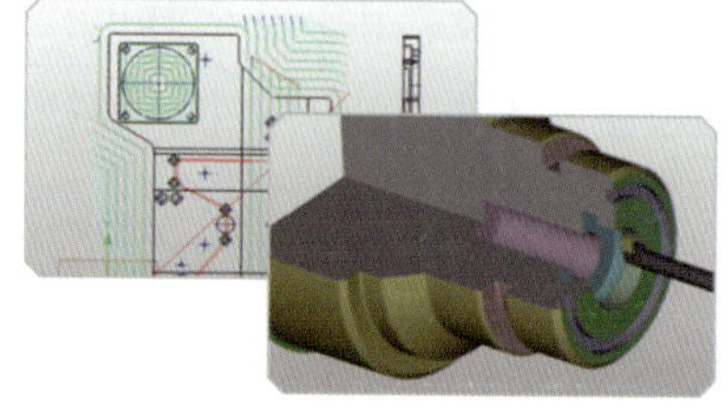

공정별 세분화된 금형 가공

황삭부터 중정삭, 그리고 잔삭까지 다양한 공정에 필요
한 가공 전략을 제공합니다. Z레벨, 레이스, 3D 옵셋, 코
너 잔삭, 펜슬 등 다양한 형상에 알맞은 세부 가공을 통해
복잡한 금형, 전극 제품을 정밀하게 가공할 수 있습니다.

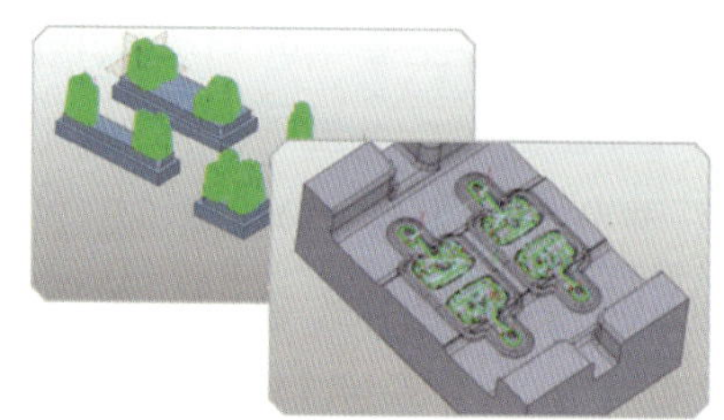

효율적인 다축 가공

ZW3D는 포스트 프로세서 설정을 통해 3+2축 제어와
연속 5축 작업을 위한 다양한 툴패스 템플릿을 지원하고
있습니다. 또한 5축 CAM 작업 중 발생하는 면에 대한
수정을 CAD로 넘어가 편집한 후 바로 CAM으로 작업
을 이어나갈 수 있어 보다 효율적인 작업이 가능합니다.

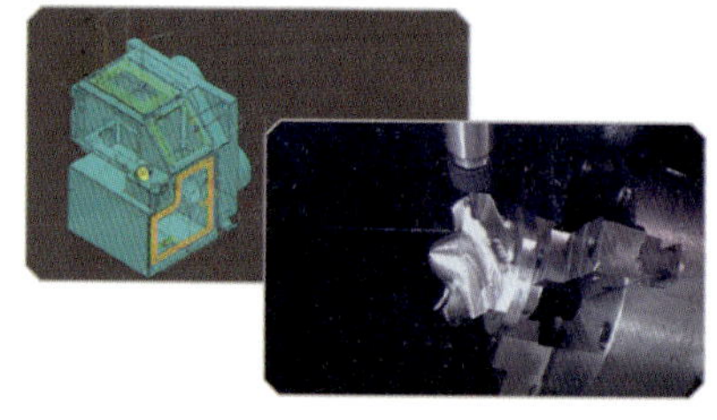

맞춤형 검증/포스트 프로세서

솔리드 검증 기능을 통해 시뮬레이션을 진행하여 사
전에 문제사항을 체크할 수 있으며, 완성된 시뮬레이션
결과에서 파트 비교 기능을 통해 미절삭/과절삭 구간을
직관적으로 확인할 수 있습니다. ZW3D CAM 사용자
라면 사용 장비에 맞는 사용자 맞춤형 포스트 프로세서
를 제공받을 수 있습니다.

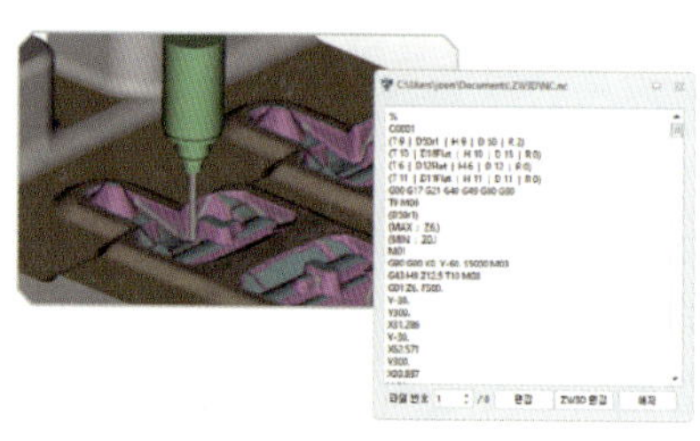

3, ZW3D CAE

솔버 통합을 위한 CAE 플랫폼으로 자체 개발한 모델링 커널과 고품질의 메싱 기술을 기반으로 전처리-해석-후처리까지 고객의 요구사항을 충족시켜 개발 효율성을 향상시킬 수 있습니다.

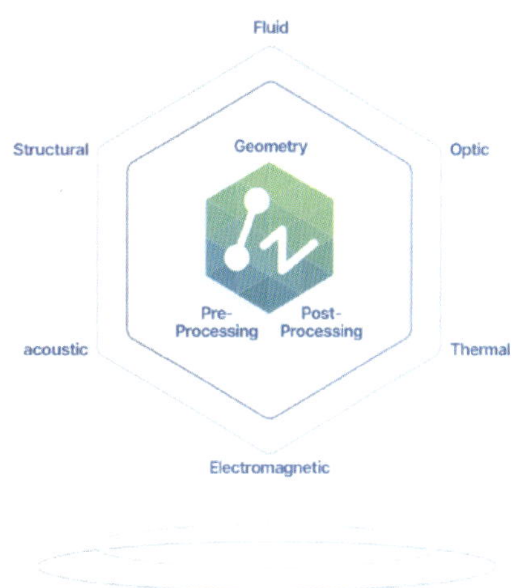

ZW3D SIM Structural은 구조해석 전문가는 물론 해석 경험이 부족한 사용자도 쉽게 사용할 수 있는 All-in-One 해석 솔루션입니다. 개발 단계부터 NAFEMS Standards를 엄격하게 준수하여 개발되었으며, 설계자는 ZW3D SIM Structural을 통해 제품 개발 과정에서 발생할 수 있는 설계자에게 높은 수준의 정확성과 신뢰성을 보장하는 구조해석 결과를 제공합니다. 오류를 최소화하고, 더욱 안전하고 효율적인 설계를 구현할 수 있습니다.

> **TIP**
>
> NAFEMS Standards란?
> 구조해석 소프트웨어의 품질과 성능을 평가하는 데 있어 국제적으로 인정받는 기준입니다.

ZW3D SIM Structural은 모델링과 시뮬레이션 기능이 통합된 구조 플랫폼으로, 유한요소법(FEM)을 기반으로 구조물의 물리적 거동을 정밀하게 분석합니다. 이를 통해 구조 설계의 합리성을 평가하고 더 빠르고 정확한 의사결정을 가능하게 하며, R&D 비용과 시간을 절감할 수 있습니다.

다양한 해석 기능 지원

선형 정적 해석부터 비선형, 동적해석까지 폭넓은 해석 유형을 지원합니다.

고품질 메시 자동 생성

자동화된 메시 컨트롤 기능을 통해 단순한 형상부터 복잡한 구조물까지 최적화된 고품질 메시를 효율적으로 생성합니다.

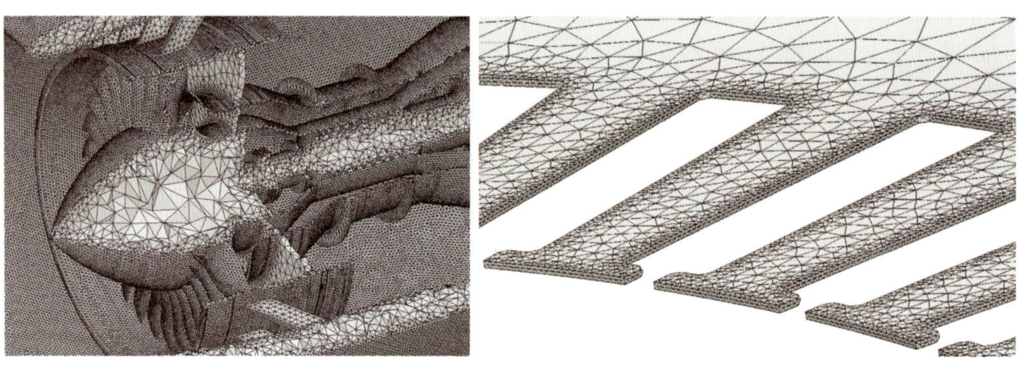

강력한 후처리 기능(Post-Processing)

해석 결과를 직관적으로 분석할 수 있는 다양한 시각화 및 데이터 처리 도구를 제공합니다.

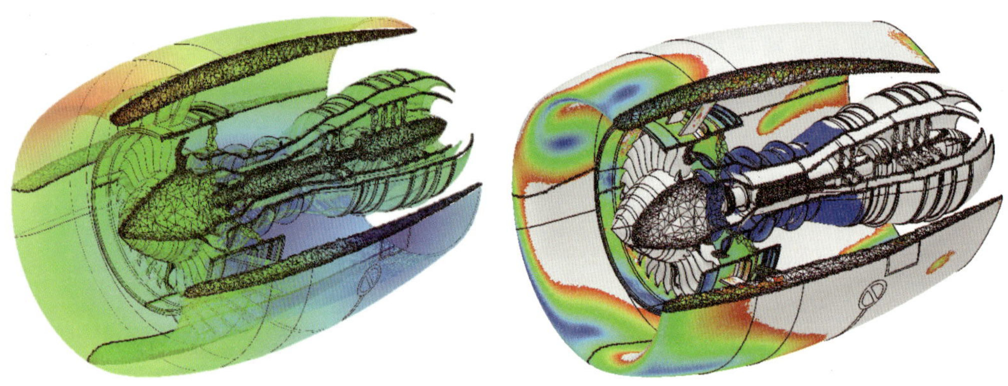

뛰어난 범용성과 산업 적용성

자동차, 항공, 로봇 전기, 기계 등 다양한 산업 분야에 적용 가능한 높은 유연성과 확장성을 갖추고 있습니다.

- 다양한 주행 조건에서 부품에 작용하는 하중 및 진동 예측
- 현가장치 및 조향장치 동적 거동 분석

항공우주

- 극한 하중 조건에서의 비행 안전성 및 손상 허용 설계 검증
- 동적 환경 응답 해석을 통한 구조 강성 최적화

로봇산업

- 고속·고하중 작업 시 구조적 안정성 및 핵심 부품 내구성 검증
- 로봇 팔 및 관절 구동부 강도 및 신뢰성 평가

전기·전자

- 반복 동작이나 조립 응력으로 인한 미세한 변형 예측
- 휴대용 전자기기의 낙하 충격 및 사용자 환경 내구성 확보

정밀기계·부품가공

- 정밀 공작기계의 동적 강성 및 열변형 최소화
- 부품의 가공 변형 현상 및 주요 취약부 예측

고무·신소재 산업

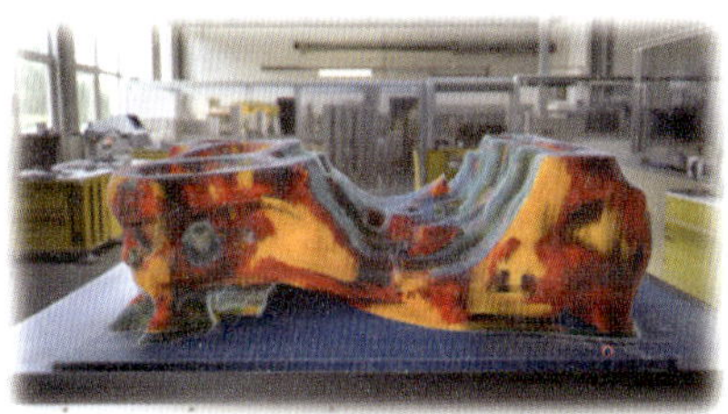

- 고무 부품의 비선형 거동 및 피로 수명 예측
- 복합재료 및 기능성 신소재 구조 성능 평가 및 대체 검토

캐드의 정석 ZWCAD (개정 4판)

인생 실전이야! 캐드도 실전처럼!

지은이	최종복, 김현기
펴낸곳	(주)이엔지미디어
펴낸이	김영석
전화	02-333-6900
팩스	02-774-6911
홈페이지	www.cadgraphics.co.kr
E-Mail	mail@cadgraphics.co.kr
주소	서울 종로구 세종대로 23길 47 미도파광화문빌딩 607호 (우: 03182)
등록번호	제 2012-000047호
등록일	2004년 8월 23일
기획	최경화, 박경수
디자인	김미희, 홍다연
찍은곳	넥스트프린팅
개정 4판 1쇄	2026년 1월 12일
ISBN	ISBN 979-11-86450-37-6
정가	35,000원